Chr. Landgraf · G. Schneider

Elemente der Regelungstechnik

Mit 163 Bildern

Springer-Verlag Berlin · Heidelberg · New York 1970

Dr.-Ing. CHRISTIAN LANDGRAF
Wissenschaftlicher Rat und Professor
am Institut für Regelungstechnik
der Technischen Universität Berlin

Dr. phil. nat. GERD SCHNEIDER
o. Professor an der Ruhr-Universität Bochum
Lehrstuhl für Elektrische Steuerung und Regelung

ISBN-13: 978-3-642-86566-4   e-ISBN-13: 978-3-642-86565-7
DOI: 10.1007/978-3-642-86565-7

Titel Nr. 1604

Vorwort

Dieses Buch ist aus Vorlesungen entstanden, die an der Technischen Universität Berlin für Studierende der Elektrotechnik abgehalten wurden. Es stellt eine Einführung in die theoretischen Methoden zur Analyse und Synthese linearer Regelkreise dar und ist zum Gebrauch neben Vorlesungen und zum Selbststudium gedacht. Es wendet sich nicht nur an Regelungstechniker, sondern an alle Leser, die anhand eines einfachen mathematischen Modells ein tieferes Verständnis für das Regelprinzip als ein Mittel zur Unterdrückung von Streckenstörungen gewinnen möchten.

In Abschnitt 1 werden die Grundbegriffe der Steuerung und Regelung eingeführt. Darüber hinaus werden an Beispielen wichtige Hilfsmittel zur Lösung regelungstechnischer Aufgaben erläutert. Die Ausführungen über den Analogrechner sind nicht als selbständige Anleitung gedacht und können die praktischen Übungen am Rechner, zu denen die Studenten in der Vorlesung angehalten wurden, nicht ersetzen.

Eine systematische Einführung in die Methoden zur mathematischen Behandlung linearer Systeme erfolgt in Abschnitt 2. Als Ausgangspunkt dient ein System von Differentialgleichungen erster Ordnung, an das der Zustandsbegriff geknüpft wird. Diese Darstellung, welche durch das anschauliche Denken mit Übertragungsfunktionen in der Regelungstechnik zeitweise stark zurückgedrängt wurde, hat in den letzten Jahren zunehmend an Bedeutung gewonnen und ist auch über den linearen Bereich hinaus anwendbar.

Das wichtigste Ergebnis von Abschnitt 3.1 ist die Bedeutung gewisser Standardformen des mathematischen Modells für die Realisierung von Übertragungsfunktionen auf dem Analogrechner. Mit den Abschnitten 3.2 und 3.3, die für das weitere Verständnis des Buches nicht erforderlich sind, soll die Bedeutung der Übertragungsfunktion für die Beschreibung linearer Systeme genauer untersucht werden. Die Darstellung ist nicht so elementar wie in den übrigen Abschnitten und kann als einfacher Zugang zu den grundlegenden Arbeiten von KALMAN [16] angesehen werden.

Auf der Grundlage dieser einleitenden Abschnitte ist eine gründliche Erörterung des Stabilitätsbegriffes (Eingangs-Ausgangs-Stabilität, Zustandsstabilität im Sinne von LJAPUNOV) möglich. Zugleich werden in den Abschnitten 4 und 5 die wichtigsten Kriterien zur Stabilitätsuntersuchung linearer Regelkreise behandelt. Auf die Ljapunovschen Methoden wurde hierbei verzichtet, weil ihre Vorteile erst bei nichtlinearen Systemen zur Geltung kommen.

Abschnitt 6 stellt eine Überleitung zu den Syntheseverfahren dar. Es wird gezeigt, wie man mit Hilfe einfacher Regler die Stabilitätsverhältnisse eines Regelkreises verbessern kann. Die ausführlichere Darstellung der Syntheseverfahren in den Abschnitten 7 und 8 erschöpft sich nicht in einer Aufzählung der Hilfsmittel, vielmehr wird an einfachen Beispielen ihre praktische Handhabung demonstriert. Eine vollständige Übersicht über die bekannten Verfahren wird hierbei nicht angestrebt. Stattdessen soll an wenigen Beispielen eine tiefere Einsicht in die Möglichkeiten und Grenzen einer Regelung vermittelt werden. Deshalb wurden nur die Methoden im Frequenzbereich berücksichtigt, die auch heute noch beim Entwurf einfacher Regelkreise eine wichtige Rolle spielen.

Das Prinzip der Vorlesung, alle Ergebnisse sorgfältig zu begründen, wurde auch hier beibehalten. Nur so wird dem Leser die Möglichkeit gegeben, die Gedanken selbständig weiterzuführen oder abzuwandeln, wie es bei den meisten Anwendungen erforderlich ist. An mathematischen Vorkenntnissen genügt das, was in den Grundvorlesungen über Analysis, Differentialgleichungen und lineare Algebra geboten wird.

Aus der Vielzahl der regelungstechnischen Abhandlungen sind in die Literaturübersicht nur einige wenige aufgenommen worden, die als Ergänzung zu diesem Buch besonders geeignet erscheinen. Da es sich vorwiegend um angelsächsische Literatur handelt, haben wir uns auch an die dort üblichen Bezeichnungen gehalten, obgleich die damit verbundenen Abweichungen von den deutschen Normen bedauerlich sind.

Unser Dank gilt den derzeitigen und ehemaligen Mitgliedern des Instituts für Regelungstechnik der Technischen Universität Berlin für zahlreiche Hinweise und Vorschläge. Besonders danken wir den Herren Dipl.-Ing. D. DREYER und L. IHLENBURG für eingehende Diskussionen und für die vollständige Korrektur des Manuskripts sowie Herrn Dipl.-Ing. C. BELTER für seine Unterstützung bei der Durchrechnung einiger Beispiele zu Abschnitt 8 auf dem Digitalrechner. Dem Springer-Verlag möchten wir für die bewiesene Geduld und die sorgfältige Ausstattung des Buches danken.

Berlin/Bochum, im März 1970

Chr. Landgraf   **G. Schneider**

Inhaltsverzeichnis

1. Grundbegriffe der Regelungstheorie

1.1 Steuerung und Regelung

Das Prinzip der Regelung scheint uns heute so einfach, sein Anwendungsbereich in den verschiedenen Zweigen der Technik und der Wissenschaften so breit zu sein, daß man es am besten an einem allgemeinen Schema erläutert.

Wir betrachten ein technisches, biologisches, volkswirtschaftliches oder ein anderes abgegrenztes System. Die uns gestellte bzw. der Natur hypothetisch unterstellte Aufgabe bestehe darin, gewissen Größen $c_1, c_2, \ldots, c_m$ dieses Systems — wir nennen sie die *Aufgabengrößen* (zu kontrollierende oder kontrollierte Größen) — ein bestimmtes Verhalten aufzuzwingen, indem sie über eine Anzahl anderer Systemgrößen $u_1, u_2, \ldots, u_l$ — die Steuer- oder *Stellgrößen* — im gewünschten Sinne beeinflußt werden. Dabei sei vorausgesetzt, daß zwischen den Stellgrößen und den Aufgabengrößen ein bekannter gesetzmäßiger Zusammenhang besteht, für den wir symbolisch

$$c_1 = \mathscr{G}_1[u_1, \ldots, u_l],$$
$$\vdots$$
$$c_m = \mathscr{G}_m[u_1, \ldots, u_l]$$

schreiben. Wir veranschaulichen diese Abhängigkeit durch einen Block mit den Eingangsgrößen u_i $(i = 1, \ldots, l)$ und den Ausgangsgrößen c_j $(j = 1, \ldots, m)$ — vgl. Bild 1.1. Diesen Block bzw. das reale System, das er repräsentiert, nennen wir (Kontroll-) *Strecke*. Unter dem *Übertragungsverhalten* der Strecke versteht man den angegebenen Zusammenhang zwischen ihren Eingangs- und Ausgangsgrößen bzw. die Gesamtheit aller Eigenschaften, welche diesen Zusammenhang kennzeichnen. Das ideale Verhalten (Sollverhalten)

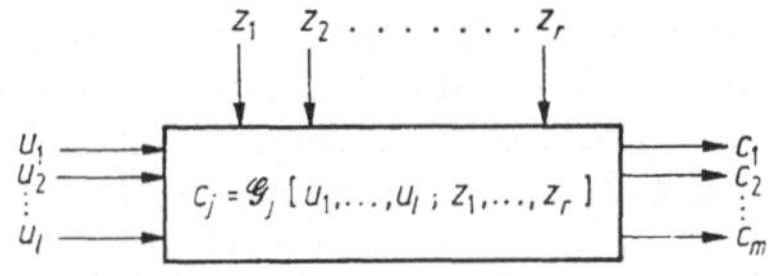

Bild 1.1. Blockstruktur der Strecke.

der Aufgabengröße c_j sei durch eine *Referenz- oder Führungsgröße* r_j gegeben, von der sie möglichst wenig abweichen soll. Wir betrachten die Führungsgrößen als unabhängige Größen, wobei es keine Rolle spielt, ob sie tatsächlich willkürlich vorgeschrieben oder z. B. durch Beobachtung oder Messung gewonnen werden.

Wir wollen zulassen, daß die Verwirklichung des beschriebenen Zieles, das in der beabsichtigten Beeinflussung der Aufgabengrößen besteht, durch *Streckenstörungen* beeinträchtigt wird. Es liege in der Natur dieser Störungen, daß wir ihr Verhalten nicht beeinflussen und auch nicht voraussagen können. Oft erweist es sich als zweckmäßig, zwischen Störungen, die von außen auf die Strecke einwirken, und Störungen in der Strecke zu unterscheiden. Zunächst sei genauer festgelegt, was dieser Unterschied formal bedeutet. Wir sprechen von *äußeren Störungen*, wenn wir ihre Wirkung durch Störgrößen $z_1, \ldots, z_r$ beschreiben, die als zusätzliche Streckeneingangsgrößen auftreten (vgl. Bild 1.1). Anstelle der obigen Gleichungen gilt also allgemeiner

$$
\begin{aligned}
c_1 &= \mathscr{G}_1[u_1, \ldots, u_l; z_1, \ldots, z_r], \\
&\;\vdots \\
c_m &= \mathscr{G}_m[u_1, \ldots, u_l; z_1, \ldots, z_r].
\end{aligned}
\tag{1.1}
$$

Von *inneren Störungen* sprechen wir, wenn wir ihren Einfluß durch Abweichungen

$$
\Delta \mathscr{G}_j = \mathscr{G}_j - \mathscr{G}_{nj} \qquad (j = 1, \ldots, m)
$$

des Übertragungsverhaltens von der Norm beschreiben, wobei die Symbole $\mathscr{G}_j$ das tatsächliche Übertragungsverhalten und die Symbole $\mathscr{G}_{nj}$ das als bekannt vorausgesetzte oder als richtig unterstellte Nennübertragungsverhalten bezeichnen. Wir umfassen damit also sowohl die Fälle, in denen das Übertragungsverhalten infolge realer Störungen in unbekannter Weise geändert wird, als auch solche, bei denen die Abweichungen auf falschen oder ungewissen Annahmen über das Nennübertragungsverhalten infolge mangelnder Kenntnis der Strecke beruhen.

In manchen Fällen lassen sich innere Störungen lokalisieren, indem man ihre Ursache auf sog. *Parametervariationen* zurückführt. Darunter versteht man Schwankungen gewisser Systemparameter, von denen das Streckenübertragungsverhalten abhängt. Man kann das zum Ausdruck bringen, indem man diese Parameter auf der rechten Seite von (1.1) als weitere unabhängige Argumente $\gamma_1, \gamma_2, \ldots$ aufnimmt, wobei die Trennung von den äußeren Störungen nicht ohne weiteres ersichtlich bleibt. Trotzdem kann eine unterschiedliche Behandlung angebracht sein, z. B. dann, wenn sich die aufgezählten Parameter im Vergleich zu den Führungs- und Aufgabengrößen nur langsam ändern. Man darf sie dann in bestimmten Phasen des Kontrollvorgangs als konstant ansehen, was unter Umständen eine wesentliche Vereinfachung bedeutet. Die genaue *Systemabgrenzung*, mit der die Unterscheidung zwischen äußeren und inneren Größen oder Eigenschaften zusammenhängt, ist oft allein eine Frage der Zweckmäßigkeit.

Nach diesen Vorbereitungen formulieren wir das

Grundproblem der Kontrolltheorie:

Gegeben sei eine Kontrollstrecke mit den Aufgabengrößen $c_1, c_2, \ldots, c_m$ und den Stellgrößen $u_1, u_2, \ldots, u_l$. Wir nehmen an, daß wir das Übertragungsverhalten der Strecke, d. h. den wirkungsmäßigen Zusammenhang zwischen den Stellgrößen und den Aufgabengrößen, nicht verändern können.

Die Abweichungen $(c_j - r_j)$ der Aufgabengrößen c_j von unabhängig vorgegebenen Führungsgrößen r_j $(j = 1, \ldots, m)$ sollen trotz innerer und äußerer Streckenstörungen innerhalb gewisser Toleranzgrenzen gehalten werden, indem die Aufgabengrößen über die Stellgrößen im gewünschten Sinne beeinflußt werden.

Oft wird auch gefordert, daß die zu kontrollierenden Größen den Führungsgrößen nach einem geeignet festgelegten Gütekriterium optimal folgen.

Durch die Störungen ist diese Problemstellung mit einer Unsicherheit behaftet, deren Grad unterschiedliche Lösungswege bedingt oder wenigstens sinnvoll erscheinen läßt. Wir wollen sie kurz charakterisieren.

a) Das Übertragungsverhalten der *Strecke sei vollständig bekannt*, der Einfluß von *Störungen vernachlässigbar klein*. Unter dieser Voraussetzung kann man angeben, wie die Stellsignale zu wählen sind, damit die Aufgabengrößen möglichst gut mit den Führungsgrößen übereinstimmen. Oft ist das Verhalten letzterer nicht vorhersagbar. Man hat dann zu jedem möglichen Verlauf der Führungsgrößen geeignete Stellsignale zu suchen. Auf diese Weise ergibt sich eine Zuordnung zwischen den Führungs- und Stellsignalen, die wir als Steuervorschrift bezeichnen und ebenfalls durch einen Block symbolisieren (Bild 1.2a). Insgesamt erhält man so eine *offene Wirkungskette* (Steuerkette) als Kennzeichen einer *Steuerung*, bei der die Aufgabengrößen durch die Führungsgrößen „gesteuert" werden. Eine wichtige Frage besteht darin, wie man die Steuervorschrift durch gerätetechnische oder andere Maßnahmen realisiert. Eine solche Realisierung nennt man Steuereinrichtung.

b) Bei einer *Regelung* stellt man durch laufende *Beobachtung oder Messung der Aufgabengrößen* und durch *Vergleich der Ergebnisse mit den Führungsgrößen* die Regelabweichungen (Regelfehler) $e_j = r_j - c_j$ $(j = 1, \ldots, m)$ fest. Auftretende Regelabweichungen werden durch eine Regeleinrichtung in Stellsignale umgewandelt, welche die Aufgabengrößen im Sinne abnehmender Regelfehler beeinflussen. Äußeres Kennzeichen ist der in Bild 1.2b dargestellte *geschlossene Wirkungskreis*, den man auch Regelkreis nennt. Die kontrollierten Größen nennt man jetzt *Regelgrößen*, und an die Stelle der Steuervorschrift tritt die Regelvorschrift, welche das Übertragungsverhalten der Regeleinrichtung (Regler) beschreibt.

Der wesentliche Unterschied zur Steuerung besteht darin, daß festgestellten Regelabweichungen unabhängig von ihrer Entstehungsursache entgegengewirkt wird. Wir erwarten daher gleichzeitig eine *Herabsetzung unbekannter Störeinflüsse*, soweit sie bei der Beobachtung der Regelabweichung mit erfaßt werden. Eine Regelung funktioniert also auch dann, wenn infolge innerer oder äußerer Störungen eine gewisse Unkenntnis des Übertragungsverhaltens der Strecke vorliegt.

Selbstverständlich dürfen die Störungen nicht zu groß sein, die Unkenntnis darf ein bestimmtes Maß nicht überschreiten. Andernfalls müssen wir sie durch zusätzliche Maßnahmen wenigstens teilweise beheben, bevor wir das Regelprinzip erfolgreich anwenden können. Wir wollen hier zwei solcher Maßnahmen anführen, von denen sich die erste auf äußere, die zweite auf innere Streckenstörungen bezieht.

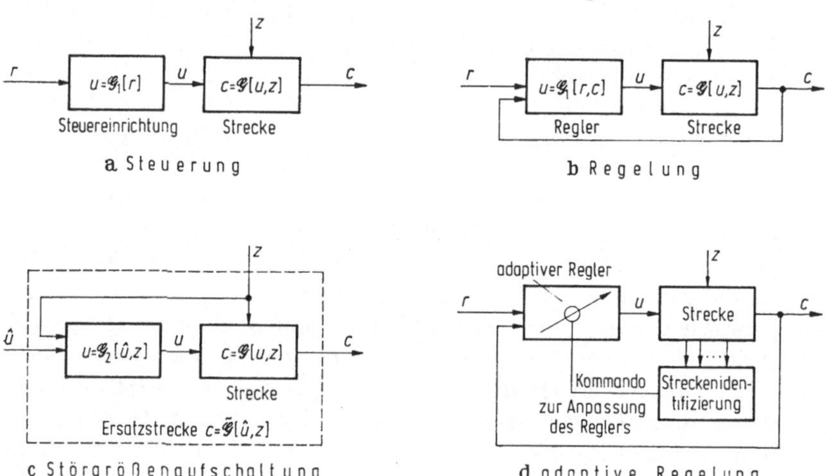

Bild 1.2. Wirkungsprinzip von Steuerung und Regelung (für Strecke mit einer Aufgabengröße c und einer Stellgröße u).

c) Bei einer äußeren Störung besteht unter Umständen die Möglichkeit, die unbekannten Störgrößen direkt zu beobachten oder zu messen und das Ergebnis bei der Erzeugung der Stellsignale durch *Störgrößenaufschaltung* zu berücksichtigen (Bild 1.2c). Damit beeinflussen die Störgrößen die Aufgabengrößen auf zwei verschiedenen Wegen, einmal über ihren natürlichen Angriffspunkt an der Strecke, zum anderen über die Stellgrößen, wobei man nach Möglichkeit dafür sorgt, daß sich beide Wirkungen weitgehend aufheben oder, wie man auch sagt, daß sich die Aufgabengrößen gegenüber bestimmten Störgrößen invariant verhalten (sog. Invarianzbedingung).

Im allgemeinen wird man auf diese Weise nur die Hauptstörungen erfassen und auch für diese keine vollständige Kompensation erreichen. Man kann aber die verbleibende Störauswirkung weiter herabdrücken, indem man die Störgrößenaufschaltung mit einer Regelung kombiniert. Hierzu faßt man den durch Striche umrandeten Teil von Bild 1.2c als Ersatzstrecke mit der Stellgröße $\hat{u}$ auf und ergänzt diese durch eine Regeleinrichtung (im Bild nicht mitgezeichnet) zu einem Regelkreis.

d) Bei inneren Störungen kann man versuchen, durch Messungen an der Strecke die Unkenntnis über ihr Übertragungsverhalten ganz oder teilweise zu beseitigen, um die Regelvorschrift dem Streckenverhalten jeweils anzupassen. Den ersten Teilvorgang nennt man Streckenidentifizierung, den zweiten Adaption des Reglers. Insgesamt spricht man von einer *adaptiven Regelung* (vgl. Bild 1.2d).

Bei einem adaptiven System muß jede in Betracht kommende Situation — das ist in unserem Falle das jeweilige Streckenübertragungsverhalten — im voraus durchdacht werden. Danach wird dann lediglich festgestellt, welche Situation tatsächlich gerade vorliegt, was allerdings oft nur bedingt möglich ist, und die dafür parat gehaltene Lösung — hier eine passende Regelvorschrift — angewendet. Diese Voraussetzung entfällt bei

e) *lernenden Systemen*, die Erfahrung sammeln und daraus selbst das angemessene Verhalten in sich wiederholenden Situationen ableiten. Im allgemeinen werden sich solche Systeme nicht befriedigend oder sogar falsch verhalten, wenn eine Situation zum ersten Male auftritt. Der mangelnde Erfolg wird aber festgestellt und als Erfahrung gespeichert, welche das System veranlaßt, bei wiederholtem Eintreten derselben Situation eine andere Strategie aus einem gewissen Strategievorrat auszuprobieren, bis eine günstige oder auch die beste Lösung gefunden ist. Der so definierte Lernvorgang weist zwei wesentliche Mängel auf. Er beruht auf einem mehr oder weniger systematischen Probieren und schöpft nur eine begrenzte Lösungsmenge aus, kann also selbst nicht völlig neue Strategien erfinden. Diese Gabe ist den

f) *denkenden Systemen* vorbehalten.

Damit sind wir zu einer *Systemhierarchie* gelangt, in der die höheren Systeme in zunehmendem Maße befähigt sind, einen *Mangel an Kenntnis* auszugleichen, der sich bei unserer Aufgabenstellung auf das Streckenübertragungsverhalten bezieht. Über den Denkvorgang wissen wir allerdings so wenig, daß wir die oberste Stufe noch nicht einmal in befriedigender Weise charakterisieren können. Unsere eigene Existenz läßt uns lediglich darauf schließen, daß es solche hochorganisierten Systeme gibt. Dagegen kennt man in der neueren Systemtheorie sinnvolle Definitionen und Modelle für lernende Systeme. Adaptive Steuerungen oder Regelungen hat man bei einfachen technischen Systemen bereits mit Erfolg angewendet; jedoch gibt es auch hier verschiedene Auslegungen des Grundprinzips, welche eine einheitliche Begriffsbildung oder Theorie erschweren. Außerdem zeigt uns die Beobachtung der Natur, daß diese offensichtlich in viel höherem Maße anpassungsfähig ist als die auf Grund unserer Vorstellungen erzeugten künstlichen Systeme. Was wir — vor allem bei technischen Anwendungen — sowohl theoretisch wie praktisch in größerem Umfange beherrschen, sind die gewöhnlichen Steuer- und Regelungsvorgänge, mit denen wir uns weiterhin beschäftigen wollen.

Dabei werden wir die schwierigeren Regelungsprobleme in den Vordergrund stellen. Letztlich sind aber die Begriffe Steuern und Regeln nicht zu trennen, wie die folgenden Betrachtungen zeigen. Wenn wir von der inneren Struktur eines geschlossenen Regelkreises absehen, so stellt das gesamte System eine offene Steuerkette dar mit den Führungsgrößen als Eingangsgrößen und den kontrollierten Größen als Ausgangsgrößen. Das wird noch deutlicher, wenn wir die beiden Forderungen, die wir im allgemeinen an eine Regelung stellen, nämlich die Erzielung eines guten Führungsverhaltens und eines guten Störverhaltens, trennen. Hierzu erweitern wir das Blockschema, indem wir eine *Regelung mit einer Steuerung kombinieren* (Bild 1.3a). Beim Entwurf der Regeleinrichtung versuchen wir zu-

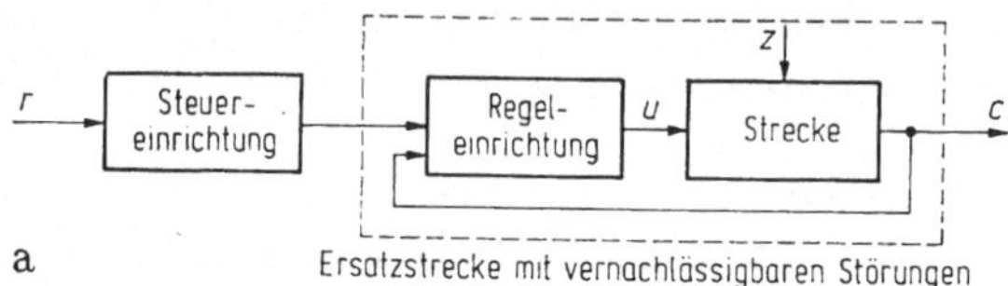

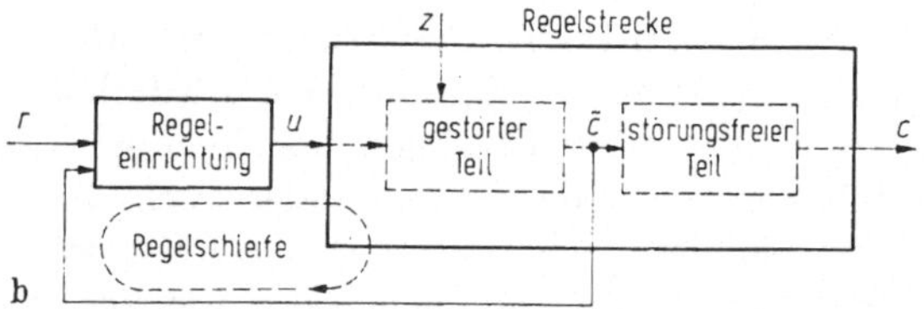

Bild 1.3. Beispiele für Erweiterungen des Regelungsschemas.

nächst den Einfluß der Störungen auf die Regelgrößen soweit wie möglich zu unterdrücken. Anschließend können wir dann, falls erforderlich, durch die Steuereinrichtung das Führungsverhalten korrigieren. Bild 1.3b zeigt eine andere Erweiterung des Regelkreisschemas. Dabei wird nicht mehr die Aufgabengröße selbst zurückgeführt, sondern eine andere Streckengröße $\tilde{c}$, welche somit die eigentliche Regelgröße darstellt. Eine solche indirekte Regelung wird man vornehmen, wenn $\tilde{c}$ einfacher zu messen ist als c und der zweite Block in der Strecke keinen wesentlichen Störungen unterliegt. Die Störungen, die auf den ersten Block der Strecke einwirken, werden durch die Regelschleife kompensiert. Das Führungsverhalten dieser Schleife ist so auszulegen, daß sie zugleich als Steuereinrichtung für den zweiten Streckenblock fungiert.

Wir werden nur einen kleinen Ausschnitt aus der Regelungstheorie bringen. Zunächst verzichten wir auf die Darstellung der modernen Optimierungstheorie und sehen auch von einer statistischen Deutung ab, durch die man in vielen Fällen die Unkenntnis über die Regelstrecke in angemessener Weise kennzeichnen kann. Weiter behandeln wir ausschließlich *Einfachregelkreise*, deren Strecke nur eine Regelgröße und nur eine Stellgröße hat. Um eine Verzettelung zu vermeiden, werden wir schließlich die grundlegenden Gedanken nur für solche Systeme entwickeln, die sich (näherungsweise) durch gewöhnliche, lineare Differentialgleichungen mit konstanten Koeffizienten beschreiben lassen. Damit werden einerseits alle nichtlinearen Systeme ausgeschlossen, deren Behandlung wesentlich schwieriger ist, andererseits aber auch gewisse lineare Systeme, z. B. solche mit zeitabhängigen Parametern oder Abtastvorgängen.

1.2 Beispiele

Die Zweckmäßigkeit der eingeführten Begriffe erkennt man am besten an Anwendungsbeispielen. Wir bevorzugen einfache technische Beispiele, weil diese leicht einer mathematischen Behandlung zugänglich sind, auf die unsere Darstellung letztlich hinausläuft. Es sei noch erwähnt, daß man oft zwischen *Festwertregelungen*, bei denen für die Regelgrößen ein konstanter Sollwert (r_j = const) vorgeschrieben ist, und Nachlauf- oder *Folgeregelungen* mit zeitlich veränderlichen Führungssignalen unterscheidet.

Beispiel 1.1 (Festwertregelung). Gegeben sei eine Dampfturbine, deren Drehzahl (bzw. Winkelgeschwindigkeit ω) möglichst konstant gehalten werden soll, obwohl das Lastmoment M Änderungen unterworfen ist. Man kann das erreichen, indem man die Energiezufuhr durch entsprechende Verstellung des Frischdampfventils dem jeweiligen Lastmoment anpaßt. Wir betrachten die Drehzahl als Aufgabengröße mit konstantem Sollwert, den Ventilhub u als Stellgröße. Die Kontrollstrecke besteht aus der Turbine einschließlich der Last, wobei wir uns

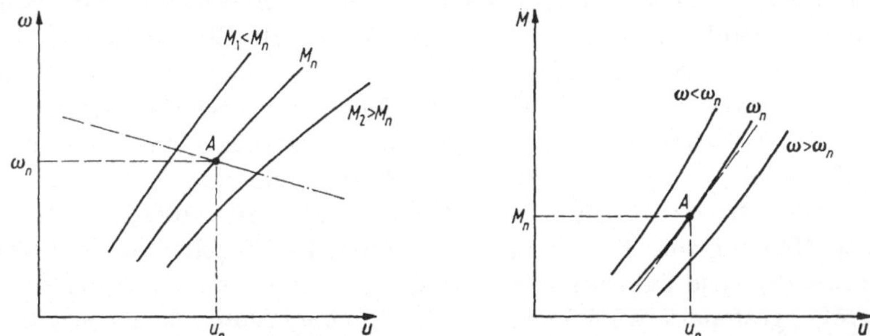

Bild 1.4. Stationäres Kennlinienfeld der Turbine mit Lastmoment M (links) bzw. Winkelgeschwindigkeit ω (rechts) als Parameter. Die strichpunktierte Linie im linken Diagramm beschreibt das stationäre Verhalten des Reglers.

eine genauere Abgrenzung noch vorbehalten. Der Zusammenhang dieser Größen ist in Bild 1.4 in einem Kennlinienfeld dargestellt, das man experimentell ermitteln kann. Bei der Lösung der gestellten Aufgabe sind verschiedene Fälle denkbar.

a) Die *Laständerung sei bekannt*, wie etwa beim Antrieb mehrerer Maschinen, die nach einem festen Programm zu- oder abgeschaltet werden. In diesem Falle können wir die Ventilstellung im wesentlichen nach demselben Programm steuern, wir haben dann eine Programm-*Steuerung*. Die Ventilverstellung, die erforderlich ist, damit sich nach einer Laständerung wieder ein stationärer Zustand mit der ursprünglichen Drehzahl einstellt, kann man dem obigen Diagramm entnehmen. Um die Drehzahlabweichungen vom Sollwert auch während des Übergangs klein zu halten, hat man bei der Festlegung der Steuervorschrift — das ist der Zusammenhang zwischen den geplanten Laständerungen und dem zeitlichen Verlauf der Stellgröße u — das dynamische Verhalten der Strecke zu berücksichtigen. Wegen der Trägheit der rotierenden Massen, der Lagerreibung und der Dampfspeicherwirkung in der Turbine nimmt die Drehzahl nach einer (raschen) Änderung der Last oder des Ventilhubs den neuen Kennlinienwert nur mit einer gewissen Verzögerung an. Theoretisch könnte man auf Grund einer genauen Untersuchung dieser Zusammenhänge Drehzahlschwankungen weitgehend vermeiden. Tatsächlich wird aber der eindeutige Zusammenhang zwischen Drehzahl, Ventilstellung und Lastmoment, von dem wir ausgegangen sind, durch weitere Einflußgrößen gestört. Zu den äußeren Störgrößen zählen wir z. B. Druckänderungen des Frischdampfes (p_f) und des Abdampfes (p_a), innere Störungen können bei längerem Betrieb durch Beanspruchung der Lager und Ablagerungen an den Schaufeln verursacht werden. Alle diese Störungen bleiben beim Aufstellen der Steuervorschrift unberücksichtigt und bewirken daher Drehzahlabweichungen vom Sollwert.

b) Die *Änderungen des Lastmomentes* seien *nicht bekannt*. Wir fassen die Lastschwankungen um eine Nennlast M_n als Störgröße auf und setzen vorläufig voraus, diese Störgröße sei meßbar. Falls z. B. die Turbine zum Antrieb eines Generators dient, kann man die abgegebene elektrische Leistung messen und daraus bei vorgegebener Soll- oder Nenndrehzahl ($\sim\omega_n$) das erforderliche Antriebsmoment über eine entsprechende Generatorkennlinie bestimmen. Das ist einfacher als die direkte Messung des Turbinenlastmomentes, die Einzelheiten sind aber nicht wichtig. Die Drehzahl wird jetzt durch diesen Meßwert der Laststörgröße gesteuert, wir können daher von einer *Störgrößenaufschaltung* sprechen. Alles Weitere bleibt im wesentlichen unverändert. Insbesondere wirken sich alle zusätzlichen Störgrößen, die wir unter a) aufgezählt haben, wieder unvermindert auf die Drehzahl aus.

c) Um auch den Einfluß *zusätzlicher Störungen* abzuschwächen, fassen wir die konstant zu haltende Drehzahl als Regelgröße auf, die mit einem Fliehkraftregler gemessen wird, der zugleich das Dampfventil betätigt (vgl. Bild 1.5). Bei einer Drehzahlerhöhung bewirkt die Aufwärtsbewegung der Muffe des Fliehkraftpendels über ein Hebelgestänge eine Drosselung der Frischdampfzufuhr, so daß die Drehzahl wieder zurückgeht. Ent-

sprechendes gilt beim Abfallen der Drehzahl. Der *Regler* wirkt also
im Sinne eines Ausgleiches von Drehzahländerungen, wobei deren
Ursache keine Rolle spielt.

Bei richtiger Wahl des Hebelübersetzungsverhält-nisses dürfen wir hoffen, daß die Drehzahl nahezu konstant bleibt. Im Falle langsamer (quasistationärer) Laständerungen können wir uns das anhand der linken Hälfte von Bild 1.4 klarmachen.

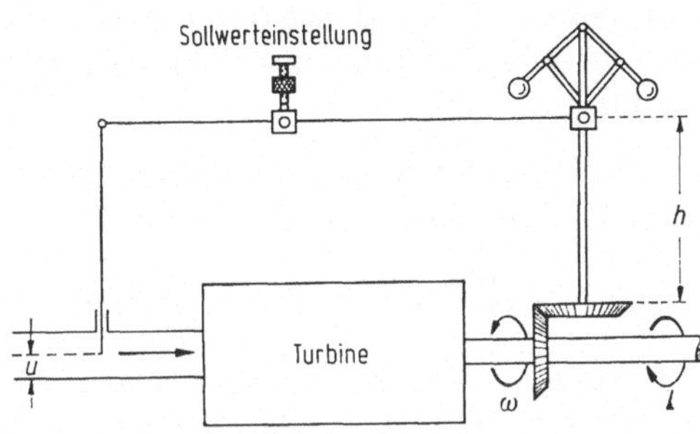

Bild 1.5. Beispiel einer Festwertregelung (Wirkschaltbild).

Die Ventilverstellung, die
der Fliehkraftregler erzeugt, ist dann näherungsweise proportional
zur Drehzahlabweichung, solange diese hinreichend klein bleibt. Es
besteht also ein linearer Zusammenhang zwischen ω und u, dem die
strichpunktierte Gerade durch den Arbeitspunkt A entspricht. Bei
einer Laständerung zwischen M_1 und M_2 bleiben die Abweichungen
vom Sollwert ω_n um so kleiner, je flacher diese Gerade verläuft, d. h.
je größer also das Übersetzungsverhältnis gewählt wird. Wir werden
allerdings sehen, daß dieser Maßnahme aus Stabilitätsgründen Grenzen gesetzt sind. Es sei noch darauf hingewiesen, daß die genaue
Abgrenzung der Bauglieder dieses Regelkreises willkürlich ist.

Wir können z. B. das Fliehkraft-pendel auch als Meßinstrument für die Regelgröße auffassen. Der Regler besteht dann nur noch aus der Hebelrückführung. Wesentlich ist das Wirkungsprinzip des geschlossenen Kreises, das im Blockschaltbild 1.6 dargestellt ist.

Für den unter c) betrachteten Regelkreis geben wir eine *mathematische Beschreibung* an. Dabei

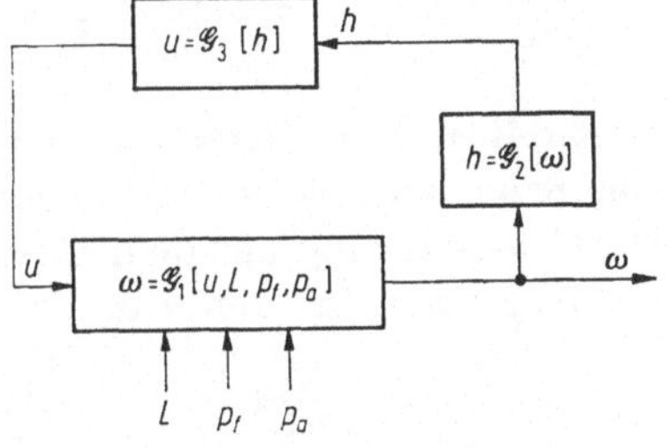

Bild 1.6. Blockschaltbild zur Drehzahlregelung.

werden wir zur Vereinfachung nur die Laständerungen als einzige Störgröße berücksichtigen. Hierzu schreiben wir den durch das Turbinen-
Kennlinienfeld gegebenen eindeutigen Zusammenhang zwischen Winkelgeschwindigkeit ω, Ventilhub u und Lastmoment M in der Form

$$M = M(u, \omega).$$

Wir nehmen an, daß sich diese Gesamtlast zusammensetzt aus einem
drehzahlunabhängigen äußeren Lastmoment L und dem durch die
Trägheit der rotierenden Turbinenteile ausgeübten Drehmoment $J\dot{\omega}$

(J = Trägheitsmoment der angetriebenen Teile). Es gilt also allgemein

$$M(u, \omega) = L + J\dot{\omega}$$

und speziell für den durch den Arbeitspunkt festgelegten Gleichgewichtszustand mit der konstanten Winkelgeschwindigkeit ω_n und der äußeren Nennlast L_n

$$M(u_n, \omega_n) = L_n.$$

Durch Subtraktion beider Gleichungen folgt für die mit $\Delta\omega, \Delta L, \Delta u, \ldots$ bezeichneten Abweichungen vom Gleichgewichtszustand

$$J\frac{d}{dt}(\Delta\omega) + \Delta L = \Delta M = M(u, \omega) - M(u_n, \omega_n).$$

Zur weiteren Vereinfachung ersetzen wir die Kennlinien der rechten Hälfte von Bild 1.4 in der Umgebung des Arbeitspunktes für kleine Drehzahlabweichungen durch eine Geradenschar und schreiben

$$M(u, \omega) - M(u_n, \omega_n) \approx \left(\frac{\partial M}{\partial\omega}\right)_A \Delta\omega + \left(\frac{\partial M}{\partial u}\right)_A \Delta u \,^1.$$

Damit folgt für die Regelstrecke

$$\frac{d(\Delta\omega)}{dt} = -k_1\,\Delta\omega + k_2\,\Delta u - k_3\,\Delta L$$

mit

$$J\,k_1 = -\left(\frac{\partial M}{\partial\omega}\right)_A, \qquad J\,k_2 = \left(\frac{\partial M}{\partial u}\right)_A, \qquad J\,k_3 = 1,$$

wobei die Vorzeichen so gewählt sind, daß sich für die Konstanten k_i positive Werte ergeben. Das Fliehkraftpendel ist ein schwingungsfähiges Gebilde, das sich durch eine Differentialgleichung 2. Ordnung

$$\frac{d^2(\Delta h)}{dt^2} + k_5\frac{d(\Delta h)}{dt} + k_6\,\Delta h = k_4\,\Delta\omega$$

beschreiben läßt. Ersetzen wir hierin die Ableitung von Δh durch eine neue Variable Δz und fügen wir noch die Gleichung für die starre Hebelrückführung mit dem Übersetzungsverhältnis $\ddot{u}$ hinzu, so erhalten wir insgesamt für den Regelkreis das mathematische Modell

$$\left.\begin{aligned}
\frac{d}{dt}(\Delta\omega) &= -k_1\,\Delta\omega + k_2\,\Delta u - k_3\,\Delta L,\\[4pt]
\frac{d}{dt}(\Delta z) &= +k_4\,\Delta\omega - k_5\,\Delta z - k_6\,\Delta h,\\[4pt]
\frac{d}{dt}(\Delta h) &= \Delta z,\\[4pt]
\Delta u &= -\ddot{u}\,\Delta h.
\end{aligned}\right\} \qquad (1.2)$$

---

[1] Im allgemeinen möchte man auch große Laständerungen zulassen. Ihre Wirkung kann nur durch entsprechend große Stellgrößenänderungen Δu kompensiert werden. Die angegebene Näherung bleibt trotzdem gültig, wenn die Turbinenkennlinien Bild 1.4 (rechts) im ganzen Stellbereich durch Geraden ersetzt werden können.

Es ist zweckmäßig, sich das mathematische Modell durch ein *Struktur-bild* zu veranschaulichen. Hierzu ordnen wir den auftretenden Größen *Wirkungslinien* zu. Die auszuführenden Rechenoperationen werden durch Symbole beschrieben, die wir sogleich am Beispiel erläutern.

Wir beginnen mit der Regelstrecke. Nach (1.2) ist $\dfrac{d}{dt}(\varDelta\omega)$ als Linear-kombination von $\varDelta\omega$, $\varDelta L$ und $\varDelta u$ darzustellen, was wir durch eine

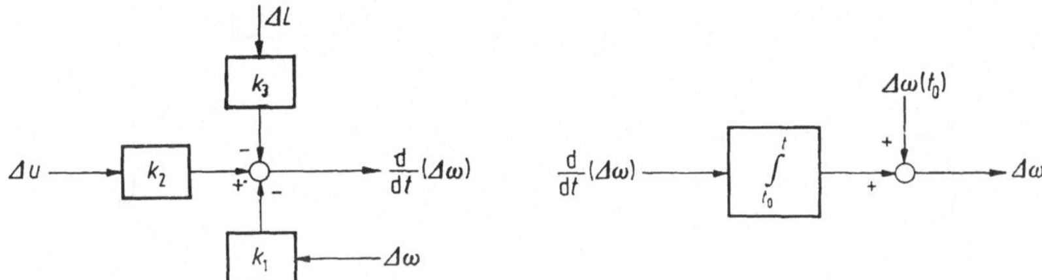

Bild 1.7. Strukturbild: Summierer.   Bild 1.8. Strukturbild: Integrierer.

Summierstelle und Kästchen für die Multiplikation mit den Konstanten k_i veranschaulichen (Bild 1.7). Der Zusammenhang zwischen der Größe $\varDelta\omega$ und ihrer Ableitung wird durch einen Integrierer dargestellt. Der Anfangswert zum Zeitpunkt t_0, bei dem die Integration beginnt, wird durch eine Summierstelle berücksichtigt (Bild 1.8).

Insgesamt erhalten wir so den rechten, oberen Teil von Bild 1.9. Das vollständige Strukturbild gewinnen wir, wenn wir die anderen Zuordnungsvorschriften von (1.2) entsprechend behandeln.

Aus Gründen, die gleich ersichtlich werden, haben wir Integrierer als Elemente der Strukturbilder eingeführt, und nicht umgekehrt Differenzierkästchen, die zu jeder Eingangsgröße ihre Ableitung als Ausgangsgröße liefern. Zunächst sei angemerkt, daß sich die Struktur-bilder mit den Integrierern zwangsläufiger ergeben, wenn wir (in Ge-danken) das Differentialgleichungssystem in ein System gekoppelter Integralgleichungen

$$
\left.
\begin{aligned}
\varDelta\omega(t) &= \int_{t_0}^{t}(-k_1\,\varDelta\omega + k_2\,\varDelta u - k_3\,\varDelta L)\,d\tau + \varDelta\omega(t_0),\\[2ex]
\varDelta z(t) &= \int_{t_0}^{t}(k_4\,\varDelta\omega - k_5\,\varDelta z - k_6\,\varDelta h)\,d\tau + \varDelta z(t_0),\\[2ex]
\varDelta h(t) &= \int_{t_0}^{t}\varDelta z(\tau)\,d\tau + \varDelta h(t_0),\\[2ex]
\varDelta u(t) &= -\,\ddot u\,\varDelta h(t)\,.
\end{aligned}
\right\}
\qquad (1.3)
$$

umschreiben.

Zur Vereinfachung der Zeichnungen läßt man die Summierstellen für die Anfangswerte an den Integriererausgängen oft weg. Vorläufig haben wir sie aber ausdrücklich eingefügt, weil sie einen wichtigen Sachverhalt ausdrücken: Die Ausgangsgrößen des Strukturbildes kann man aus den Eingangsgrößen für $t \geqq t_0$ nur bestimmen, wenn man den

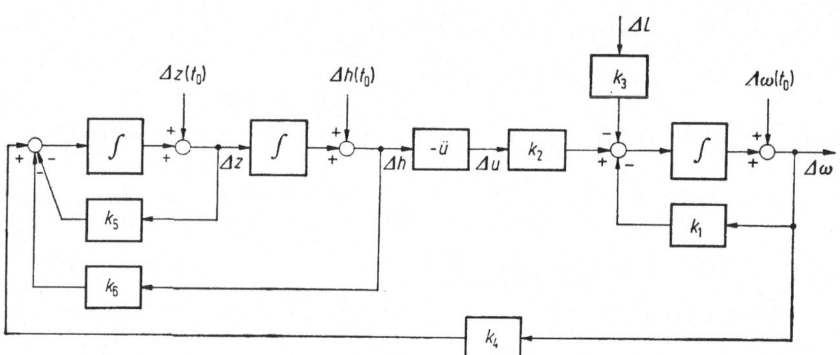

Bild 1.9. Strukturbild zum mathematischen Modell (1.2).

durch diese Anfangswerte beschriebenen *Anfangszustand des Systems* kennt. Das wäre bei der Verwendung von Differenzierkästchen nicht bildlich zum Ausdruck gekommen.

Außerdem stellen die auf obige Weise angefertigten Strukturbilder einen natürlichen Übergang zum *Koppelplan für die Simulation des*

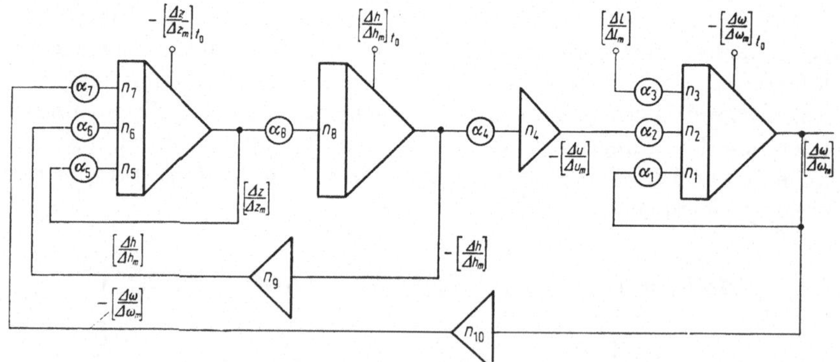

Bild 1.10. Koppelplan zum obigen Strukturblid bzw. mathematischen Modell (1.2). Realisierungsbedingungen:

$$\alpha_1 n_1 = k_1, \qquad \alpha_4 n_4 = \ddot{u}\,\frac{\Delta h_m}{\Delta u_m}, \qquad \alpha_7 n_7 = k_4\,\frac{\Delta \omega_m}{\Delta z_m},$$

$$\alpha_2 n_2 = k_2\,\frac{\Delta u_m}{\Delta \omega_m}, \qquad \alpha_5 n_5 = k_5, \qquad \alpha_8 n_8 = \frac{\Delta z_m}{\Delta h_m},$$

$$\alpha_3 n_3 = k_3\,\frac{\Delta L_m}{\Delta \omega_m}, \qquad \alpha_6 n_6 = k_6\,\frac{\Delta h_m}{\Delta z_m}, \qquad n_9 = n_{10} = 1.$$

Systems auf dem Analogrechner dar, welcher ebenfalls keine Differenzierglieder besitzt. Der Vergleich der Bilder 1.9 und 1.10 läßt die Verwandtschaft erkennen. Die etwas verschiedenen Operationssymbole sind den Analogrechnerelementen besser angepaßt. Der wesentliche Unterschied besteht in der Einführung normierter Größen, durch die eine Übersteuerung des Rechners vermieden wird[1]. Man kann den Koppelplan auch direkt aus dem mathematischen Modell herleiten, wobei die erforderliche Normierung zweckmäßigerweise an diesem vorgenommen wird.

Die normierte Form der Gln. (1.2) lautet:

$$\begin{aligned}
\frac{d}{dt}\left[\frac{\Delta\omega}{\Delta\omega_m}\right] &= -k_1\left[\frac{\Delta\omega}{\Delta\omega_m}\right] + k_2\frac{\Delta u_m}{\Delta\omega_m}\left[\frac{\Delta u}{\Delta u_m}\right] - k_3\frac{\Delta L_m}{\Delta\omega_m}\left[\frac{\Delta L}{\Delta L_m}\right], \\
\frac{d}{dt}\left[\frac{\Delta z}{\Delta z_m}\right] &= +k_4\frac{\Delta\omega_m}{\Delta z_m}\left[\frac{\Delta\omega}{\Delta\omega_m}\right] - k_5\left[\frac{\Delta z}{\Delta z_m}\right] - k_6\frac{\Delta h_m}{\Delta z_m}\left[\frac{\Delta h}{\Delta h_m}\right], \\
\frac{d}{dt}\left[\frac{\Delta h}{\Delta h_m}\right] &= \frac{\Delta z_m}{\Delta h_m}\left[\frac{\Delta z}{\Delta z_m}\right], \\
\left[\frac{\Delta u}{\Delta u_m}\right] &= -\ddot{u}\,\frac{\Delta h_m}{\Delta u_m}\left[\frac{\Delta h}{\Delta h_m}\right].
\end{aligned} \qquad (1.4)$$

Bild 1.11 zeigt die auf dem Analogrechner gewonnenen Ergebnisse für die Drehzahlabweichung bei einer sprunghaften Änderung des Lastmoments (oberer Bildteil) unter der Annahme, daß sich der Regelkreis bis zum Zeitpunkt t_0 im Gleichgewichtszustand mit $\Delta L = \Delta\omega = \Delta z = \Delta h = \Delta u = 0$ befand. Solche *Sprungfunktionen* werden in der Regelungstechnik häufig als *Testfunktionen* verwendet, weil man den wirklichen Verlauf der Führungs- oder Störgrößen nicht kennt. Bei einer Festwertregelung erfaßt man mit derart plötzlichen Änderungen gewissermaßen den schlimmsten Fall des Übergangs in einen neuen Gleichgewichtszustand. Im Bildteil a) sind die zugehörigen Drehzahlabweichungen aufgezeichnet. Kurve *1* gilt für den Fall des offenen Kreises ($\ddot{u} = 0$), bei dem keine Korrektur durch einen Regler vorgenommen wird. Kurve *2* gibt das Verhalten für den geschlossenen Kreis mit einem relativ kleinen Übersetzungsverhältnis $\ddot{u}$ wieder. Nach einer gewissen Einschwingzeit ist der Regelfehler jetzt zwar kleiner als ohne Regler, aber keinesfalls Null. Es bleibt sogar eine recht beträchtliche Regelabweichung. Wir können uns das leicht plausibel machen. Zur vollständigen Kompensation der Regelabweichung bei konstanter Störung ΔL wäre eine bestimmte Änderung der Stellgröße Δu

---

[1] Der Leser, der mit diesen Symbolen nicht vertraut ist, sei auf Abschn. 1.3 verwiesen. Dort werden anhand unseres Beispiels auch Regeln für die Normierung gegeben.

erforderlich, die aber ihrerseits bei unserem Regler, mit seinem proportionalen Zusammenhang zwischen Δu und $\Delta\omega$, nur durch eine endliche, von Null verschiedene Regelabweichung hervorgebracht werden kann. Wir dürfen daher bestenfalls hoffen, den *stationären Regelfehler* sehr klein zu halten. Falls sich nach einer Laständerung

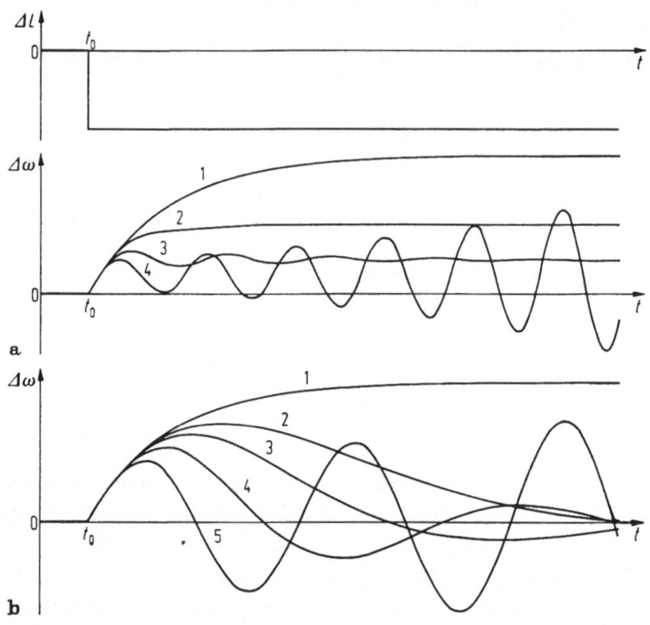

Bild 1.11. Drehzahlabweichungen bei sprunghafter Änderung des Lastmomentes ΔL (oben)
a) Für starre Hebelrückführung gemäß Bild 1.5; b) für Regler mit integrierender Wirkung.

überhaupt ein neuer Gleichgewichtszustand einstellt, in dem sich ΔL, Δu und $\Delta\omega$ nicht mehr ändern, folgt aus den Gln. (1.2)

$$\Delta\omega = -\frac{k_3\,k_6}{k_1\,k_6 + k_2\,k_4\,\ddot{u}}\,\Delta L.$$

Tatsächlich nimmt der stationäre Regelfehler mit wachsendem Übersetzungsverhältnis ab (Kurve *3*), zugleich treten aber unerwünschte Überschwing- und Einschwingvorgänge auf. Schließlich kommt es zu ausgeprägten Schwingungen, die sich sogar aufschaukeln können (Kurve *4*), der Regelkreis wird *instabil*.

Für große Turbinen erfordert die Ventilverstellung Kräfte, die bei der Anordnung gemäß Bild 1.5 ein entsprechend großes Fliehkraftpendel bedingen, wobei die Energie zur Auslenkung der Gewichte von der Turbine aufgebracht werden muß. Dadurch entsteht eine unerwünschte Rückwirkung auf die Drehzahl, die allerdings meist vernachlässigbar ist. Zur Herabsetzung des Aufwandes steuert man das Ventil etwa über einen hydraulischen *Leistungsverstärker* (Bild 1.12).

Die erforderliche Arbeit für die Verstellung des Arbeitskolbens wird vom Öldruck p geleistet. Für $\Delta h = 0$ (Gleichgewichtszustand) sperren die beiden Steuerkolben den Zu- und Abfluß des Öles, der Arbeitskolben bleibt in Ruhe. Bei Abweichungen vom Gleichgewichtszustand können wir in erster Näherung annehmen, daß das Öl den Arbeitskolben mit einer zu Δh proportionalen Ge-

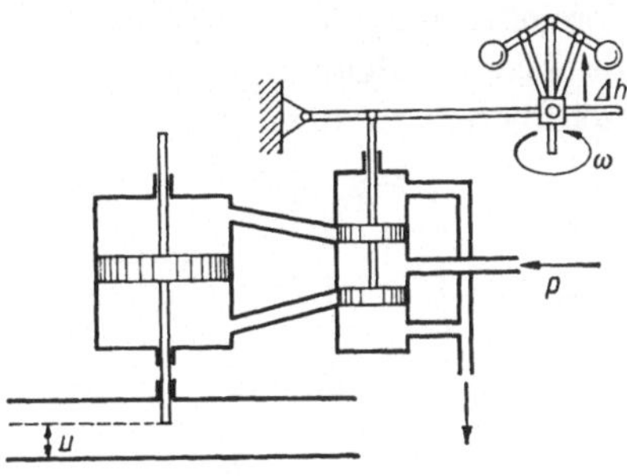

Bild 1.12. Hydraulischer Leistungsverstärker zur Drehzahlregelung Bild 1.5.

schwindigkeit nach unten ($\Delta h > 0$) oder oben ($\Delta h < 0$) drückt,

$$\frac{d}{dt}\Delta u = -V_0\,\Delta h \quad \text{bzw.} \quad u(t) = -V_0\int_{t_0}^{t}\Delta h\,d\tau + \Delta h(t_0), \qquad (1.5)$$

und zwar so lange, bis $\Delta h = 0$ wird, die Regelabweichung also beseitigt ist.

Wir haben also einen Regler mit *integrierender Wirkung*, von dem wir eine völlige Ausregelung auftretender Drehzahlabweichungen erwarten. Um das tatsächliche Verhalten auf dem Analogrechner zu prüfen, müssen wir zunächst den Koppelplan korrigieren. Da sich gegenüber (1.2) nur der Zusammenhang zwischen Δu und Δh geändert hat, haben wir im Bild 1.10 lediglich den Summierer mit dem Eingang n_4 durch einen Integrierer zu ersetzen und α_4 entsprechend zu definieren. Die Ergebnisse sind zum Vergleich im Teil b) von Bild 1.11 dargestellt. Kurve *1* gilt wieder für den offenen Regelkreis ($V_0 = 0$). Die Kurven *2* und *3* zeigen, daß der Regelfehler jetzt nach einem Einschwingvorgang gegen Null abnimmt, wobei der Regler um so schneller eingreift, je größer der „Verstärkungsfaktor" V_0 gemacht wird. Ein zu großer Wert von V_0 führt allerdings auch hier wieder zu unerwünschten Schwingungen (Kurve *4*) und schließlich zur Instabilität (Kurve *5*). Der günstigsten Einstellung dieses Reglers entspricht etwa der Verlauf *3*, bei dem durch ein leichtes Überschwingen ein schneller Abklingvorgang erzielt wird. Durch Parametervariationen kann diese günstige Einstellung verdorben werden. So verursachen z. B. Öldruckschwankungen des Leistungsverstärkers Änderungen des Verstärkungsfaktors. Dabei handelt es sich allerdings um Störungen des Reglers, die man im allgemeinen leichter vermeiden kann als solche der Strecke.

Beispiel 1.2 (Folgeregelung): Gegeben sei ein drehbares Objekt, etwa ein Kran oder ein Radargerät, das in eine bestimmmte Richtung gebracht oder einem beweglichen Ziel nachgeführt werden soll. Zur Vereinfachung der Aufgabe betrachten wir nur den Azimutwinkel ψ als einzige Aufgabengröße. Den Führungswinkel φ, mit dem er möglichst gut übereinstimmen soll, denken wir uns von Hand durch Drehen an

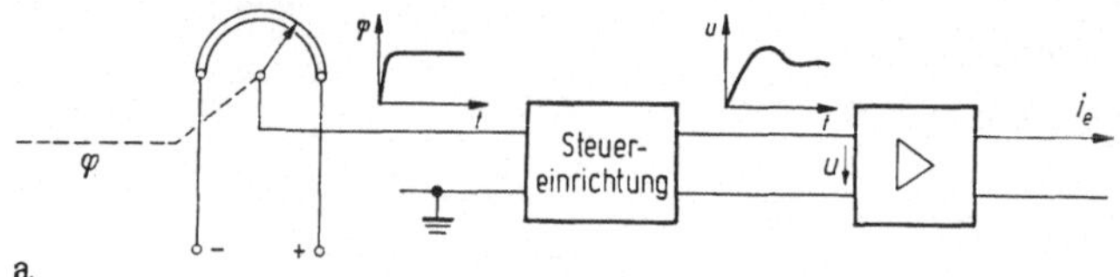

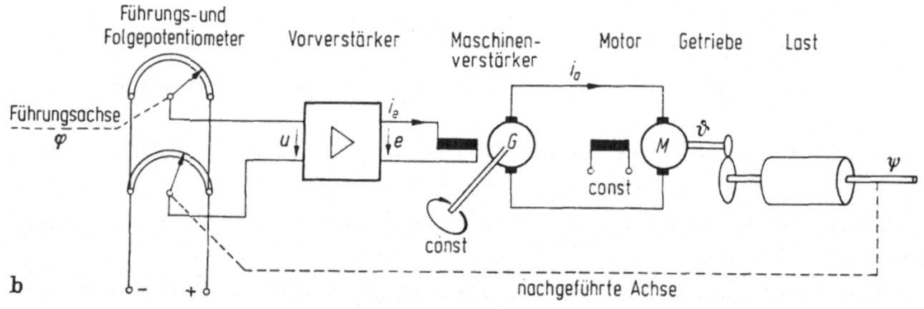

Bild 1.13. Wirkschaltbild zu Beispiel 1.2.
a) Steuereinrichtung (die Strecke ist nicht mitgezeichnet); b) Folgeregelung.

einem Potentiometerhebel vorgegeben. Für die erforderliche Leistungsverstärkung ist in Bild 1.13 ein Leonard-Satz als klassische Verstärkungsstufe vorgesehen. Das Objekt ist über ein Getriebe an einen Gleichstromstellmotor mit einem konstanten Erregerfeld gekoppelt. Der Ankerstrom, der die gewünschte Drehung hervorrufen soll, wird durch einen Generator erzeugt. Wir nehmen an, der Generator laufe mit konstanter Drehzahl, obwohl diese in Wirklichkeit von der abgegebenen Leistung abhängt. Damit haben wir unsere Aufgabe zurückgeführt auf die Erzeugung eines passenden Generatorfeldstroms, der von einem Verstärker geliefert wird. Seine Eingangsspannung u fassen wir als Stellgröße der Kontrollstrecke auf, die aus der gesamten bisher beschriebenen Anordnung einschließlich des Objektes besteht. Das für uns wesentliche Problem besteht darin, wie wir die offen gebliebene Lücke zwischen dem Verstärkereingang und dem Führungspotentiometer schließen sollen.

a) Wir betrachten zuerst die *offene Steuerkette* (Bild 1.13a). Außerdem sei zunächst die gedanklich einfachere Aufgabe gestellt, das Objekt aus einer bekannten Anfangsstellung φ_a in eine neue Richtung φ_e zu bewegen. Dazu verstellen wir den Potentiometerhebel von φ_a nach φ_e.

Diese Führungsgrößenänderung bewirkt einen gewissen Spannungsverlauf $u(t)$. Solange die Spannung am Verstärkereingang Null ist,
verschwindet der Ankerstrom, der Motor bleibt in Ruhe. Wenn wir eine
positive oder negative Spannung anlegen, dreht sich auch das Objekt
im entsprechenden Sinne, zunächst langsam wegen der Trägheit des
Systems und schließlich mit einer Geschwindigkeit, die der Spannungs-

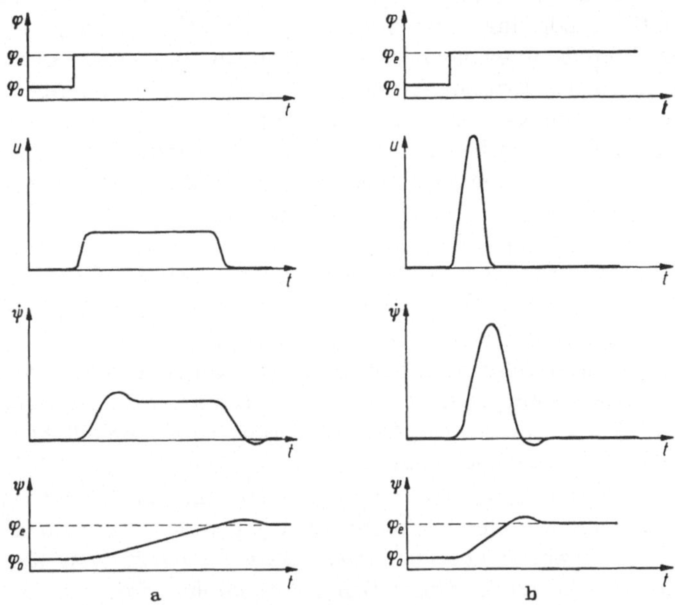

Bild 1.14. Übertragungsverhalten der Steuerkette bei einer sprunghaften Änderung der Führungsgröße. Der unterschiedliche Verlauf von u wird durch geeignete Wahl der Steuereinrichtung
erzeugt.
a) Langsame Steuerung bedingt durch kleine Stellgrößenamplitude; b) schnelle Steuerung durch
kurzen Stellimpuls großer Amplitude.

amplitude proportional ist. Damit es in der gewünschten Endlage
steht bleibt, muß $u(t)$ im richtigen Moment auf Null zurückgeschaltet
werden. Dabei ist wiederum zu berücksichtigen, daß die Drehgeschwin-
digkeit der Stellgrößenänderung wegen der Trägheit des Systems mit
einer gewissen Verzögerung folgt (vgl. Bild 1.14). Es ist jedoch nicht
erforderlich, den Objektwinkel zu beobachten, wenn wir das Übertragungsverhalten der Strecke, d. h. den angedeuteten Zusammenhang
zwischen $u(t)$ und $\psi(t)$ hinreichend genau kennen. Man kann dann aus
dieser Gesetzmäßigkeit schließen, welchen Verlauf $u(t)$ haben muß,
damit sich der Azimutwinkel genau um den vorgegebenen Betrag
ändert. Die Lösung ist nicht eindeutig, es hängt z. B. von der zulässigen
Drehgeschwindigkeit $|\dot\psi|$ ab, wie schnell wir dieses Ziel erreichen.

Wenn wir eine geeignete Steuervorschrift gefunden haben — d. h. einen günstigen Spannungsverlauf $u(t)$, für den der Objektwinkel den Änderungen des Führungswinkels hinreichend genau und schnell folgt — müssen wir diese noch durch eine Steuereinrichtung als Bindeglied zwischen dem Führungspotentiometer und dem Verstärkereingang gerätetechnisch realisieren. Das kann man auf einfache Weise durch ein elektrisches Filter bewerkstelligen, welches gemäß Bild 1.13a eine sprunghafte Änderung der Potentiometerabgriffspannung in einen Spannungsimpuls umwandelt. Man spricht in diesem Zusammenhang auch von einem Kompensationsnetzwerk, weil es die Mängel des Streckenübertragungsverhaltens ausgleicht.

Der allgemeine Fall, bei dem sich $\varphi(t)$ kontinuierlich ändert, läßt sich gedanklich auf den behandelten Spezialfall zurückführen, indem man aufeinanderfolgende kleine Zeitintervalle betrachtet und den Objektwinkel in jedem Folgeintervall möglichst genau um den Zuwachs des Führungswinkels im vorhergehenden Intervall ändert.

b) Das beschriebene Verfahren ist nicht mehr anwendbar, wenn das *Streckenübertragungsverhalten nicht genau bekannt* ist oder sich infolge von Temperatureinflüssen, Alterungserscheinungen usw. in unvorhergesehener Weise ändert. Auch *äußere Störungen*, z. B. der Winddruck auf einen Radarschirm, verursachen zusätzliche Winkelfehler. Eine wesentliche Verbesserung bringt dann die Einführung eines Rückmeldesignals, das uns auf Grund einer laufenden Messung des Objektwinkels ψ dessen Abweichung vom Führungswinkel φ angibt. Wir können hierzu ein zweites Potentiometer benützen, dessen Abgriff von der Lastwelle über eine geeignete Übersetzung mitgedreht wird, und die Differenzspannung der beiden Potentiometer auf den Verstärkereingang geben (vgl. Bild 1.13b). Wenn jetzt $\varphi = \psi$ ist, so wird die Spannung am Verstärkereingang 0. Erst für $\varphi \neq \psi$ beginnt sich die Last zu drehen. Wir brauchen also nur am oberen Potentiometerhebel einen neuen Azimutwinkel einzustellen, und unter gewissen Voraussetzungen wird sich das Objekt bewegen, bis es diese Winkellage erreicht hat. Wie schnell dieser Vorgang abläuft, hängt von der Stellgröße ab. Diese wird jetzt durch Vergleich der gemessenen Kontrollgröße ψ mit der Führungsgröße φ gewonnen. Das ist das Kennzeichen einer *Regelung*.

Als Vorbereitung zur Aufstellung eines *mathematischen Modells* fassen wir die zugrunde gelegten Bezeichnungen und Annahmen zusammen:

R_e, L_e Widerstand bzw. Induktivität im Generatorerregerkreis,

R_a, L_a Widerstand bzw. Induktivität im gemeinsamen Ankerkreis von Motor und Generator,

$e_G = f(i_e)$ Generator-Leerlaufspannung, wird unabhängig vom Ankerstrom angenommen,

e_M Gegen-EMK des Motors (im Anker induzierte Spannung), ist bei konstant angenommenem Erregerfeld proportional zur Drehzahl,

M Drehmoment des Motors, ist bei konstantem Erregerfeld proportional zum Ankerstrom,

M_r Bremsmoment der Reibungskräfte, wird proportional zur Drehzahl angenommen,

L drehzahlunabhängiges Drehmoment einer Laststörgröße,

Θ auf die Antriebswelle bezogenes Gesamtträgheitsmoment der rotierenden Teile,

$\ddot{U}$ Übersetzungsverhältnis des Getriebes,

ω Winkelgeschwindigkeit der Antriebswelle.

Damit ergeben sich die folgenden Gleichungen für die Regelstrecke:

$$
\begin{aligned}
&\text{Vorverstärker} & e &= V_0\, u \\[4pt]
&\text{Generatorerregerkreis} & L_e\, \dot{i}_e + R_e\, i_e &= e \\[4pt]
&\text{Leerlaufspannung} & e_G &= f(i_e) \\[4pt]
&\text{Gegen-EMK} & e_M &= K_i\, \omega \\[4pt]
&\text{Ankerkreis} & L_a\, \dot{i}_a + R_a\, i_a &= e_G - e_M \\[4pt]
&\text{Motordrehmoment} & M &= K_m\, i_a \\[4pt]
&\text{Moment der Reibungskräfte} & M_r &= K_r\, \omega \\[4pt]
&\text{Rotationsbewegung} & \begin{cases} \Theta\, \dot{\omega} = M - M_r - L \\ \dot{\vartheta} = \omega \end{cases} \\[4pt]
&\text{Getriebe} & \psi &= \ddot{U}\, \vartheta
\end{aligned}
\tag{1.6}
$$

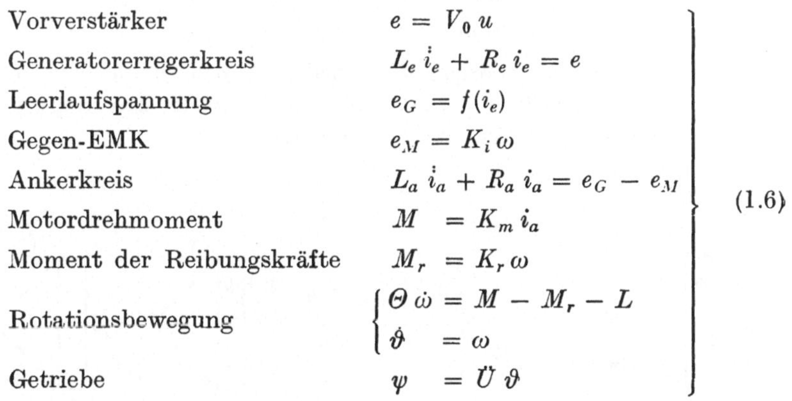
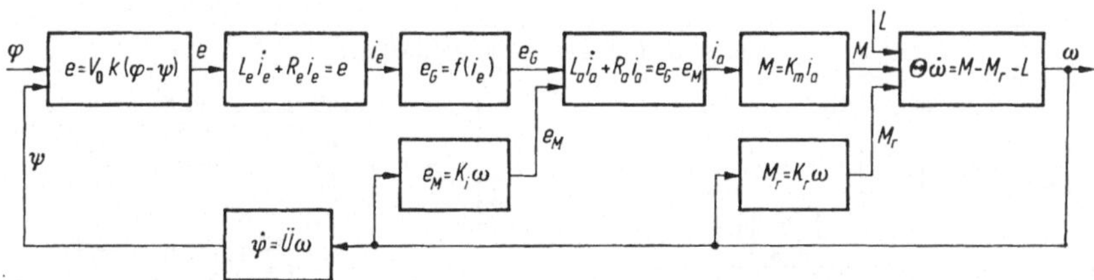

Bild 1.15. Blockschaltbild zum mathematischen Modell (1.6).

Für den geschlossenen Kreis müssen wir noch den Zusammenhang zwischen u, φ und ψ angeben. Wir nehmen an, die Stellgröße u sei der Regelabweichung $(\varphi - \psi)$ proportional. Das ergibt die

$$\text{Steuervorschrift} \quad u = k(\varphi - \psi) \quad (k = \text{const}). \tag{1.6a}$$

Eine Übersicht über den durch (1.6) beschriebenen Zusammenhang zwischen den Systemgrößen haben wir in einem *Blockschaltbild* (Bild 1.15)

2*

mit Angabe der formelmäßigen Beziehungen dargestellt[1]. Auf das Strukturbild verzichten wir wegen seiner Ähnlichkeit mit dem Koppelplan, den wir noch angeben wollen. Vorher bringen wir das mathematische Modell in eine kompaktere Form, in welcher neben den Eingangsgrößen φ und L sowie der interessierenden Ausgangsgröße ψ nur solche Größen vorkommen, deren Ableitungen auftreten. Wir erhalten so ein System von Differentialgleichungen erster Ordnung

$$\left.\begin{aligned}
\dot{i}_e &= \frac{k\,V_0}{L_e}\,\varphi - \frac{k\,V_0}{L_e}\,\psi - \frac{R_e}{L_e}\,i_e\,, \\[2mm]
\dot{i}_a &= \frac{1}{L_a}\,f(i_e) - \frac{K_i}{L_a}\,\omega - \frac{R_a}{L_a}\,i_a\,, \\[2mm]
\dot{\omega} &= \frac{K_m}{\Theta}\,i_a - \frac{K_r}{\Theta}\,\omega - \frac{L}{\Theta}\,, \\[2mm]
\dot{\psi} &= U\,\omega\,.
\end{aligned}\right\}
\qquad (1.7)$$

Zur Zeichnung des zugehörigen *Koppelplans* haben wir noch normierte Systemgrößen einzuführen, wobei wir wieder nach den Regeln von Abschn. 1.3 vorgehen können (vgl. Bild 1.16).

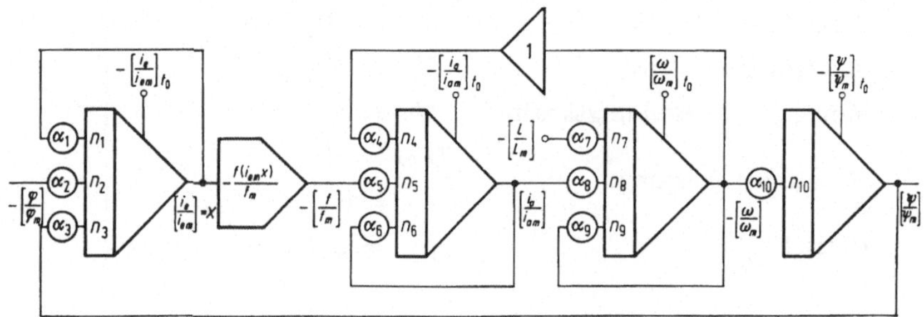

Bild 1.16. Koppelplan zu Beispiel 1.2.

<table>
<tr><td colspan="2" align="center">(1.8) normierte Form von (1.7)</td><td align="center">Realisierungsbedingungen</td></tr>
</table>

$$\left[\frac{\dot{i}_e}{i_{em}}\right] = \alpha_2\,n_2\left[\frac{\varphi}{\varphi_m}\right] - \alpha_3\,n_3\left[\frac{\psi}{\psi_m}\right] - \alpha_1\,n_1\left[\frac{i_e}{i_{em}}\right],$$

$$\alpha_1\,n_1 = \frac{R_e}{L_e}\,, \qquad \alpha_6\,n_6 = \frac{R_a}{L_a}\,,$$

$$\left[\frac{\dot{i}_a}{i_{am}}\right] = \alpha_5\,n_5\left[\frac{f\left(i_{em}\left[\dfrac{i_e}{i_{em}}\right]\right)}{f_m}\right] - $$
$$\qquad\qquad - \alpha_4\,n_4\left[\frac{\omega}{\omega_m}\right] - \alpha_6\,n_6\left[\frac{i_a}{i_{am}}\right],$$

$$\alpha_2\,n_2 = \frac{k\,V_0\,\varphi_m}{L_e\,i_{em}}\,, \qquad \alpha_7\,n_7 = \frac{L_m}{\Theta\,\omega_m}\,,$$
$$\alpha_3\,n_3 = \frac{k\,V_0\,\psi_m}{L_e\,i_{em}}\,, \qquad \alpha_8\,n_8 = \frac{K_m\,i_{am}}{\Theta\,\omega_m}\,,$$

$$\left[\frac{\dot{\omega}}{\omega_m}\right] = \alpha_8\,n_8\left[\frac{i_a}{i_{am}}\right] - \alpha_9\,n_9\left[\frac{\omega}{\omega_m}\right] - \alpha_7\,n_7\left[\frac{L}{L_m}\right]$$

$$\alpha_4\,n_4 = \frac{K_i\,\omega_m}{L_a\,i_{am}}\,, \qquad \alpha_9\,n_9 = \frac{K_r}{\Theta}\,,$$

$$\left[\frac{\dot{\psi}}{\psi_m}\right] = \alpha_{10}\,n_{10}\left[\frac{\omega}{\omega_m}\right],$$

$$\alpha_5\,n_5 = \frac{f_m}{L_a\,i_{am}}\,, \qquad \alpha_{10}\,n_{10} = \frac{U\,\omega_m}{\psi_m}\,.$$

---

[1] Man kann auch zunächst anhand eines Blockschaltbildes mit leeren Kästen deutlich machen, welche physikalischen Wechselwirkungen zwischen den Systemgrößen wesentlich sind, um danach die sie beschreibenden Formeln einzusetzen. Auf diese Weise erleichtert man sich die Übersicht bei der Aufstellung eines mathematischen Modells.

Bild 1.17 zeigt im Teil a), wie die Regelgröße einer sprunghaften Änderung der Führungsgröße φ folgt. Bei Folgeregelungen untersucht man häufig noch das Führungsverhalten für andere Testfunktionen, insbesondere für die *Rampenfunktion* (Teil b). Beide Bilder gelten für eine günstige Bemessung des beschriebenen Regelkreises. Im ersten Fall stellt sich die Regelgröße ψ nach einer kurzen Einschwingzeit

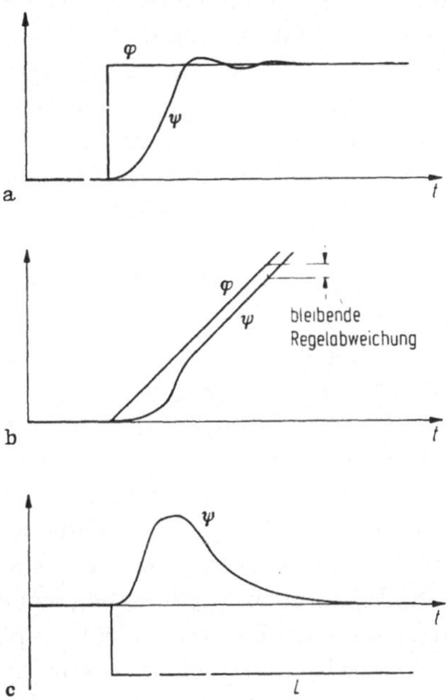

Bild 1.17. Führungs- und Störverhalten der Folgeregelung Bild 1.13.
a) Führungsverhalten bei Sprungtestfunktionen; b) Führungsverhalten bei Rampentestfunktionen;
c) Störverhalten bei sprunghafter Änderung des Lastmomentes.

praktisch genau auf den neuen Sollwert ein, während sie der zweiten Testfunktion mit einer festen Verzögerung (bleibende Regelabweichung) folgt. Schließlich ist noch unter c) das Störverhalten für einen Testsprung des Lastdrehmoments L veranschaulicht.

1.3 Modellmäßige Beschreibung realer Systeme

Eine einheitliche Behandlung von Regelungsproblemen im Sinne einer allgemeinen Systemtheorie wird erst möglich, wenn wir die realen Systeme durch *Systemmodelle* ersetzen, bei denen es nicht mehr auf Einzelheiten ihres Aufbaus ankommt, sondern allein auf die funktionsmäßigen Beziehungen zwischen den wesentlichen Systemgrößen. Das Wort „Modell" soll zugleich darauf hinweisen, daß es sich um ein mög-

lichst getreues Abbild der wesentlichen Zusammenhänge handelt, die
wir aber meist nur näherungsweise wiedergeben können oder mit Rücksicht auf die weitere Behandlung absichtlich vereinfachen. In den Beispielen von Abschn. 1.2 sind wir stufenweise zu verschiedenen System-
modellen übergegangen, die wir hier nochmals zusammenstellen und
charakterisieren wollen.

Am Anfang der Betrachtung eines realen Systems steht das
Wirkschaltbild als ein vereinfachtes Modell, das noch gegenständlich
ist und in schematischer Darstellung die Bauglieder, Einrichtungen und
Anlagen sowie die reale Bedeutung der Systemgrößen und die Ursachen
ihrer gegenseitigen Beeinflussung erkennen läßt. Bei technischen Anwendungen z. B. handelt es sich um ein Geräteschaltbild, in der Biologie
um eine bildliche Darstellung des Zusammenwirkens von Organen
oder Organismen.

Im *Blockschaltbild* gehen wir zu einer abstrakten Systembetrachtung
über. Die Systemgrößen werden durch gerichtete Wirkungslinien ab-
gebildet. Durch Blöcke (rechteckige Kästen) mit mehreren Eingangs-
und Ausgangsgrößen wird eine Abhängigkeit der letzteren von
den ersteren dargestellt — vgl. Bild 1.1. Bei Bedarf werden wir durch
Hinweise in den Blöcken diese Abhängigkeit genauer kennzeichnen
(wie z. B. in Bild 1.15). Wir wollen aber nicht verlangen, daß solche
Hinweise in jedem Falle vollständig sind. Falls wir auf diese Weise
den wirkungsmäßigen Zusammenhang zwischen realen Systemgrößen,
also z. B. physikalische Wirkungen, wiedergeben wollen, ist zu beachten,
daß wir durch einen Block nur einseitig gerichtete Wirkungen beschreiben können. Für die Beschreibung einer Wechselwirkung oder einer

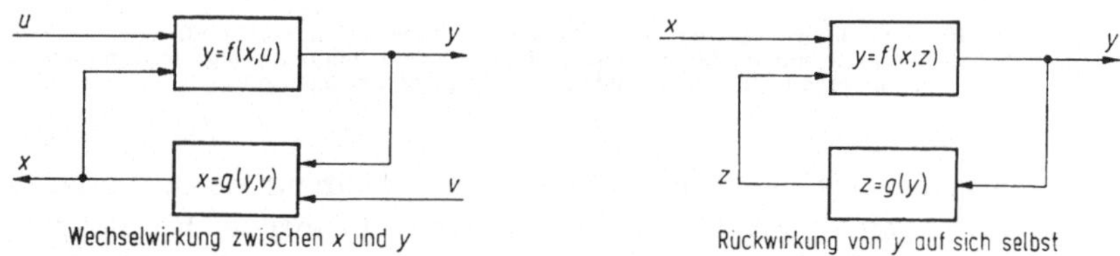

Bild 1.18. Wechselwirkung zwischen x und y (links) und Rückwirkung von y auf sich selbst
(rechts) im Blockschaltbild.

Rückwirkung müssen wir einen zweiten Block zu Hilfe nehmen (vgl.
Bild 1.18). Physikalische Rückwirkungen im Innern eines Systems sind
z. B. im Blockschaltbild 1.15 aufgetreten. Sie haben nichts mit der
gerätetechnischen Rückführung der Regelgröße über den Regler zu
tun. Tatsächlich gibt es bei diesem System noch mehr innere Wechselwirkungen, z. B. zwischen Ankerstrom und Generatordrehzahl, die wir
vernachlässigt haben.

Aus diesen Bemerkungen und Beispielen geht hervor, daß man die Blöcke nicht ohne weiteres mit den Bauelementen des Wirkschaltbildes identifizieren kann oder bei einem solchen Versuch zumindest auf deren genaue Abgrenzung verzichten muß, da ja ein Block oft die Wirkung zwischen verschiedenen Systembauteilen symbolisiert. Die Ähnlichkeit ist besonders gering, wenn wir das Blockschaltbild zur Veranschaulichung mathematischer Zusammenhänge benützen, die aus den ursprünglichen Beziehungen zwischen den Größen des Wirkschaltbildes durch mehrfache Umformungen oder Einführung von neuen Variablen hervorgegangen sind.

In einem Regelkreis sorgt man nach Möglichkeit für eine *rückwirkungsfreie Kopplung* zwischen der Strecke und dem Regler, um eine Störung der Regelgröße durch die Meßeinrichtung und eine Beeinträchtigung der Funktion des Reglers durch das Stellglied zu vermeiden. Eine rückwirkungsfreie Kopplung ist auch Voraussetzung, wenn in der schematischen Darstellung des Steuer- und Regelprinzips von Bild 1.2 die Blöcke tatsächlich die Abgrenzung der Regel- bzw. Steuereinrichtung und der Strecke angeben sollen. Meist handelt es sich hierbei aber um eine Idealisierung. Im Beispiel 1.1 haben wir die Entkoppelung näherungsweise durch den hydraulischen Leistungsverstärker und Verwendung eines kleinen Fliehkraftpendels erreicht.

Zur analytischen Untersuchung des Systems verschaffen wir uns ein *mathematisches Modell*, das aus einer Anzahl von Gleichungen zwischen den wesentlichen Systemgrößen besteht, die es gestatten, deren Verhalten zu berechnen. Unter dem *Strukturbild* verstehen wir eine bildhafte Darstellung des mathematischen Modells mit Hilfe genormter Symbole für die Rechenoperationen.

In vielen Fällen ist die Lösung der Systemgleichungen schwierig. Man kann dann das Übertragungsverhalten des Systems auf dem *Analogrechner* simulieren, auf dem die im mathematischen Modell bzw. im Strukturbild vorkommenden Größen als elektrische Spannungen dargestellt, die sie verknüpfenden Rechenoperationen durch Potentiometer, Rechenverstärker usw. realisiert werden. Der programmierte Rechner stellt ein spezielles gerätetechnisches Systemmodell dar, und der *Koppelplan* ist das Wirkschaltbild, das die auf dem Rechner vorzunehmende Schaltung angibt.

Zur Aufstellung des Koppelplanes brauchen wir den Aufbau des Rechners im einzelnen nicht zu verstehen, es genügt, wenn wir die Funktion seiner Rechenelemente kennen, die in Bild 1.20 zusammengestellt sind. Dabei hat man die in der letzten Spalte angegebenen Einschränkungen zu beachten, die gerätetechnisch bedingt sind. Bild 1.19 zeigt, wie man durch Zusammenschaltung von Potentiometern und Rechenverstärkern die Eingangsgrößen mit Faktoren bewerten kann, die von 1, 10 oder 100 verschieden sind.

Der Analogrechner enthält keine Rechenelemente zum Differenzieren. Durch Kunstgriffe ist zwar eine näherungsweise Differentiation möglich, aber weniger genau durchführbar als die Integration. Insbesondere werden die vorwiegend höherfrequenten Rauschanteile des Rechners beim Differenzieren verstärkt (sinusförmige Störspannung $\sin(\omega t) \to \omega \cos(\omega t)$), während sie beim Integrieren geglättet werden. Wir haben daher Differenzieroperationen auch in den Strukturbildern vermieden.

Für den Übergang zum Koppelplan haben wir die Werte von Systemgrößen, die durch Spannungen dargestellt werden, in Spannungseinheiten auszudrücken.

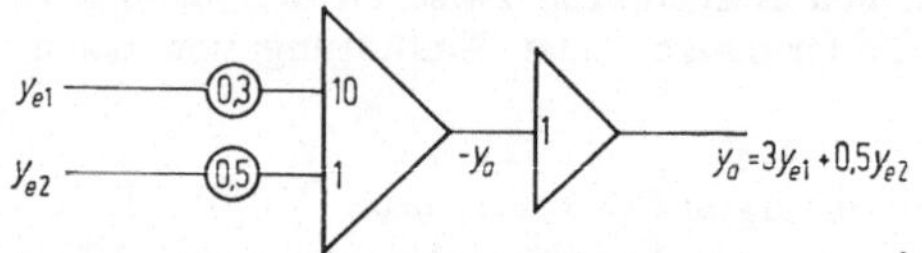

Bild 1.19. Zur Aufstellung des Koppelplans.

Dabei ist zu berücksichtigen, daß die Rechenverstärker nur dann mit der angegebenen Genauigkeit arbeiten, wenn sie nicht übersteuert werden, ihre Ausgangsspannungen also unterhalb einer gewissen Schranke bleiben. Diese maximal zulässige Spannung legt man als Maschineneinheit (1 ME) fest. Sie beträgt z. B. 10 V oder 100 V. Schließlich bleibt in diesem Zusammenhang zu beachten, daß die in Bild 1.20 gegebenen formelmäßigen Beschreibungen für die Rechenelemente

Rechenelement	Schaltbild	Zuordnungsvorschrift	Einschränkungen
Potentiometer	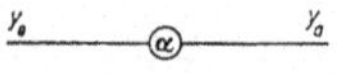	$y_a = \alpha \cdot y_e$	$0 < \alpha < 1$
Summierer	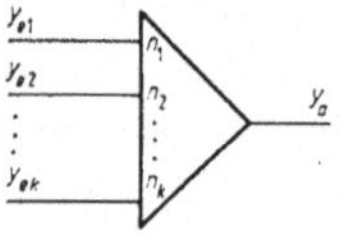	$y_a = -\sum\limits_{i=1}^{k} n_i\, y_{ei}$	$n_i = 1$ oder 10
Integrierer	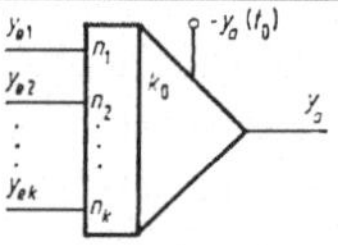	$y_a = -k_0 \left[\int\limits_{t_0}^{t} \left(\sum\limits_{i=1}^{k} n_i\, y_{ei} \right) d\tau \right] + y_a(t_0)$	$n_i = 1; 10$ $k_0 = 1; 10; 100\ \mathrm{sec}^{-1}$
Multiplizierer	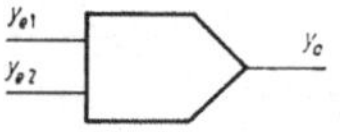	$y_a = y_{e1} \cdot y_{e2}$	
Funktionsgeber	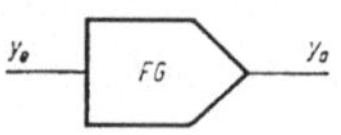	$y_a = f(y_e)$	

Bild 1.20. Schaltbilder für Koppelplan.
Die einstellbaren Werte von k_0 hängen vom Rechnertyp ab.

dimensionsmäßig nicht stimmen. Sie bleiben nur richtig, wenn man sie als Zahlenwertgleichungen liest, wobei y_e und y_a in Maschineneinheiten zu messen sind. Wir wollen daher auch die Systemgrößen direkt in Maschineneinheiten umrechnen. Hierzu nehmen wir eine *Normierung* des mathematischen Modells vor, und zwar so, daß die Zahlenwerte derjenigen Größen, die als *Ausgangsspannungen von Rechenverstärkern* (das sind in unserem Beispiel die Ausgänge der als Summierer, Integrierer und Multiplizierer beschalteten Rechenverstärker, aber nicht die Poentiometerausgänge) nachgebildet werden, dem Betrage nach kleiner als 1 bleiben.

Es gibt verschiedene Möglichkeiten, wie man diese Normierung durchführen kann. Wir zeigen hier nur am Beispiel 1.1, wie man bei einem System von gewöhnlichen Differentialgleichungen erster Ordnung zweckmäßig vorgeht. In diesem Falle haben wir zunächst einmal die Größen Δz, Δh, Δu und $\Delta \omega$ als Ausgangsspannungen von Integrierern (vgl. das Strukturbild 1.9 auf S. 12) zu normieren, eventuell noch die Eingangsgröße. Die Eingangsgrößen hat man sich nämlich auf dem Rechner im allgemeinen durch eine Rechenschaltung zu verschaffen, in der sie ebenfalls als Ausgangsspannungen von Rechenverstärkern auftreten. Für die Erzeugung sinusförmiger Eingangsgrößen z. B. wird man eine Schwingungsdifferentialgleichung simulieren, welche $\sin(\omega_0 t)$ als Lösung hat. Zur Normierung suchen wir (rohe) Abschätzungen für die auftretenden Maximalwerte Δz_m, Δh_m, . . ., welche diese Größen betragsmäßig annehmen. Solche Abschätzungen ergeben sich meist aus physikalischen oder sonstigen allgemeinen Überlegungen. Wir nehmen hier die Maximalwerte als bekannt an. Die normierten Größen $\left[\dfrac{\Delta z}{\Delta z_m}\right]$, $\left[\dfrac{\Delta h}{\Delta h_m}\right]$, . . . sind dimensionslos und bleiben dem Betrage nach kleiner als 1. Wir können ihnen daher auf dem Rechner eine in ME gemessene Spannung mit denselben Zahlenwerten zuordnen. Durch Einführung dieser normierten Größen erhalten wir die Gln. (1.4). Den Koeffizienten dieses Gleichungssystems entsprechen bestimmte Potentiometereinstellungen, die man in den sog. Realisierungsbedingungen (vgl. Bild 1.10) zusammenfaßt. Man wird nachträglich auf dem Rechner prüfen, daß nun nicht umgekehrt durch zu große Wahl der Maximalwerte die Aussteuerung einzelner Rechenverstärker wesentlich unter 10% bleibt, da hierdurch ebenfalls die Rechengenauigkeit herabgesetzt würde.

Schließlich hat man im allgemeinen noch durch eine Zeittransformation

$$\tau = \beta\, t, \qquad \frac{d}{dt} = \beta\, \frac{d}{d\tau}$$

dafür zu sorgen, daß die Koeffizienten der Differentialgleichung in den Bereich kommen, der auf Grund der letzten Spalte von Bild 1.20 und der Genauigkeit der Potentiometer überhaupt einstellbar ist. Er liegt etwa zwischen 0,01 und 1000. Dadurch kann man gleichzeitig erreichen, daß der Rechenvorgang in der Größenordnung von Millisekunden bis Sekunden abläuft, was unter Umständen für die Beobachtung oder Registrierung der Ausgangsgrößen erwünscht ist.

2. Lineare Übertragungssysteme

Vorbemerkung: Das wichtigste mathematische Modell, mit dem wir uns später ausschließlich beschäftigen, hat die Form

$$\dot{x}_1 = a_{11}\,x_1 + \cdots + a_{1n}\,x_n + b_{11}\,u_1 + \cdots + b_{1l}\,u_l,$$
$$\vdots$$
$$\dot{x}_n = a_{n1}\,x_1 + \cdots + a_{nn}\,x_n + b_{n1}\,u_1 + \cdots + b_{nl}\,u_l,$$
$$y_1 = c_{11}\,x_1 + \cdots + c_{1n}\,x_n + d_{11}\,u_1 + \cdots + d_{1l}\,u_l,$$
$$\vdots$$
$$y_m = c_{m1}\,x_1 + \cdots + c_{mn}\,x_n + d_{m1}\,u_1 + \cdots + d_{ml}\,u_l.$$

Es heißt *linear*, weil die rechten Seiten linear von den Größen x_ν und u_λ abhängen, und *zeitinvariant*, weil die Koeffizienten konstant sind. Den tieferen Grund für diese Bezeichnungen werden wir in den Abschn. 2.2 und 2.4 kennenlernen.

Die Lösung solcher Systeme erfolgt am bequemsten mit Hilfe der Laplace-Transformation (Abschn. 2.6). In den Abschn. 2.1 bis 2.4 haben wir weitere Ergebnisse und klassische Lösungsmethoden angegeben, weil diese oft weiter reichen und deshalb in den neueren Abhandlungen oder Anwendungen der linearen Systemtheorie wieder in den Vordergrund gestellt werden.

Der Leser, der möglichst schnell zu den Stabilitätsuntersuchungen und Syntheseverfahren kommen will, kann die Abschn. 2.2 bis 2.4 überspringen. Abschn. 2.5 schließt zwar an die zuvor behandelten Methoden an, nimmt aber eine Sonderstellung ein, weil er zugleich eine einfache Einführung der charakteristischen Gleichung und der Eigenschwingungen bringt, die bei den Stabilitätsuntersuchungen eine fundamentale Rolle spielen.

2.1 Übertragungssystem, Zustand, Normalform

Zur Einführung bringen wir

Beispiel 2.1: Im angegebenen Wirkschaltbild sei u als aufgeprägte Spannung und y als Ausgangsspannung des unbelasteten Netzwerkes betrachtet. Wir interessieren uns für die Abhängigkeit der Ausgangsgröße y von der Eingangsgröße u. Für die Spannungen x_1 und x_2 an den beiden Kondensatoren gilt

$$C_1\,\dot{x}_1 = i_1, \quad C_2\,\dot{x}_2 = i_2.$$

Als Spannungsbilanz lesen wir ab.

$$x_1 + R_1 i_1 = x_2, \quad x_2 + R_2(i_1 + i_2) = u.$$

Damit haben wir ein erstes mathematisches Modell gewonnen, das aber recht unübersichtlich ist. Insbesondere erkennt man auf diese Weise bei komplexen Systemen kaum, ob das mathematische Modell vollständig ist, ob es also genügend Gleichungen zur Berechnung der unbekannten Größen umfaßt, wenn man bei seiner Aufstellung nicht nach bestimmten Regeln vorgeht. Wir wollen es daher noch umformen. Mit Hilfe der beiden unteren Gleichungen können wir in den oberen i_1 und i_2 eliminieren. Für die speziellen Werte

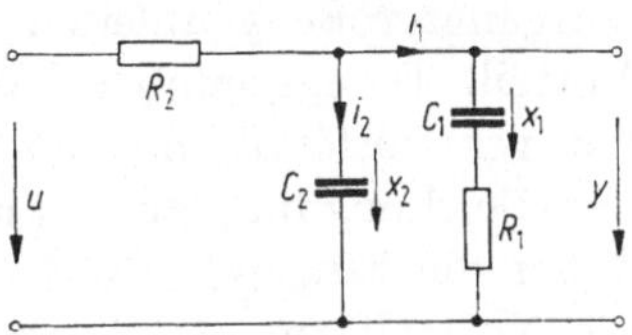

Bild 2.1. Wirkschaltbild zu Beispiel 2.1

$$\omega_1 = \frac{1}{R_1 C_1} = 2; \quad \omega_2 = \frac{1}{R_2 C_2} = \frac{3}{2}; \quad \varkappa = \frac{R_2}{R_1} = \frac{1}{3} \; {}^{1}$$

erhalten wir insbesondere

$$\begin{aligned}
\dot{x}_1 &= -2x_1 + 2x_2, \\
\dot{x}_2 &= \tfrac{1}{2}x_1 - 2x_2 + \tfrac{3}{2}u, \\
y &= \quad x_2
\end{aligned}$$

oder in Matrixform

$$\binom{\dot{x}_1}{\dot{x}_2} = \begin{pmatrix} -2 & 2 \\ \tfrac{1}{2} & -2 \end{pmatrix} \binom{x_1}{x_2} + \binom{0}{\tfrac{3}{2}} u,$$

$$y = (0 \;\; 1) \binom{x_1}{x_2}. \tag{2.1}$$

Die ersten beiden Gleichungen sind zwei gekoppelte Differentialgleichungen erster Ordnung zur Berechnung von x_1 und x_2, mit der dritten haben wir die Ausgangsgröße y besonders gekennzeichnet. Auf die Lösung gehen wir in Beispiel 2.2. ein.

Zunächst leiten wir daraus noch eine andere Gleichung her, in der nur die Eingangs- und Ausgangsgröße sowie ihre Ableitungen vorkommen. Hierzu ersetzen wir die beiden Differentialgleichungen erster Ordnung durch eine Gleichung zweiter Ordnung. Wir differenzieren die Gleichung für $\dot{x}_2$,

$$\ddot{x}_2 = \tfrac{1}{2}\dot{x}_1 - 2\dot{x}_2 + \tfrac{3}{2}\dot{u},$$

und eliminieren aus dem Ergebnis mit Hilfe der beiden obigen Differentialgleichungen x_1 und $\dot{x}_1$. Wenn wir noch $y = x_2$ berücksichtigen, erhalten wir so

$$\ddot{y} + 4\dot{y} + 3y = 3u + \tfrac{3}{2}\dot{u}.$$

In diesem Beispiel sind *verschiedene Formen des mathematischen Modells* angegeben. Bei der ersten haben wir einfach die Gleichungen für die Elemente des Wirkschaltbildes und ihre Koppelungen untereinander geschrieben. Daraus haben wir ein mathematisches Modell abgeleitet, das aus einem System von Differentialgleichungen erster Ordnung für passend gewählte innere Systemgrößen x_1, x_2 besteht und

---

^{1} Wir messen z. B. t in sec, ω in sec^{-1} und fassen alle Gleichungen als Zahlenwertgleichungen auf.

einer weiteren Gleichung, die den Zusammenhang mit der Ausgangsgröße angibt. Wir nennen das die *Normalform des mathematischen Modells*. Durch Differenzieren und Eliminieren der inneren Größen kann man aus ihr eine *Differentialgleichung höherer Ordnung* für die Ausgangsgröße y ableiten. Das ist aber nur in Ausnahmefällen von Vorteil. Demgegenüber hat die Normalform entscheidende Vorzüge, die wir vorläufig nur andeuten können. Im Beispiel 2.1 kommt in der Gleichung für y auf der rechten Seite neben u noch $\dot{u}$ vor. Wir müssen daher die Eingangsfunktion differenzierbar voraussetzen. Dagegen hat die Normalform für alle stetigen Eingangsfunktionen eine Lösung, sie ist also allgemeiner und für die grundlegenden mathematischen Betrachtungen besser geeignet. Außerdem erweist sich der Eliminationsprozeß bei vielen Fragestellungen als überflüssig und kann sogar unerwünscht sein, wenn man auch über das Verhalten des Systems im Inneren gewisse Aussagen machen möchte. Im obigen Beispiel könnte man etwa zusätzlich danach fragen, ob die beiden Kondensatoren überlastet werden. Ähnliche Fragestellungen sind bei den allgemeinen Stabilitätsbetrachtungen von größter Wichtigkeit. Schließlich läßt die direkte Lösung der Gleichungen in Normalform die Bedeutung gewisser Anfangswerte, die man für die Berechnung der Ausgangsgröße braucht, einfach erkennen. Wir erläutern das am

Beispiel 2.2: (Fortsetzung zu Beispiel 2.1): Wir nehmen an, die Eingangsfunktion $u(t)$ sei für $t \geqq t_0$ vorgegeben, und suchen die zugehörige Ausgangsgröße $y(t)$.

Wir lösen diese Aufgabe zunächst näherungsweise, wozu wir aufeinanderfolgende, äquidistante Zeitpunkte $t_0, t_1, t_2, \ldots$ mit genügend kleinem Abstand Δt betrachten und die Differentialquotienten $\dot{x}_1$, $\dot{x}_2$ durch ihre Differenzenquotienten

$$\dot{x}_i(t_\nu) \approx \frac{x_i(t_{\nu+1}) - x_i(t_\nu)}{\Delta t} \qquad \begin{matrix} \nu = 0, 1, 2, \ldots, \\ i = 1, 2 \end{matrix}$$

ersetzen. Damit gehen die Gln. (2.1) über in die Rekursionsformeln

$$\begin{pmatrix} x_1(t_{\nu+1}) \\ x_2(t_{\nu+1}) \end{pmatrix} = \begin{pmatrix} x_1(t_\nu) \\ x_2(t_\nu) \end{pmatrix} + \left\{ \begin{pmatrix} -2 & 2 \\ \tfrac{1}{2} & -2 \end{pmatrix} \begin{pmatrix} x_1(t_\nu) \\ x_2(t_\nu) \end{pmatrix} + \begin{pmatrix} 0 \\ \tfrac{3}{2} \end{pmatrix} u(t_\nu) \right\} \Delta t.$$

Mit Hilfe dieser Gleichungen kann man zunächst (für $\nu = 0$) $x(t_1) = (x_1(t_1), x_2(t_1))'$ aus $u(t_0)$ berechnen, wenn außerdem $x(t_0) = (x_1(t_0), x_2(t_0))'$ bekannt ist. Aus dem errechneten $x(t_1)$ und $u(t_1)$ folgt dann (für $\nu = 1$) $x(t_2)$, aus $x(t_2)$ und $u(t_2)$ folgt $x(t_3)$ usf. Wir veranschaulichen das Ergebnis graphisch, indem wir in ein (x_1, x_2)-Koordinatensystem die Endpunkte der Vektoren $x(t_0)$, $x(t_1)$, $x(t_2), \ldots$ eintragen und durch einen Streckenzug verbinden. Bild 2.2 zeigt das Ergebnis für einige Spezialfälle. Die Näherung ist um so genauer, je kleiner wir Δt wählen. Die Lösung hängt von $x(t_0)$ ab. Sie ist eindeutig bestimmt, wenn außer dem Verlauf von $u(t)$ für $t \geqq t_0$ dieser Anfangsvektor $x(t_0)$ bekannt ist. Man nennt daher $x(t_0)$ den Anfangszustand und die im Vektor $x(t)$ zusammengefaßten Größen, d. h. die Kondensatorspannungen $x_1(t)$, $x_2(t)$, Zustandsgrößen.

Im Beispiel 2.1 haben wir zunächst die Eingangs- und Ausgangsgrößen festgelegt und nach ihrem Zusammenhang gefragt. In der
Regelungstechnik reicht in vielen Fällen die Kenntnis dieses Zusam-

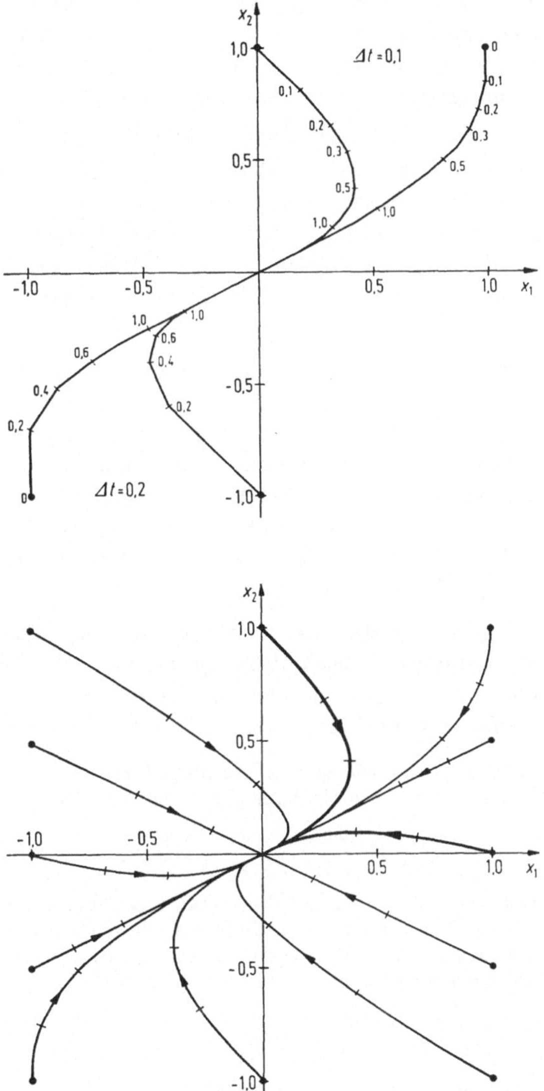

Bild 2.2. Näherungslösungen zu Beispiel 2.1 für das „freie System" ($u = 0$) und verschiedene
Anfangszustände zum Zeitpunkt $t = 0$, veranschaulicht als *Zustandstrajektorien* im zweidimensionalen Zustandsraum.
Oben: grobe Näherung (Rechenschrittweite $\Delta t = 0,2$ bzw. 0,1); unten: Rechenschrittweite
$\Delta t = 0,01$, Zeitmarken bei $t = 0$, 0,2, 0,5.
Die Sonderstellung der beiden stark ausgezogenen Lösungskurven wird in Abschn. 2.3 erläutert.

menhangs als Systembeschreibung aus, so daß wir nach seiner Herleitung die Einzelheiten des Wirkschaltbildes vergessen können.

Definition 2.1: Wenn wir zur Lösung einer Aufgabe von einem System nur zu wissen brauchen, wie einige Systemgrößen $y_1(t), \ldots,$ $y_m(t)$ von gewissen Größen $u_1(t), \ldots, u_l(t)$ abhängen, die wir als unabhängige Variable betrachten, so sprechen wir in diesem Zusammenhang von einem *Übertragungssystem* mit den *Eingangsgrößen* $u_\lambda(t)$ $(\lambda = 1, \ldots, l)$ und den *Ausgangsgrößen* $y_\mu(t)$ $(\mu = 1, \ldots, m)$.

Das Verhalten der Ausgangsgrößen in der Zukunft war im obigen Beispiel eindeutig festgelegt, wenn man den künftigen Verlauf der Eingangsgrößen und die Anfangswerte gewisser Systemgrößen kennt. Erfahrungsgemäß trifft das für eine große Klasse von Systemen zu. Wir werden uns weiterhin ausschließlich mit solchen Systemen beschäftigen und sagen

Definition 2.2: Wenn sich zu dem mathematischen Modell eines Übertragungssystems eine Menge von Größen $x_1(t), x_2(t), \ldots$ so angeben läßt, daß die Werte der Ausgangsgrößen für $t = t_1$ berechnet werden können, sofern neben den Eingangsgrößen in einem Intervall $t_0 \leqq t \leqq t_1$ die Werte $x_1(t_0), x_2(t_0), \ldots$ bekannt sind, dann nennt man diese Größen *Zustandsgrößen* und sagt, daß durch ihre Werte für $t = t_0$ der *Zustand des Systems* in diesem Zeitpunkt gekennzeichnet werde.

Die Zustandsgrößen sind nicht eindeutig festgelegt. Man kann durch eine umkehrbar eindeutige *Zustandstransformation* zu neuen Zustandsgrößen übergehen. Eine solche Transformation empfiehlt sich manchmal zur Vereinfachung des mathematischen Modells.

Beispiel 2.3: Wir gehen wieder von Beispiel 2.1 mit den speziellen Zahlenwerten aus und führen zur Vereinfachung durch die Transformation

$$z_1 = x_1 + 2x_2, \qquad x_1 = \tfrac{1}{2}z_1 - z_2,$$
$$z_2 = -\tfrac{1}{2}x_1 + x_2, \qquad x_2 = \tfrac{1}{4}z_1 + \tfrac{1}{2}z_2$$

neue Zustandsgrößen ein. Wie man auf diese Transformation kommt, werden wir in Abschn. 2.5 zeigen. Wir differenzieren die Definitionsgleichungen für die neuen Größen z_1, z_2 und drücken die auftretenden Ableitungen $\dot{x}_1$, $\dot{x}_2$ mit Hilfe der ursprünglichen Differentialgleichungen durch x_1 und x_2 aus:

$$\dot{z}_1 = \quad \dot{x}_1 + 2\dot{x}_2 = -x_1 - 2x_2 + 3u,$$
$$\dot{z}_2 = -\tfrac{1}{2}\dot{x}_1 + \quad \dot{x}_2 = \quad \tfrac{3}{2}x_1 - 3x_2 + \tfrac{3}{2}u.$$

Wenn wir auch auf der rechten Seite z_1, z_2 anstelle von x_1, x_2 einführen und die Gleichung für y hinzunehmen, erhalten wir

$$\dot{z}_1 = - \quad z_1 + 3u,$$
$$\dot{z}_2 = -3z_2 + \tfrac{3}{2}u,$$
$$y = \tfrac{1}{4}z_1 + \tfrac{1}{2}z_2,$$

also wieder ein mathematisches Modell in Normalform. Die beiden Differentialgleichungen sind jetzt aber *entkoppelt* und können getrennt gelöst werden. Da wir die Lösungsmethoden erst später behandeln, geben wir ihre allgemeine Lösung ohne Herleitung an[1]:

$$z_1(t) = z_{10}\, e^{-(t-t_0)} + 3 \int_{t_0}^{t} e^{-(t-\tau)}\, u(\tau)\, d\tau,$$

$$z_2(t) = z_{20}\, e^{-3(t-t_0)} + \tfrac{3}{2} \int_{t_0}^{t} e^{-3(t-\tau)}\, u(\tau)\, d\tau.$$

Daraus folgt für die Ausgangsgröße

$$y(t) = \tfrac{1}{4}z_{10}\, e^{-(t-t_0)} + \tfrac{1}{2}z_{20}\, e^{-3(t-t_0)} + \tfrac{3}{4} \int_{t_0}^{t} (e^{-(t-\tau)} + e^{-3(t-\tau)})\, u(\tau)\, d\tau.$$

Die Integrationskonstanten $z_{10} = z_1(t_0)$, $z_{20} = z_2(t_0)$ legen bei bekannter Eingangsgröße für $t \geqq t_0$ den Verlauf der Ausgangsgröße eindeutig fest. Der Zustand

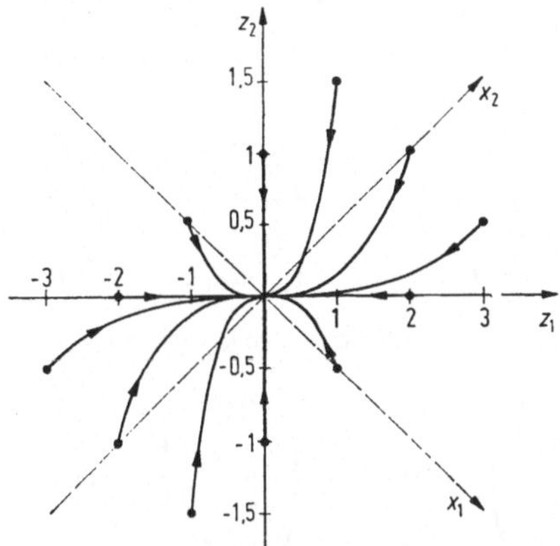

Bild 2.3. Zustandstrajektorien des freien Systems von Bild 2.2, dargestellt in rechtwinkligen z_1, z_2-Koordinaten. Sie ergeben sich aus den obigen Lösungen z_1 und z_2 für $u = 0$ durch Elimination von t als kubische Parabeln
$$\frac{z_2}{z_{20}} = \left(\frac{z_1}{z_{10}}\right)^3.$$
Pfeile in Richtung wachsender Zeit t.

im Zeitpunkt t_0 kann also durch die Anfangswerte $z_1(t_0)$, $z_2(t_0)$ beschrieben werden. Sie sind nicht unmittelbar gegeben, lassen sich aber aus den Anfangswerten der Kondensatorspannungen x_{10}, x_{20} berechnen:

$$z_{10} = x_{10} + 2x_{20}, \qquad z_{20} = -\tfrac{1}{2}x_{10} + x_{20}.$$

---

[1] Durch Einsetzen der angegebenen Ausdrücke für $z_1(t)$ und $z_2(t)$ in die Differentialgleichungen und Beachtung der Differentiationsregel $\dfrac{d}{dt}\left\{\displaystyle\int_0^t f(\tau,t)\, d\tau\right\}$ $= f(t,t) + \displaystyle\int_0^t \dfrac{\partial}{\partial t} f(\tau,t)\, d\tau$ überzeugt man sich, daß es sich tatsächlich um eine Lösung handelt. Dabei ist $u(t)$ eine beliebige stetige Funktion.

Damit erhalten wir

$$y(t) = \tfrac{1}{4}(e^{-(t-t_0)} - e^{-3(t-t_0)})\,x_{10} + \tfrac{1}{2}(e^{-(t-t_0)} + e^{-3(t-t_0)})\,x_{20} +$$

$$+ \tfrac{3}{4}\int\limits_{t_0}^{t} (e^{-(t-\tau)} + e^{-3(t-\tau)})\,u(\tau)\,d\tau.$$

$(x_1(t),\, x_2(t))$ und $(z_1(t),\, z_2(t))$ sind zwei Paare von Zustandsgrößen, die sich durch die angegebene Zustandstransformation ineinander umrechnen lassen. Das erste Paar hat eine unmittelbar ersichtliche physikalische Bedeutung, das zweite Paar führt auf ein einfaches mathematisches Modell. Bild 2.3 gibt eine anschauliche Deutung dieser Zustandstransformation als Einführung neuer Koordinaten für den Zustandsvektor.

Erfahrungsgemäß lassen sich viele Übertragungssysteme wie in unseren bisherigen Beispielen durch ein *mathematisches Modell in Normalform* beschreiben, das für ein System mit mehreren Eingangsgrößen $u_1, \ldots, u_l$ und Ausgangsgrößen $y_1, \ldots, y_m$ die Gestalt

$$\begin{aligned}
\dot{x}_1 &= f_1(x_1, \ldots, x_n;\, u_1, \ldots, u_l;\, t), \\
&\;\;\vdots \\
\dot{x}_n &= f_n(x_1, \ldots, x_n;\, u_1, \ldots, u_l;\, t), \\
y_1 &= g_1(x_1, \ldots, x_n;\, u_1, \ldots, u_l;\, t), \\
&\;\;\vdots \\
y_m &= g_m(x_1, \ldots, x_n;\, u_1, \ldots, u_l;\, t)
\end{aligned}$$

hat. Zur Abkürzung fassen wir die vorkommenden Größen zu Vektoren

$$\boldsymbol{u}(t) = \begin{pmatrix} u_1(t) \\ u_2(t) \\ \vdots \\ u_l(t) \end{pmatrix}, \quad \boldsymbol{y}(t) = \begin{pmatrix} y_1(t) \\ y_2(t) \\ \vdots \\ y_m(t) \end{pmatrix}, \quad \boldsymbol{x}(t) = \begin{pmatrix} x_1(t) \\ x_2(t) \\ \vdots \\ x_n(t) \end{pmatrix}$$

Eingangsvektor   Ausgangsvektor

zusammen und schreiben die angegebenen Gleichungen in der Form

$$\begin{aligned}
\text{a)} \quad \dot{\boldsymbol{x}}(t) &= \boldsymbol{f}\big(\boldsymbol{x}(t);\, \boldsymbol{u}(t);\, t\big), \\
\text{b)} \quad \boldsymbol{y}(t) &= \boldsymbol{g}\big(\boldsymbol{x}(t);\, \boldsymbol{u}(t);\, t\big).
\end{aligned} \tag{2.2}$$

Wir können das in Beispiel 2.2 beschriebene numerische Lösungsverfahren auf (2.2) übertragen. Bei geeigneten Differenzierbarkeitsannahmen über die Funktionen auf der rechten Seite gilt näherungsweise

$$\boldsymbol{x}(t_{\nu+1}) = \boldsymbol{x}(t_\nu) + \boldsymbol{f}\big(\boldsymbol{x}(t_\nu);\, \boldsymbol{u}(t_\nu);\, t_\nu\big)\,\Delta t,$$

$$\boldsymbol{y}(t_{\nu+1}) = \boldsymbol{g}\big(\boldsymbol{x}(t_{\nu+1});\, \boldsymbol{u}(t_{\nu+1});\, t_{\nu+1}\big) \qquad (\nu = 0, 1, 2, \ldots).$$

Diese Gleichungen kann man auf einem Digitalrechner lösen. Eine Verfeinerung dieser einfachen *numerischen Lösungsmethode* stellt das Verfahren von RUNGE und KUTTA dar.

Die Lösung ist in den Zeitpunkten $t_0, t_1, t_2, \ldots$ eindeutig bestimmt, wenn neben der Eingangsfunktion $u(t)$ in diesen Zeitpunkten noch $x(t_0)$ gegeben ist. Diese heuristischen Betrachtungen werden durch die *Existenz- und Eindeutigkeitssätze* für Systeme von Differentialgleichungen verschärft. Danach gilt:

Unter sehr allgemeinen Bedingungen über die Funktion $f(x; u; t)$ hat das Differentialgleichungssystem (2.2a) für jeden stetigen Eingangsvektor $u(t)$ ($t \geq t_0$) und jeden Anfangswert $x(t_0) = x_0$ zu einem beliebigen Zeitpunkt t_0 eine eindeutige Lösung. Nach (2.2b) sind dann auch die Ausgangsgrößen $y(t)$ für $t \geq t_0$ eindeutig festgelegt. Diesen Sachverhalt drücken wir symbolisch aus, indem wir

$$x(t) = \mathscr{F}[u; x(t_0)],$$
$$y(t) = \mathscr{G}[u; x(t_0)]$$

schreiben. Wir können also nach Definition 2.2 die in $x(t)$ zusammengefaßten Komponenten $x_1(t), \ldots, x_n(t)$ als Zustandsgrößen des mathematischen Modells (2.2) auffassen und nennen $x(t)$ den zugehörigen Zustandsvektor.

Für die theoretische Untersuchung von Übertragungssystemen ist es oft zweckmäßig, wenn man sich nicht auf die Betrachtung stetiger Eingangsfunktionen beschränkt. Wir haben z. B. in Abschn. 1.2 die *Einheitssprungfunktion*

$$\sigma(t) = \begin{cases} 0 & \text{für} \quad t \leq 0, \\ 1 & \text{für} \quad t > 0 \end{cases} \tag{2.3}$$

zum Testen des Verhaltens linearer Regelsysteme verwendet. Bei physikalischen Systemen läßt sich eine sprunghafte Änderung nur näherungsweise durch stetige Funktionen mit einer sehr kleinen Anstiegszeit herstellen (vgl. Bild 2.4). Die Berücksichtigung einer endlichen

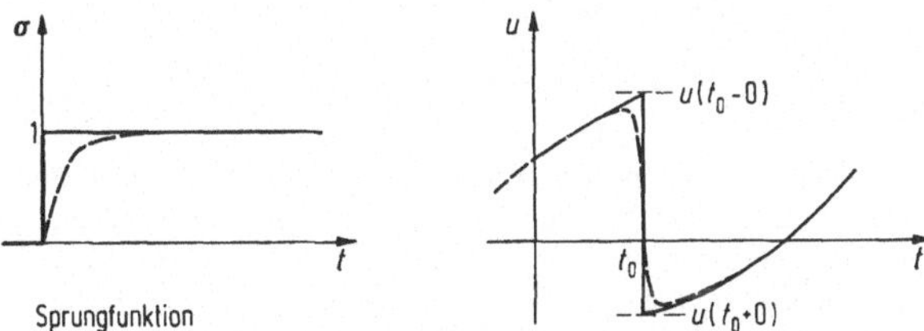

Bild 2.4. Eingangsfunktionen mit Sprungstellen.

Anstiegszeit bringt aber einen zusätzlichen Parameter in die Betrachtung und macht damit die Herleitung der Ergebnisse sowie ihre Diskussion in vielen Fällen unnötig kompliziert. Wir wollen daher allgemein als *Eingangsgrößen* auch *stückweise stetige Funktionen* zulassen,

d. h. Funktionen, die in einem endlichen Zeitintervall höchstens endlich viele Sprungstellen haben und sonst überall stetig sind.

Für solche Eingangsfunktionen verlieren die Differentialgleichungen (2.2a) an den Sprungstellen von $u(t)$ ihren Sinn. Man kann die Situation aber retten, wenn man die Differentialgleichungen durch Übergangsbedingungen ergänzt, die angeben, wie sich $x(t)$ an den Sprungstellen $t_0, t_1, t_2, \ldots$ von $u(t)$ verhält. Wenn wir z. B. verlangen, daß $x(t)$ an diesen Stellen stetig bleibt, können wir zunächst die Lösung von (2.2a) mit dem vorgegebenen Anfangswert t_0 für das erste Teilintervall (t_0, t_1) konstruieren und den linksseitigen Grenzwert $x(t_1 - 0)$ bestimmen. Im Anschluß daran suchen wir die Lösung für das zweite Intervall (t_1, t_2) mit der Anfangsbedingung $x(t_1 + 0) = x(t_1 - 0)$, aus der wir den Anfangswert $x(t_2 + 0) = x(t_2 - 0)$ für das dritte Teilintervall erhalten, usf. Diese Vereinbarung gestattet die Lösung des Anfangswertproblems bei vorgegebenem $x(t_0)$ für stückweise stetige Eingangsfunktionen.

Wir wollen zeigen, daß die *Übergangsbedingungen*

$$x(t_i + 0) = x(t_i - 0) \tag{2.4}$$

auch physikalisch sinnvoll sind. Hierzu erinnern wir anhand des folgenden Beispiels daran, daß zur experimentellen Prüfung physikalischer Zusammenhänge ihre differentielle Form durch Integrale ersetzt wird.

Beispiel 2.4: Wenn wir im Wirkschaltbild 2.1 für die beiden Kondensatoren den Zusammenhang zwischen Strom und Spannung in der Integralform

$$x_k(t) - x_k(t_0) = \frac{1}{C_k} \int\limits_{t_0}^{t} i_k(\tau)\, d\tau \quad (k = 1, 2)$$

schreiben, erhalten wir nach Elimination der Ströme i_1 und i_2 mit den in Beispiel 2.1 angegebenen Zahlenwerten

$$x_1(t) = x_1(t_0) + \int\limits_{t_0}^{t} \left(-2x_1(\tau) + 2x_2(\tau)\right) d\tau,$$

$$x_2(t) = x_2(t_0) + \int\limits_{t_0}^{t} \left(\tfrac{1}{2}x_1(\tau) - 2x_2(\tau) + \tfrac{3}{2}\, u(\tau)\right) d\tau.$$

Das sind zwei gekoppelte Integralgleichungen zur Berechnung von x_1 und x_2. Sie haben, wie hier ohne Beweis angeführt sei, für jede stückweise stetige Funktion $u(t)$ eine eindeutige Lösung. Die Lösungen sind sogar stetig. Die (Riemannschen) Integrale auf der rechten Seite sind nämlich in jedem Falle stetige Funktionen der oberen Grenze, d. h. von t; folglich gilt das auch für die auf der linken Seite stehenden Funktionen x_1 und x_2.

Für stetige Eingangsfunktionen stimmen die Lösungen mit denen der ursprünglich aufgestellten Differentialgleichungen überein. Der Nachweis beruht wieder auf dem Glättungseffekt der Integrale: Für stetige Integranden stellen die Integrale sogar differenzierbare Funktionen der oberen Grenze t dar. Man darf also jetzt die obigen Gleichungen differenzieren und erhält auf diese Weise die Differentialgleichungen.

Im Hintergrund unserer Betrachtungen stehen also die allgemeiner gültigen *Integralgleichungen*

$$x(t) = x(t_0) + \int_{t_0}^{t} f\big(x(\tau); u(\tau); \tau\big)\, d\tau,$$

die sich aus (2.2a) durch Integration ergeben. Unter sehr allgemeinen Voraussetzungen über die Funktion $f(x; u; t)$ liefern sie für stückweise stetige Eingangsfunktionen bei vorgegebenem Anfangszustand $x(t_0)$ stets genau einen stetigen Lösungsvektor $x(t)$. Sie beschreiben erfahrungsgemäß bei technischen Systemen die physikalischen Zusammenhänge auch dann richtig, wenn sich die Eingangsfunktionen beliebig rasch ändern. Wir idealisieren diese Erfahrung, indem wir annehmen, daß sie auch für den Grenzfall sprunghafter Änderungen der Eingangsfunktionen gelten.

2.2 Das Superpositionsgesetz

Wir wollen uns nicht weiter mit so allgemeinen Systemen beschäftigen, wie sie durch (2.2) beschrieben werden, sondern die Betrachtung auf lineare Systeme einschränken. Die Untersuchung nichtlinearer Systeme erfordert meist andere Methoden. Insbesondere ist die einfache Beschreibung von Übertragungssystemen mit Hilfe der Übertragungsfunktion, die wir später in den Vordergrund stellen, für solche Systeme nicht möglich.

Definition 2.3: Ein mathematisches Modell eines Übertragungssystems mit der Zuordnungsvorschrift

$$y(t) = \mathscr{G}[u; x_0]$$

heißt *linear*, wenn das *Superpositionsgesetz* gilt, d. h. wenn für beliebige Eingangsfunktionen u_1, u_2 und Anfangszustände x_{01}, x_{02} sowie beliebige Konstanten c_1, c_2

$$\mathscr{G}[c_1 u_1 + c_2 u_2; c_1 x_{01} + c_2 x_{02}] = c_1 \mathscr{G}[u_1; x_{01}] + c_2 \mathscr{G}[u_2; x_{02}] \qquad (2.5)$$

erfüllt ist.

Wir heben einige *Spezialfälle* des Superpositionsgesetzes hervor, die durch wiederholte Anwendung von (2.5) entstehen:

Bei Überlagerung von m Eingangsvektoren u_μ und bei *Erregung aus der Ruhelage* (d. h. $x_{0\mu} = o$) gilt

$$\mathscr{G}\left[\sum_{\mu=1}^{m} c_\mu u_\mu; o\right] = \sum_{\mu=1}^{m} c_\mu \mathscr{G}[u_\mu; o]. \qquad (2.5\,\text{a})$$

Für das *freie System* (d. h. $u_\mu = o$) gilt bei Überlagerung von m Anfangszuständen

$$\mathscr{G}\left[o; \sum_{\mu=1}^{m} c_\mu x_{0\mu}\right] = \sum_{\mu=1}^{m} c_\mu \mathscr{G}[o; x_{0\mu}]. \qquad (2.5\,\text{b})$$

Schließlich kann man sich die zu u und x_0 gehörende Ausgangsgröße $\mathscr{G}[u; x_0]$ zusammengesetzt denken aus der des freien Systems mit Anfangszustand x_0 und der des durch u aus der Ruhelage gestörten Systems:

$$\mathscr{G}[u; x_0] = \mathscr{G}[o; x_0] + \mathscr{G}[u; o]. \tag{2.5c}$$

Anmerkung zu Definition 2.3: Im Beispiel 2.3 haben wir für $u = 0$ eine lineare Abhängigkeit

$$y(t) = \tfrac{1}{4}(e^{-t} - e^{-3t})\, x_{10} + \tfrac{1}{2}(e^{-t} + e^{-3t})\, x_{20} \quad (t_0 = 0)$$

der Ausgangsgröße vom Anfangszustand. Führen wir als neue Zustandsvariablen die in den Kondensatoren gespeicherten Energien E_1, E_2 ein,

$$\tilde{x}_k = E_k = \left(\frac{x_k}{\varkappa_k}\right)^2, \quad \varkappa_k = \sqrt{2/C_k} \quad (k = 1, 2)\,[1],$$

so erhalten wir eine nichtlineare Abhängigkeit

$$y(t) = \frac{\varkappa_1}{4}(e^{-t} - e^{-3t})\sqrt{\tilde{x}_{10}} + \frac{\varkappa_2}{2}(e^{-t} + e^{-3t})\sqrt{\tilde{x}_{20}}$$

vom Anfangszustand $(\tilde{x}_{10}, \tilde{x}_{20})'$.

Die Linearität bezüglich des Anfangszustandes hängt also von der *Wahl der Zustandskoordinaten* ab. Viele Systeme führen von selbst auf lineare Modelle, wenn man geeignete „natürliche Zustandsgrößen" beibehält, die in der Natur als reale Zwischengrößen auftreten. Dieser Fall lag in dem eben erwähnten Beispiel mit der ursprünglichen Wahl der Zustandsgrößen vor. Dabei war allerdings stillschweigend vorausgesetzt, daß die auftretenden Spannungen und Ströme nicht aus dem linearen Bereich der Widerstands- bzw. Kondensatorkennlinien führen. In anderen Fällen darf man mathematische Modelle, die sich als nichtlinear erweisen, näherungsweise durch ein lineares Modell ersetzen. Besonders in der Regelungstechnik kann man oftmals eine *Linearisierung um einen Arbeitspunkt oder einen Gleichgewichtszustand* vornehmen (vgl. Beispiel 1.1).

Das wichtigste Beispiel für ein lineares mathematisches Modell mit l Eingangsgrößen $u_1, \ldots, u_l$, m Ausgangsgrößen $y_1, \ldots, y_m$ und n Zustandsgrößen $x_1, \ldots, x_n$ ist gegeben durch

$$\begin{aligned} \text{a)} \quad & \dot{x}(t) = A(t)\, x(t) + B(t)\, u(t), \\ \text{b)} \quad & y(t) = C(t)\, x(t) + D(t)\, u(t), \\ & A = n \times n\text{-Matrix}, \quad B = n \times l\text{-Matrix}, \\ & C = m \times n\text{-Matrix}, \quad D = m \times l\text{-Matrix}. \end{aligned} \tag{2.6}$$

Zunächst sei bemerkt, daß die Voraussetzungen des Existenz- und Eindeutigkeitssatzes für derartige Systeme, bei denen die Elemente der Matrizen $A(t)$ und

---

[1] Die angegebene Transformation ist nicht umkehrbar eindeutig (um diesen Mangel zu beheben, müßten wir etwa $\tilde{x}_k = \text{sign}\{x_k\}\,(x_k/\varkappa_k)^2$ als neue Zustandsgrößen einführen), die in den Kondensatoren gespeicherten Energien beschreiben den Zustand nicht vollständig. Sie sind also strenggenommen keine Zustandsgrößen im oben definierten Sinne.
Abweichend hiervon spricht man in der Physik von einer Zustandsgröße, wenn diese Größe durch den Zustand eindeutig festgelegt ist.

$B(t)$ stetige Funktionen der Zeit sind, stets erfüllt sind. Es gibt daher bei vorgegebenem Anfangswert $x(t_0)$ zu jeder stückweise stetigen Eingangsfunktion genau eine Lösung, die man aus (2.6) auch für $t < t_0$ berechnen kann.

Von dieser Art waren die mathematischen Modelle (2.1) und (wenn wir die fehlende Kennzeichnung der Ausgangsgröße noch hinzufügen) (1.2) sowie (1.7).

Zum Nachweis der Linearität von (2.6) zeigen wir, daß die Lösung

$$x(t) = \mathscr{F}[u(t); x(t_0)] \tag{2.7}$$

der Differentialgleichung (2.6a) das Superpositionsgesetz (2.5) erfüllt, wobei das Symbol $\mathscr{G}[\ ]$ durch $\mathscr{F}[\ ]$ zu ersetzen ist. Nach (2.6b) überträgt sich dann seine Gültigkeit leicht auf die Ausgangsgröße y. Es seien also

$$x_1(t) = \mathscr{F}[u_1; x_{0\,1}],$$

$$x_2(t) = \mathscr{F}[u_2; x_{0\,2}]$$

zwei beliebige Lösungen, d. h., es gelte

$$\dot{x}_1 = A\,x_1 + B\,u_1, \qquad x_1(t_0) = x_{0\,1},$$

$$\dot{x}_2 = A\,x_2 + B\,u_2, \qquad x_2(t_0) = x_{0\,2}.$$

Multiplizieren wir die obere Gleichung mit c_1, die untere mit c_2 (c_1, c_2 beliebige Konstanten) und addieren beide, so erhalten wir

$$\frac{d}{dt}\,(c_1\,x_1 + c_2\,x_2) = A\,(c_1\,x_1 + c_2\,x_2) + B\,(c_1\,u_1 + c_2\,u_2),$$

$$\bigl(c_1\,x_1(t_0) + c_2\,x_2(t_0)\bigr) = c_1\,x_{0\,1} + c_2\,x_{0\,2},$$

d. h., die Linearkombination $c_1\,x_1 + c_2\,x_2$ ist wieder eine Lösung des Differentialgleichungssystems, und zwar gerade diejenige, die zur Eingangsfunktion $c_1\,u_1 + c_2\,u_2$ und zum Anfangszustand $c_1 x_{0\,1} + c_2 x_{0\,2}$ gehört:

$$\mathscr{F}[c_1\,u_1 + c_2\,u_2; c_1\,x_{0\,1} + c_2\,x_{0\,2}] = c_1\,x_1 + c_2\,x_2$$

$$= c_1\,\mathscr{F}[u_1; x_{0\,1}] + c_2\,\mathscr{F}[u_2; x_{0\,2}].$$

Wir bringen noch zwei weitere

Beispiele 2.5: für *lineare mathematische Modelle* von Übertragungssystemen.

a) $\qquad\qquad y^{(n)} + \alpha_{n-1}\,y^{(n-1)} + \cdots + \alpha_0\,y = \beta_0\,u.$

Die Linearität hängt von der Festlegung geeigneter Zustandsgrößen ab. Wir zeigen zunächst, daß wir y und seine $(n-1)$ ersten Ableitungen als Zustandsgrößen auffassen können. Um das einzusehen, führen wir die obige Differentialgleichung durch die Einführung der Variablen

$$x_1 = y, \qquad x_2 = \dot{y}, \ldots, x_n = y^{(n-1)}$$

in das mathematische Modell

$$\dot{x}_1 = x_2$$
$$\vdots$$
$$\dot{x}_{n-1} = x_n,$$
$$\dot{x}_n = -\alpha_0 x_1 - \cdots - \alpha_{n-1} x_n + \beta_0 u,$$
$$y = x_1$$

über. Es hat die Form (2.6), womit zugleich die lineare Abhängigkeit der Ausgangsgröße y von der Eingangsgröße u und den angegebenen Zustandsgrößen nachgewiesen ist.

b) $y(t) = u(t - T)$ *(Totzeitglied)*

ist ein Beispiel für ein Übertragungssystem, das nicht durch eine Differentialgleichung beschrieben wird.

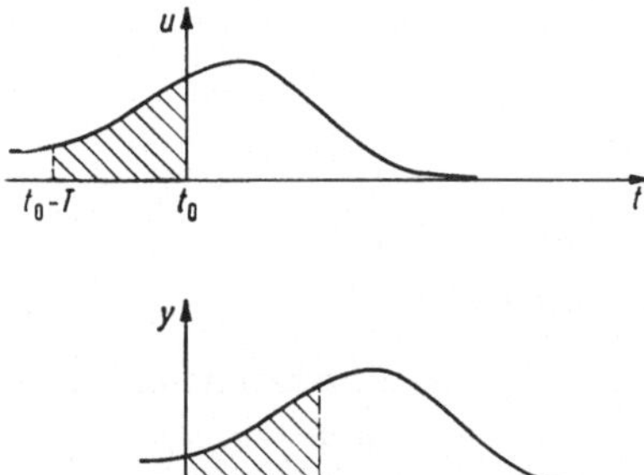

Bild 2.5. Verzögerungen der Ausgangsfunktion durch Totzeitglied.

$y(t)$ ist für $t \geqq t_0$ eindeutig bestimmt, wenn wir die Eingangsfunktion $u(t)$ nicht nur für $t \geqq t_0$ kennen, sondern auch noch für $t_0 - T \leqq t \leqq t_0$ (Bild 2.5). Als Zustand im Zeitpunkt t_0 können wir die im Totzeitglied gespeicherte Menge der Eingangsfunktionswerte $\{u(t_0 - \tau) \mid 0 \leqq \tau \leqq \leqq T\}$ auffassen. Erst zusammen mit dieser Festlegung der Zustandsgrößen stellt die obige Gleichung das mathematische Modell eines Übertragungssystems dar, dessen Linearität man leicht nachprüft.

*

Bei einer umkehrbar eindeutigen, *linearen Zustandstransformation*

$$\tilde{x}(t) = W(t)\, x(t)$$

bleibt die Linearität eines mathematischen Modells erhalten. Den allgemeinen Beweis mit Hilfe des Superpositionsgesetzes überlassen wir dem Leser. Für das spezielle mathematische Modell (2.6) folgt, wenn wir $W(t)$ differenzierbar voraussetzen,

$$\dot{\tilde{x}}(t) = W(t)\,\dot{x}(t) + \dot{W}(t)\, x(t)$$
$$= W(t)\,[A(t)\, x(t) + B(t)\, u(t)] + \dot{W}(t)\, x(t).$$

Setzt man in dieser Gleichung sowie in (2.6b) $x(t) = W^{-1}(t)\,\tilde{x}(t)$, so erhält man

$$\dot{\tilde{x}}(t) = \tilde{A}(t)\,\tilde{x}(t) + \tilde{B}(t)\, u(t),$$
$$y(t) = \tilde{C}(t)\,\tilde{x}(t) + \tilde{D}(t)\, u(t)$$

mit

$$\tilde{A}(t) = [W(t) A(t) + \dot{W}(t)] W^{-1}(t),$$

$$\tilde{B}(t) = W(t) B(t),$$

$$\tilde{C}(t) = C(t) W^{-1}(t), \quad \tilde{D}(t) = D(t),$$

d. h. wieder ein lineares Gleichungssystem derselben Form.

2.3 Transitionsmatrix und Impulsantwort

In diesem Abschnitt wollen wir die Transitionsmatrix und die Impulsantwort, durch die sich das Übertragungsverhalten linearer Systeme vollständig charakterisieren läßt, einführen und die allgemeine Lösung von (2.6) durch diese Kenngrößen ausdrücken.

Hierzu betrachten wir zunächst das Differentialgleichungssystem. Da seine Lösung das Superpositionsgesetz erfüllt, gilt insbesondere

$$\mathscr{F}[u; x_0] = \mathscr{F}[o; x_0] + \mathscr{F}[u; o]. \tag{2.8}$$

Wir beginnen mit der Untersuchung des ersten Anteils. Es sei also vorläufig $u = o$ vorausgesetzt, d. h., wir betrachten das *freie* (*oder homogene*) *System*

$$\dot{x}(t) = A(t) x(t). \tag{2.9}$$

Es sei angenommen, daß die speziellen Lösungen bekannt sind, die zu den Anfangszuständen $x_k(t_0) = e_k$ ($= k$-ter Einheitsvektor) gehören[1]. Bezeichnen wir sie mit $\varphi_k(t, t_0)$, so gilt also

$$\dot{\varphi}_k(t, t_0) = A(t) \varphi_k(t, t_0) \qquad (k = 1, \ldots, n),\,[2]$$
$$\varphi_k(t_0, t_0) = e_k = (0 \ldots \underset{\underset{k\text{-te Komponente}}{\uparrow}}{1} \ldots 0)'. \tag{2.10}$$

Wir fassen diese n speziellen Lösungen als Spaltenvektoren einer Matrix

$$\Phi(t, t_0) = \big(\varphi_1(t, t_0) \ldots \varphi_n(t, t_0)\big) \tag{2.11}$$

auf. Damit läßt sich, wie wir sogleich sehen werden, die allgemeine *Lösung von* (2.9) *zum Anfangszustand* $x(t_0) = x_0$ in der Form

$$x(t) := \mathscr{F}[o; x_0] = \Phi(t, t_0) x_0 \tag{2.12}$$

---

[1] Im Beispiel 2.2 entsprechen diesen Lösungen die beiden stark ausgezogenen Lösungskurven von Bild 2.2, die wir durch numerische Lösung des Differentialgleichungssystems gewonnen haben.

[2] Der Punkt soll hier und im folgenden immer die Differentiation nach dem ersten Argument t bedeuten.

angeben. Zum Beweis schreiben wir hierfür ausführlich

$$x(t) = \big(\boldsymbol{\varphi}_1(t,t_0) \ldots \boldsymbol{\varphi}_n(t,t_0)\big) \begin{pmatrix} x_{10} \\ \vdots \\ x_{n0} \end{pmatrix}$$

$$= x_{10}\,\boldsymbol{\varphi}_1(t,t_0) + \cdots + x_{n0}\,\boldsymbol{\varphi}_n(t,t_0),$$

d. h., $x(t)$ ist eine Linearkombination der speziellen Lösungen (2.10) und daher nach dem Superpositionsgesetz wieder eine Lösung des homogenen Systems. Nach der zweiten Zeile von (2.10) gilt $\boldsymbol{\Phi}(t_0,t_0) = \boldsymbol{E}$ und damit folgt für die Anfangswerte, wie behauptet, $x(t_0)$ $= \boldsymbol{\Phi}(t_0,t_0)\,x_0 = x_0$.

Man nennt $\boldsymbol{\Phi}(t,t_0)$ die *Transitionsmatrix* des Systems (2.6), weil sie gemäß (2.12) angibt, wie ein beliebiger Anfangszustand $x(t_0)$ des freien Systems in den Zustand $x(t)$ zum Zeitpunkt t übergeht. Nach der im Anschluß an (2.6) gemachten Bemerkung kann man die Lösungen (2.10) auch für $t \leqq t_0$ eindeutig berechnen und folglich $\boldsymbol{\Phi}(t,t_0)$ auch in diesem Bereich erklären. Es ist somit möglich, das Verhalten solcher Übertragungssysteme bei bekanntem Anfangszustand für die Vergangenheit zu rekonstruieren.

Eigenschaften der Transitionsmatrix: Für beliebige t_0, t_1, t_2 und t gilt:

$$
\left.
\begin{array}{lll}
\text{a)} & \boldsymbol{\Phi}(t,t) & = \boldsymbol{E}, \\[2mm]
\text{b)} & \boldsymbol{\Phi}(t_2,t_0) & = \boldsymbol{\Phi}(t_2,t_1)\,\boldsymbol{\Phi}(t_1,t_0), \\[2mm]
\text{c)} & \boldsymbol{\Phi}^{-1}(t,t_0) & = \boldsymbol{\Phi}(t_0,t), \\[2mm]
\text{d)} & \dot{\boldsymbol{\Phi}}(t,t_0) & := \dfrac{\partial}{\partial t}\,\boldsymbol{\Phi}(t,t_0) = \boldsymbol{A}(t)\,\boldsymbol{\Phi}(t,t_0).
\end{array}
\right\} \qquad (2.13)
$$

Beweis: a) folgt aus (2.11), wenn man berücksichtigt, daß dort auf der rechten Seite für $t = t_0$ die n Einheitsvektoren $e_1, \ldots, e_k$ als Spaltenvektoren auftreten.

b) Es gilt

einerseits　　$x(t_2) = \boldsymbol{\Phi}(t_2,t_0)\,x(t_0),$

andererseits　$x(t_2) = \boldsymbol{\Phi}(t_2,t_1)\,x(t_1)$

$$= \boldsymbol{\Phi}(t_2,t_1)\,\boldsymbol{\Phi}(t_1,t_0)\,x(t_0)$$

für beliebige $x(t_0)$. Daher liefert der Vergleich beider Ergebnisse (2.13 b).

c) Aus (2.13 b) folgt für $t_1 = t,\ t_2 = t_0$

$$\boldsymbol{\Phi}(t_0,t)\,\boldsymbol{\Phi}(t,t_0) = \boldsymbol{\Phi}(t_0,t_0) = \boldsymbol{E}.$$

Daraus läßt sich schließen: Die zu $\boldsymbol{\Phi}(t,t_0)$ inverse Matrix existiert und ist durch $\boldsymbol{\Phi}(t_0,t)$ gegeben.

d) Die Zusammenfassung der n Gleichungen (2.10) ergibt

$$\dot{\boldsymbol{\Phi}}(t, t_0) = \big(\dot{\boldsymbol{\varphi}}_1(t, t_0), \ldots, \dot{\boldsymbol{\varphi}}_n(t, t_0)\big)$$
$$= \big(\boldsymbol{A}(t)\,\boldsymbol{\varphi}_1(t, t_0), \ldots, \boldsymbol{A}(t)\,\boldsymbol{\varphi}_n(t, t_0)\big) = \boldsymbol{A}(t)\,\boldsymbol{\Phi}(t, t_0).$$

Wir wenden uns jetzt dem *inhomogenen System*, d. h. der allgemeinen Gl. (2.6a) zu. Wir behaupten, daß die *Zustandsänderung bei einer Erregung aus der Ruhelage*[1] $\boldsymbol{x}(t_0) = \boldsymbol{o}$ durch die Eingangsgröße $\boldsymbol{u}(t)$ $(t \geqq t_0)$ gegeben ist mit

$$\boldsymbol{x}(t) = \mathscr{F}[\boldsymbol{u}; \boldsymbol{o}] = \int\limits_{t_0}^{t} \boldsymbol{\Phi}(t, \tau)\,\boldsymbol{B}(\tau)\,\boldsymbol{u}(\tau)\,d\tau. \qquad (2.14)$$

Beweis: Man leitet dieses Ergebnis gewöhnlich durch *Variation der Konstanten* her. Hierzu ersetzt man in der Lösung (2.12) des homogenen Systems den konstanten Vektor $\boldsymbol{x}_0$ durch eine Vektorfunktion $\boldsymbol{c}(t)$. Mit diesem Lösungsansatz $\boldsymbol{x}(t) = \boldsymbol{\Phi}(t, t_0)\,\boldsymbol{c}(t)$ folgt aus dem inhomogenen Differentialgleichungssystem (2.6a) wegen (2.13d)

$$\dot{\boldsymbol{c}}(t) = \boldsymbol{\Phi}^{-1}(t, t_0)\,\boldsymbol{B}(t)\,\boldsymbol{u}(t)$$

als Bestimmungsgleichung für $\boldsymbol{c}(t)$ und damit unter Berücksichtigung der Anfangsbedingung $\boldsymbol{x}(t_0) = \boldsymbol{o}$ das Resultat (2.14).

Wir wollen verifizieren, daß der Ausdruck auf der rechten Seite wirklich eine Lösung von (2.6a) ist und die angegebene Anfangsbedingung erfüllt. Letzteres ist sofort ersichtlich, weil für $t = t_0$ die obere und untere Integrationsgrenze übereinstimmen. Die erste Behauptung prüfen wir durch Differentiation von (2.14). Es gilt

$$\dot{\boldsymbol{x}}(t) = \int\limits_{t_0}^{t} \dot{\boldsymbol{\Phi}}(t, \tau)\,\boldsymbol{B}(\tau)\,\boldsymbol{u}(\tau)\,d\tau + \boldsymbol{\Phi}(t, t)\,\boldsymbol{B}(t)\,\boldsymbol{u}(t),$$

wegen (2.13a, d) also

$$\dot{\boldsymbol{x}}(t) = \boldsymbol{A}(t) \int\limits_{t_0}^{t} \boldsymbol{\Phi}(t, \tau)\,\boldsymbol{B}(\tau)\,\boldsymbol{u}(\tau)\,d\tau + \boldsymbol{B}(t)\,\boldsymbol{u}(t).$$

Das Integral auf der rechten Seite stimmt mit der durch (2.14) erklärten Funktion $\boldsymbol{x}(t)$ überein, es gilt also tatsächlich

$$\dot{\boldsymbol{x}} = \boldsymbol{A}(t)\,\boldsymbol{x}(t) + \boldsymbol{B}(t)\,\boldsymbol{u}(t).$$

Nach dem Superpositionsgesetz (2.8) erhalten wir die *allgemeine Lösung des Differentialgleichungssystems* (2.6a) durch Addition der

---

[1] Allgemein ist eine Ruhelage des freien Systems gekennzeichnet durch die Bedingung $\dot{\boldsymbol{x}}(t) = \boldsymbol{o}$ für den Zustandsvektor. Für das mathematische Modell (2.9) folgt hieraus $\boldsymbol{A}\,\boldsymbol{x} = \boldsymbol{o}$. In diesem Fall ist $\boldsymbol{x} = \boldsymbol{o}$ die einzige Ruhelage, falls $\boldsymbol{A}$ regulär ist.

speziellen Lösungen (2.12) und (2.14). Nach (2.6b) kann man daraus noch $y(t)$ berechnen:

$$x(t) = \boldsymbol{\Phi}(t, t_0)\, x(t_0) + \int\limits_{t_0}^{t} \boldsymbol{\Phi}(t, \tau)\, \boldsymbol{B}(\tau)\, u(\tau)\, d\tau,$$

$$y(t) = \boldsymbol{C}(t)\, \boldsymbol{\Phi}(t, t_0)\, x(t_0) + \tag{2.15}$$

$$+ \int\limits_{t_0}^{t} \boldsymbol{C}(t)\, \boldsymbol{\Phi}(t, \tau)\, \boldsymbol{B}(\tau)\, u(\tau)\, d\tau + \boldsymbol{D}(t)\, u(t).$$

Oft wird dieses Ergebnis auch in der Form

$$x(t) = \boldsymbol{\Phi}(t, t_0)\, x(t_0) + \int\limits_{t_0}^{t} \boldsymbol{F}(t, \tau)\, u(\tau)\, d\tau,$$

$$y(t) = \boldsymbol{\Psi}(t, t_0)\, x(t_0) + \int\limits_{t_0}^{t} \boldsymbol{G}(t, \tau)\, u(\tau)\, d\tau \tag{2.16}$$

geschrieben, wobei für beliebige t, t' folgende Definitionen gelten:

$\boldsymbol{\Phi}(t, t') = $ Transitionsmatrix ($n \times n$-Matrix),

$\boldsymbol{F}(t, t') = \boldsymbol{\Phi}(t, t')\, \boldsymbol{B}(t') = $ Zustandsgewichtsmatrix ($n \times l$-Matrix),

$\boldsymbol{\Psi}(t, t') = \boldsymbol{C}(t)\, \boldsymbol{\Phi}(t, t')$ ($m \times n$-Matrix)[1],

$\boldsymbol{G}(t, t') = \boldsymbol{C}(t)\, \boldsymbol{\Phi}(t, t')\, \boldsymbol{B}(t') + \boldsymbol{D}(t')\, \delta(t - t')$ [2] $= $ Gewichtsmatrix

für die Ausgangsgrößen oder einfach Gewichtsmatrix ($m \times l$-Matrix).

Der Name *Gewichtsmatrix* rührt daher, daß mit ihr die Eingangsfunktion bei der auszuführenden Integration („Gewichtsintegration") bewertet wird. Die Gewichtsmatrizen haben noch eine andere anschauliche Bedeutung. Wir nehmen $x(t_0) = \boldsymbol{o}$ an und geben auf den i-ten Eingang des Systems zum Zeitpunkt t_0 einen kurzen Rechteckimpuls der Dauer T und der Amplitude $1/T$, d. h. mit der Wirkungsfläche 1 (Einheitsrechteckimpuls, Bild 2.6). Alle anderen Eingangsgrößen seien 0. Damit erhalten

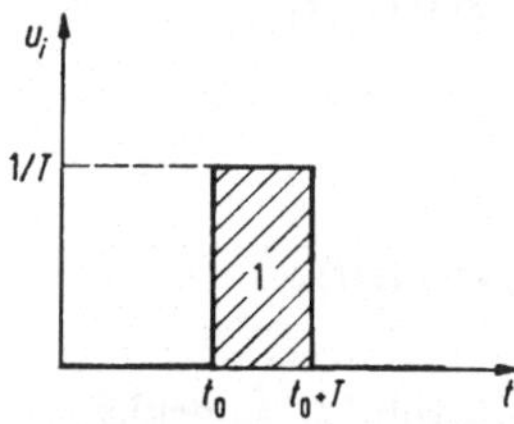

Bild 2.6. Einheitsrechteckimpuls.

---

[1] Die Matrix $\boldsymbol{\Psi}(t, t_0)$ wird nicht als Transitionsmatrix bezeichnet, weil sie den Zusammenhang zwischen verschiedenen Größen, nämlich den Zustands- und Ausgangsgrößen, herstellt. Sie hat auch nicht die Eigenschaften (2.13).

[2] $\delta(t)$ ist die Diracsche Deltafunktion. Strenggenommen handelt es sich nicht um eine Funktion, sondern um einen Operator mit der Eigenschaft

$$\int\limits_{-\infty}^{+\infty} f(\tau)\, \delta(t - \tau)\, d\tau = f(t).$$

Für unsere Zwecke genügt aber eine anschauliche Deutung, die wir sogleich erläutern.

wir, wenn wir mit $f_i(t, t')$ den i-ten Spaltenvektor der Matrix $F(t, t')$ bezeichnen,

$$x(t) = \int\limits_{t_0}^{t} f_i(t, \tau)\, u_i(\tau)\, d\tau = \frac{1}{T} \int\limits_{t_0}^{t_0+T} f_i(t, \tau)\, d\tau \quad (\text{für } t > T). \qquad (2.17)$$

Wenn wir T hinreichend kurz wählen, gilt näherungsweise

$$x(t) = f_i(t, t_0), \qquad (2.18)$$

d. h., der i-te Spaltenvektor $f_i(t, t_0)$ der Gewichtsmatrix $F(t, t_0)$ ist gleich der Impulsantwort des Zustandsvektors zum i-ten Eingang. Man bezeichnet daher $F(t, t_0)$ auch als *Impulsantwortmatrix* der Zustandsgrößen.

Heuristisch kann man den Grenzübergang $T \to 0$ auf die folgende Weise durchführen. Man schreibt den Einheitsrechteckimpuls als Differenz zweier Sprungfunktionen und erklärt als *Einheitsimpuls (Deltafunktion)*

$$\delta(t) = \lim_{T \to 0} \frac{1}{T} [\sigma(t) - \sigma(t - T)]. \qquad (2.19)$$

Durch formale Vertauschung von Integral- und Limeszeichen folgt

$$\int\limits_{t_1}^{t_2} f(\tau)\, \delta(t - \tau)\, d\tau = \lim_{T \to 0} \frac{1}{T} \int\limits_{t_1}^{t_2} f(\tau)\, [\sigma(t - \tau) - \sigma(t - \tau - T)]\, d\tau$$

und damit

$$\int\limits_{t_1}^{t_2} f(\tau)\, \delta(t - \tau)\, d\tau = \begin{cases} f(t), & \text{falls } t_1 < t < t_2, \\ 0 & \text{sonst} \end{cases} \qquad (2.20)$$

für alle stetigen Funktionen $f(t)$.

Nun verschwindet aber der Grenzwert (2.19) für alle Werte von t, weshalb (2.20) sicher nicht zutrifft, wenn man an (2.19) als Definition für $\delta(t)$ festhalten wollte. Es gibt überhaupt keine reelle Funktion (im gewöhnlichen Sinne) $\delta(t)$ mit der Eigenschaft (2.20). Durch eine geeignete Erweiterung des Funktionsbegriffs der Analysis kann man aber eine solche Funktion einführen und den durchgeführten Grenzübergang rechtfertigen.

Nach (2.20) erhält man (2.18) formal, wenn man in (2.17) $u_i(t) = \delta(t)$ setzt.

Wir haben oben die δ-Funktion noch an einer anderen Stelle benützt. In (2.15) kommt im Ergebnis für $y(t)$ ein Glied $D(t)\, u(t)$ vor, welches wir bei der Einführung der Gewichtsfunktion unter das Integralzeichen in (2.16) ziehen wollen. Das können wir durch die Schreibweise

$$D(t)\, u(t) = \int\limits_{t_0}^{t} \delta(t - \tau)\, D(\tau)\, u(\tau)\, d\tau$$

erreichen.

2.4 Zeitinvariante lineare Übertragungssysteme

Wenn in dem mathematischen Modell (2.6) die Koeffizientenmatrizen nicht von der Zeit abhängen,

$$\begin{aligned} \dot{x}(t) &= A\, x(t) + B\, u(t), \\ y(t) &= C\, x(t) + D\, u(t), \end{aligned} \qquad (2.21)$$

nennt man das System *zeitinvariant*, weil sich seine Übertragungseigenschaften mit der Zeit nicht ändern.

Es sei nämlich $x(t)$ die Lösung zum Anfangszustand $x(t_0) = x_0$ und zur Eingangsfunktion $u(t)$. Dann gilt für $\tilde{x}(t) = x(t - T)$,

$$\dot{\tilde{x}}(t) = \dot{x}(t - T) = A x(t - T) + B u(t - T) = A \tilde{x}(t) + B u(t - T),$$

d. h., $\tilde{x}(t)$ ist ebenfalls eine Lösung der Differentialgleichung, und zwar diejenige, die zum Anfangszustand $\tilde{x}(t_0 + T) = x(t_0)$ und zur Eingangsfunktion von $\tilde{u}(t) = u(t - T)$ gehört:

Wenn wir für das durch (2.21) beschriebene Übertragungssystem dieselben Bedingungen (Anfangszustand und Eingangsgröße) mit einer beliebigen Zeitverzögerung T herstellen, so erhalten wir wieder denselben Verlauf der Zustands- und Ausgangsgrößen, jedoch ebenfalls um die Zeitspanne T verzögert.

Die Anwendung dieser Überlegungen auf die Lösung (2.12) des freien Systems bedeutet für die Transitionsmatrix

$$\boldsymbol{\Phi}(t + T, t_0 + T) = \boldsymbol{\Phi}(t, t_0). \tag{2.22}$$

Wir dürfen also ohne Beschränkung der Allgemeinheit $t_0 = 0$ annehmen und schreiben zur Vereinfachung:

$$\boldsymbol{\Phi}(t, 0) = \boldsymbol{\Phi}(t). \tag{2.23}$$

Entsprechendes gilt für die Matrizen $\boldsymbol{\Psi}$, $\boldsymbol{F}$, $\boldsymbol{G}$. Die Gln. (2.13) gehen damit über in

$$
\left.
\begin{aligned}
&\text{a)} \qquad && \boldsymbol{\Phi}(0) &&= \boldsymbol{E}, \\
&\text{b)} \qquad && \boldsymbol{\Phi}(t_1 + t_2) &&= \boldsymbol{\Phi}(t_1)\,\boldsymbol{\Phi}(t_2), \\
&\text{c)} \qquad && \boldsymbol{\Phi}^{-1}(t) &&= \boldsymbol{\Phi}(-t), \\
&\text{d)} \qquad && \dot{\boldsymbol{\Phi}}(t) &&= A\,\boldsymbol{\Phi}(t).
\end{aligned}
\right\} \tag{2.24}
$$

Für zeitinvariante Systeme kann man die *Transitionsmatrix durch den Reihenansatz*

$$\boldsymbol{\Phi}(t) = C_0 + C_1 t + C_2 t^2 + \cdots$$

bestimmen. Wenn wir diese Potenzreihe in (2.24d) einsetzen, erhalten wir

$$C_1 + 2 C_2 t + 3 C_3 t^2 + \cdots = A\,C_0 + A\,C_1 t + A\,C_2 t^2 + \cdots$$

und daraus durch Koeffizientenvergleich

$$C_1 = A\,C_0,$$
$$C_2 = \frac{1}{2} A\,C_1 = \frac{1}{2!} A^2\,C_0,$$
$$C_3 = \frac{1}{3} A\,C_2 = \frac{1}{3!} A^3\,C_0, \quad \text{usf.}$$

Aus (2.24a) folgt noch $C_0 = \boldsymbol{\Phi}(0) = \boldsymbol{E}$. Mit den so bestimmten Koeffizientenmatrizen hat die *Matrixpotenzreihe* dasselbe Bildungsgesetz wie die gewöhnliche Exponentialreihe und wird daher analog mit e^{At} bezeichnet:

$$\boldsymbol{\Phi}(t) = \boldsymbol{E} + \boldsymbol{A}\,t + \frac{1}{2!}\,\boldsymbol{A}^2 t^2 + \cdots := e^{At}. \tag{2.25}$$

Mit dieser Bezeichnungsweise stimmen die Formeln (2.24) formal mit den bekannten Rechenregeln für die *Exponentialfunktion* überein:

$$\left. \begin{aligned} e^{A\,0} &= e^{O} = \boldsymbol{E}, \\ e^{A(t_1+t_2)} &= e^{At_1}\,e^{At_2}, \\ \left(e^{At}\right)^{-1} &= e^{-At}, \\ \frac{d}{dt}\,e^{At} &= \boldsymbol{A}\,e^{At}. \end{aligned} \right\} \tag{2.26}$$

Zur Rechtfertigung dieser Darstellung und der beschriebenen Lösungsmethode sei hier ohne Beweis darauf hingewiesen, daß die Reihe (2.25) für beliebige Matrizen $\boldsymbol{A}$ und alle $-\infty < t < \infty$ konvergiert.

Mit (2.25) haben wir, wenigstens im Prinzip, eine Methode zur Bestimmung der Transitionsmatrix. Damit ist auch die *allgemeine Lösung* (2.15), die wir für *zeitinvariante Systeme* in der Form

$$\begin{aligned} \boldsymbol{x}(t) &= \boldsymbol{\Phi}(t)\,\boldsymbol{x}(0) + \int_0^t \boldsymbol{\Phi}(t-\tau)\,\boldsymbol{B}\,\boldsymbol{u}(\tau)\,d\tau \\ &= e^{At}\left[\boldsymbol{x}(0) + \int_0^t e^{-A\tau}\,\boldsymbol{B}\,\boldsymbol{u}(\tau)\,d\tau\right] \end{aligned} \tag{2.27}$$

schreiben, bis auf die auszuführende Gewichtsintegration bekannt.

Beispiel 2.6: Für die Transitionsmatrix des linearen Systems

$$\begin{pmatrix} \dot{x}_1 \\ \dot{x}_2 \end{pmatrix} = \begin{pmatrix} \alpha & 1 \\ 0 & \alpha \end{pmatrix}\begin{pmatrix} x_1 \\ x_2 \end{pmatrix} + \begin{pmatrix} 0 \\ 1 \end{pmatrix} u,$$

$$y = (0 \quad 1)\,\boldsymbol{x}$$

erhalten wir

$$\boldsymbol{\Phi}(t) = e^{At} = \boldsymbol{E} + \boldsymbol{A}\,t + \frac{1}{2!}\,\boldsymbol{A}^2 t^2 + \cdots$$

$$= \begin{pmatrix} 1 & 0 \\ 0 & 1 \end{pmatrix} + \begin{pmatrix} \alpha & 1 \\ 0 & \alpha \end{pmatrix} t + \begin{pmatrix} \alpha^2 & 2\alpha \\ 0 & \alpha^2 \end{pmatrix}\frac{t^2}{2} + \cdots$$

$$= \begin{pmatrix} 1 + \alpha\,t + \frac{1}{2!}(\alpha\,t)^2 + \cdots & (1 + \alpha\,t + \cdots)\,t \\ 0 & 1 + \alpha\,t + \frac{1}{2!}(\alpha\,t)^2 + \cdots \end{pmatrix}$$

$$= \begin{pmatrix} e^{\alpha t} & t\,e^{\alpha t} \\ 0 & e^{\alpha t} \end{pmatrix} = \begin{pmatrix} 1 & t \\ 0 & 1 \end{pmatrix}e^{\alpha t}$$

und für die Zustandsgewichtsmatrix

$$F(t) = \Phi(t)\,b = \binom{t}{1} e^{\alpha t}.$$

Damit ergibt sich gemäß (2.27) für $u(t) = \sigma(t)$ (Sprungantwort)

$$x(t) = \int_0^t F(t-\tau)\,d\tau = \int_0^t \binom{t-\tau}{1} e^{\alpha(t-\tau)}\,d\tau$$

$$= \left[-\frac{1}{\alpha}\, e^{\alpha(t-\tau)} \binom{t-\tau-\dfrac{1}{\alpha}}{1} \right]_0^t$$

$$= \frac{1}{\alpha^2} \binom{(1-e^{\alpha t}) + \alpha\,t\,e^{\alpha t}}{-\alpha(1-e^{\alpha t})}.$$

2.5 Die Eigenschwingungen des freien Systems

Wir betrachten in diesem Abschnitt das sich selbst überlassene oder freie System, setzen also $u = o$ voraus, und erhalten somit das homogene Differentialgleichungssystem

$$\dot{x}(t) = A\,x(t). \tag{2.28}$$

Wir heben zunächst einige spezielle Lösungen hervor, durch die man die allgemeine Lösung ausdrücken kann. Der *Lösungsansatz*

$$x(t) = p\,e^{st} \qquad (p,\ s \ \text{konstant}) \tag{2.29}$$

führt auf die Bedingung

$$s\,p\,e^{st} = A\,p\,e^{st} \quad \text{für} \quad \text{alle } t$$

und damit auf die sog. *Eigenwertgleichung*

$$A\,p = s\,p \quad \text{bzw.} \quad (s\,E - A)\,p = o. \tag{2.30}$$

Man sieht sofort, daß (2.29) tatsächlich eine Lösung der homogenen Gleichung ist, wenn p und s die Bedingung (2.30) erfüllen. (2.30) hat nur dann von o verschiedene Lösungsvektoren p, wenn die Determinante

$$\Delta(s) = |s\,E - A| = 0 \tag{2.31}$$

ist. Diese Gleichung nennt man die *charakteristische Gleichung* der Matrix A bzw. des durch (2.28) beschriebenen Übertragungssystems.

Es sei A eine $(n \times n)$-Matrix, deren Elemente mit $a_{\mu\nu}$ bezeichnet werden. Die ausführliche Schreibweise

$$\Delta(s) = \begin{vmatrix} s - a_{11} & -a_{12} \ldots & -a_{1n} \\ -a_{21} & s - a_{22} \ldots & -a_{2n} \\ \vdots & \vdots & \vdots \\ -a_{n1} & -a_{n2} \ldots & s - a_{nn} \end{vmatrix}$$

läßt erkennen, daß $\Delta(s)$ ein Polynom n-ter Ordnung in s ist, das charakteristische Polynom, das wir in der Form

$$\Delta(s) = s^n + \alpha_{n-1}\,s^{n-1} + \cdots + \alpha_1\,s + \alpha_0 \tag{2.32}$$

schreiben. Die n Wurzeln dieses Polynoms werden *charakteristische Wurzeln oder Eigenwerte der Matrix A* genannt, eine zugehörige Lösung von (2.31) heißt ein *Eigenvektor p_k zum Eigenwert s_k*.

Da für einen Eigenwert $s = s_k$ die Determinante (2.31) des linearen Gleichungssystems (2.30) verschwindet, ist die zugehörige Lösung nicht eindeutig. Es gibt also zu jedem Eigenwert unendlich viele Eigenvektoren. Falls die Matrix $(s_k E - A)$ den Rang $(n-1)$ hat, unterscheiden sich die zu s_k gehörigen Eigenvektoren nur um einen konstanten Faktor, sie haben alle dieselbe „Richtung“. Beträgt der Rang dieser Matrix $(n - r_k)$, so gibt es zu s_k genau r_k linear unabhängige Eigenvektoren, deren sämtliche Linearkombinationen ebenfalls Eigenvektoren zum selben Eigenwert darstellen. Eigenvektoren, die zu verschiedenen Eigenwerten gehören, sind — wie ohne Beweis angeführt sei — stets *linear unabhängig*.

Der einfachste Fall liegt vor, wenn das charakteristische Polynom n verschiedene Wurzeln hat. Dann gibt es zu jedem dieser Eigenwerte im wesentlichen nur einen, bis auf einen konstanten Faktor (d. h. bis auf seine „Länge“) eindeutig bestimmten Eigenvektor. Insgesamt erhält man dann n linear unabhängige Eigenvektoren.

Es sei noch eine wichtige Invarianzeigenschaft des charakteristischen Polynoms aufgezeigt. Durch eine Transformation

$$\widetilde{x} = T\,x, \quad |T| \neq 0$$

geht die Gleichung für das homogene System über in

$$\dot{\widetilde{x}} = \widetilde{A}\,\widetilde{x} \quad \text{mit} \quad \widetilde{A} = T\,A\,T^{-1}$$

mit dem charakteristischen Polynom

$$\widetilde{\Delta}(s) = |s\,E - \widetilde{A}| = |s\,E - T\,A\,T^{-1}|.$$

Unter Beachtung von $|T|\,|T^{-1}| = 1$ folgt daraus

$$\widetilde{\Delta}(s) = |T|\,|s\,E - A|\,|T^{-1}| = \Delta(s).$$

Bei einer *regulären linearen Transformation* des Zustandsvektors bleiben also das charakteristische Polynom und folglich auch die charakteristischen Wurzeln ungeändert.

Wir untersuchen noch das Verhalten der Eigenvektoren bei dieser Transformation. Sei

$$\widetilde{p}_i = T\,p_i,$$

wobei p_i ein Eigenvektor von A zum Eigenwert s_i ist. Dann gilt

$$\widetilde{A}\,\widetilde{p}_i = T\,A\,T^{-1}\,T\,p_i = T\,A\,p_i = T\,s_i\,p_i = s_i\,\widetilde{p}_i,$$

d. h., $\widetilde{p}_i$ ist ein Eigenvektor von $\widetilde{A}$ zum selben Eigenwert s_i.

Die charakteristische Gleichung kann z. T. komplexe Eigenwerte liefern und aus (2.30) ergeben sich dann komplexe Eigenvektoren. Im allgemeinen werden wir aber nur reelle Lösungen eines mathematischen Modells betrachten, denen allein unmittelbar eine reale Bedeutung zukommt. Wir setzen weiterhin die *Systemmatrix* A als *reell* (alle Matrixelemente reell) voraus. Man kann dann aus komplexen Lösungen der Form (2.29) auf einfache Weise reelle Lösungen herleiten. Für eine reelle Matrix A sind nämlich auch die Koeffizienten $\alpha_0, \ldots, \alpha_{n-1}$ des charakteristischen Polynoms reell. Daraus folgt, daß mit einem Eigenwert $s_k = \delta_k + j\,\omega_k$ und zugehörigem Eigenvektor p_k auch $\bar{s}_k = \delta_k - j\,\omega_k$ ein Eigenwert mit zugehörigem Eigenvektor $\bar{p}_k$ ist[1].

Damit haben wir zwei zueinander konjugiert komplexe Lösungen $p_k\,e^{s_k t}$ und $\bar{p}_k\,e^{\bar{s}_k t}$.

$$\operatorname{Re}\{p_k\,e^{s_k t}\} = \frac{1}{2}\,(p_k\,e^{s_k t} + \bar{p}_k\,e^{\bar{s}_k t}),$$

$$\operatorname{Im}\{p_k\,e^{s_k t}\} = \frac{1}{2j}\,(p_k\,e^{s_k t} - \bar{p}_k\,e^{\bar{s}_k t}) \tag{2.33}$$

sind Linearkombinationen dieser Lösungen und somit nach dem Superpositionsgesetz ebenfalls Lösungen des homogenen Differentialgleichungssystems[2]. Mit

$$\operatorname{Re}\{p_k\} = p_k^r, \qquad \operatorname{Im}\{p_k\} = p_k^i$$

können wir dafür schreiben

$$\frac{1}{2\,(j)}\,\{(p_k^r + j\,p_k^i)\,(\cos\omega_k t + j\sin\omega_k t)$$
$$\underset{(\pm)}{\pm}\,(p_k^r - j\,p_k^i)\,(\cos\omega_k t - j\sin\omega_k t)\}\,e^{\delta_k t},$$

woraus sich durch Ausmultiplikation die reellen Lösungen

$$\operatorname{Re}\{p_k\,e^{s_k t}\} = (p_k^r\cos\omega_k t - p_k^i\sin\omega_k t)\,e^{\delta_k t},$$

$$\operatorname{Im}\{p_k\,e^{s_k t}\} = (p_k^r\sin\omega_k t + p_k^i\cos\omega_k t)\,e^{\delta_k t} \tag{2.34}$$

ergeben.

Wir nennen die Lösungen (2.29) *Eigenschwingungen* des mathematischen Modells (2.28). Reelle Eigenschwingungen bzw. die komplexen Eigenschwingungen zugeordneten reellen Lösungen (2.34) wollen wir als *Normalschwingungen* bezeichnen. Wir fassen diese Überlegungen zusammen in

Satz 2.1: Es sei p_k ein Eigenvektor zum Eigenwert s_k der Systemmatrix A. Dann hat das freie System ($u = o$) die Normalschwingungen

$$x_k(t) = p_k\,e^{s_k t} \quad \text{mit} \quad x_k(0) = p_k, \quad \text{für reelles } s_k \tag{2.34a}$$

---

[1] Herleitung: Aus $\Delta(s_k) = s_k^n + \alpha_{n-1}s_k^{n-1} + \cdots + \alpha_0 = 0$ folgt wegen $\overline{a+b} = \bar{a} + \bar{b}$ und $\overline{a\,b} = \bar{a}\,\bar{b}$ für reelle α_μ: $\overline{\Delta(s_k)} = \bar{s}_k^n + \alpha_{n-1}\bar{s}_k^{n-1} + \cdots + \alpha_0 = \Delta(\bar{s}_k) = 0$; aus $A\,p_k = s_k\,p_k$ (A reell) folgt $A\,\bar{p}_k = \bar{s}_k\,\bar{p}_k$.

[2] Man kann diese Schlußweise ersetzen durch die folgende: Setzt man in $\dot{x} = A\,x + B\,u$, wobei A, B, u reell angenommen werden, eine komplexe Lösung $x(t)$ ein, so folgt durch Zerlegung dieser Gleichung nach Real- und Imaginärteil, daß auch $\operatorname{Re}\{x(t)\}$ und $\operatorname{Im}\{x(t)\}$ Lösungen sind.

bzw.

$$x_k(t) = (p_k^i \cos\omega_k t - p_k^i \sin\omega_k t)\, e^{\delta_k t} \quad \text{mit} \quad x_k(0) = p_k^r,$$
$$x_{k+1}(t) = (p_k^r \sin\omega_k t + p_k^i \cos\omega_k t)\, e^{\delta_k t} \quad \text{mit} \quad x_{k+1}(0) = p_k^i$$
$$\text{für} \quad s_{k,k+1} = \delta_k \pm j\,\omega_k, \quad p_{k,k+1} = p_k^r \pm j\,p_k^i,$$

(2.34b)

die man anregen kann, indem man die jeweils angegebenen Anfangszustände herstellt und dann das System sich selbst überläßt.

Wir nehmen jetzt an, das *charakteristische Polynom habe lauter
verschiedene Wurzeln* s_k $(k = 1, \ldots, n)$. Zu jeder Wurzel bestimmen wir
einen Eigenvektor p_i. Wegen der Linearität ist eine Linearkombination
der n zugehörigen Eigenschwingungen,

$$x(t) = \sum_{k=1}^{n} c_k\, e^{s_k t}\, p_k,$$

(2.35)

— für die wir auch

$$x(t) = (p_1 \ldots p_n) \begin{pmatrix} e^{s_1 t} & & \\ & \ddots & \\ & & e^{s_n t} \end{pmatrix} \begin{pmatrix} c_1 \\ \vdots \\ c_n \end{pmatrix}^{1}$$

$$= P \operatorname{diag}(e^{s_1 t}, \ldots, e^{s_n t})\, c$$

schreiben können — wieder eine Lösung des freien Systems mit dem
Anfangswert

$$x(0) = (p_1 \ldots p_n) \begin{pmatrix} c_1 \\ \vdots \\ c_n \end{pmatrix} = P\,c.$$

Da ihre Spaltenvektoren nach den Bemerkungen von S. 47 linear
unabhängig sind, hat die Matrix P den Rang n und ist somit regulär.
Man kann daher aus dieser Gleichung auch umgekehrt zu jedem vorgegebenen Anfangswert $x(0)$ die in c zusammengefaßten Konstanten
$c_1, \ldots, c_n$ bestimmen. Schreiben wir die Lösung in der Form $c = P^{-1} x(0)$,
so erhalten wir zusammenfassend

$$x(t) = \Phi(t)\, x(0)$$
$$\text{mit} \quad \Phi(t) = P \operatorname{diag}(e^{s_1 t}, \ldots, e^{s_n t})\, P^{-1}.$$

(2.36)

---

[1] Der zweite Faktor auf der rechten Seite ist eine Diagonalmatrix, deren
Elemente außerhalb der Hauptdiagonale alle 0 sind. Wir bezeichnen sie auch mit

$$\operatorname{diag}(e^{s_1 t}, \ldots, e^{s_n t}).$$

Außerdem wird zur Abkürzung $(p_1 \ldots p_n) = P$ gesetzt.

Beispiel 2.7: Für das mathematische Modell

$$\begin{pmatrix} \dot{x}_1 \\ \dot{x}_2 \end{pmatrix} = \begin{pmatrix} -2 & 2 \\ \tfrac{1}{2} & -2 \end{pmatrix} \begin{pmatrix} x_1 \\ x_2 \end{pmatrix} + \begin{pmatrix} 0 \\ \tfrac{3}{2} \end{pmatrix} u,$$

$$y = (0 \quad 1) \begin{pmatrix} x_1 \\ x_2 \end{pmatrix}$$

von Beispiel 2.1 erhalten wir das charakteristische Polynom

$$\Delta(s) = \begin{vmatrix} s+2 & -2 \\ -\tfrac{1}{2} & s+2 \end{vmatrix} = (s+2)^2 - 1 = (s+1)(s+3)$$

mit den Eigenwerten $s_1 = -1$, $s_2 = -3$.

Die Gln. (2.30) zur Bestimmung der zugehörigen Eigenvektoren lauten

$$\begin{pmatrix} 1 & -2 \\ -\tfrac{1}{2} & 1 \end{pmatrix} p_1 = o, \qquad\qquad \begin{pmatrix} -1 & -2 \\ -\tfrac{1}{2} & -1 \end{pmatrix} p_2 = o.$$

Mit den Lösungen

$$p_1 = \begin{pmatrix} 2 \\ 1 \end{pmatrix}, \qquad\qquad p_2 = \begin{pmatrix} 2 \\ -1 \end{pmatrix}^{1}$$

erhalten wir die Eigenschwingungen (Normalschwingungen)

$$x_1(t) = \begin{pmatrix} 2 \\ 1 \end{pmatrix} e^{-t}, \qquad\qquad x_2(t) = \begin{pmatrix} 2 \\ -1 \end{pmatrix} e^{-3t}.$$

Aus

$$P = (p_1\, p_2) = \begin{pmatrix} 2 & 2 \\ 1 & -1 \end{pmatrix}, \qquad\qquad P^{-1} = \tfrac{1}{4} \begin{pmatrix} 1 & 2 \\ 1 & -2 \end{pmatrix}$$

folgt ferner für die Transitionsmatrix

$$\begin{aligned}
\Phi(t) &= \begin{pmatrix} 2 & 2 \\ 1 & -1 \end{pmatrix} \begin{pmatrix} e^{-t} & 0 \\ 0 & e^{-3t} \end{pmatrix} \begin{pmatrix} 1 & 2 \\ 1 & -2 \end{pmatrix} \tfrac{1}{4} \\
&= \begin{pmatrix} \tfrac{1}{2}(e^{-t} + e^{-3t}) & (e^{-t} - e^{-3t}) \\ \tfrac{1}{4}(e^{-t} - e^{-3t}) & \tfrac{1}{2}(e^{-t} + e^{-3t}) \end{pmatrix}.
\end{aligned}$$

*

Wir geben noch eine *geometrische Interpretation* für dieses Lösungsverfahren. Durch die spezielle Zustandstransformation

$$x = P\, z$$

geht das homogene Differentialgleichungssystem $\dot{x} = A\,x$ über in

$$\dot{z} = (P^{-1} A\, P)\, z.$$

Die neue Systemmatrix ist eine *Diagonalmatrix* mit den Elementen $s_1, s_2, \ldots, s_n$ in der Hauptdiagonale:

$$P^{-1} A\, P = \begin{pmatrix} s_1 & & \\ & \ddots & \\ & & s_n \end{pmatrix} = \operatorname{diag}(s_1, \ldots, s_n).$$

---

[1] Wir können diese Lösungen noch mit beliebigen Faktoren $\varkappa_1, \varkappa_2$ multiplizieren, die sich aber bei der Berechnung der Transitionsmatrix herauskürzen.

Zum Beweis fassen wir die n Beziehungen $\boldsymbol{A}\,\boldsymbol{p}_i = s_i\,\boldsymbol{p}_i$ in der Matrixgleichung

$$\boldsymbol{A}\,(\boldsymbol{p}_1 \ldots \boldsymbol{p}_n) = (s_1\,\boldsymbol{p}_1 \ldots s_n\,\boldsymbol{p}_n) = (\boldsymbol{p}_1 \ldots \boldsymbol{p}_n) \begin{pmatrix} s_1 & & \\ & \ddots & \\ & & s_n \end{pmatrix}$$

oder kürzer

$$\boldsymbol{A}\,\boldsymbol{P} = \boldsymbol{P}\,\operatorname{diag}(s_1, \ldots, s_n)$$

zusammen, woraus die obige Behauptung folgt.

In Komponentenschreibweise lauten die neuen Differentialgleichungen

$$\dot{z}_i = s_i z_i,$$

d. h., sie sind entkoppelt und können getrennt gelöst werden:

$$z_i = z_{i0}\, e^{s_i t} \quad \text{bzw.} \quad \boldsymbol{z} = \begin{pmatrix} e^{s_1 t} & & \\ & \ddots & \\ & & e^{s_n t} \end{pmatrix} \boldsymbol{z}_0 = \boldsymbol{\Phi}_z\,\boldsymbol{z}_0.$$

Durch Rücktransformation folgt hieraus (2.36). Wir haben das Ergebnis jetzt gewonnen durch Einführung neuer Zustandskoordinaten im Zustandsraum. Die ausführliche Schreibweise

$$\boldsymbol{x} = (\boldsymbol{p}_1 \cdots \boldsymbol{p}_n)\,\boldsymbol{z} = z_1 \boldsymbol{p}_1 + \cdots + z_n \boldsymbol{p}_n$$

der obigen Transformation zeigt, daß $z_1, \ldots, z_n$ die *Komponenten von $\boldsymbol{x}$ bezüglich der Basisvektoren* $\boldsymbol{p}_1, \ldots, \boldsymbol{p}_n$ sind. Sie werden *Normalkoordinaten* genannt. Auf diese Weise wurden die Transformationsgleichungen von Beispiel 2.3 bestimmt.

Wenn die *charakteristische Gleichung mehrfache Wurzeln* hat, sind zwei Fälle zu unterscheiden: Der erste liegt vor, wenn es zu jedem r_k-fachen Eigenwert s_k auch r_k linear unabhängige Eigenvektoren $\boldsymbol{p}_{k\lambda}$ ($\lambda = 1, \ldots, r_k$) gibt. Damit gehören zu s_k auch r_k linear unabhängige Eigenschwingungen der Form (2.29). Insgesamt erhält man, wie sich zeigen läßt, wieder n linear unabhängige Eigenschwingungen, und die im Anschluß an den Ansatz (2.35) durchgeführten Überlegungen zur Bestimmung der Transitionsmatrix gelten unverändert.

Der andere Fall liegt vor, wenn es zu einem Eigenwert s_k der Vielfachheit r_k nicht ebenso viele linear unabhängige Eigenvektoren und damit auch nicht r_k zugehörige Eigenschwingungen der Form (2.29) gibt. Man kann aber zu einem solchen Eigenwert r_k linear unabhängige „*verallgemeinerte Eigenschwingungen*" der Form

$$x_k^\lambda(t) = \left(\boldsymbol{p}_{k,0}^\lambda + \boldsymbol{p}_{k,1}^\lambda t + \cdots + \boldsymbol{p}_{k,\,r_k-1}^\lambda t^{\,r_k-1} \right) e^{s_k t} \tag{2.37}$$

$$\text{(oberer Index } \lambda = 1, \ldots, r_k)$$

bestimmen, etwa nach dem folgenden Verfahren, das wir aber nur andeuten wollen. Es sei s_k eine r_k-fache Wurzel des charakteristischen Polynoms von $\boldsymbol{A}$. Dann hat die Gleichung

$$(\boldsymbol{A} - s_k \boldsymbol{E})^{r_k}\,\boldsymbol{p} = \boldsymbol{o}$$

genau r_k linear unabhängige Lösungsvektoren $\boldsymbol{p}_k^\lambda$ ($\lambda = 1, \ldots, r_k$). Bildet man damit die Funktionen

$$x_k^\lambda(t) = e^{s_k t} \sum_{\nu=0}^{r_k-1} \frac{1}{\nu!}\,(\boldsymbol{A} - s_k \boldsymbol{E})^\nu\,\boldsymbol{p}_k^\lambda\,t^\nu,$$

so folgt

$$\dot{x}_k^\lambda(t) = e^{s_k t} \left\{ \sum_{\nu=0}^{r_k-1} \frac{1}{\nu!}\,\boldsymbol{A}\,(\boldsymbol{A} - s_k \boldsymbol{E})^\nu\,\boldsymbol{p}_k^\lambda\,t^\nu - \frac{1}{(r_k-1)!}\,(\boldsymbol{A} - s_k \boldsymbol{E})^{r_k}\,\boldsymbol{p}_k^\lambda\,t^{r_k-1} \right\}.$$

Der letzte Summand verschwindet gemäß der Bestimmungsgleichung für p_k^λ. Durch Vergleich der übrigbleibenden Summe mit dem Ausdruck für $x_k^\lambda(t)$ folgt

$$\dot{x}_k^\lambda(t) = A\, x_k^\lambda(t).$$

$x_k^\lambda(t)$ ist also eine Lösung des homogenen Differentialgleichungssystems (2.28). Sie hat die Form (2.37) mit

$$p_{k,\nu}^\lambda = \frac{1}{\nu!}(A - s_k E)^\nu\, p_k^\lambda.$$

Man nennt sie eine zu s_k gehörige Lösung.

Wiederholt man dieses Verfahren für sämtliche Eigenwerte, so erhält man insgesamt $n = \sum r_k$ linear unabhängige Lösungen, aus denen man durch Linearkombination wieder die allgemeine Lösung für beliebige Anfangszustände herleiten kann. Auf die Einzelheiten gehen wir nicht ein, weil die Gewinnung dieser Ergebnisse mit Hilfe der Laplace-Transformation für unsere Zwecke einfacher ist.

Einem konjugiert komplexen Eigenwertpaar kann man auch hier durch

$$\mathrm{Re}\{x_k^\lambda(t)\} \quad \text{und} \quad \mathrm{Im}\{x_k^\lambda(t)\}$$

reelle Normalschwingungen zuordnen und die komplexen Eigenschwingungen durch diese ersetzen.

Wir wollen an dieser Stelle noch eine einfache Folgerung ziehen, die von großer Wichtigkeit ist.

Satz 2.2: Wenn alle Eigenwerte s_k eines Übertragungssystems einen negativen Realteil haben, so klingen die (verallgemeinerten) Eigenschwingungen bzw. die Normalschwingungen für $t \to \infty$ gegen 0 ab, und dasselbe gilt für jede freie Schwingung des Systems zu beliebigem Anfangszustand.

Beweis: Für die Eigenschwingungen folgt das sofort aus (2.29) bzw. (2.37) wegen

$$t^r e^{st} = t^r e^{\delta t} e^{j\omega t} \to 0 \quad \text{für } t \to \infty, \quad \text{falls } \delta < 0.$$

Damit ist die Behauptung zugleich für Real- bzw. Imaginärteil der Eigenschwingungen, d. h. für die Normalschwingungen richtig und ferner für die Zustandsänderungen des freien Systems bei beliebigem Anfangszustand, weil sich diese als Linearkombination der Eigenschwingungen darstellen lassen.

2.6 Laplace-Transformation und Übertragungsfunktion

Wir setzen voraus, daß der Leser mit den Grundlagen der Laplace-Transformation vertraut ist, und fassen nur die wichtigsten Tatsachen zusammen.

Wir bezeichnen mit t eine reelle Variable — gewöhnlich die Zeit — mit s eine komplexe Variable. Für eine große Klasse reeller Funktionen gibt es eine Zahl $\delta_0 > 0$, so daß

$$\int\limits_{}^{\infty} |f(t)\, e^{-\delta_0 t}|\, dt < \infty$$

existiert.

Man kann dann für alle $s = \delta + j\,\omega$, $\delta > \delta_0$ das *Laplace-Integral*

$$f(s) := \int_0^\infty f(t)\, e^{-st}\, dt \quad [1]$$

berechnen. Dieses Integral faßt man auf als eine Zuordnungsvorschrift, welche
der reellen Funktion $f(t)$ eine komplexe Funktion $f(s)$
zuordnet, die man ihre *Laplace-Transformierte* nennt.
Sie ist im allgemeinen nur in einem Teilbereich der
s-Ebene definiert, der durch eine Parallele zur
imaginären Achse begrenzt wird und von der Funktion $f(t)$ abhängt (Konvergenzhalbebene — vgl.
Bild 2.7).

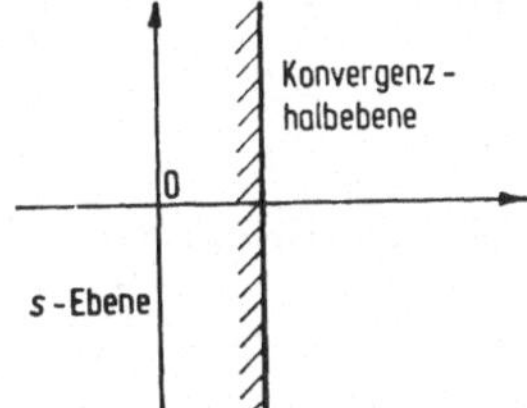

Bild 2.7.   Konvergenzbereich
des Laplace-Integrals.

Es gibt keine Zeitfunktionen, die für $t \geqq 0$ mit
Ausnahme von abzählbar vielen Punkten verschieden
sind und trotzdem dieselbe Laplace-Transformierte
haben. Die Zuordnung zwischen den *Originalfunk-
tionen* im Zeitbereich und den *Bildfunktionen* im
s-Bereich (Bildbereich) ist also im Wesentlichen umkehrbar eindeutig, was man
symbolisch durch

$$f(t) \circ\!\!-\!\!\bullet f(s)$$

oder

$$f(s) = \mathscr{L}\{f(t)\}, \quad f(t) = \mathscr{L}^{-1}\{f(s)\} \quad \text{für} \quad t > 0$$

ausdrückt. Daß hierbei der Verlauf von $f(t)$ für $t < 0$ verlorengeht, ist für uns
belanglos, da wir uns in den Anwendungen für das Geschehen von einem Zeitpunkt $t_0 = 0$ an interessieren.

Die Rückgewinnung der Originalfunktion kann mit Hilfe der allgemeinen
Umkehrformel

$$f(t) = \frac{1}{2\pi j} \int_{\delta - j\infty}^{\delta + j\infty} f(s)\, e^{st}\, ds \quad \text{für} \quad t > 0 \;\;[2]$$

erfolgen. Ihre Auswertung ist aber meist umständlich und erübrigt sich in vielen
Fällen, wenn man die vorhandenen, umfangreichen Tabellen benützt. Wir kommen
im folgenden mit den *Korrespondenzen*

$$\sigma(t) \quad \text{bzw.} \quad 1 \qquad \circ\!\!-\!\!\bullet \frac{1}{s}$$

$$t \qquad \circ\!\!-\!\!\bullet \frac{1}{s^2}$$

$$\frac{t^{n-1}}{(n-1)!}\, e^{at} \circ\!\!-\!\!\bullet \frac{1}{(s-a)^n}$$

---

[1] Wo keine Mißverständnisse vorkommen, kennzeichnen wir die Laplace-
Transformierte einer Größe einfach, indem wir dasselbe Symbol wie im Zeitbereich
verwenden und lediglich das Argument t durch s ersetzen. Strenggenommen
müßte man ein neues Funktionssymbol einführen. Es hat sich z. B. eingebürgert,
für die Zeitfunktionen kleine und für ihre Transformierten große Buchstaben zu
verwenden. Wir folgen diesem Brauch nicht, da wir kleine und große Buchstaben
zur Unterscheidung von Vektoren und Matrizen benutzen.

[2] Für $t < 0$ liefert die Auswertung dieses Integrals 0. Man kann das zum Ausdruck bringen, indem man die linke Seite der Umkehrformel durch $f(t)\,\sigma(t)$ ersetzt.

aus. Auf sie kann man die *Rücktransformation gebrochen rationaler Funktionen*

$$\frac{P(s)}{Q(s)} \qquad \begin{array}{l} P(s),\ Q(s)\ \text{Polynome,} \\ \operatorname{Grad} P(s) < \operatorname{Grad} Q(s) \end{array}$$

durch *Partialbruchzerlegung* zurückführen. Wir nehmen zunächst an, das Nennerpolynom habe nur einfache Wurzeln s. Dann hat die Partialbruchzerlegung die Form

$$\frac{P(s)}{Q(s)} = \frac{P(s)}{\prod\limits_{i=1}^{n}(s - s_i)} = \sum_{i=1}^{n} \frac{c_i}{s - s_i},$$

wobei die Koeffizienten durch

$$c_j = \left[(s - s_j)\frac{P(s)}{Q(s)}\right]_{s \to s_j} = \frac{P(s_j)}{\prod\limits_{i \neq j}(s_j - s_i)}$$

gegeben sind. Zur Herleitung dieser Formel hat man die vorhergehende Gleichung mit unbestimmten Koeffizienten c_i mit dem Faktor $(s - s_j)$ zu multiplizieren und den Grenzübergang $s \to s_j$ durchzuführen.

Beispiel 2.8:

$$\frac{P(s)}{Q(s)} = \frac{s+2}{s(s+1)(s+3)} = \frac{c_1}{s} + \frac{c_2}{s+1} + \frac{c_3}{s+3},$$

$$c_1 = \frac{P(s)}{Q(s)}\, s\,\Big|_{s \to 0} = \frac{s+2}{(s+1)(s+3)}\,\Big|_{s=0} = \frac{2}{3},$$

$$c_2 = \frac{P(s)}{Q(s)}\,(s+1)\,\Big|_{s \to -1} = \frac{s+2}{s(s+3)}\,\Big|_{s=-1} = -\frac{1}{2},$$

$$c_3 = \frac{P(s)}{Q(s)}\,(s+3)\,\Big|_{s \to -3} = \frac{s+2}{s(s+1)}\,\Big|_{s=-3} = -\frac{1}{6}.$$

Mit Hilfe der angegebenen Korrespondenzen folgt durch gliedweise Rücktransformation

$$\mathscr{L}^{-1}\left\{\frac{P(s)}{Q(s)}\right\} = \frac{2}{3} - \frac{1}{2}\,e^{-t} - \frac{1}{6}\,e^{-3t} \quad \text{für} \quad t > 0.$$

*

Im allgemeinen Fall, bei dem $Q(s)$ auch mehrfache Nullstellen besitzt,

$$Q(s) = \prod_i (s - s_i)^{\nu_i}, \qquad \sum_i \nu_i = n = \operatorname{Grad}\{Q\},$$

ist eine Partialbruchzerlegung der Form

$$\frac{P(s)}{Q(s)} = \frac{P(s)}{\prod\limits_i (s - s_i)^{\nu_i}} = \sum_i \left(\frac{c_{i1}}{(s - s_i)} + \frac{c_{i2}}{(s - s_i)^2} + \cdots + \frac{c_{i\nu_i}}{(s - s_i)^{\nu_i}}\right)$$

möglich. Zur Bestimmung der c_{ik} kann man jetzt ebenfalls eine Formel angeben, die wir aber nicht benützen wollen, da man durch Koeffizientenvergleich meist einfacher zum Ziele kommt. Wir erläutern dieses Verfahren am

Beispiel 2.9: Es sei

$$\frac{P(s)}{Q(s)} = \frac{1}{(s+2)^3(s+3)} = \frac{c_{11}}{s+2} + \frac{c_{12}}{(s+2)^2} + \frac{c_{13}}{(s+2)^3} + \frac{c_{21}}{s+3}.$$

Multiplikation beider Seiten mit $Q(s)$ ergibt:

$$1 = c_{11}(s + 2)^2 (s + 3) + c_{12}(s + 2) (s + 3) + c_{13}(s + 3) + c_{21}(s + 2)^3,$$

$$1 = (c_{11} + c_{21}) s^3 + (7c_{11} + c_{12} + 6c_{21}) s^2 + (16c_{11} + 5c_{12} + c_{13} + 12c_{21}) s +$$

$$+ (12c_{11} + 6c_{12} + 3c_{13} + 8c_{21}).$$

Diese Gleichung ist nur dann identisch in s erfüllt, wenn die Koeffizienten gleicher Potenzen von s auf der linken und rechten Seite übereinstimmen, d. h. falls

$$\left.\begin{aligned}
12c_{11} + 6c_{12} + 3c_{13} + 8c_{21} &= 1, \\
16c_{11} + 5c_{12} + c_{13} + 12c_{21} &= 0, \\
7c_{11} + c_{12} + 6c_{21} &= 0, \\
c_{11} + c_{21} &= 0,
\end{aligned}\right\} \quad \text{also} \quad
\begin{aligned}
c_{11} &= +1, \\
c_{12} &= -1, \\
c_{13} &= +1, \\
c_{21} &= -1.
\end{aligned}$$

Die gliedweise Rücktransformation der Partialbruchreihe ergibt

$$\mathscr{L}^{-1}\left\{\frac{P(s)}{Q(s)}\right\} = e^{-2t} - t\, e^{-2t} + \frac{t^2}{2} e^{-2t} - e^{-3t} \quad \text{für} \quad t > 0.$$

*

Die Laplace-Transformierte einer *Vektorfunktion* $f(t)$ bzw. einer *Matrixfunktion* $A(t)$ definieren wir durch die Vereinbarung, die Transformation komponenten- bzw. elementweise vorzunehmen. Es gilt also z. B.

$$x(s) = \mathscr{L}\{x(t)\} = \begin{pmatrix} \mathscr{L}\{x_1(t)\} \\ \vdots \\ \mathscr{L}\{x_n(t)\} \end{pmatrix} = \begin{pmatrix} x_1(s) \\ \vdots \\ x_n(s) \end{pmatrix}.$$

Die erfolgreiche Anwendung der Laplace-Transformation beruht auf einer Reihe einfacher Rechenregeln, die wir in Tab. 2.1 für Matrixfunktionen zusammengestellt haben. Den Beweis dieser Regeln findet man in den meisten Büchern über die Laplace-Transformation[1] für skalare Funktionen. Die Erweiterung auf Matrixfunktionen ergibt sich einfach, wenn man die Formeln elementweise ausschreibt und die Linearität der Transformation berücksichtigt. Mit diesen Regeln können wir ein mathematisches Problem — z. B. die Lösung einer Differentialgleichung — in das entsprechende Problem im Unterbereich übersetzen, dort lösen und danach die Lösung in den Originalbereich zurückübersetzen:

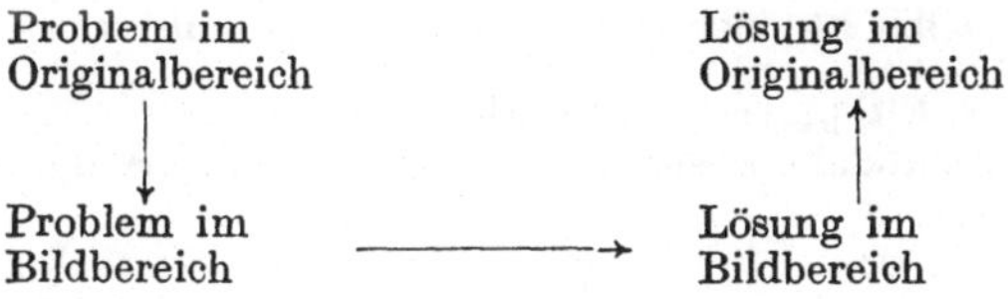

---

[1] Wir verweisen auf [3]

Das ist zunächst ein Umweg. Unsere Tabelle zeigt aber, daß den Operationen im Originalbereich *oft einfachere Operationen im Bildbereich* entsprechen. Die Lösung des Problems wird dann im Bildbereich leichter durchführbar sein. Der Preis für diese Vereinfachung ist die unter Umständen erforderliche Rücktransformation des Ergebnisses in den Originalbereich.

Tabelle 2.1. *Regeln für die Laplace-Transformation*

	Originalbereich	Bildbereich
I. Linearität	$C_1\,F_1(t) + C_2\,F_2(t)$	$C_1\,F_1(s) + C_2\,F_2(s)$
II. Ähnlichkeitssatz	$F(a\,t)$	$\dfrac{1}{a}\,F\!\left(\dfrac{s}{a}\right)$
III. Verschiebungsgesetz[1]	$F(t-a)$	$e^{-as}\left[F(s) + \displaystyle\int_{-a}^{0} F(t)\,e^{-st}\,dt\right]$
IV. Dämpfungssatz	$e^{-\alpha t}\,F(t),\ \alpha$ komplex	$F(s+\alpha)$
V. Differentiationssatz[2]	$\dot{F}(t)$	$s\,F(s) - F_{+0}$
	$F^{(n)}(t)$	$s^n\,F(s) - \displaystyle\sum_{\nu=0}^{n-1} F_{+0}^{(\nu)}\,s^{n-1-\nu}$
VI. Integrationssatz	$\displaystyle\int_0^t F(\tau)\,d\tau$	$\dfrac{1}{s}\,F(s)$
VII. Umkehrung zu V	$-t\,F(t)$	$\dfrac{d}{ds}\,F(s)$
VIII. Umkehrung zu VI	$\dfrac{1}{t}\,F(t)$	$\displaystyle\int_s^\infty F(\sigma)\,d\sigma$
IX. Faltungssatz[3]	$F_1(t) * F_2(t)$	$F_1(s)\,F_2(s)$
X. Grenzwertsätze[4]		$\displaystyle\lim_{t\to+0} F(t) = \lim_{s\to\infty}[s\,F(s)]$ $\displaystyle\lim_{t\to+\infty} F(t) = \lim_{s\to0}[s\,F(s)]$

Wir behandeln in diesem Abschnitt die wichtigste Lösungsmethode für zeitinvariante Übertragungssysteme. Zunächst betrachten wir Systeme mit einer Eingangs- und einer Ausgangsgröße und gehen von

---

[1] Mit der Vereinbarung $F(t) = O$ für $t < 0$ verschwindet das Integral im Bildbereich, falls $a > 0$.

[2] Auf der rechten Seite kommen außer der Bildfunktion die rechtsseitigen Grenzwerte $F_{+0} = \lim_{t\to+0} F(t)$ der Originalfunktion vor, die wir für stetige Funktionen durch $F_0 = F(t)\,|_{t=0}$ ersetzen dürfen.

[3] Das Faltungsprodukt zweier Funktionen ist definiert durch

$$F_1(t) * F_2(t) := \int_0^t F_1(\tau)\,F_2(t-\tau)\,d\tau = \int_0^t F_1(t-\tau)\,F_2(\tau)\,d\tau.$$

[4] Diese Grenzwertsätze gelten nur, falls die Grenzwerte im Originalbereich existieren!

einem mathematischen Modell in *Normalform*

$$\dot{x}(t) = A\,x(t) + b\,u(t),$$
$$y(t) = c'\,x(t) + d\,u(t) \tag{2.38}$$

aus. Gegeben sei die Eingangsfunktion $u(t)$ für $t \geqq 0$ und der Anfangszustand für $t = 0$. Gesucht ist die Ausgangsfunktion.

Durch Anwendung der Regeln für die Laplace-Transformation auf beiden Seiten dieser Gleichungen erhält man im Bildbereich

$$s\,\mathscr{L}\{x(t)\} - x_{+\,0}{}^1 = A\,\mathscr{L}\{x(t)\} + b\,\mathscr{L}\{u(t)\}$$

bzw.

$$(s\,E - A)\,\mathscr{L}\{x(t)\} = x_0 + b\,\mathscr{L}\{u(t)\}, \tag{2.39}$$

wobei wir x_0 anstelle von $x_{+\,0}$ geschrieben haben, da sich der Zustandsvektor stetig ändert.

Für $|s\,E - A| \neq 0$, d. h. falls s verschieden ist von den n Eigenwerten s_k (vgl. Abschn. 2.5), erhalten wir daraus, wenn wir noch die zweite Gleichung von (2.38) hinzunehmen,

$$\mathscr{L}\{x(t)\} = (s\,E - A)^{-1}\,x_0 + (s\,E - A)^{-1}\,b\,\mathscr{L}\{u(t)\},$$
$$\mathscr{L}\{y(t)\} = c'(s\,E - A)^{-1}\,x_0 + [c'(s\,E - A)^{-1}\,b + d]\,\mathscr{L}\{u(t)\}. \tag{2.40}$$

Der Vorteil, den diese Lösungsmethode bringt, ist offensichtlich. Anstelle einer Differentialgleichung haben wir im s-Bereich ein lineares Gleichungssystem (2.39) zu lösen. Außerdem ist sofort zu sehen, wie der Anfangszustand in die Lösung eingeht. Allerdings müssen wir dafür die Lösung (2.40) noch in den Zeitbereich übersetzen. Das ist im vorliegenden Falle aber kein schwieriges Problem. Formal erhalten wir unter Berücksichtigung des Faltungssatzes eine *Lösung* der Form

$$x(t) = \Phi(t)\,x_0 + \int_0^t f(t - \tau)\,u(\tau)\,d\tau,$$
$$y(t) = \psi'(t)\,x_0 + \int_0^t g(t - \tau)\,u(\tau)\,d\tau, \tag{2.41}$$

wobei sich folgende Größen entsprechen:

Zeitbereich		s-Bereich	
	$\Phi(t)$	$(s\,E - A)^{-1}$	
$\Phi(t)\,b$	$= f(t)$	$(s\,E - A)^{-1}\,b$	(2.42)
$c'\,\Phi(t)$	$= \psi'(t)$	$c'(s\,E - A)^{-1}$	
$c'\,\Phi(t)\,b + d\,\delta(t)$	$= g(t)\,^2$	$c'(s\,E - A)^{-1}\,b + d$	

---

[1] Siehe Fußnote 2 auf S. 56

[2] $\delta(t)$ ist die sog. δ-Funktion — vgl. S. 43. Es gilt $\mathscr{L}\{\delta(t)\} = 1$. Eine Plausibilitätsbetrachtung zu dieser Beziehung erfolgt am Ende dieses Abschnitts.

Der Vergleich mit den Ergebnissen von Abschn. 2.3, S. 42, zeigt, daß $\boldsymbol{\Phi}(t)$ die *Transitionsmatrix*, $\boldsymbol{f}(t)$ die *Impulsantwort* des Zustandsvektors und $g(t)$ die Impulsantwort der Ausgangsgröße (*Gewichtsfunktion*) ist[1]. Mit Hilfe der Transitionsmatrix kann man die *Zustandsänderungen des freien Systems* ($u = 0$) berechnen, durch die Impulsantwort ist das Systemverhalten bei einer *Erregung aus der Ruhelage* ($\boldsymbol{x}_0 = \boldsymbol{o}$) bestimmt. In der Regelungstechnik ersetzt man die Impulsantwort zur Charakterisierung des Übertragungsverhaltens häufig durch die *Sprungantwort*, die man für $u(t) = \sigma(t)$, $\boldsymbol{x}_0 = \boldsymbol{o}$ erhält. Wir bezeichnen sie mit dem Buchstaben h. Aus (2.41) folgt z. B. für die Sprungantwort der Ausgangsgröße:

$$h(t) = \int_0^t g(t-\tau)\,d\tau = \int_0^t g(\tau)\,d\tau, \quad g(t) = \dot{h}(t).$$

Unter Berücksichtigung der Korrespondenzen (2.42) können wir für die Lösung (2.40) im Bildbereich schreiben

$$\boldsymbol{x}(s) = \boldsymbol{\Phi}(s)\,\boldsymbol{x}_0 + \boldsymbol{f}(s)\,u(s),$$
$$y(s) = \boldsymbol{\psi}'(s)\,\boldsymbol{x}_0 + G(s)\,u(s)\,[2]. \qquad (2.43)$$

$G(s)$ heißt die *Übertragungsfunktion* des durch (2.38) beschriebenen Übertragungssystems.

Beispiel 2.10: Wir behandeln wieder dasselbe System wie in Beispiel 2.1 mit

$$A = \begin{pmatrix} -2 & 2 \\ \tfrac{1}{2} & -2 \end{pmatrix}, \quad b = \begin{pmatrix} 0 \\ \tfrac{3}{2} \end{pmatrix}, \quad c = \begin{pmatrix} 0 \\ 1 \end{pmatrix}.$$

Damit wird

$$\boldsymbol{\Phi}(s) = (s\,\boldsymbol{E} - \boldsymbol{A})^{-1} = \begin{pmatrix} s+2 & -2 \\ -\tfrac{1}{2} & s+2 \end{pmatrix}^{-1} = \frac{1}{\Delta(s)}\begin{pmatrix} s+2 & 2 \\ \tfrac{1}{2} & s+2 \end{pmatrix},$$

wobei

$$\Delta(s) = \det(s\,\boldsymbol{E} - \boldsymbol{A}) = s^2 + 4s + 3 = (s+1)(s+3)$$

das charakteristische Polynom ist.

Zur Rücktransformation in den Zeitbereich entwickeln wir den Ausdruck für $\boldsymbol{\Phi}(s)$ in Partialbrüche. Hierzu machen wir den Ansatz

$$\boldsymbol{\Phi}(s) = \frac{\begin{pmatrix} s+2 & 2 \\ \tfrac{1}{2} & s+2 \end{pmatrix}}{(s+1)(s+3)} = \frac{C_1}{s+1} + \frac{C_2}{s+3}.$$

Die Bestimmung der Koeffizienten C_1 und C_2 erfolgt formal genauso wie bei der Partialbruchzerlegung skalarer Funktionen. Man kann auch den Nenner

---

[1] Der Leser, der die Abschn. 2.2 bis 2.4 übersprungen hat, fasse die allgemeine Lösungsform (2.41) in Verbindung mit der Korrespondenztabelle (2.42) als Definition dieser Größen auf.

[2] $G(s)$ ist die Laplace-Transformierte von $g(t)$. Mit unserer Vereinbarung müßten wir daher folgerichtig $g(s)$ schreiben. Wir wollen uns aber im Falle der Übertragungsfunktion an die traditionelle Standardbezeichnung halten.

$(s+1)(s+3)$ in die Matrix hineinmultiplizieren und jedes Matrixelement für sich zerlegen. Beide Methoden liefern

$$\boldsymbol{\Phi}(s) = \frac{1}{2}\begin{pmatrix} 1 & 2 \\ \frac{1}{2} & 1 \end{pmatrix}\frac{1}{s+1} - \frac{1}{2}\begin{pmatrix} -1 & 2 \\ \frac{1}{2} & -1 \end{pmatrix}\frac{1}{s+3},$$

und dafür erhalten wir im Originalbereich

$$\boldsymbol{\Phi}(t) = \tfrac{1}{2}\begin{pmatrix} 1 & 2 \\ \frac{1}{2} & 1 \end{pmatrix}e^{-t} - \tfrac{1}{2}\begin{pmatrix} -1 & 2 \\ \frac{1}{2} & -1 \end{pmatrix}e^{-3t}$$

$$= \begin{pmatrix} \frac{1}{2}(e^{-t}+e^{-3t}) & (e^{-t}-e^{-3t}) \\ \frac{1}{4}(e^{-t}-e^{-3t}) & \frac{1}{2}(e^{-t}+e^{-3t}) \end{pmatrix}$$

in Übereinstimmung mit dem Ergebnis von Beispiel 2.7. Aus $\boldsymbol{\Phi}(t)$ folgt für die übrigen Kenngrößen

$$\boldsymbol{f}(t) = \boldsymbol{\Phi}(t)\,\boldsymbol{b} = \begin{pmatrix} \frac{3}{2}(e^{-t}-e^{-3t}) \\ \frac{3}{4}(e^{-t}+e^{-3t}) \end{pmatrix},$$

$$\boldsymbol{\psi}'(t) = \boldsymbol{c}'\,\boldsymbol{\Phi}(t) = (\tfrac{1}{4}(e^{-t}-e^{-3t}) \quad \tfrac{1}{2}(e^{-t}+e^{-3t})),$$

$$g(t) = \boldsymbol{c}'\,\boldsymbol{\Phi}(t)\,\boldsymbol{b} = \tfrac{3}{4}(e^{-t}+e^{-3t}).$$

Damit kann man gemäß (2.41) auch die Systemantwort für beliebige Eingangsfunktionen berechnen. Mit $u(t) = \sigma(t)$, $\boldsymbol{x}_0 = \boldsymbol{o}$ ergibt sich z. B. als Sprungantwort des Systems

$$y(t) = \int\limits_0^t g(\tau)\,d\tau = \tfrac{1}{4}(4 - 3e^{-t} - e^{-3t}).$$

Die Berechnung der Systemantwort auf eine vorgegebene Eingangsfunktion haben wir bisher in den Beispielen über die Gewichtsfunktion gemäß (2.41) vorgenommen. In vielen Fällen ist es bequemer, wenn man in der Darstellung (2.43) zuerst die Multiplikation $G(s)\,u(s)$ ausführt und dann direkt die zugehörige Zeitfunktion sucht. Das gilt insbesondere, wenn $u(s)$ ebenfalls eine gebrochen rationale Funktion ist.

Beispiel 2.11: Für das eben behandelte Beispiel erhält man

$$G(s) = \boldsymbol{c}'(s\boldsymbol{E} - \boldsymbol{A})^{-1}\boldsymbol{b} = \frac{3}{2}\frac{(s+2)}{(s+1)(s+3)}.$$

Sei nun $\boldsymbol{x}_0 = \boldsymbol{o}$ und $u(t) = e^{-3t}$ $(t > 0)$, dann wird

$$u(s) = \frac{1}{s+3},$$

also

$$y(s) = G(s)\,u(s) = \frac{3}{2}\frac{(s+2)}{(s+1)(s+3)^2}$$

$$= \frac{3}{8}\left(\frac{1}{s+1} - \frac{1}{s+3} + \frac{2}{(s+3)^2}\right),$$

$$y(t) = \tfrac{3}{8}(e^{-t} - e^{-3t} + 2t\,e^{-3t}).$$

Wie wir sehen werden, kann man viele Eigenschaften eines Übertragungssystems aus den in der rechten Spalte von (2.42) aufgeführten

Kenngrößen im s-Bereich direkt ablesen, und die Rücktransformation in den Zeitbereich ist oft gar nicht erforderlich.

Wir wollen als ersten Schritt in dieser Richtung $\boldsymbol{\Phi}(s)$ und $G(s)$ näher untersuchen.

Bezeichnen wir die Elemente von $\boldsymbol{A}$ mit $a_{\mu\nu}$, so gilt:

$$(s\,\boldsymbol{E} - \boldsymbol{A}) = \begin{pmatrix} s - a_{11} & -a_{12} & \cdots & -a_{1n} \\ -a_{21} & s - a_{22} & \cdots & -a_{2n} \\ \vdots & \vdots & & \vdots \\ -a_{n1} & -a_{n2} & \cdots & s - a_{nn} \end{pmatrix}.$$

Für die *Transitionsmatrix* schreiben wir im Bildbereich

$$\boldsymbol{\Phi}(s) = (s\,\boldsymbol{E} - \boldsymbol{A})^{-1} = \frac{\mathrm{adj}\,(s\,\boldsymbol{E} - \boldsymbol{A})}{|s\,\boldsymbol{E} - \boldsymbol{A}|}$$

$$= \frac{1}{\Delta(s)} \begin{pmatrix} p_{11}(s) & p_{12}(s) & \cdots & p_{1n}(s) \\ p_{21}(s) & p_{22}(s) & \cdots & p_{2n}(s) \\ \vdots & \vdots & & \vdots \\ p_{n1}(s) & p_{n2}(s) & \cdots & p_{nn}(s) \end{pmatrix}, \qquad (2.44)$$

wobei $\Delta(s) = \det(s\,\boldsymbol{E} - \boldsymbol{A})$ das charakteristische Polynom vom Grade n ist, während die Elemente $p_{\mu\nu}(s)$ die algebraischen Komplemente von $(s\,\boldsymbol{E} - \boldsymbol{A})$ darstellen. Das sind ebenfalls Polynome in s, die aber höchstens vom Grade $(n-1)$ sind. Diese Behauptung macht man sich anhand der oben angegebenen, ausführlichen Schreibweise für $(s\,\boldsymbol{E} - \boldsymbol{A})$ ähnlich wie im Falle von $\Delta(s)$ klar, indem man bedenkt, daß die algebraischen Komplemente ihre $(n-1)$-reihigen Unterdeterminanten sind. Die Elemente von $\boldsymbol{\Phi}(s)$ sind also gebrochen rationale Funktionen $p_{\mu\nu}(s)/\Delta(s)$, deren Nennergrad größer ist als der Zählergrad. Wir können sie daher durch Partialbruchzerlegung in der Form

$$\varphi_{\mu\nu}(s) = \frac{p_{\mu\nu}(s)}{\Delta(s)} = \sum_k \left(\frac{c_{k,1}^{\mu\nu}}{(s-s_k)} + \cdots + \frac{c_{k,r_k}^{\mu\nu}}{(s-s_k)^{r_k}} \right) \qquad (2.45)$$

schreiben, wobei s_k eine r_k-fache Wurzel des charakteristischen Polynoms $\Delta(s)$ ist $\left(\sum_k r_k = n \right)$. Durch Rücktransformation folgt hieraus für die Elemente der Transitionsmatrix im Zeitbereich

$$\varphi_{\mu\nu}(t) = \sum_k \left(c_{k,1}^{\mu\nu} + c_{k,2}^{\mu\nu}\, t + \cdots + \frac{1}{(r_k-1)!}\, c_{k,r_k}^{\mu\nu}\, t^{r_k-1} \right) e^{s_k t}. \qquad (2.46)$$

Die *Übertragungsfunktion* des Systems gibt den Zusammenhang zwischen der Eingangs- und der Ausgangsgröße für den Anfangszustand $\boldsymbol{x}_0 = \boldsymbol{o}$ im Bildbereich an. Der Darstellung (2.44) zufolge ist $\boldsymbol{c}'\,\mathrm{adj}\,(s\,\boldsymbol{E} - \boldsymbol{A})\,\boldsymbol{b}$ eine Linearkombination der Polynome $p_{\mu\nu}(s)$ und daher wieder ein Polynom, dessen Grad kleiner als n ist. Die Übertragungsfunktion,

die sich hiervon eventuell durch das Zusatzglied d unterscheidet, hat
also die Form

$$G(s) = \frac{Z(s)}{N(s)}, \qquad \begin{array}{l} \text{wobei } Z(s),\ N(s) \text{ Polynome in } s \\ \text{mit Grad}\{Z(s)\} \leqq \text{Grad } \{N(s)\}. \end{array} \qquad (2.47)$$

Die Übertragungsfunktion ändert sich bei einer linearen Zustandstransformation $z = T\,x$ nicht. Der Beweis dieser Invarianzeigenschaft
kann ähnlich wie auf S. 47 im Falle des charakteristischen Polynoms
geführt werden. Sie leuchtet aber auch ohne Rechnung ein, wenn man
bedenkt, daß die Ausgangsgröße durch die Eingangsgröße eindeutig
bestimmt ist, falls wir immer von derselben Ruhelage als Anfangszustand ausgehen.

Wir wollen eine *anschauliche Deutung* der Übertragungsfunktion
geben. Hierzu betrachten wir als spezielle Eingangsfunktion eine harmonische Schwingung und schreiben diese in der komplexen Form

$$u(t) = C e^{\,j\,\omega_0 t}\ [1],$$

$C = A\,e^{j\varphi} =$ komplexer Amplituden- und Phasenfaktor.

Dann ergibt sich für die Ausgangsfunktion im Bildbereich

$$y(s) = C\,G(s)\,\frac{1}{s - j\,\omega_0} + \text{Anfangsterme},$$

bzw. nach Partialbruchentwicklung

$$y(s) = C\,\frac{c_0}{s - j\,\omega_0} + \sum_i \left(\frac{c_{i1}}{s - s_i} + \cdots + \frac{c_{ir_i}}{(s - s_i)^{r_i}} \right) + \text{Anfangsterme}$$

$$\text{mit } c_0 = G(j\,\omega_0) \quad (\text{für } j\,\omega_0 \neq s_i).$$

Falls alle Eigenwerte des Übertragungssystems einen negativen
Realteil haben, entsprechen sowohl den Beiträgen unter dem Summenzeichen als auch den Anfangstermen im Zeitbereich exponentiell abklingende Einschwingvorgänge. Nach hinreichend langer Wartezeit
bleibt also nur der erste Term zu berücksichtigen und liefert

$$y(t) = C\,G(j\,\omega_0)\,e^{j\,\omega_0 t},$$

d. h. eine harmonische Schwingung der ursprünglichen Frequenz, aber
mit einer um den Faktor $|G(j\,\omega_0)|$ veränderten Amplitude und um
$\mathrm{arc}\{G(j\,\omega_0)\}$ verschobenen Phase. $G(j\,\omega)$ ist der aus der Meßtechnik
bekannte *(komplexe) Frequenzgang*.

---

[1] Physikalische Bedeutung hat nur der Real- bzw. Imaginärteil einer komplexen Lösung, also z. B. $\mathrm{Re}\,\{C\,e^{j\omega_0 t}\} = A\,\cos(\omega_0\,t + \varphi)$. Hierzu gehört — da
unsere lineare Differentialgleichung reelle Koeffizienten hat — der Realteil von
$y(s)$ als Lösung.

Beispiel 2.12: a) Als Frequenzgang zu Beispiel 2.11 erhält man

$$G(j\,\omega) = \frac{3}{2}\,\frac{2+j\,\omega}{(3-\omega^2)+4j\,\omega}.$$

Das Bild 2.8 veranschaulicht diesen Frequenzgang als Ortskurve in der komplexen Zahlenebene mit ω als Parameter.

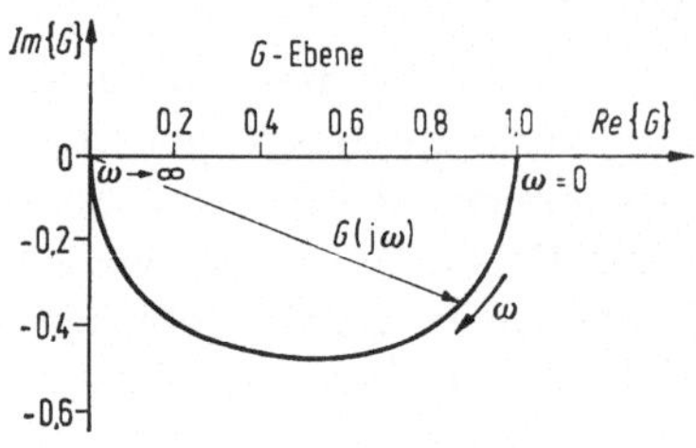

Bild 2.8.   Beispiel für Frequenzgang-Ortskurve.

b) Für ein Totzeitglied gilt die Beziehung

$$y(t) = u(t-\tau)$$

zwischen der Eingangsgröße u und der Ausgangsgröße y. Falls $u(t) = 0$ für $t \leq 0$, folgt hieraus nach dem Verschiebungssatz für die Laplace-Transformation

$$y(s) = e^{-\tau s}\,u(s)$$

bzw.

$$G(s) = \frac{y(s)}{u(s)} = e^{-\tau s}.$$

Das ist ein Beispiel für ein System, dessen Übertragungssystem keine ganze rationale Funktion darstellt.

Wenn die unter (2.47) genannte Bedingung

$$\text{Zählergrad von } G(s) \leq \text{Nennergrad von } G(s) \qquad (2.48)$$

nicht erfüllt ist, folgt $|G(j\,\omega)| \to \infty$ für $\omega \to \infty$, d. h., die Amplitude einer harmonischen Schwingung wird beliebig verstärkt, falls die Frequenz hinreichend groß ist. Ein Übertragungssystem mit dieser Eigenschaft gibt es nicht. Andererseits können Übertragungsfunktionen, für welche (2.48) gilt, zumindest näherungsweise durch ein physikalisches Modell realisiert werden, z. B. — wie in Abschn. 3.2 gezeigt — auf dem Analogrechner. Wir nennen daher (2.48) die *Realisierungsbedingung* für rationale Übertragungsfunktionen. Im Falle der Gleichheit von Zählergrad und Nennergrad läßt sich ein konstanter Term abspalten,

$$G(s) = d + \frac{\tilde{Z}(s)}{N(s)}, \quad \text{Grad}\,\{\tilde{Z}\} < \text{Grad}\,\{N\}.$$

Im Zeitbereich tritt dann in $y(t)$ ein Anteil $d\,u(t)$ auf. Ihm entspricht bei technischen Systemen eine starre Koppelung — z. B. die Übertragung durch einen starren Hebel oder eine starre Welle — die strenggenommen ebenfalls eine Idealisierung darstellt.

Wir erwähnen noch eine andere Deutung der Übertragungsfunktion. Wir setzen wieder $x_0 = o$ voraus und nehmen eine Eingangsgröße mit der Bildfunktion $u(s) = 1$ an. Damit wird

$$y(s) = G(s), \quad y(t) = g(t).$$

Die zugehörige Ausgangsgröße ist also die *Gewichtsfunktion*. Eine solche Eingangsfunktion gibt es aber nicht, da — wie sich beweisen läßt — die Laplace-Transformierte einer beliebigen Zeitfunktion, soweit sie überhaupt existiert, für $s \to \infty$ gegen Null konvergiert. Man kann aber eine Eingangsfunktion mit den gewünschten Eigenschaften wenigstens näherungsweise darstellen durch einen sehr kurzen

Impuls, der so zu normieren ist, daß die Fläche unter diesem Impuls gerade 1 ist. Wir zeigen das für einen Rechteckimpuls (vgl. Bild 2.6, S. 42), für den wir

$$\Delta_T(t) = \frac{1}{T}\left(\sigma(t) - \sigma(t - T)\right)$$

schreiben. Daraus ergibt sich seine Laplace-Transformierte zu

$$\mathscr{L}\{\Delta_T(t)\} = \Delta_T(s) = \frac{1}{Ts}\left(1 - e^{-Ts}\right),$$

und für hinreichend kleine T erhalten wir durch Reihenentwicklung

$$\Delta_T(s) = 1 - \tfrac{1}{2}Ts + \cdots,$$
$$\lim_{T \to 0} \Delta_T(s) = 1.$$

Damit sind wir zu einer gewissen anschaulichen Deutung der gesuchten Eingangsfunktion als einen sehr kurzen und sehr hohen Impuls gelangt. Wir dürfen aber in der letzten Gleichung nicht das Limeszeichen mit dem Laplace-Operator vertauschen, denn es ist offensichtlich

$$\lim_{T \to 0}\left(\Delta_T(t)\right) = 0,$$

und dazu gehört als Laplace-Transformierte nicht 1 sondern 0. Bei einer geeigneten Erweiterung des Funktionenbegriffes kann man trotzdem formal mit einer Funktion $u(t)$ mit der Laplace-Transformierten 1 rechnen. Man nennt diese Pseudofunktion δ-Funktion oder Einheitsimpuls,

$$u(s) = 1 \;\bullet\!\!-\!\!\circ\; u(t) = \delta(t), \tag{2.49}$$

die zugehörige Ausgangsfunktion $y(t) = g(t)$ daher auch Impulsantwort (vgl. Abschn. 2.3).

Wir werden das Rechnen mit δ-Funktionen nach Möglichkeit vermeiden.

2.7 Rückwirkungsfreie Koppelung von Übertragungssystemen

Bei der *rückwirkungsfreien Koppelung* von Übertragungssystemen gelten einfache Formeln für die Berechnung der *Übertragungsfunktionen* bzw. der *charakteristischen Polynome der zusammengesetzten Systeme* aus denen der Teilsysteme. Sie sind in Bild 2.9 für einige Grundformen der Koppelung von zwei Systemen zusammengestellt. Durch wiederholte Anwendung kann man damit die entsprechenden Ergebnisse für ein vermaschtes Netz mehrerer Blöcke gewinnen.

Bei der Formel für die Gegenkoppelung steht im Zähler die Übertragungsfunktion des Blockes, der zwischen der betrachteten Eingangsgröße u und der Ausgangsgröße y liegt, im Nenner steht die *Kreisübertragungsfunktion* (Übertragungsfunktion des offenen Kreises),

$$L(s) = G_1(s)\,G_2(s),$$

die man bis auf einen Faktor (-1) erhält, wenn man den aufgetrennten Kreis (Bild 2.10) als Übertragungssystem mit v_e als Eingangs- und v_a als Ausgangsgröße betrachtet. Sie spielt in der Regelungstheorie eine fundamentale Rolle. Bei vermaschten Kreisen mit mehreren Schleifen hängt sie von der Trennstelle ab. Im Zweifelsfalle werden wir jeweils sagen, wo wir diese annehmen.

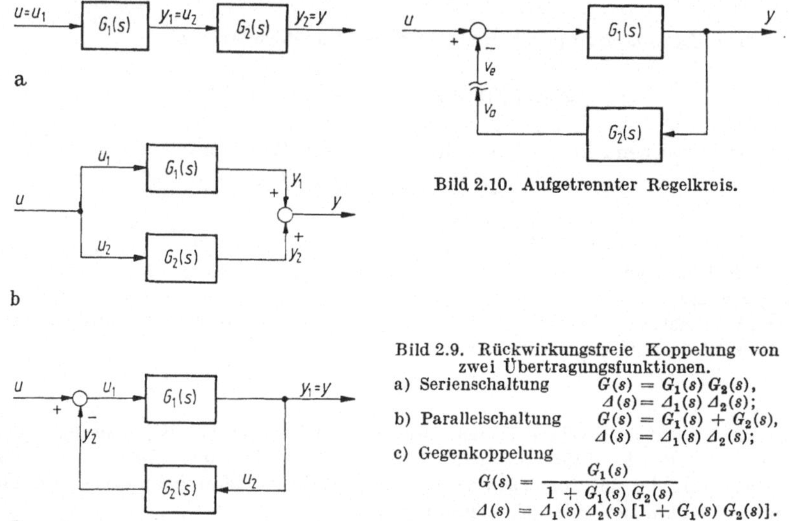

Bild 2.10. Aufgetrennter Regelkreis.

Bild 2.9. Rückwirkungsfreie Koppelung von zwei Übertragungsfunktionen.
a) Serienschaltung $G(s) = G_1(s)\,G_2(s)$,
$\qquad\qquad\qquad\Delta(s) = \Delta_1(s)\,\Delta_2(s)$;
b) Parallelschaltung $G(s) = G_1(s) + G_2(s)$,
$\qquad\qquad\qquad\Delta(s) = \Delta_1(s)\,\Delta_2(s)$;
c) Gegenkoppelung
$$G(s) = \frac{G_1(s)}{1 + G_1(s)\,G_2(s)}$$
$$\Delta(s) = \Delta_1(s)\,\Delta_2(s)\,[1 + G_1(s)\,G_2(s)].$$

Die obigen Formeln für die Übertragungsfunktionen kann man fast unmittelbar aus dem Bild ablesen. So gilt im Falle 2.9 c bei einer Erregung aus der Ruhelage

$$y(s) = G_1(s)\,[u(s) - y_2(s)] = G_1(s)\,u(s) - G_1(s)\,G_2(s)\,y(s).$$

Hieraus folgt durch Auflösung nach $y(s)/u(s)$ die angegebene Übertragungsfunktion $G(s)$.

Zur Herleitung der Formeln für das charakteristische Polynom gehen wir von den mathematischen Modellen in Normalform für die Teilsysteme aus:

$$\text{System 1:} \quad \dot{x}_1 = A_1\,x_1 + b_1\,u_1, \quad y_1 = c_1'\,x_1 \,{}^1,$$
$$\text{System 2:} \quad \dot{x}_2 = A_2\,x_2 + b_2\,u_2, \quad y_2 = c_2'\,x_2.$$

Die Gleichungen für die gekoppelten Systeme schreiben sich besonders einfach, wenn wir die Matrizen der Teilsysteme zu Übermatrizen zusammenfassen und

$$x = \begin{pmatrix} x_1 \\ x_2 \end{pmatrix}$$

als Zustandsvektor für das gekoppelte System einführen. Im einzelnen

---

[1] Die Ergebnisse bleiben richtig, wenn man Zusatzterme $d_i\,u_i$ ($i = 1, 2$) in y_i berücksichtigt. Die Zwischenrechnungen erfordern dann aber erheblich mehr Schreibarbeit.

erhalten wir für die in Bild 2.9 unterschiedenen Fälle

a) $(u_1 = u,\ u_2 = y_1 = c_1'\,x_1,\ y = y_2)$,

$$\dot{x} = \begin{pmatrix} \dot{x}_1 \\ \dot{x}_2 \end{pmatrix} = \begin{pmatrix} A_1 & O \\ b_2\,c_1' & A_2 \end{pmatrix} \begin{pmatrix} x_1 \\ x_2 \end{pmatrix} + \begin{pmatrix} b_1 \\ o \end{pmatrix} u ,$$

$$y = (o'\ c_2') \begin{pmatrix} x_1 \\ x_2 \end{pmatrix} .$$

Daraus folgt für das charakteristische Polynom unter Benützung der am Ende dieses Abschnittes angegebenen Rechenregeln

$$\Delta(s) = \begin{vmatrix} s\,E_1 - A_1 & O \\ -b_2\,c_1' & s\,E_2 - A_2 \end{vmatrix}$$

$$= |s\,E_1 - A_1|\,|s\,E_2 - A_2| = \Delta_1(s)\,\Delta_2(s) .$$

b) wird übergangen, da ähnlich wie a).

c) $(u_1 = u - y_2,\ u_2 = y_1 = y)$

$$\begin{pmatrix} \dot{x}_1 \\ \dot{x}_2 \end{pmatrix} = \begin{pmatrix} A_1 & -b_1\,c_2' \\ b_2\,c_1' & A_2 \end{pmatrix} \begin{pmatrix} x_1 \\ x_2 \end{pmatrix} + \begin{pmatrix} b_1 \\ o \end{pmatrix} u ,$$

$$y = (c_1'\ o') \begin{pmatrix} x_1 \\ x_2 \end{pmatrix} .$$

Dieses System hat das charakteristische Polynom — wir benützen für die Herleitung wieder die Rechenregeln (2.50) —

$$\Delta(s) = \begin{vmatrix} s\,E_1 - A_1 & b_1\,c_2' \\ -b_2\,c_1' & s\,E_2 - A_2 \end{vmatrix}$$

$$= |s\,E_1 - A_1|\,|s\,E_2 - A_2|\,|E + (s\,E_1 - A_1)^{-1}\,b_1\,c_2'\,(s\,E_2 - A_2)^{-1}\,b_2\,c_1'|$$

$$= \Delta_1(s)\,\Delta_2(s)\,[1 + c_1'(s\,E_1 - A_1)^{-1}\,b_1\,c_2'(s\,E_2 - A_2)^{-1}\,b_2]$$

$$= \Delta_1(s)\,\Delta_2(s)\,[1 + G_1(s)\,G_2(s)] .$$

Der Versuch, die angegebenen mathematischen Modelle in Normalform vollständig im Bildbereich zu lösen, zeigt eindrucksvoll, welche Vereinfachung das Rechnen mit den Übertragungsfunktionen bringt. Wir demonstrieren das noch am

Beispiel 2.13: Ableitung der Übertragungsfunktion zu Beispiel 1.2. Wir schreiben nochmal das mathematische Modell (1.6), S. 19, für die Regelstrecke auf, wobei wir die Gleichungen teilweise zusammenfassen und einen linearen Zusammenhang zwischen der Leerlaufspannung e_G und dem Erregerstrom i_e annehmen (linke Spalte):

$$L_e\, \dot{i}_e + R_e\, i_e = V_0\, u \qquad\qquad (s\, L_e + R_e)\, i_e(s) = V_0\, u(s)$$

$$L_a\, \dot{i}_a + R_a\, i_a = e_G - e_M \qquad (s\, L_a + R_a)\, i_a(s) = e_G(s) - e_M(s)$$

$$e_G = K_g\, i_e \qquad\qquad\qquad\qquad e_G(s) = K_g\, i_e(s)$$

$$e_M = K_i\, \omega \qquad\qquad\qquad\qquad e_M(s) = K_i\, \omega(s)$$

$$\Theta\, \dot{\omega} + K_r\, \omega = M - L \qquad (s\, \Theta + K_r)\, \omega(s) = M(s) - L(s)$$

$$M = K_m\, i_a \qquad\qquad\qquad\qquad M(s) = K_m\, i_a(s)$$

$$\dot{\psi} = \ddot{U}\, \omega \qquad\qquad\qquad\qquad s\, \psi(s) = \ddot{U}\, \omega(s)$$

Eingangsgrößen: u, L; Ausgangsgröße: ψ.

Gesucht sind die Übertragungsfunktionen $G_1(s)$ und $G_2(s)$, die bei einer Erregung aus der Ruhelage den Zusammenhang

$$\psi(s) = G_1(s)\, u(s) + G_2(s)\, L(s)$$

vermitteln.

Zur Anwendung von (2.44) hat man dieses Gleichungssystem in Normalform umzuschreiben und anschließend zunächst die Matrix $(s\, \boldsymbol{E} - \boldsymbol{A})$ zu invertieren. Statt dessen können wir auch die ursprünglichen Gleichungen einzeln in den Bild-

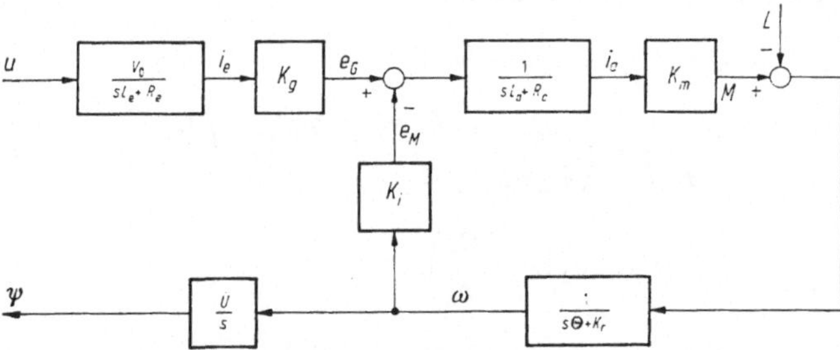

Bild 2.11. Blockschaltbild der Regelstrecke.

bereich übersetzen (rechte Spalte der obigen Gleichungen), um daraus die gesuchten Übertragungsfunktionen durch Elimination der inneren Größen zu berechnen. Hierzu ist eine übersichtliche Darstellung der Beziehungen im Bildbereich nützlich (Bild 2.11). Wir lesen daraus ab

$$\omega(s) = \frac{1}{(s\, \Theta + K_r)} \left[\frac{K_m}{s\, L_a + R_a} \left(e_G(s) - K_i\, \omega(s)\right) - L(s) \right]$$

bzw.

$$\omega(s)\left[(s\, \Theta + K_r)(s\, L_a + R_a) + K_i\, K_m\right] = K_m\, e_G(s) - (s\, L_a + R_a)\, L(s)$$

sowie

$$e_G(s) = \frac{K_g\, V_0}{s\, L_e + R_e}\, u(s), \quad \psi(s) = \frac{\ddot{U}}{s}\, \omega(s).$$

Damit folgt, indem wir abwechselnd $L(s)$ und $u(s)$ gleich 0 setzen,

$$G_1(s) = \frac{\psi(s)}{u(s)} = \frac{1}{s}\, \frac{\ddot{U}\, K_m\, K_g\, V_0}{(s\, L_e + R_e)\left[(s\, \Theta + K_r)(s\, L_a + R_a) + K_i\, K_m\right]},$$

$$G_2(s) = \frac{\psi(s)}{L(s)} = \frac{1}{s}\, \frac{-\ddot{U}(s\, L_a + R_a)}{\left[(s\, \Theta + K_r)(s\, L_a + R_a) + K_i\, K_m\right]}.$$

Der integrierenden Wirkung der Strecke, die in dem Faktor $\dfrac{1}{s}$ zum Ausdruck kommt, entspricht physikalisch der Zusammenhang zwischen der Winkelgeschwindigkeit ω der starren Antriebswelle und dem Objektwinkel ψ.

Für den geschlossenen Regelkreis erhalten wir mit

$$u(s) = k(\varphi(s) - \psi(s))$$

das Blockschaltbild 2.12. Wir können seine Übertragungsfunktionen durch $G_1(s)$ und $G_2(s)$ ausdrücken. Es gilt

$$\psi(s) = T(s)\,\varphi(s) + D(s)\,L(s),$$

wobei

$$T(s) = \frac{k\,G_1(s)}{1 + k\,G_1(s)} \quad \text{und} \quad D(s) = \frac{G_2(s)}{1 + k\,G_1(s)}.$$

(Führungsübertragungsfunktion)   (Störübertragungsfunktion)

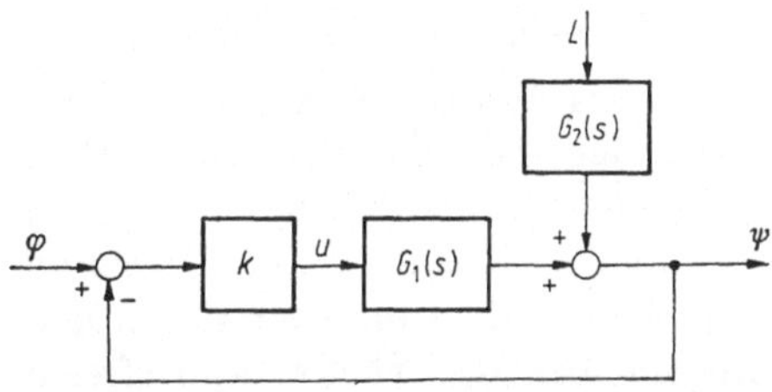

Bild 2.12. Geschlossener Regelkreis zu Beispiel 2.13.

Wir haben für die Berechnung der Übertragungsfunktion die Anfangswerte von vornherein unberücksichtigt gelassen. Sobald man sich auch für ihren Einfluß interessiert, ist es in vielen Fällen doch zweckmäßiger, wenn man zunächst zu einem mathematischen Modell in Normalform übergeht.

*

Abschließend geben wir einige *Rechenregeln für Determinanten* von Übermatrizen an, die wir oben benützt haben:

a) Es sei

$$A = \begin{pmatrix} A_{11} & A_{12} \\ A_{21} & A_{22} \end{pmatrix}$$

mit quadratischen Matrizen A_{11}, A_{22}. Dann gilt

$$|A| = |A_{11}|\,|A_{22}|\,|E - A_{11}^{-1}\,A_{12}\,A_{22}^{-1}\,A_{21}|, \tag{2.50}$$

insbesondere also

$$|A| = |A_{11}|\,|A_{22}|, \text{ falls } A_{12} = O \text{ oder } A_{21} = O.$$

b) $|E + b\,c'| = 1 + c'\,b.$

3. Steuerbarkeit, Beobachtbarkeit und Übertragungsfunktion

3.1 Die Ordnung der Übertragungsfunktion

Zeitinvariante Systeme mit einer Eingangs- und einer Ausgangsgröße, auf die wir uns in diesem Abschnitt im wesentlichen beschränken, werden im Bildbereich beschrieben durch

$$y(s) = \boldsymbol{\psi}'(s)\,\boldsymbol{x}_0 + G(s)\,u(s). \tag{3.1}$$

Der erste Term gibt den Einfluß des Anfangszustandes an, die Übertragungsfunktion $G(s)$ den der Eingangsgröße. Eine Reihe wichtiger Verfahren zur Untersuchung und Synthese von linearen Regelkreisen gründet sich allein auf die Kenntnis der Übertragungsfunktion, die wegen ihrer anschaulichen Bedeutung und wegen der für sie geltenden einfachen Rechenregeln bei der rückwirkungsfreien Koppelung von Systemen eine ausgezeichnete Rolle spielt.

Die Kernfrage, die wir im folgenden untersuchen wollen, lautet: *Wie weit beschreibt $G(s)$ das Übertragungssystem?* Um die Problemstellung genauer zu formulieren, nehmen wir an, daß der Beschreibung (3.1) ein mathematisches Modell

$$\begin{aligned}\dot{\boldsymbol{x}} &= \boldsymbol{A}\,\boldsymbol{x} + \boldsymbol{b}\,u,\\ y &= \boldsymbol{c}'\,\boldsymbol{x}\end{aligned} \tag{3.2}$$

im Zeitbereich zugrunde liegt. Was kann man über dieses mathematische Modell aussagen, wenn man nur die Übertragungsfunktion $G(s)$ kennt? Insbesondere interessiert uns, ob sich mit ihrer Hilfe auch die Eigenschwingungen des Systems oder wenigstens seine Eigenwerte ermitteln lassen. Wir erläutern diese Fragestellung am

Beispiel 3.1: Die auf S. 70 zusammengestellten mathematischen Modelle ergeben alle dieselbe Übertragungsfunktion mit einem Nennerpolynom vom Grade 2, obwohl die Systeme a) und b) die Ordnung 3 und damit ein charakteristisches Polynom vom Grade 3 haben. Aus der Produktdarstellung von $\varDelta(s)$ lesen wir ab, daß in diesen beiden Fällen der Zustandsvektor des freien Systems drei Eigenschwingungen mit den Eigenwerten -1, -2 und -3 ausführen kann. Der Übertragungsfunktion sehen wir das nicht an.

Man kann also im allgemeinen nicht aus der Übertragungsfunktion bzw. durch Beobachtung der Ausgangsfunktion bei einer Erregung des Systems aus der Ruhelage $\boldsymbol{x}_0 = \boldsymbol{o}$ auf die Anzahl oder die Lage der Eigenwerte schließen. Offensichtlich liegt das daran, daß sich in $G(s)$ eine Wurzel des charakteristischen Polynoms herausgekürzt hat. Wir haben also zu unterscheiden zwischen der gekürzten Form

$$G(s) = \frac{Z(s)}{N(s)}, \quad Z(s),\ N(s) \text{ teilerfremde Polynome,} \qquad (3.3\,\text{a})$$

die wir wenigstens gedanklich auch durch eine fehlerfreie Messung des Frequenzganges oder der Impulsantwort $g(t)$ bestimmen können[1], und der ungekürzten Form

$$G(s) = \frac{c'\operatorname{adj}(s\,E - A)\,b}{\Delta(s)}, \qquad (3.3\,\text{b})$$

die wir als Rechengröße betrachten, welche aus (3.2) hergeleitet wird.

Wir nennen den Grad des Nennerpolynoms von $G(s)$ in der gekürzten Form (3.3a) die *Ordnung der Übertragungsfunktion*. Sie kann nicht größer sein als der Grad des charakteristischen Polynoms, welcher mit der *Ordnung n des mathematischen Modells* (3.2) (= Anzahl der Differentialgleichungen bzw. der Zustandsgrößen $x_1, \ldots, x_n$) übereinstimmt. Wir sagen, daß der *Normalfall*[2] vorliegt, wenn die Ordnung von $G(s)$ gleich der Ordnung des mathematischen Modells ist. Im Normalfall stimmen $N(s)$ und $\Delta(s)$ bis auf einen unwesentlichen konstanten Faktor überein, und man kann aus der Übertragungsfunktion alle Eigenwerte des Übertragungssystems bestimmen. Dieser Sachverhalt spielt bei den Stabilitätsbetrachtungen in Abschn. 4 eine bedeutende Rolle.

Damit haben wir eine Teilantwort auf die eingangs gestellte Frage durch die Einführung einiger formaler Begriffe umschrieben. Eine anschauliche Deutung des Normalfalles geben wir in Abschn. 3.4. Dabei gehen wir von gewissen Standardformen des mathematischen Modells aus, deren Herleitung wir in Abschn. 3.3 erläutern. Der Leser kann aber diese beiden Abschnitte zunächst überspringen.

In Abschn. 3.2 erscheinen die Standardformen in einem anderen Zusammenhang, der für die einfache Nachbildung des mathematischen Modells auf dem Analogrechner praktische Bedeutung hat.

3.2 Lineare Differentialgleichungen n-ter Ordnung, Realisierung von Übertragungsfunktionen

Wir haben bis jetzt mathematische Modelle, bei denen der Zusammenhang zwischen der Ausgangsgröße y und der Eingangsgröße u eines Übertragungssystems durch eine *Differentialgleichung n-ter Ord-*

---

[1] Eine direkte Frequenzgangmessung ist nur bei stabilen Übertragungssystemen möglich. Instabile Systeme kann man — wie wir in Abschn. 6 zeigen — durch eine Rückkoppelung stabilisieren. Der Effekt der Rückkoppelung auf den Frequenzgang läßt sich rechnerisch berücksichtigen.

[2] Die Übertragungsfunktion hängt im allgemeinen von gewissen Systemparametern ab. Eine Kürzung gemeinsamer Linearfaktoren des Zähler- und Nennerpolynoms ist oft nur für ganz spezielle Zahlenwerte dieser Parameter möglich, also nur in Ausnahmefällen — vgl. hierzu Beispiel 3.8 auf S. 92.

	a)	b)	c)
Mathematische Modelle	$\dot{x} = \begin{pmatrix} -2 & 1 & -1 \\ 1 & -1 & -1 \\ 0 & 1 & -3 \end{pmatrix} x + \begin{pmatrix} -1 \\ 1 \\ 0 \end{pmatrix} u$ $y = (0 \quad 0 \quad 1)\, x,$	$\dot{x} = \begin{pmatrix} -2 & 1 & 0 \\ 1 & -1 & 1 \\ -1 & -1 & -3 \end{pmatrix} x + \begin{pmatrix} 0 \\ 0 \\ 1 \end{pmatrix} u$ $y = (-1 \quad 1 \quad 0)\, x$	$\dot{z} = \begin{pmatrix} 0 & -6 \\ 1 & -5 \end{pmatrix} z + \begin{pmatrix} 1 \\ 0 \end{pmatrix} u$ $y = (0 \quad 1)\, z$
charakteristisches Polynom	$\Delta(s) = s^3 + 6s^2 + 11s + 6$ $= (s+1)(s+2)(s+3)$	$\Delta(s) = s^3 + 6s^2 + 11s + 6$ $= (s+1)(s+2)(s+3)$	$\Delta(s) = s^2 + 5s + 6$ $= (s+2)(s+3)$
$y(s)$ ungekürzte Form	$y = \dfrac{(1\,s + 2\,s^2 + 3s + 1)}{\Delta(s)}\, x_0 + \dfrac{s+1}{\Delta(s)}\, u(s)$	$y = \dfrac{(-s^2 - 3s - 2\,s^2 + 4s + 3\,s + 1)}{\Delta(s)}\, x_0 + \dfrac{s+1}{\Delta(s)}\, u(s)$	$y = \dfrac{(1\,s)}{\Delta(s)}\, z_0 + \dfrac{1}{\Delta(s)}\, u(s)$
$y(s)$ gekürzte Form	$y = \dfrac{(1\,s + 2\,s^2 + 3s + 1)}{(s+1)(s+2)(s+3)}\, x_0 + \dfrac{1}{(s+2)(s+3)}\, u(s)$	$y = \dfrac{(-s - 2\,s + 3\,1)}{(s+2)(s+3)}\, x_0 + \dfrac{1}{(s+2)(s+3)}\, u(s)$	$y = \dfrac{(1\,s)}{(s+2)(s+3)}\, z_0 + \dfrac{1}{(s+2)(s+3)}\, u(s)$

nung beschrieben wird, absichtlich in den Hintergrund gestellt. Da man bei vielen Untersuchungen von solchen Differentialgleichungen ausgeht, wollen wir auf ihren Zusammenhang mit den mathematischen Modellen in Normalform eingehen. Einen Spezialfall haben wir bereits in Beispiel 2.5, S. 37, behandelt. Falls aber in der Differentialgleichung n-ter Ordnung auf der rechten Seite neben der Eingangsfunktion u auch deren Ableitungen vorkommen, führt die dort angegebene Einführung der Zustandsgrößen auf ein System von Differentialgleichungen erster Ordnung, bei dem im allgemeinen ebenfalls die Ableitungen von u auftreten. Das läßt sich vermeiden, wenn in

$$y^{(n)} + \alpha_{n-1}\, y^{(n-1)} + \cdots + \alpha_0\, y$$

$$= \beta_m\, u^{(m)} + \beta_{m-1}\, u^{(m-1)} + \cdots + \beta_0\, u \quad (\beta_m \neq 0, \quad m < n) \quad (3.4)$$

Ableitungen von u bis höchstens zur $(n-1)$-ten Ordnung vorkommen. Zum Beweis werden wir in den Sätzen 3.1 und 3.2 zeigen, wie man diese Gleichung in spezielle Systeme von Differentialgleichungen erster Ordnung überführen kann.

Zunächst sei an den *Existenz- und Eindeutigkeitssatz* für gewöhnliche Differentialgleichungen erinnert. Wir setzen $u(t)$ überall m-mal differenzierbar (mit stetigen Ableitungen) voraus. Dann gibt es zu vorgegebenen Anfangswerten $y(t_0), \dot{y}(t_0), \ldots, y^{(n-1)}(t_0)$ stets genau eine Lösung von (3.4).

Wir berechnen noch die *Übertragungsfunktion* zu diesem mathematischen Modell. Hierzu nehmen wir an, das System sei bis zum Zeitpunkt $t = 0$ in Ruhe, d. h., es sei $u(t) = y(t) = 0$ für $t \leqq 0$. Folglich verschwinden $u, \dot{u}, \ldots, u^{(m)}$ sowie $y, \dot{y}, \ldots, y^{(n-1)}$ für $t = 0$.[1] Damit ergibt die Anwendung der Laplace-Transformation im Bildbereich

$$(s^n + \alpha_{n-1}\, s^{n-1} + \cdots + \alpha_0)\, y(s) = (\beta_m\, s^m + \cdots + \beta_0)\, u(s)$$

bzw.

$$G(s) = \frac{y(s)}{u(s)} = \frac{\beta_m\, s^m + \beta_{m-1}\, s^{m-1} + \cdots + \beta_0}{s^n + \alpha_{n-1}\, s^{n-1} + \cdots + \alpha_0} = \frac{Z(s)}{N(s)}. \quad (3.5)$$

Die Voraussetzung $m < n$ bedeutet also keine wesentliche Einschränkung, da die von uns betrachteten Systeme stets eine Übertragungsfunktion haben, deren Zählergrad höchstens gleich dem Nennergrad ist. Wir könnten in (3.4) noch $m = n$ zulassen. Dieser Fall kann aber

---

[1] Genauer verschwinden zunächst nur die linksseitigen Grenzwerte dieser Funktionen, die bei einem Übertragungssystem gewöhnlich als Anfangswerte gegeben sind, während bei der Übersetzung der Differentialgleichung in den Bildbereich die rechtsseitigen Grenzwerte auftreten. Daraus ergibt sich aber an dieser Stelle keine Schwierigkeit, weil sich unter den oben genannten Voraussetzungen über $u(t)$, die auch im Zeitnullpunkt erfüllt sein sollen, alle aufgezählten Funktionen stetig verhalten.

durch die Transformation $\tilde{y} = y - \beta_n u$ auf eine Gleichung derselben Form mit $m \leqq n - 1$ in $\tilde{y}$ zurückgeführt werden.

Satz 3.1: Die Differentialgleichung (3.4) läßt sich durch die Transformation

$$
\begin{pmatrix} z_n \\ z_{n-1} \\ z_{n-2} \\ \vdots \\ z_1 \end{pmatrix} = \begin{pmatrix} 1 & 0 & 0 \ldots 0 \\ \alpha_{n-1} & 1 & 0 & 0 \\ \alpha_{n-2} & \alpha_{n-1} & 1 & 0 \\ \vdots & & & \ddots \\ \alpha_1 & \alpha_2 & \alpha_3 \ldots 1 \end{pmatrix} \begin{pmatrix} y \\ \dot{y} \\ \ddot{y} \\ \vdots \\ y^{(n-1)} \end{pmatrix} -
$$

$$
- \begin{pmatrix} 0 & 0 & 0 \ldots 0 \\ \beta_{n-1} & 0 & 0 & 0 \\ \beta_{n-2} & \beta_{n-1} & 0 & 0 \\ \vdots & & & \ddots \\ \beta_1 & \beta_2 & \beta_3 \ldots 0 \end{pmatrix} \begin{pmatrix} u \\ \dot{u} \\ \ddot{u} \\ \vdots \\ u^{(n-1)} \end{pmatrix} \tag{3.6}
$$

in die *II. Standardform*

$$
\begin{pmatrix} \dot{z}_1 \\ \dot{z}_2 \\ \dot{z}_3 \\ \vdots \\ \dot{z}_n \end{pmatrix} = \begin{pmatrix} 0 & 0 \ldots 0 & -\alpha_0 \\ 1 & 0 & 0 & -\alpha_1 \\ 0 & 1 & 0 & -\alpha_2 \\ \vdots & & \ddots & \vdots \\ 0 & 0 \ldots 1 & -\alpha_{n-1} \end{pmatrix} \begin{pmatrix} z_1 \\ z_2 \\ z_3 \\ \vdots \\ z_n \end{pmatrix} + \begin{pmatrix} \beta_0 \\ \beta_1 \\ \beta_2 \\ \vdots \\ \beta_{n-1} \end{pmatrix} u, \tag{3.7}
$$

$$
y = z_n
$$

überführen. Für m-mal stetig differenzierbare Eingangsfunktionen $u(t)$ erfüllt auch umgekehrt jede Ausgangsfunktion $y(t)$, die sich aus der Lösung von (3.7) ergibt, zugleich die Differentialgleichung n-ter Ordnung (3.4). Die zugehörigen Anfangswerte $z_1(t_0), \ldots, z_n(t_0)$ bzw. $y(t_0), \ldots, y^{(n-1)}(t_0)$ sind bei vorgegebener Eingangsfunktion einander umkehrbar eindeutig zugeordnet, ihre Umrechnung kann mit Hilfe der Transformationsgleichungen (3.6) erfolgen.

Beweis: a) Wenn wir in dem Differentialgleichungssystem (3.7) die k-te Gleichung nach z_{k-1} auflösen und dabei $z_n = y$ berücksichtigen, ergibt sich (wir schreiben die Ergebnisse in umgekehrter Reihenfolge):

$$
\left.\begin{aligned} z_n &= y, \\ z_{n-1} &= \alpha_{n-1} y + \dot{z}_n - \beta_{n-1} u, \\ &\ \ \vdots \\ z_1 &= \alpha_1 y + \dot{z}_2 - \beta_1 u, \\ 0 &= \alpha_0 y + \dot{z}_1 - \beta_0 u. \end{aligned}\right\} \tag{3.8}
$$

Falls die Eingangsgröße $u(t)$ genügend oft differenzierbar vorausgesetzt wird, können wir auf der rechten Seite dieser Gleichungen $\dot{z}_k$ in jeder

Zeile sukzessiv durch den Ausdruck ersetzen, der durch Differentiation der vorhergehenden Zeile entsteht. Auf diese Weise gehen die ersten n Gleichungen (3.8) in die Transformationsgleichungen (3.6) über und die letzte Gleichung in die Differentialgleichung n-ter Ordnung (3.4). Jede Funktion $y(t)$, die sich aus der II. Standardform ergibt, ist also auch eine Lösung von (3.4), wobei die erforderlichen Anfangswerte $y(t_0), \ldots, y^{(n-1)}(t_0)$ den Gln. (3.6) genügen. Diese Gleichungen haben bei bekannter Eingangsfunktion zu jedem Anfangszustand $z_1(t_0), \ldots, z_n(t_0)$ genau eine Lösung.

b) Gegeben sei eine m-mal differenzierbare Eingangsfunktion $u(t)$. $y(t)$ sei die zugehörige Lösung der Differentialgleichung (3.4) mit den Anfangswerten $y(t_0), \dot{y}(t_0), \ldots, y^{(n-1)}(t_0)$. Durch die Transformationsgleichungen (3.6) können wir diesen Anfangswerten auf eindeutige Weise einen Anfangszustand $z_1(t_0), \ldots, z_n(t_0)$ zuordnen. Mit $\tilde{y}(t)$ bezeichnen wir die Ausgangsfunktion, die sich zu diesem Anfangszustand und der betrachteten Eingangsfunktion aus der II. Standardform ergibt. Wir behaupten, daß $\tilde{y}(t)$ mit $y(t)$ identisch ist. Wie unter a) bewiesen, ist nämlich $\tilde{y}(t)$ jedenfalls eine Lösung der Differentialgleichung n-ter Ordnung (3.4), deren Anfangswerte $\tilde{y}, \dot{\tilde{y}}, \ldots, \tilde{y}^{(n-1)}$ nach der umkehrbar eindeutigen Transformation (3.6) zu berechnen sind und daher mit den entsprechenden Anfangswerten von y übereinstimmen. Durch letztere ist aber die Lösung der Differentialgleichung (3.4) bei vorgegebenem $u(t)$ eindeutig bestimmt.

Satz 3.2: Die Ausgangsfunktionen des mathematischen Modells in der *I. Standardform*

$$
\begin{pmatrix} \dot{z}_1 \\ \dot{z}_2 \\ \vdots \\ \dot{z}_{n-1} \\ \dot{z}_n \end{pmatrix} = \begin{pmatrix} 0 & 1 & 0 & \ldots & 0 \\ 0 & 0 & 1 & & 0 \\ \vdots & & & \ddots & \\ 0 & 0 & 0 & & 1 \\ -\alpha_0 & -\alpha_1 & -\alpha_2 & \ldots & -\alpha_{n-1} \end{pmatrix} \times
$$

$$
\times \begin{pmatrix} z_1 \\ z_2 \\ \vdots \\ z_{n-1} \\ z_n \end{pmatrix} + \begin{pmatrix} 0 \\ 0 \\ \vdots \\ 0 \\ 1 \end{pmatrix} u, \tag{3.9}
$$

$$
y = \beta_0 z_1 + \beta_1 z_2 + \cdots + \beta_m z_{m+1}
$$

sind für m-mal differenzierbare Eingangsfunktionen stets auch Lösungen der Differentialgleichung (3.4). Genau dann, wenn die Übertragungsfunktion (3.5) die Ordnung n hat, d. h. wenn das Zähler- und Nennerpolynom auf der rechten Seite keine gemeinsamen Wurzeln haben, läßt sich auch umgekehrt jede Lösung von (3.4) als Ausgangsfunktion des mathematischen Modells (3.9) darstellen. Dabei sind die Anfangswerte von y und z einander umkehrbar eindeutig zugeordnet und können mit Hilfe der Transformation

$$\left.\begin{aligned}
y &= \beta_0 z_1 + \beta_1 z_2 + \cdots + \beta_m z_{m+1} \\
\dot{y} &= \qquad\quad \beta_0 z_2 + \cdots + \beta_{m-1} z_{m+1} + \beta_m z_{m+2} \\
&\ \ \vdots \\
y^{(n-1)} &= \qquad\qquad\qquad \beta_0 z_n + \beta_1 z_{n+1} + \cdots + \beta_m z_{n+m}
\end{aligned}\right\} \tag{3.10a}$$

berechnet werden, wobei die unbekannten Größen $z_{n+1}, \ldots, z_{n+m}$ durch die Beziehungen

$$\left.\begin{aligned}
u &= \alpha_0 z_1 + \alpha_1 z_2 + \cdots + \alpha_{n-1} z_n + \qquad z_{n+1} \\
\dot{u} &= \qquad\quad \alpha_0 z_2 + \cdots + \alpha_{n-2} z_n + \alpha_{n-1} z_{n+1} + z_{n+2} \\
&\ \ \vdots \\
u^{(m-1)} &= \qquad\qquad \alpha_0 z_m + \alpha_1 z_{m+1} + \cdots \qquad\qquad + z_{n+m}
\end{aligned}\right\} \tag{3.10b}$$

eliminiert werden.

Beweis: Wir setzen u m-mal differenzierbar voraus. Durch wiederholte Differentiation einer Vektor-Differentialgleichung,

$$\begin{aligned}
\dot{z} &= A z + b u \\
\ddot{z} &= A \dot{z} + b \dot{u} = A^2 z + A b u + b \dot{u} \\
&\ \ \vdots
\end{aligned}$$

sehen wir, daß dann auch die Zustandsgrößen z mindestens m-mal differenzierbar sind. Diese Schlußweise, von der wir im folgenden wiederholt Gebrauch machen, trifft insbesondere für die Zustandsgrößen der I. Standardform zu.

a) Zum Beweis des ersten Teils gehen wir von dem Differentialgleichungssystem der I. Standardform aus. Die ersten $(n-1)$ Gleichungen ergeben sukzessiv

$$z_2 = \dot{z}_1, \quad z_3 = \ddot{z}_1, \ldots, z_n = z_1^{(n-1)}. \tag{3.11}$$

Damit erhalten wir aus der letzten Differentialgleichung von (3.9), wenn wir diese insgesamt m-mal differenzieren,

$$\begin{aligned}
z_1^{(n)} &+ \alpha_{n-1} z_1^{(n-1)} + \cdots + \alpha_0 z_1 &= u, \\
z_2^{(n)} &+ \alpha_{n-1} z_2^{(n-1)} + \cdots + \alpha_0 z_2 &= \dot{u}, \\
&\ \ \vdots \\
z_{m+1}^{(n)} &+ \alpha_{n-1} z_{m+1}^{(n-1)} + \cdots + \alpha_0 z_{m+1} &= u^{(m)}.
\end{aligned}$$

Wir multiplizieren die erste Gleichung mit β_0, die zweite mit $\beta_1, \ldots,$ die letzte mit β_m. Dann ergibt sich durch Addition für $y = \beta_0 z_1 + {} + \beta_1 z_2 + \cdots + \beta_m z_{m+1}$ die Differentialgleichung n-ter Ordnung (3.4).

Jede Ausgangsfunktion der I. Standardform ist also zugleich eine Lösung dieser Differentialgleichung.

b) Wir kommen jetzt zur Umkehrung. $y(t)$ sei eine Lösung der Differentialgleichung n-ter Ordnung (3.4). Wir nehmen an, $y(t)$ lasse sich auch in der Form

$$y = \beta_0 z_1 + \beta_1 z_2 + \cdots + \beta_m z_{m+1}$$

als Ausgangsfunktion der zugehörigen I. Standardform darstellen. Dann folgt durch wiederholte Differentiation dieser Beziehung unter Berücksichtigung der in (3.11) zusammengefaßten Differentialgleichungen der I. Standardform die Gültigkeit der Bedingungen (3.10a) mit $z_{n+i} = z_n^{(i)}$. Diese Bedingungen fassen wir auf als ein Gleichungssystem zur Bestimmung des Anfangszustandes $(z_1, \ldots, z_n)$ aus den Anfangswerten von $(y, \dot{y}, \ldots, y^{(n-1)})$. In diesen Gleichungen kommen aber noch m weitere Unbekannte $z_{n+1} = \dot{z}_n, \ldots, z_{n+m} = z_n^{(m)}$ vor, die wir eliminieren wollen. Hierzu differenzieren wir die letzte Differentialgleichung der I. Standardform $(m-1)$-mal und schreiben das Ergebnis unter Berücksichtigung der übrigen Differentialgleichungen (3.11) dieses Systems in der Form (3.10b).

Die Gln. (3.10a, b) stellen notwendige Bedingungen für den Anfangszustand dar. Dieses Gleichungssystem für die $(m+n)$ Unbekannten $z_1, \ldots, z_{n+m}$ hat nur dann für beliebige Anfangswerte von y und beliebige Eingangsfunktionen u eine Lösung, wenn seine Determinante

$$\left.\left|\begin{array}{cccccccccccc}
\beta_0 & \beta_1 & \cdot & \cdot & \cdot & \beta_m & 0 & \cdot & \cdot & \cdot & \cdot & 0 \\
0 & \beta_0 & \beta_1 & & & & \beta_m & 0 & & & & 0 \\
& & \cdot & & & & & \cdot & & & & \\
& & & \cdot & & & & & \cdot & & & \\
& & & & \cdot & & & & & \cdot & & \\
& & & & & \cdot & & & & & \cdot & \\
0 & & & & & 0 & \beta_0 & \beta_1 & \cdot & \cdot & \cdot & \beta_m \\
\alpha_0 & \alpha_1 & \cdot & \cdot & \cdot & \cdot & \cdot & \alpha_{n-1} & 1 & 0 & \cdot & 0 \\
0 & \alpha_0 & \alpha_1 & & & & & & \alpha_{n-1} & 1 & & 0 \\
& & \cdot & & & & & & & & \cdot & \\
& & & \cdot & & & & & & & \cdot & \\
0 & \cdot & \cdot & 0 & \alpha_0 & \alpha_1 & \cdot & \cdot & \cdot & \cdot & \alpha_{n-1} & 1
\end{array}\right|\right\}\begin{array}{l} \\ \\ n \text{ Zeilen,} \\ \\ \\ \\ \\ m \text{ Zeilen.} \end{array}$$

von Null verschieden ist. Diese Determinante wird aus den Koeffizienten des Zähler- und Nennerpolynoms der Übertragungsfunktion (3.5) gebildet und *Resultante* dieser beiden Polynome genannt. Nach einem Satz aus der Algebra ist sie genau dann von Null verschieden, wenn die Polynome keine gemeinsamen Wurzeln haben.

Nur unter dieser Bedingung kann jede Lösung der Differentialgleichung n-ter Ordnung (3.4) als Ausgangsfunktion der I. Standardform dargestellt werden. Daß diese Bedingung dafür auch hinreichend ist, sehen wir so. Falls sie erfüllt ist, wird durch (3.10a, b) bei vorgegebenem u jeder Lösung y von (3.4) eindeutig ein Anfangszustand z und damit eine Ausgangsfunktion $\tilde{y}$ der I. Standardform zugeordnet. $\tilde{y}$ und y sind identisch: Wir haben nämlich unter a) gesehen, daß die Funktion $\tilde{y}$ ihrerseits als Ausgangsfunktion der zugeordneten I. Standardform sicher eine Lösung der Differentialgleichung (3.4) ist. Die Anfangswerte von $\tilde{y}$ stimmen mit denen von y überein, da die Transformation (3.10) umkehrbar eindeutig ist, wenn die Resultante nicht verschwindet. Zu diesen Anfangswerten gibt es aber nur eine Lösung der Differentialgleichung (3.4).

Mit der Übertragungsfunktion (3.5) ist die *Lösung der Differentialgleichung n-ter Ordnung bei einer Erregung aus der Ruhelage* im Bildbereich bekannt. Die Verallgemeinerung für beliebige Anfangswerte erläutern wir zunächst für den Spezialfall.

Beispiel 3.2: $n = 2$,

$$\ddot{y} + \alpha_1 \dot{y} + \alpha_0 y = \beta_1 \dot{u} + \beta_0 u.$$

Transformation in den Bildbereich ergibt

$$s^2 y(s) - s\, y_{+0} - \dot{y}_{+0} + \alpha_1[s\, y(s) - y_{+0}] + \alpha_0\, y(s)\,{}^1 = \beta_1[s\, u(s) - u_{+0}] + \beta_0\, u(s)$$

und daraus folgt durch Auflösung nach $y(s)$

$$y(s) = \frac{(s + \alpha_1)\, y_{-0} + \dot{y}_{-0} - \beta_1 u_{-0}}{s^2 + \alpha_1 s + \alpha_0} + \frac{\beta_1 s + \beta_0}{s^2 + \alpha_1 s + \alpha_0}\, u(s),$$

wobei wir die rechtsseitigen Grenzwerte der Funktionen y, $\dot{y}$, und u an der Stelle $t = 0$ durch ihre linksseitigen Grenzwerte ersetzt haben, die bei unseren Anwendungen gewöhnlich vorgegeben sind. Das ist aber nur erlaubt, wenn $u(t)$ auch an dieser Stelle differenzierbar bleibt (vgl. Fußnote auf S. 71). Oft benutzt man das Resultat in dieser Form stillschweigend auch dann, wenn diese Voraussetzung nicht erfüllt ist, z. B. bei der Berechnung der Sprungantwort. Das führt zwar zu vernünftigen Ergebnissen; ihre Deutung als Lösung der Differentialgleichung (3.4) und deren Herleitung auf dem angegebenen Weg ist aber nicht korrekt. Um diese Schwierigkeiten zu beheben, bringen wir noch eine andere Herleitung, bei der wir von der zugehörigen II. Standardform

$$\begin{pmatrix} \dot{z}_1 \\ \dot{z}_2 \end{pmatrix} = \begin{pmatrix} 0 & -\alpha_0 \\ 1 & -\alpha_1 \end{pmatrix} \begin{pmatrix} z_1 \\ z_2 \end{pmatrix} + \begin{pmatrix} \beta_0 \\ \beta_1 \end{pmatrix} u,$$

$$y = z_2$$

ausgehen. Dieses Gleichungssystem hat mit unseren Vereinbarungen von Abschn. 2.1 (S. 33ff.) stetige Lösungen. Wir dürfen daher bei der Transformation in den Bildbereich die Anfangswerte $z_{i,\,+0}$ durch $z_{i,\,-0}$ ersetzen und erhalten somit

$$s\, z_1(s) - z_{1,\,-0} = -\alpha_0\, z_2(s) + \beta_0\, u(s),$$

$$s\, z_2(s) - z_{2,\,-0} = z_1(s) - \alpha_1\, z_2(s) + \beta_1\, u(s)$$

und daraus schließlich

$$y(s) = \frac{s\, z_{2,\,-0} + z_{1,\,-0}}{s^2 + \alpha_1 s + \alpha_0} + \frac{\beta_1 s + \beta_0}{s^2 + \alpha_1 s + \alpha_0}\, u(s).$$

---

[1] $y_0, y_{+0}, y_{-0}, \ldots$ bedeuten hier immer die Anfangswerte im Zeitbereich an der Stelle $t = 0$ (bzw. ihre rechts- oder linksseitigen Grenzwerte).

Für die Umrechnung der Anfangswerte gilt gemäß (3.6)

$$z_{2,\,-0} = y_{-0},$$

$$z_{1,\,-0} = \dot{y}_{-0} + \alpha_1 y_{-0} - \beta_1 u_{-0}.$$

Damit ergibt sich wieder das oben angegebene Resultat, das jetzt aber als Lösung der allgemeiner gültigen mathematischen Modelle in der II. Standardform auch für stückweise stetige Eingangsfunktionen begründet ist. Man darf jedoch aus der Stetigkeit der Zustandsgrößen z_1, z_2 auf Grund der Transformationsgleichungen nicht schließen, daß die Ableitungen von y stetig sind. Bei dem behandelten Beispiel 2. Ordnung ist mit z_2 auch y stetig. Dagegen ist $\dot{y}$ an den Sprungstellen von u so zu wählen, daß die Sprünge des Beitrages $\beta_1 u$ gerade aufgehoben werden, z_1 also stetig bleibt.

*

Aus den an diesem Beispiel dargelegten Gründen wollen wir für die Herleitung der *allgemeinen Lösung* die *Differentialgleichung n-ter Ordnung* (3.4) durch die zugehörige II. Standardform ersetzen. Wenn wir das Differentialgleichungssystem von (3.8) in den Bildbereich transformieren, erhalten wir unter Berücksichtigung von $z_n = y$ sowie der Stetigkeit der Zustandsgrößen an der Stelle $t = 0\;[z_{i,0} = z_{i,\,+0} = z_{i,\,-0}]$

$$s\,z_1(s) - z_{1,\,0} \;=\; \qquad\qquad -\alpha_0\,y(s) \quad + \beta_0\,u(s),$$

$$s\,z_2(s) - z_{2,\,0} \;=\; z_1(s) - \alpha_1\,y(s) \quad + \beta_1\,u(s),$$

$$\vdots$$

$$s\,z_{n-1}(s) - z_{n-1,\,0} = z_{n-2}(s) - \alpha_{n-2}\,y(s) + \beta_{n-2}\,u(s),$$

$$s\,y(s) - z_{n,\,0} \;=\; z_{n-1}(s) - \alpha_{n-1}\,y(s) + \beta_{n-1}\,u(s).$$

Durch Multiplikation der k-ten Zeile mit s^{k-1}, anschließende Addition aller Gleichungen und Auflösung des Ergebnisses nach $y(s)$ folgt

$$y(s) = \frac{s^{n-1}\,z_{n,\,0} + s^{n-2}\,z_{n-1,\,0} + \cdots + z_{1,\,0}}{s^n + \alpha_{n-1}\,s^{n-1} + \cdots + \alpha_0} +$$

$$+ \frac{\beta_{n-1}\,s^{n-1} + \cdots + \beta_0}{s^n + \alpha_{n-1}\,s^{n-1} + \cdots + \alpha_0}\,u(s).$$

Wir können nachträglich die Anfangswerte von z_i mit Hilfe der Transformationsgleichungen (3.6) durch u, y und deren Ableitungen ausdrücken, die sich im allgemeinen an der Stelle $t = 0$ nicht stetig verhalten. Da es aber bei der Berechnung von $y(s)$ nur auf ihre durch z_i gegebenen, stetigen Summen ankommt, bleibt alles richtig, wenn wir in die Transformationsgleichungen an den Sprungstellen von u die linksseitigen Grenzwerte der vorkommenden Funktionen einsetzen.

Diese umständlichen Überlegungen zeigen nochmals deutlich, daß der Übergang von einem System einfacher Differentialgleichungen von 1. oder 2. Ordnung, wie sie bei den Anwendungen meist anfallen, zu einer Differentialgleichung höherer Ordnung keine Vorteile bietet. Dasselbe gilt für die Deutung einer rationalen Übertragungsfunktion als Differentialgleichung n-ter Ordnung, indem man den Zusammenhang (3.5) in der Form

$$N(s)\,y(s) = Z(s)\,u(s)$$

in den Zeitbereich zurücktransformiert, wobei man formal s^k als Differentialoperator d^k/dt^k deutet. Wir haben diese Zusammenhänge nur deshalb erwähnt, weil man früher bei regelungstechnischen Betrachtungen vielfach solche Differentialgleichungen gegenüber Systemen von 1. Ordnung bevorzugt hat.

Dagegen sind die beiden Standardformen bei der folgenden Aufgabenstellung von praktischer Bedeutung. Oft möchte man ein Übertragungssystem, das allein durch seine Übertragungsfunktion $G(s)$ gekennzeichnet ist, auf dem Analogrechner simulieren. Hierzu wird man zunächst ein

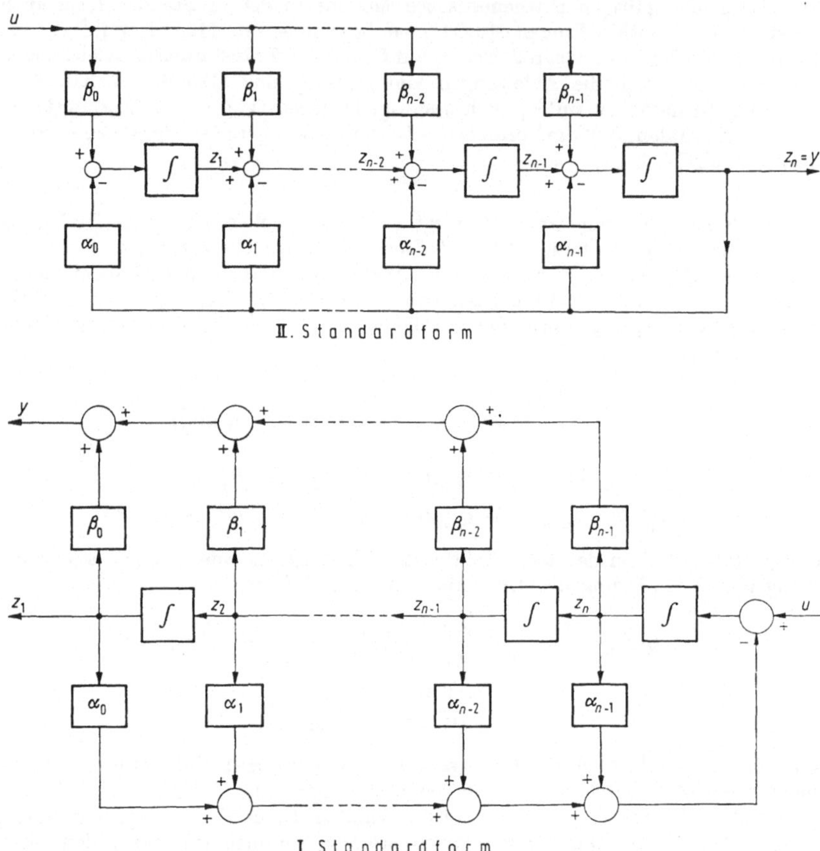

Bild 3.1. Strukturbilder zu den beiden Standardformen.

mathematisches Modell mit derselben Übertragungsfunktion suchen, in dem keine Ableitungen der Eingangsfunktion vorkommen. Ein System in Normalform, das diese Bedingungen erfüllt, können wir sofort hinschreiben, nämlich die I. oder II. Standardform mit den im Zähler und Nennerpolynom von $G(s)$ auftretenden Koeffizienten. Für die II. Standardform folgt diese Behauptung aus dem oben hergeleiteten Resultat für $y(s)$, wenn wir alle Anfangswerte $z_{i,\,0} = 0$ setzen, für die I. Standardform kann der Nachweis ähnlich geführt werden. Die zugehörigen Strukturbilder sind in Bild 3.1 dargestellt. Der Koppelplan für die *Realisierung der Übertragungsfunktion auf dem Analogrechner* ergibt sich daraus leicht, wenn wir die Zustandsgrößen noch geeignet normieren.

Beispiel 3.3: Gesucht sei eine (Analogrechner-) Realisierung für die Übertragungsfunktion

$$G(s) = \frac{s+1}{s^3 + 6s^2 + 11s + 6} .$$

Die zugehörigen Standardformen, die wir der Realisierung in jedem Fall zugrunde legen können, sind

$$\dot{z} = \begin{pmatrix} 0 & 1 & 0 \\ 0 & 0 & 1 \\ -6 & -11 & -6 \end{pmatrix} z + \begin{pmatrix} 0 \\ 0 \\ 1 \end{pmatrix} u, \qquad \dot{z} = \begin{pmatrix} 0 & 0 & -6 \\ 1 & 0 & -11 \\ 0 & 1 & -6 \end{pmatrix} z + \begin{pmatrix} 1 \\ 1 \\ 0 \end{pmatrix} u,$$

$$y = (1 \quad 1 \quad 0)\, z, \qquad\qquad\qquad y = (0 \quad 0 \quad 1)\, z$$

(I. Standardform)   (II. Standardform)

Diese beiden Standardformen führen aber im vorliegenden Falle nicht auf die einfachste Realisierung von $G(s)$. Wenn wir nämlich im Zähler- und Nennerpolynom den gemeinsamen Faktor $(s+1)$ kürzen, so erhalten wir

$$G(s) = \frac{1}{s^2 + 5s + 6} .$$

Diese gekürzte Form läßt sich durch ein System 2. Ordnung realisieren. Die zugehörige II. Standardform ist in Beispiel 3.1 unter c) angegeben. Weitere mathematische Modelle mit derselben Übertragungsfunktion stellen die Beispiele 3.1 a, b dar, auf die wir von der obigen Fragestellung ausgehend, allerdings nicht ohne weiteres kommen würden. Die Lösung unserer Aufgabe ist also nicht eindeutig. Eine gründliche Untersuchung der damit zusammenhängenden Fragen verschieben wir auf Abschn. 3.4.

3.3 Standardformen des mathematischen Modells

Zur Vorbereitung bringen wir

Definition 3.1: Wir nennen zwei mathematische Modelle *äquivalent*, wenn sie sich durch eine reguläre (umkehrbar eindeutige) Zustandstransformation ineinander überführen lassen. Das mathematische Modell eines Übertragungssystems heißt *reduzierbar*, wenn man es durch eine nicht-reguläre Zustandstransformation auf ein System mit weniger Zustandsgrößen zurückführen kann.

Diese Begriffe werden erläutert am

Beispiel 3.3 (Fortsetzung): Wir wollen genauer untersuchen, welche Beziehungen zwischen den angegebenen Realisierungsformen der Übertragungsfunktion bestehen, wobei wir nur die drei Fälle von Beispiel 3.1 vergleichen. Auf den Zusammenhang mit den Standardformen 3. Ordnung kommen wir später zurück. Bei b) treten in der Ausgangsfunktion $y(s)$ genau dieselben Eigenschwingungen auf wie bei c), obwohl das mathematische Modell von 3. Ordnung ist. Allerdings unterscheiden sich die Zustandsterme durch die Anzahl der Zustandsgrößen $x_0 = (x_{10}\, x_{20}\, x_{30})'$, $z_0 = (z_{10}\, z_{20})'$. Der Unterschied ist aber nur scheinbar, die beiden Terme lassen sich in Wirklichkeit durch eine zeitunabhängige Zustandstransformation ineinander überführen. Um das nachzuprüfen, setzen wir im Falle $u = 0$ die beiden Ausdrücke für $y(s)$ einander gleich. Dann gilt

$$-(s + 2)\, x_{10} + (s + 3)\, x_{20} + x_{30} = z_{10} + s\, z_{20} \quad \text{für alle } s.$$

Durch Koeffizientenvergleich erhalten wir unter Weglassung des Index 0 die Gleichungen

$$z_1 = -2x_1 + 3x_2 + x_3,$$
$$z_2 = -\ x_1 +\ x_2.$$

Diese beiden Gleichungen können wir durch eine dritte zu einer regulären Zustandstransformation ergänzen, etwa durch

$$z_3 = x_1.$$

Wir werden sogleich sehen, daß die Willkür bei der Einführung der dritten Zustandsgröße belanglos ist. Mit den neuen Variablen gehen die Gleichungen von Fall b) über in das äquivalente mathematische Modell

$$\dot{z}_1 = \qquad -6z_2 + u,$$
$$\dot{z}_2 = z_1 - 5z_2,$$
$$\dot{z}_3 = \qquad z_2 - z_3,$$
$$y = z_2.$$

Soweit wir uns nur für den Einfluß der Eingangsgröße und des Anfangszustandes auf die Ausgangsgröße interessieren, können wir die dritte Differentialgleichung weglassen, ebenso die Einführung der Zustandsgröße z_3. Das reduzierte mathematische Modell stimmt mit dem von Fall c) des Beispiels 3.1 überein.

Die beiden Formen a) und b) sind nicht äquivalent, obwohl beide dieselbe Ordnung und dieselbe Übertragungsfunktion haben. Zum Beweis benennen wir die Zustandsgrößen in b) zur Unterscheidung von denen in a) in $\tilde{x}_i$ um. Identifizieren wir wieder versuchsweise die Zustandsterme auf der rechten Seite von $y(s)$, so erhalten wir

$$y(s)\, \varDelta(s) = x_3\, s^2 + (x_2 + 3x_3)\, s + (x_1 + 2x_2 + x_3)$$
$$= (-\tilde{x}_1 + \tilde{x}_2)\, s^2 + (-3\tilde{x}_1 + 4\tilde{x}_2 + \tilde{x}_3)\, s + (-2\tilde{x}_1 + 3\tilde{x}_2 + \tilde{x}_3)$$

und daraus

$$-2\tilde{x}_1 + 3\tilde{x}_2 + \tilde{x}_3 = x_1 + 2x_2 + \ x_3,$$
$$-3\tilde{x}_1 + 4\tilde{x}_2 + \tilde{x}_3 = \qquad x_2 + 3x_3,$$
$$-\ \tilde{x}_1 + \ \tilde{x}_2 \qquad = \qquad x_3.$$

Diese Gleichungen haben nicht für beliebige Anfangszustände in den ursprünglichen Koordinaten eine Lösung. Zum Beispiel folgt für $x_3 = x_2 = 0$, x_1 beliebig

$$\tilde{x}_1 = \tilde{x}_2, \quad \tilde{x}_1 + \tilde{x}_3 = 0, \quad \tilde{x}_1 + \tilde{x}_3 = x_1.$$

Die beiden letzten Gleichungen widersprechen sich.

Im folgenden untersuchen wir, wann sich ein beliebiges *mathematisches Modell in Normalform*

$$\dot{x} = A\, x + b\, u,$$
$$y = c'\, x \tag{3.12}$$

in die beiden Standardformen überführen läßt. Zur bequemeren Formulierung der Sätze führen wir einige Abkürzungen ein. Man nennt

$$B(\gamma) = \begin{pmatrix} 0 & 1 & \dots & 0 \\ 0 & 0 & \dots & 0 \\ \vdots & \vdots & & \vdots \\ 0 & 0 & \dots & 1 \\ -\gamma_1 & -\gamma_2 & \dots & -\gamma_k \end{pmatrix}$$

die *Begleitmatrix* zum Vektor $\boldsymbol{\gamma} = (\gamma_1 \; \gamma_2 \; \dots \; \gamma_k)'$ bzw. zum Polynom $s^k + \gamma_k s^{k-1} + \cdots + \gamma_1$.

Außerdem ordnen wir einer $l \times l$-Matrix $\boldsymbol{F}$ und einem l-Vektor $\boldsymbol{g}$ die Matrizen

$$(\boldsymbol{F}^k; \boldsymbol{g}) = (\boldsymbol{g} \mid \boldsymbol{F} \boldsymbol{g} \mid \dots \mid \boldsymbol{F}^{k-1} \boldsymbol{g}), \qquad (\boldsymbol{g}'; \boldsymbol{F}^k) = \begin{pmatrix} \boldsymbol{g}' \\ \boldsymbol{g}' \boldsymbol{F} \\ \vdots \\ \boldsymbol{g}' \boldsymbol{F}^{k-1} \end{pmatrix}$$

$$l \times k\text{-Matrix} \qquad\qquad\qquad k \times l\text{-Matrix}$$

zu.

Wir bringen zunächst die Ergebnisse mit Beispielen und holen die Beweise im Anhang zu Abschn. 3 nach.

S a t z 3.3: **Standardformen**

a)   b)

Ein System (3.12) der Ordnung n läßt sich genau dann durch eine reguläre Zustandstransformation

$$\boldsymbol{z} = \boldsymbol{T} \boldsymbol{x} \qquad\qquad\qquad \boldsymbol{x} = \tilde{\boldsymbol{T}} \boldsymbol{z} \qquad (3.13)$$

in ein System der Form

$$\dot{\boldsymbol{z}} = \boldsymbol{B}(\boldsymbol{\alpha}) \boldsymbol{z} + \boldsymbol{e}_n u \; ^1 \qquad\qquad \dot{\boldsymbol{z}} = \boldsymbol{B}'(\boldsymbol{\alpha}) \boldsymbol{z} + \boldsymbol{\beta} u$$

$$y = \boldsymbol{\beta}' \boldsymbol{z} \qquad\qquad\qquad y = \boldsymbol{e}'_n \boldsymbol{z} \qquad (3.14)$$

$$(I.\ Standardform) \qquad\qquad (II.\ Standardform)$$

überführen, wenn die Matrix

$$(\boldsymbol{A}^n; \boldsymbol{b}) \qquad\qquad\qquad (\boldsymbol{c}'; \boldsymbol{A}^n) \qquad (3.15)$$

regulär ist. Dabei erweist sich $\boldsymbol{B}(\boldsymbol{\alpha})$ als Begleitmatrix zum charakteristischen Polynom $\varDelta(s) = s^n + \alpha_{n-1} s^{n-1} + \cdots + \alpha_0$ von (3.12), während die Komponenten von $\boldsymbol{\beta} = (\beta_0 \dots \beta_{n-1})'$ übereinstimmen mit den Koeffizienten des Zählerpolynoms der *Übertragungsfunktion*

---

[1] $\boldsymbol{e}_n = (0 \dots 0\ 1)'$.

in der ungekürzten Form

$$G(s) = \frac{c' \, \mathrm{adj}(s\,E - A)\,b}{\det(s\,E - A)} = \frac{\beta_{n-1} s^{n-1} + \cdots + \beta_0}{s^n + \alpha_{n-1} s^{n-1} + \cdots + \alpha_0} \; {}^1. \qquad (3.16)$$

Die *Transformationsmatrix* ist eindeutig bestimmt durch

$$T = (t'; A^n) \qquad\qquad \tilde{T} = (A^n; \tilde{t}), \qquad (3.17)$$

wobei t bzw. $\tilde{t}$ der Lösungsvektor des Gleichungssystems

$$t'(A^n; b) = e_n' \qquad\qquad (c'; A^n)\,\tilde{t} = e_n \qquad (3.18)$$

ist. Damit gilt

$$
\begin{aligned}
B(\alpha) &= T\,A\,T^{-1} & B'(\alpha) &= \tilde{T}^{-1} A\, \tilde{T} \\
\beta' &= c'\,T^{-1} & \beta &= \tilde{T}^{-1} b\,.
\end{aligned}
\qquad (3.19)
$$

Die in Satz 3.3 unterschiedenen Fälle a) und b) sind formal eng verwandt. Das wird besonders deutlich, wenn man *duale Systeme*

$$
\begin{aligned}
\dot{x} &= A\,x + b\,u & \dot{x} &= A'\,x + c\,u \\
y &= c'\,x & y &= b'\,x
\end{aligned}
$$

gegenüberstellt, die durch zueinander *duale Zustandstransformationen* (T regulär)

$$z = T\,x \qquad\qquad x = T'\,z \;\; \text{bzw.} \;\; z = (T')^{-1} x$$

wieder in duale Systeme

$$
\begin{aligned}
\dot{z} &= (T\,A\,T^{-1})\,z + (T\,b)\,u & \dot{z} &= (T\,A\,T^{-1})'\,z + (T'^{-1} c)\,u \\
y &= (T'^{-1} c)'\,z & y &= (T\,b)'\,z
\end{aligned}
$$

übergeführt werden.

Die beiden Standardformen (3.14) zum System (3.12) sind dual. Daraus folgt sofort:

Satz 3.4: Wenn das System (3.12) durch eine reguläre Transformation in die eine Standardform übergeführt werden kann, wird das zu (3.12) duale System durch die duale Transformation in die andere Standardform übergeführt.

Zwei duale Systeme haben dasselbe charakteristische Polynom und dieselbe Übertragungsfunktion, was man aus (3.16) direkt ersehen kann, wenn man beachtet, daß $G = G'$ für die 1×1-Matrix G gilt. In Abschn. 3.4 werden wir zeigen, daß die beiden Standardformen trotz ihrer Ähnlichkeit verschiedene Bedeutung haben.

Beispiel 3.4: Für das Beispiel 3.1 gilt im Fall

a)
$$(c'; A^3) = \begin{pmatrix} 0 & 0 & 1 \\ 0 & 1 & -3 \\ 1 & -4 & 8 \end{pmatrix} \;\; \text{ist regulär,}$$

---

[1] Wenn man in dieser Weise die Übertragungsfunktion zu (3.12) berechnet, kann man also die zugehörige Standardform ohne Kenntnis der Transformationsmatrix T angeben. Allerdings hat man damit nicht die Zuordnung zwischen den alten und neuen Zustandsgrößen.

wir können also die II. Standardform herstellen. Aus (3.18b), d. h.

$$\begin{pmatrix} 0 & 0 & 1 \\ 0 & 1 & -3 \\ 1 & -4 & 8 \end{pmatrix} \begin{pmatrix} \tilde{t}_1 \\ \tilde{t}_2 \\ \tilde{t}_3 \end{pmatrix} = \begin{pmatrix} 0 \\ 0 \\ 1 \end{pmatrix} \quad \text{folgt} \quad \tilde{t} = \begin{pmatrix} 1 \\ 0 \\ 0 \end{pmatrix}$$

und damit wird nach (3.17b)

$$\tilde{T} = \begin{pmatrix} 1 & -2 & 5 \\ 0 & 1 & -3 \\ 0 & 0 & 1 \end{pmatrix}, \quad \tilde{T}^{-1} = \begin{pmatrix} 1 & 2 & 1 \\ 0 & 1 & 3 \\ 0 & 0 & 1 \end{pmatrix}.$$

Die Berechnung von $B'(\alpha)$ und β nach (3.19) liefert

$$\dot{z} = \begin{pmatrix} 0 & 0 & -6 \\ 1 & 0 & -11 \\ 0 & 1 & -6 \end{pmatrix} z + \begin{pmatrix} 1 \\ 1 \\ 0 \end{pmatrix} u,$$

$$y = (0 \quad 0 \quad 1)\, z.$$

Die wesentlichen Koeffizienten dieser Standardform hätten wir nach Satz 3.3 auch aus der früher berechneten Übertragungsfunktion

$$G(s) = \frac{s+1}{(s+1)(s+2)(s+3)} = \frac{s+1}{s^3 + 6s^2 + 11s + 6}$$

ablesen können.

In Beispiel 3.5 wird sich erweisen, daß sich das vorgegebene System nicht in die I. Standardform überführen läßt.

b) ist das zu a) duale System und läßt sich daher in die I. Standardform, aber nicht in die II. Standardform überführen.

Nach Lemma 3.A2, S. 96, ist der *Rang der Matrix* $(A^n; b)$ gleich $k < n$, wenn ihre k ersten Spaltenvektoren $b, A\,b, \ldots, A^{k-1}\,b$ linear unabhängig sind, während der $(k+1)$-te eine Darstellung

$$A^k\,b = -\alpha_0\,b - \alpha_1\,A\,b - \cdots - \alpha_{k-1}\,A^{k-1}\,b \tag{3.20}$$

hat. Anders formuliert: k ist die kleinste Zahl, für die eine Beziehung

$$(A^k + \alpha_{k-1}\,A^{k-1} + \cdots + \alpha_0\,E)\,b = o$$

erfüllt ist. Man nennt daher $s^k + \alpha_{k-1}\,s^{k-1} + \cdots + \alpha_0$ das *Minimalpolynom des Vektors b bezüglich der Matrix A*. Entsprechendes gilt für den Rang der Matrix $(c'; A^n)$, wobei die Spaltenvektoren durch die Zeilenvektoren zu ersetzen sind.

Satz 3.5: **Reduktion des Systems (3.12).**

a)   b)

Wenn die Matrix

$$(A^n; b) \quad\bigg|\quad (c'; A^n) \tag{3.21}$$

einen Rang $k \leq n$ hat, so gibt es eine reguläre Zustandstransformation

$$x = R\,z \quad\bigg|\quad z = \tilde{R}\,x, \tag{3.22}$$

die das mathematische Modell (3.12) in ein System der Form

$$\begin{pmatrix} \dot{z}_1 \\ \dot{z}_2 \end{pmatrix} = \begin{pmatrix} F_{11} & F_{12} \\ O & F_{22} \end{pmatrix} \begin{pmatrix} z_1 \\ z_2 \end{pmatrix} + \qquad\qquad \begin{pmatrix} \dot{z}_1 \\ \dot{z}_2 \end{pmatrix} = \begin{pmatrix} F_{11} & O \\ F_{21} & F_{22} \end{pmatrix} \begin{pmatrix} z_1 \\ z_2 \end{pmatrix} +$$

$$+ \begin{pmatrix} g_1 \\ o \end{pmatrix} u, \qquad\qquad + \begin{pmatrix} g_1 \\ g_2 \end{pmatrix} u, \qquad (3.23)$$

$$y = (h_1'\, h_2') \begin{pmatrix} z_1 \\ z_2 \end{pmatrix} \qquad\qquad y = (h_1'\, o') \begin{pmatrix} z_1 \\ z_2 \end{pmatrix}$$

überführt, wobei in $z_1 = (z_1 \ldots z_k)'$ k Zustandsgrößen und in $z_2 = (z_{k+1} \ldots z_n)'$ die restlichen $(n-k)$ zusammengefaßt und die Matrizen

$$(F_{11}^k;\, g_1) \qquad\qquad\qquad (h_1';\, F_{11}^k)$$

regulär sind.

Zusatz 3.5: Spezielle Wahl der *Transformationsmatrix* in Satz 3.5: Wir bestimmen $(n-k)$ linear unabhängige Lösungen $r = r_{k+1}$, $\ldots, r_n$ von

$$r'(A^k;\, b) = o' \qquad\qquad (c';\, A^k)\, r = o \qquad (3.24)$$

und wählen als Transformationsmatrix in Satz 3.5

a) $\qquad\qquad\qquad\qquad\qquad\qquad$ b)

$$R = (b\, \vdots\, \ldots\, \vdots\, A^{k-1} b\, \vdots\, r_{k+1}\, \vdots\, \ldots\, \vdots\, r_n) \qquad \tilde{R} = \begin{pmatrix} c' \\ \vdots \\ c'\, A^{k-1} \\ r_{k+1}' \\ \vdots \\ r_n' \end{pmatrix}. \qquad (3.25)$$

Damit wird

$$g_1 = e_1; \quad h_1 = c'\,(A^k;\, b), \qquad g_1 = (c';\, A^k)\, b; \quad h_1 = e_1, \quad (3.26)$$
$$F_{11} = B'(\alpha) \qquad\qquad\qquad F_{11} = B(\alpha),$$

wobei die Komponenten des Vektors $\alpha = (\alpha_0 \ldots \alpha_{k-1})'$ mit den Komponenten von $A^k b$ in der Darstellung (3.20) übereinstimmen.

Beispiel 3.5: Für das Beispiel 3.1 wird im Fall
a)

$$(A^3;\, b) = (b\, \vdots\, A b\, \vdots\, A^2 b) = \begin{pmatrix} -1 & 3 & -9 \\ 1 & -2 & 4 \\ 0 & 1 & -5 \end{pmatrix}.$$

Die beiden ersten Spalten sind linear unabhängig, aber für die dritte gilt

$$A^2 b = -6 b - 5 A b.$$

Die Matrix hat also den Rang 2. Als Lösung von (3.24), d. h.

$$(r_{13}r_{23}r_{33})\begin{pmatrix} -1 & 3 \\ 1 & -2 \\ 0 & 1 \end{pmatrix} = (0,0),$$

wählen wir $r_3 = (1\ \ 1\ \ -1)'$.

Aus b, $A\,b$ und r_3 bilden wir die Transformationsmatrix

$$R = \begin{pmatrix} -1 & 3 & 1 \\ 1 & -2 & 1 \\ 0 & 1 & -1 \end{pmatrix}, \quad R^{-1} = \tfrac{1}{3}\begin{pmatrix} 1 & 4 & 5 \\ 1 & 1 & 2 \\ 1 & 1 & -1 \end{pmatrix}.$$

Die Durchführung der Transformation des Differentialgleichungssystems ergibt

$$\dot{z} = \left(\begin{array}{cc|c} 0 & -6 & 8 \\ 1 & -5 & 3 \\ \hline 0 & 0 & -1 \end{array}\right) z + \begin{pmatrix} 1 \\ 0 \\ \hline 0 \end{pmatrix} u; \quad y = (0\ \ 1\ \ -1)\,z.$$

b) Die Anwendung der rechten Hälfte von Satz 3.5 für diesen Fall sei dem Leser überlassen. Auch hier kann man das Ergebnis sofort hinschreiben, wenn man wieder beachtet, daß die Systeme a) und b) von Beispiel 3.1 dual sind, und den Satz 3.4 sinngemäß auf die in (3.23) angegebenen Systeme überträgt.

*

Man beachte, daß die Transformation von Zusatz 3.5 im Falle $k = n$ nicht auf dasselbe Resultat führt wie die Transformation von Satz 3.3. Diesen Schönheitsfehler kann man nachträglich beseitigen, indem man allgemein ($k \leqq n$) im Anschluß an die Transformation (3.25) noch die Transformation

$$z = W\,\tilde{z}, \qquad\qquad\qquad \tilde{z} = W'\,z = W\,z,$$

wobei

$$W = \left(\begin{array}{ccccc|c} \alpha_1 & \alpha_2 & \cdot & \cdot & \alpha_{k-1}\ 1 & \\ \alpha_2 & \alpha_3 & & & 1\quad 0 & \\ \cdot & & \cdot & & \cdot & \\ \cdot & & \cdot & & \cdot & O \\ \alpha_{k-1}\ 1 & & & & \cdot & \\ 1\quad 0 & & \cdot & \cdot & \cdot\quad 0 & \\ \hline & & O & & & E \end{array}\right),$$

ausführt.

So ist im Beispiel (3.5a)

$$B'(\alpha) = \begin{pmatrix} 0 & -\alpha_0 \\ 1 & -\alpha_1 \end{pmatrix} = \begin{pmatrix} 0 & -6 \\ 1 & -5 \end{pmatrix}$$

und durch

$$z = \left(\begin{array}{cc|c} \alpha_1 & 1 & 0 \\ 1 & 0 & 0 \\ \hline 0 & 0 & 1 \end{array}\right)\tilde{z} = \left(\begin{array}{cc|c} 5 & 1 & 0 \\ 1 & 0 & 0 \\ \hline 0 & 0 & 1 \end{array}\right)\tilde{z}$$

geht dort die angegebene Standardform über in

$$\dot{\tilde{z}} = \left(\begin{array}{cc|c} 0 & 1 & 3 \\ -6 & -5 & -7 \\ \hline 0 & 0 & -1 \end{array}\right)\tilde{z} + \begin{pmatrix} 0 \\ 1 \\ \hline 0 \end{pmatrix} u, \quad y = (1\ \ 0\ \ -1)\,\tilde{z}.$$

Diese Ergebnisse seien ohne Beweis angeführt. Die Transformation (3.25) läßt die Bedeutung der Vektoren $b, \ldots, A^k b$ bzw. $c', \ldots, c' A^k$ besser erkennen, während man aus den Standardformen von Satz 3.3 die Übertragungsfunktion einfacher ablesen kann.

3.4 Steuerbarkeit und Beobachtbarkeit

In Satz 3.5 haben wir den Zustandsvektor in zwei Bestandteile z_1 und z_2 zerlegt. Die Blockstruktur für die Gln. (3.23) ist in Bild 3.2

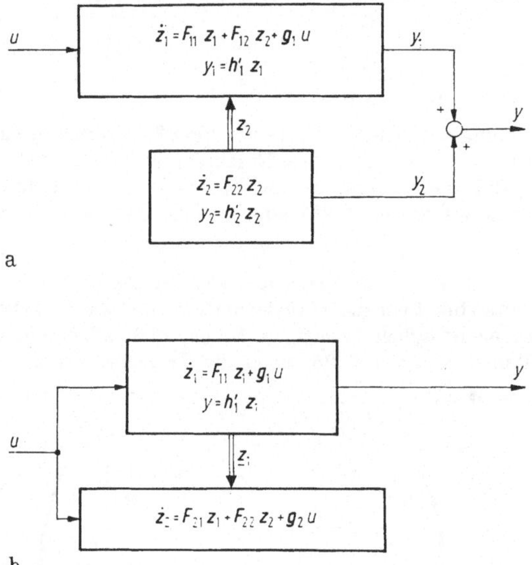

Bild 3.2. a) Blockschaltbild zu (3.23a): Die Zustandsgrößen z_2 sind nicht steuerbar; b) Blockschaltbild zu (3.23b): Die Zustandsgrößen z_2 sind nicht beobachtbar.

wiedergegeben. Wir haben in diesem Zusammenhang von einer Reduktion des mathematischen Modells gesprochen, weil bei gewissen Fragestellungen nur der obere Block interessiert.

Dieses Bild führt zu einer anschaulichen Deutung der *Zerlegung des Zustandsvektors*. Im Falle a) sind die Zustandsgrößen z_2 nicht durch die Eingangsgrößen beeinflußbar oder steuerbar. Im Falle b) hängt die Ausgangsgröße y nicht von den Zustandsgrößen z_2 ab. Man kann daher aus der Beobachtung von y keine Aussagen über den Verlauf dieser Zustandsgrößen erwarten, sie sind nicht beobachtbar. Genauer sagen wir mit

Definition 3.2: Die Zustandsgrößen $x = (x_1 \ldots x_n)'$ eines mathematischen Modells heißen im Zeitpunkt t_0

a) *vollständig steuerbar* durch die Eingangsgrößen $u = (u_1 \ldots u_l)'$, wenn sich jeder Anfangszustand $x(t_0)$ durch passende Wahl der Eingangsgrößen u aus U [1] in einem endlichen Zeitintervall $[t_0, t_1]$ in die Ruhelage $x(t_1) = o$ überführen läßt.

b) *vollständig beobachtbar* bezüglich der Ausgangsgrößen $y = (y_1 \ldots y_m)'$, wenn sich der Anfangszustand $x(t_0)$ aus dem Verlauf der Ausgangsgrößen in einem endlichen Zeitintervall $[t_0, t_1]$ bei bekannten Eingangsgrößen bestimmen läßt.

Für zeitinvariante Systeme können wir wieder $t_0 = 0$ annehmen. Ausführlich gehen wir nur auf die Steuerbarkeit und Beobachtbarkeit von *Übertragungssystemen mit einer Eingangs- und einer Ausgangsgröße* ein. Die folgenden Sätze zeigen den Zusammenhang dieser Begriffe mit den in Abschn. 3.3 beschriebenen Standardformen.

Satz 3.6: Die Zustandsgrößen eines mathematischen Modells in der Form (3.23) mit $k < n$ sind im Falle

a) nicht vollständig steuerbar durch u,

b) nicht vollständig beobachtbar bezüglich y.

Beweis: a) Wir betrachten im zugehörigen Blockschaltbild (3.2a) den unteren Block. Wegen der Voraussetzung $k < n$ besteht z_2 mindestens aus einer Zustandsgröße. Bei passender Wahl des Anfangswertes erhalten wir nach Satz 2.1, S. 48, für diesen Block eine Normalschwingung der Form

$$z_2(t) = p_{2k} e^{s_k t} \quad (s_k \text{ reell})$$

bzw.

$$z_2(t) = (p_{2k}^r \cos\omega_k t - p_{2k}^i \sin\omega_k t) e^{\alpha_k t}$$

$$(s_k = \alpha_k + j\,\omega_k;\ p_{2k}^r, p_{2k}^i \text{ linear unabhängig})^2$$

unabhängig von der Wahl von $u(t)$. Für endliche Werte von t bleibt stets $z_2(t) \neq 0$. Bei der ersten Form einer Eigenschwingung ist das sofort ersichtlich. Für die andere würde aus $z_2(t_1) = o$ folgen

$$\alpha\,p_{2k}^r + \tilde{\alpha}\,p_{2k}^i = o \quad (\alpha = \cos\omega_k t_1,\ \tilde{\alpha} = -\sin\omega_k t_1),$$

d. h., p_{2k}^i und p_{2k}^r wären linear abhängig, wir hätten einen Widerspruch. Damit haben wir einen Anfangszustand gefunden, der nicht in die

---

[1] U sei die Klasse der stückweise stetigen Eingangsfunktionen.

[2] Aus der linearen Beziehung (wir lassen den Index $2\,k$ fort)

$$c_1\,p^r + j\,c_2\,p^i = o$$

folgt für $p = p^r + j\,p^i,\ \overline{p} = p^r - j\,p^i$

$$(c_1 + c_2)\,p + (c_1 - c_2)\,\overline{p} = o.$$

$p, \overline{p}$ als Eigenvektoren zu verschiedenen (weil konjugiert komplexen) Eigenwerten sind linear unabhängig, folglich kann die letzte Gleichung nur für $c_1 + c_2 = c_1 - c_2 = 0$, d. h. $c_1 = c_2 = 0$ erfüllt sein. Damit sind nach der ersten Gleichung auch p^r und p^i linear unabhängig.

Ruhelage übergeführt werden kann, wie immer wir auch u wählen. Das System ist also nicht vollständig steuerbar.

b) Falls $u(t) = 0$, $\boldsymbol{z}_{1,0} = \boldsymbol{o}$ wird $y(t) = 0$ für beliebige $\boldsymbol{z}_{2,0}$. Wir können daher diese Anfangszustände auf Grund der Beobachtung von $y(t)$ nicht unterscheiden, die Zustandsgrößen sind nicht vollständig beobachtbar.

Satz 3.7: Die Zustandsgrößen eines mathematischen Modells in der

a) I. Standardform (3.14a) sind vollständig steuerbar,

b) II. Standardform (3.14b) sind vollständig beobachtbar.

Beweis: a) Wir zeigen, daß sich jeder Anfangszustand $\boldsymbol{z}(0) = \boldsymbol{z}_0 = (z_{10} \ldots z_{n0})'$ von (3.14a) durch geeignete Wahl von $u(t)$ in die Ruhelage $\boldsymbol{z}(t_1) = \boldsymbol{o}$ überführen läßt, wobei wir sogar den Zeitpunkt $t_1 > 0$ willkürlich vorgeben dürfen. Zum Beweis konstruieren wir eine solche Eingangsfunktion. Die Lösung ist nicht eindeutig. Wir können z. B. für $z_1(t)$ im Intervall $[t_0, t_1]$ einen beliebigen Verlauf vorschreiben, sofern er an den Intervallgrenzen den Randbedingungen

$$z_1^{(k-1)}(0) = z_{k0}, \quad z_1^{(k-1)}(t_1) = 0 \quad (k = 1, \ldots, n)$$

genügt. Um das einzusehen, setzen wir sukzessiv

$$z_2(t) = \dot{z}_1(t),$$

$$z_3(t) = \dot{z}_2(t) = z_1^{(2)}(t),$$

$$\vdots$$

$$z_n(t) = \dot{z}_{n-1}(t) = z_1^{(n-1)}(t).$$

Die linke Hälfte dieser Gleichungen stimmt mit den ersten $(n-1)$ Differentialgleichungen in (3.14a) überein, welche somit erfüllt sind. Aus den rechten Seiten folgt unter Berücksichtigung der oben festgelegten Randbedingungen für $z_1(t)$, daß $z_k(0)$ mit den vorgegebenen Anfangswerten z_{k0} und $z_k(t_1)$ mit dem gewünschten Endwert 0 übereinstimmen. Mit

$$u = \dot{z}_n + \sum_{k=1}^{n} \alpha_{k-1} z_k = \sum_{k=1}^{n} \alpha_{k-1} z_1^{(k-1)} + z_1^{(n)}$$

ist auch die letzte Differentialgleichung (3.14a) erfüllt. Zur Vervollständigung des Beweises kann man nachprüfen, daß sich die angegebenen Randbedingungen für $z_1(t)$ z. B. mit dem Ansatz

$$z_1(t) = (c_0 + c_1 t + \cdots + c_n t^{n-1})(t_1 - t)^n$$

durch passende Wahl der Koeffizienten c_k erfüllen lassen.

b) Wenn wir in den Differentialgleichungen von (3.14b) $z_n = y$ berücksichtigen und die k-te Gleichung nach z_{k-1} auflösen, ergibt sich

$-$ vgl. (3.8) $-$

$$z_n = y$$
$$z_{n-1} = \dot{z}_n + \alpha_{n-1}\, y - \beta_{n-1}\, u$$
$$\vdots$$
$$z_1 = \dot{z}_2 + \alpha_1\, y - \beta_1\, u.$$

Falls y und u im Intervall $[0, t_1]$ bekannt sind, erhält man aus der ersten Gleichung zunächst z_n, sodann aus der zweiten z_{n-1} usf. Damit ist es wenigstens im Prinzip möglich, die Zustandsgrößen im Intervall $(0, t_1]$, insbesondere also z_{+0} zu bestimmen. Wegen der Stetigkeit der Zustandsgrößen ist damit auch z_0 bekannt. Auch hier kann man $t_1 > 0$ beliebig wählen.

Die Frage nach der Steuerbarkeit und Beobachtbarkeit der Zustandsgrößen eines mathematischen Modells in der allgemeinen Form (3.12) führen wir auf die behandelten Spezialfälle zurück mit Hilfe von

Satz 3.8 (Invarianz bei regulären Zustandstransformationen): Wenn die Zustandsgrößen x eines mathematischen Modells vollständig steuerbar (vollständig beobachtbar) sind, so gilt dasselbe für alle Zustandsgrößen, die daraus durch eine reguläre Zustandstransformation $z = T x$ entstehen.

Beweis: a) Für eine reguläre Transformation $z = T x$ geht bei passend gewählter Eingangsfunktion mit $x(t)$ auch $z(t)$ in die Ruhelage zu einem Zeitpunkt t_1 über und umgekehrt.

b) Wenn man aus der Beobachtung von y den Zustand x_0 bestimmen kann, ist wegen der Regularität von T auch $z_0 = T x_0$ bekannt.

Satz 3.9: Die Zustandsgrößen des mathematischen Modells (3.12) sind genau dann

a) vollständig steuerbar bezüglich der Eingangsgröße u, wenn die *Steuermatrix* $(A^n; b)$ regulär ist;

b) vollständig beobachtbar bezüglich der Ausgangsgröße y, wenn die *Beobachtungsmatrix* $(c'; A^n)$ regulär ist.

Beweis: a) Wenn $(A^n; b)$ regulär ist, läßt sich (3.12) nach Satz 3.3 durch eine reguläre Zustandstransformation in die I. Standardform überführen, deren Zustandsgrößen nach Satz 3.7 vollständig steuerbar sind. Nach Satz 3.8 sind dann auch die ursprünglichen Zustandsgrößen vollständig steuerbar.

Wenn $(A^n; b)$ nicht regulär ist, kann man (3.12) durch eine reguläre Zustandstransformation in die Form (3.23a) mit $k < n$ überführen. Die neuen Zustandsgrößen sind nach Satz 3.6 nicht vollständig steuerbar. Dasselbe gilt dann nach Satz 3.8 auch für die alten Zustandsgrößen.

b) Der Beweis zu diesem Teil kann analog geführt werden.

Beispiel 3.6: Die Zustandsgrößen von Beispiel 3.1 a) sind vollständig beobachtbar bezüglich y, aber nicht vollständig steuerbar durch u. Das folgt nach Satz 3.9 aus den Überlegungen von Beispiel 3.4 und 3.5.

Das hierzu duale System (3.1b) ist vollständig steuerbar aber nicht vollständig beobachtbar, was aus Satz 3.4 folgt.

Beispiel 3.7:

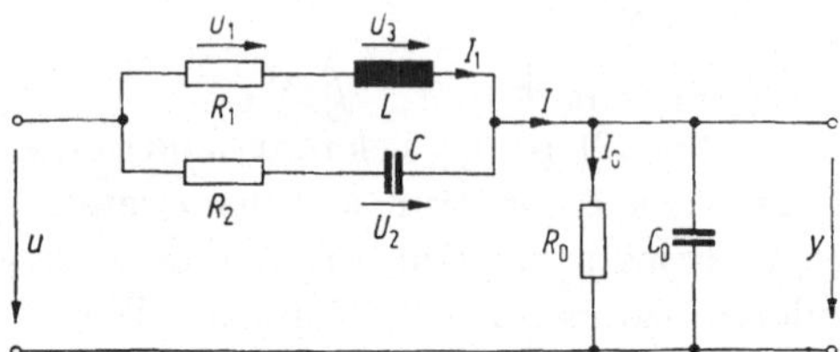

Bild 3.3. Beispiel für ein Übertragungssystem, das für spezielle Systemparameter nicht vollständig beobachtbar oder steuerbar ist.

Aus dem Wirkschaltbild 3.3 lesen wir ab

$$L\,\dot{I}_1 = U_3, \qquad\qquad Y + U_3 + U_1 = u,$$
$$C\,\dot{U}_2 = I - I_1, \qquad Y + U_2 + R_2(I - I_1) = u,$$
$$C_0\,\dot{Y} = I - I_0, \qquad R_0\,I_0 = Y, \qquad R_1\,I_1 = U_1.$$

Setzen wir voraus, daß alle Widerstände einen von Null verschiedenen, endlichen Wert haben, so folgt mit

$$\omega_1 = \frac{R_1}{L}, \qquad \omega_2 = \frac{1}{R_2\,C}, \qquad \omega_3 = \frac{1}{R_2\,C_0}, \qquad \gamma = \frac{R_2}{R_1}, \qquad \varrho = \frac{R_0 + R_2}{R_0},$$

$$\begin{pmatrix} \dot{U}_1 \\ \dot{U}_2 \\ \dot{Y} \end{pmatrix} = \begin{pmatrix} -\omega_1 & 0 & -\omega_1 \\ 0 & -\omega_2 & -\omega_2 \\ \gamma\,\omega_3 & -\omega_3 & -\varrho\,\omega_3 \end{pmatrix} \begin{pmatrix} U_1 \\ U_2 \\ Y \end{pmatrix} + \begin{pmatrix} \omega_1 \\ \omega_2 \\ \omega_3 \end{pmatrix} u,$$

$$y = (0 \quad 0 \quad 1)\,(U_1 \quad U_2 \quad Y)'.$$

Die zugehörige Beobachtungsmatrix

$$\begin{pmatrix} c' \\ c'\,A \\ c'\,A^2 \end{pmatrix} = \begin{pmatrix} 0 & 0 & 1 \\ \gamma\,\omega_3 & -\omega_3 & -\varrho\,\omega_3 \\ -\gamma\,\omega_3(\omega_1 + \varrho\,\omega_3) & \omega_3(\omega_2 + \varrho\,\omega_3) & \omega_3(-\gamma\,\omega_1 + \omega_2 + \varrho^2\,\omega_3) \end{pmatrix}$$

hat die Determinante

$$\det(c'; A^3) = \gamma\,\omega_3^2(\omega_2 - \omega_1).$$

Die Zustandsgrößen (U_1, U_2, Y) sind unter der angegebenen Voraussetzung also genau dann nicht vollständig beobachtbar bezüglich y, wenn $\omega_2 = \omega_1$ ist.

In diesem Fall hat $(c'; A^3)$ den Rang 2 und $r_3 = (1 \ \gamma \ 0)'$ ist eine Lösung von $(c'; A^2)\,r = o$. Wir bilden damit gemäß (3.25)

$$\tilde{R} = \begin{pmatrix} c' \\ c'\,A \\ r_3' \end{pmatrix} = \begin{pmatrix} 0 & 0 & 1 \\ \gamma\,\omega_3 & -\omega_3 & -\varrho\,\omega_3 \\ 1 & \gamma & 0 \end{pmatrix}.$$

Die Transformation $z = \tilde{R}\,x$ lautet also

$$z_1 = Y,$$
$$z_2 = \omega_3(\gamma\,U_1 - U_2 - \varrho\,Y),$$
$$z_3 = U_1 + \gamma\,U_2.$$

Wir werden dieses Ergebnis unten noch genauer interpretieren.

Man sieht leicht ein, daß die Zustandsgrößen für $\omega_1 = \omega_2$ auch nicht vollständig steuerbar sind, indem man die Steuermatrix für diesen Fall berechnet. Die allgemeine Untersuchung dieses Systems auf vollständige Steuerbarkeit ist etwas umständlicher.

Wir kommen jetzt auf die in Abschn. 3.1 gestellten Fragen zurück. Der folgende Satz gibt eine anschauliche Deutung für die Rolle, welche die Ordnung der Übertragungsfunktion in diesem Zusammenhang spielt.

Satz 3.10: Die Zustandsgrößen $x_1, \ldots, x_n$ eines mathematischen Modells (3.12) der Ordnung n sind sowohl vollständig steuerbar als auch vollständig beobachtbar dann und nur dann, wenn die zugehörige Übertragungsfunktion ebenfalls die Ordnung n hat.

Beweis: 1. Wir nehmen an, $G(s)$ habe die Ordnung n und behaupten, daß die Zustandsgrößen vollständig beobachtbar und vollständig steuerbar sind. Wäre nämlich eine dieser beiden Eigenschaften verletzt, so würde im Blockschaltbild 3.2 entweder im Falle a) oder b) der obere Block $k < n$ Zustandsgrößen $z_1, \ldots, z_k$ enthalten und damit ergäbe sich für die Übertragungsfunktion

$$G(s) = \boldsymbol{h}_1'(s\,\boldsymbol{E} - \boldsymbol{F}_{11})^{-1}\,\boldsymbol{g}_1 = \frac{Z_1(s)}{\varDelta_1(s)},$$

d. h., ihre Ordnung wäre gegeben durch $k < n$ im Widerspruch zur obigen Annahme.

2. Zum Beweis der Umkehrung ziehen wir die Ergebnisse von Abschn. 3.2 heran. Es bleibt zu zeigen: Falls die Zustandsgrößen vollständig steuerbar und vollständig beobachtbar sind, ist die Ordnung der Übertragungsfunktion gleich der Anzahl n der Differentialgleichungen.

Ein System in Normalform, das diese beiden Eigenschaften hat, kann man durch reguläre Zustandstransformationen sowohl in die I. als auch in die II. Standardform überführen, die somit äquivalent sind (Doppelpfeile 1 und 2 in der Beweisübersicht, S. 92).

Mit den Koeffizienten dieser Standardformen bilden wir die Differentialgleichung

$$y^{(n)} + \alpha_{n-1}\,y^{(n-1)} + \cdots + \alpha_0\,y = \beta_m\,u^{(m)} + \cdots + \beta_0\,u.$$

Für genügend oft differenzierbare Eingangsfunktionen ist nach Satz 3.1 jede ihrer Lösungen als Ausgangsfunktion der II. Standardform darstellbar (Pfeil 3) und somit wegen der eben festgestellten Äquivalenz auch als Ausgangsfunktion der I. Standardform (die Pfeile 3, 2 und 1 ergeben 4). Nach Satz 3.2 ist letzteres aber nur der Fall, wenn die Übertragungsfunktion die Ordnung n hat.

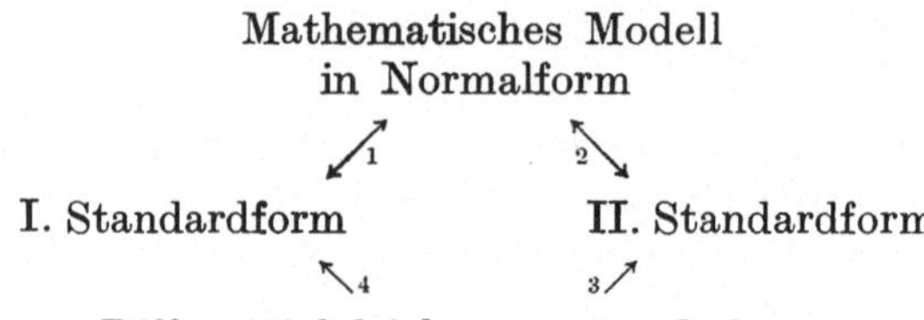

Die Schlußweise von Teil 2. dieses Beweises beruht darauf, daß sich eine Differentialgleichung n-ter Ordnung stets auf die II., aber nicht immer auf die I. Standardform zurückführen läßt. Diese Unsymmetrie wird jetzt verständlich. Die Differentialgleichung n-ter Ordnung beschreibt nur das Verhalten der Ausgangsgröße y. In der II. Standardform kommen nur solche Zustandsgrößen vor, welche die Ausgangsgröße beeinflussen, während das bei der I. Standardform nicht zutrifft.

Beispiel 3.8: Die Untersuchung eines Übertragungssystems mit Hilfe von Satz 3.10 ist mühsam, wenn man die Pole und Nullstellen von $G(s)$ nicht kennt. Zur Demonstration nehmen wir in Beispiel 3.7 $\varrho = 1$ an und setzen wieder ω_1, ω_2, ω_3, $\gamma \neq 0$ voraus. Aus der bereits angegebenen Normalform des mathematischen Modells kann man das charakteristische Polynom und die Übertragungsfunktion herleiten, wozu man im wesentlichen die Determinante und inverse Matrix von

$$(s\,\boldsymbol{E} - \boldsymbol{A}) = \begin{pmatrix} s + \omega_1 & 0 & \omega_1 \\ 0 & s + \omega_2 & \omega_2 \\ -\gamma\,\omega_3 & \omega_3 & s + \omega_3 \end{pmatrix}$$

zu berechnen hat. Man erhält so

$$G(s) = \omega_3\,\frac{P(s)}{\varDelta(s)}$$

mit

$$P(s) = s^2 + s(1 + \gamma)\,\omega_1 + \gamma\,\omega_1\,\omega_2,$$

$$\varDelta(s) = s^3 + s^2(\omega_1 + \omega_2 + \omega_3) + s(\omega_1\,\omega_2 + (1 + \gamma)\,\omega_1\,\omega_3) + \gamma\,\omega_1\,\omega_2\,\omega_3.$$

Zähler und Nenner von $G(s)$ haben nur für $\omega_1 = \omega_2$ eine gemeinsame Nullstelle. Zum Beweis formen wir $\varDelta(s)$ um in

$$\varDelta(s) = [s^3 + s^2(\omega_1 + \omega_2) + s\,\omega_1\,\omega_2] + [s^2\,\omega_3 + (1 + \gamma)\,\omega_1\,\omega_3\,s + \gamma\,\omega_1\,\omega_2\,\omega_3]$$

$$= s(s + \omega_1)\,(s + \omega_2) + \omega_3\,P(s).$$

Danach können $\varDelta(s)$ und $P(s)$ gemeinsame Wurzeln höchstens für $s = 0$, $-\omega_1$ oder $-\omega_2$ haben. Unter den obigen Annahmen scheidet $s = 0$ als gemeinsame Wurzel aus, während die beiden anderen Werte nur dann tatsächlich Nullstellen von $P(s)$ und $\varDelta(s)$ sind, falls $\omega_1 = \omega_2$ ist.

In allen anderen Fällen ist das Übertragungssystem von Bild 3.3 vollständig steuerbar und vollständig beobachtbar. Dieses Beispiel zeigt, daß im allgemeinen nur für ganz spezielle Systemparameter die Kürzung gemeinsamer Wurzeln in der Übertragungsfunktion möglich ist. Aus diesem Grunde haben wir in Abschn. 3.1 vom Normalfall gesprochen, wenn $G(s)$ die Ordnung des mathematischen Modells hat.

Folgerung aus Satz 3.10: Gegeben sei eine Übertragungsfunktion der Ordnung n in der Form

$$G(s) = \frac{Z(s)}{N(s)}, \qquad Z(s),\ N(s) \text{ teilerfremd,}$$

der ein unbekanntes mathematisches Modell in Normalform (3.12) zugrunde liegt. Seine Zustandsgrößen sind nach Satz 3.10 vollständig steuerbar und vollständig beobachtbar, wenn wir unterstellen, daß der in Abschn. 3.1 beschriebene Normalfall vorliegt. Unter dieser Annahme läßt sich das mathematische Modell in Normalform nach den Sätzen 3.9 und 3.3 auf eindeutige Weise in die I. und II. Standardform überführen, die wir sofort angeben können, da die darin auftretenden Koeffizienten α_i und β_i mit den Koeffizienten der Polynome $Z(s)$ und $N(s)$ übereinstimmen. Damit ist das gesuchte mathematische Modell bis auf eine umkehrbar eindeutige Zustandstransformation bestimmt. Für sein charakteristisches Polynom gilt — wie wir bereits früher festgestellt haben — $\Delta(s) = N(s)$. Man kann also aus $N(s)$ alle Eigenwerte bestimmen und damit wesentliche Aussagen über die Einschwingvorgänge oder — wie wir sehen werden — über die Stabilität machen.

Praktisch sind wir damit allerdings nicht viel weiter gekommen als am Ende von Abschn. 3.2. Wir haben aber wenigstens eine anschauliche Deutung für die Unterschiede bei der Realisierung einer Übertragungsfunktion durch die I. und II. Standardform und eine tiefere Einsicht in die im Beispiel 3.3 offen gebliebenen Fragen gewonnen. Wenn wir von der gekürzten Form einer Übertragungsfunktion ausgehen, erhalten wir eine „Minimalrealisierung" (möglichst kleine Ordnung des mathematischen Modells), bei der die Zustandsgrößen vollständig steuerbar und vollständig beobachtbar sind.

Um aufzuzeigen, in welchem Umfang die Übertragungsfunktion das mathematische Modell festlegt, wollen wir andeutungsweise auf die Verknüpfung der beiden Zerlegungen von Satz 3.5 a) und b) eingehen. Man kann etwa den Zustands-

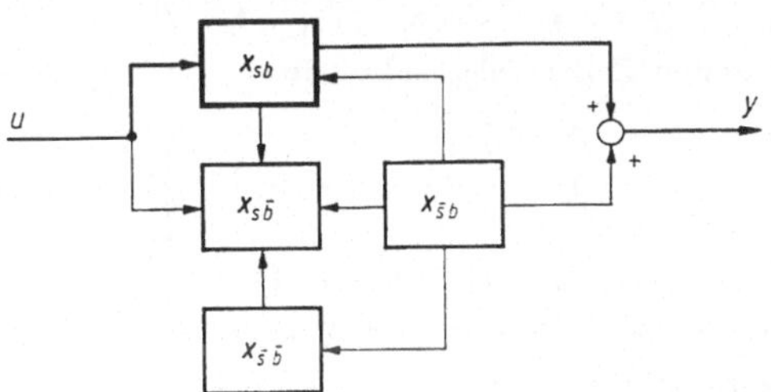

Bild 3.4. *Kanonische* Zerlegung des Zustandsvektors.

vektor x zunächst in einen steuerbaren und einen nichtsteuerbaren Anteil (x_s bzw. $x_{\bar{s}}$) aufspalten und jeden dieser Anteile weiter in einen beobachtbaren (x_{sb} bzw. $x_{\bar{s}b}$) und einen nichtbeobachtbaren ($x_{s\bar{b}}$ bzw. $x_{\bar{s}\bar{b}}$) Anteil. Die gegenseitige Abhängigkeit dieser Bestandteile ist, wie sich zeigen läßt, im allgemeinen durch die Blockstruktur von Bild 3.4 gegeben. Die Übertragungsfunktion des Gesamtsystems hängt nur von dem stark ausgezogenen Teil ab. Andererseits ist das mathematische Modell dieses steuer- und beobachtbaren Anteils, wenn wir von seiner Koppelung mit den anderen Blöcken absehen, durch die Übertragungsfunktion bis auf umkehrbar eindeutige Zustandstransformationen bestimmt und kann in der I. oder II. Standardform sofort hingeschrieben werden.

Anhang: Beweise zu Abschnitt 3.3

Beweis zu Satz 3.3: Nach Satz 3.4 genügt es, wenn wir den Teil a) von Satz 3.3 beweisen. Wir beziehen uns daher im folgenden stets auf diese Satzhälfte.

1. Wir nehmen an, es gebe eine reguläre Zustandstransformation (3.13), welche die Normalform (3.12) in ein System der Form (3.14) überführt. Wir zeigen, daß dann

α) die Komponenten von α und β die im Satz angegebene Bedeutung haben, womit die I. Standardform (3.14) eindeutig festgelegt ist;

β) die Transformationsmatrix eindeutig bestimmt ist und gemäß (3.17), (3.18) berechnet werden kann;

γ) die Matrix $(A^n; b)$ regulär ist.

Zu α): Das charakteristische Polynom und die Übertragungsfunktion bleiben bei einer regulären Zustandstransformation unverändert und sind eindeutig bestimmt. Wir wissen aber aus Abschn. 3.2, daß für ein System in der I. Standardform die Komponenten der Vektoren α, β mit den Koeffizienten des Nenner- bzw. Zählerpolynoms der zugehörigen Übertragungsfunktion (3.16) übereinstimmen.

Zu β): Die Transformation (3.13) führt das System (3.12) in Normalform über in

$$\dot{z} = T A T^{-1} z + T b u,$$
$$y = c' T^{-1} z.$$

Durch Vergleich mit (3.14) folgt

$$B(\alpha) T = T A, \quad e_n = T b, \quad \beta' = c' T^{-1}. \tag{3.A1}$$

Bezeichnen wir die Zeilenvektoren von T mit t_i', so lautet die linke dieser Gleichungen

$$\begin{pmatrix} 0 & 1 & 0 & \cdots & 0 \\ 0 & 0 & 1 & \cdots & 0 \\ \vdots & \vdots & \vdots & & \vdots \\ 0 & 0 & 0 & & 1 \\ -\alpha_0 & -\alpha_1 & -\alpha_2 & \cdots & -\alpha_{n-1} \end{pmatrix} \begin{pmatrix} t_1' \\ t_2' \\ \vdots \\ t_{n-1}' \\ t_n' \end{pmatrix} = \begin{pmatrix} t_1' A \\ t_2' A \\ \vdots \\ t_{n-1}' A \\ t_n' A \end{pmatrix}. \tag{3.A2}$$

Aus den $(n-1)$ ersten Zeilen folgt sukzessiv

$$\begin{rcases} t_2' = t_1' A, \\ t_3' = t_2' A = t_1' A^2, \\ \vdots \\ t_n' = t_{n-1}' A = t_1' A^{n-1}, \end{rcases} \tag{3.A3}$$

und damit geht die letzte Zeile von (3.A 2) über in

$$t_1'(\alpha_0 E + \alpha_1 A + \cdots + \alpha_{n-1} A^{n-1} + A^n) = o'. \tag{3.A4}$$

Aus der mittleren der Gln. (3.A1) folgt unter Berücksichtigung von (3.A3)

$$\begin{pmatrix} t_1' \\ \vdots \\ t_{n-1}' \\ t_n' \end{pmatrix} b = \begin{pmatrix} t_1' \\ \vdots \\ t_1' A^{n-2} \\ t_1' A^{n-1} \end{pmatrix} b = \begin{pmatrix} t_1' b \\ \vdots \\ t_1' A^{n-2} b \\ t_1' A^{n-1} b \end{pmatrix} = (t_1'(A^n; b))' = \begin{pmatrix} 0 \\ \vdots \\ 0 \\ 1 \end{pmatrix}. \tag{3.A5}$$

Die Gln. (3.A3) besagen, daß T die Form (3.17) hat mit $t = t_1$. Die letzte (rechte) der Gln. (3.A5) stimmt überein mit (3.18). Gl. (3.A4) ist von selbst erfüllt nach dem Theorem von CAYLEY und HAMILTON (Lemma 3.A1), da die α_i gemäß α) die Koeffizienten des charakteristischen Polynoms von A sind.

Zu γ): Der Beweis erfolgt durch Widerspruch. Wir nehmen an, die Matrix (3.15) sei nicht regulär. Nach dem Lemma (3.A2) läßt sich dann ihr letzter Spaltenvektor $A^{n-1} b$ als Linearkombination der übrigen Spaltenvektoren darstellen,

$$A^{n-1} b = c_0 b + c_1 A b + \cdots + c_{n-2} A^{n-2} b.$$

Aus dieser Gleichung und den $(n - 1)$ ersten Gleichungen von (3.A5, rechte Hälfte) folgt

$$t_1' A^{n-1} b = 0$$

im Widerspruch zur Gleichung in der letzten Zeile von (3.A5).

2. Die Matrix $(A^n; b)$ sei regulär. Wir behaupten, daß es dann tatsächlich eine reguläre Transformation (3.13) gibt, welche die Normalform (3.12) in die I. Standardform (3.14) überführt. Zum Beweis konstruieren wir eine Transformationsmatrix, für welche die Gln. (3.A1) gelten.

Wegen der Regularität von $(A^n; b)$ hat das lineare Gleichungssystem (3.18) genau eine Lösung $t' = t_1'$, mit der wir gemäß (3.17) die Zeilenvektoren t_i' $(i = 1, \ldots, n)$ der Matrix T berechnen. (3.17) lösen wir in die Rekursionsformeln (3.A3) auf. Aus (3.18) folgen die Gln. (3.A5) (von rechts nach links gelesen), wenn man beim letzten Schritt die Formeln (3.A3) für die Zeilenvektoren berücksichtigt. Außerdem gilt (3.A4), da die Matrix A ihre charakteristische Gleichung erfüllt. (3.A3) und (3.A4) können zusammen in der Form (3.A2) geschrieben werden. Damit sind die beiden ersten Gleichungen von (3.A1) nachgewiesen, die eine kompakte Form von (3.A2) und (3.A5) darstellen. Die rechte Gleichung von (3.A1) liefert keine Zusatzbedingung für T, sondern lediglich eine Vorschrift zur Berechnung von β. Auf die Bedeutung von β ist bereits in α) unter Teil a) des Satzes hingewiesen. Es bleibt noch zu zeigen, daß sich für T bei der angegebenen Konstruktion eine reguläre Matrix ergibt. Das folgt durch einen analogen Schluß, wie wir ihn oben beim Beweis von γ) angestellt haben: Wäre die Matrix T singulär, so könnte man ihren letzten Zeilenvektor nach Lemma 3.A2 als Linearkombination der übrigen Zeilenvektoren darstellen, zu denen b gemäß (3.A5) orthogonal ist. Daraus würde auch $t_1' A^{n-1} b = 0$ folgen im Widerspruch zur letzten Gleichung von (3.A5).

Beweis zu Satz 3.5: Auch hier genügt es, wenn wir Teil a) beweisen, da die Aussagen von Teil b) durch Übergang zum dualen System und zur dualen Transformation folgen.

Zum Beweis von Teil a) zeigen wir, daß jede gemäß (3.24) und (3.25) konstruierte Matrix eine Zustandstransformation mit den gewünschten Eigenschaften vermittelt.

Wir bemerken zunächst, daß nach dem Lemma 3.A2 die Matrix $(A^n; b)$ den Rang k hat, wenn ihre ersten k Spaltenvektoren linear unabhängig sind und für den $(k + 1)$-ten Spaltenvektor $A^k b$ die Darstellung (3.20) gilt. Außerdem hat dann auch die Matrix des Gleichungssystems (3.24) den Rang k, es gibt also $(n - k)$ linear unabhängige Lösungsvektoren $r_{k+1}, \ldots, r_n$, die gemäß ihrer Herleitung zu den k Vektoren $r_1 = b$, $r_2 = A b, \ldots, r_k = A^{k-1} b$ orthogonal sind und mit diesen zusammen eine vollständige Basis im R_n bilden. Die Transformationsmatrix (3.25),

$$R = (r_1 \ldots r_k \, r_{k+1} \ldots r_n), \tag{3.A6}$$

kann also tatsächlich auf die angegebene Weise konstruiert werden und ist regulär. Folglich hat sie eine Inverse, deren Zeilenvektoren wir mit s_j' bezeichnen:

$$R^{-1} = \begin{pmatrix} s_1' \\ \vdots \\ s_n' \end{pmatrix} \quad \text{mit} \quad s_j'\, r_i = \begin{cases} 1 & \text{für} \quad i = j, \\ 0 & \text{für} \quad i \neq j. \end{cases} \tag{3.A7}$$

Die Transformation (3.22) führt das System in Normalform (3.12) über in

$$\dot{z} = (R^{-1} A R)\, z + (R^{-1} b)\, u,$$
$$y = (c'\, R)\, z. \tag{3.A8}$$

Wir berechnen zunächst

$$A R = (A\, r_1 | \ldots | A\, r_k | A\, r_{k+1} | \ldots | A\, r_n),$$

wofür wir unter Berücksichtigung von $A r_1 = A b = r_2$, $A r_2 = A^2 b = r_3 \ldots, A r_k = A^k b$, sowie von (3.20)

$$A R = (r_2 | \ldots | \hat{r}_k | A\, r_{k+1} | \ldots | A\, r_n)$$

mit

$$\hat{r}_k = -(\alpha_0\, r_1 + \alpha_1\, r_2 + \cdots + \alpha_{k-1}\, r_k)$$

erhalten. Durch Multiplikation mit R^{-1} folgt daraus wegen (3.A7) für die Systemmatrix (3.A8) die Blockstruktur

$$R^{-1} A R = \left(\begin{array}{ccc|c} 0 & 0 & -\alpha_0 & \cdots\cdots\cdots \\ 1 & 0 & -\alpha_1 & \cdots\cdots\cdots \\ \vdots & \vdots & & \\ 0 & 1 & -\alpha_{k-1} & \cdots\cdots\cdots \\ \hline 0 & 0 & 0 & \cdots\cdots\cdots \\ \vdots & \vdots & \vdots & \\ 0 & 0 & 0 & \cdots\cdots\cdots \end{array} \right).$$

Außerdem gilt mit (3.A7)

$$R^{-1} b = \begin{pmatrix} s_1' \\ s_2' \\ \vdots \\ s_n' \end{pmatrix} r_1 = \begin{pmatrix} 1 \\ 0 \\ \vdots \\ 0 \end{pmatrix}.$$

Damit haben wir für die neuen Zustandsgrößen die speziellen Systemmatrizen (3.26) erhalten.

Ohne Beweis führen wir an

Lemma 3.A1 (Theorem von CALEY-HAMILTON).

Es sei

$$\Delta(s) = s^n + \alpha_{n-1} s^{n-1} + \cdots + \alpha_1 s + \alpha_0$$

das charakteristische Polynom der Matrix A. Dann gilt

$$A^n + \alpha_{n-1} A^{n-1} + \cdots + \alpha_1 A + \alpha_0 E = 0,$$

d. h., jede Matrix genügt ihrer charakteristischen Gleichung.

Lemma 3.A2: Die Matrix $(A^n; b)$ hat genau dann den Rang k, wenn ihre ersten k Spaltenvektoren $b, A b, \ldots, A^{k-1} b$ linear unabhängig sind, während der $(k+1)$-te eine Darstellung

$$A^k b = \gamma_0\, b + \gamma_1\, A b + \cdots + \gamma_{k-1}\, A^{k-1} b$$

zuläßt.

Man kann dann auch alle übrigen Spaltenvektoren als Linearkombination der k ersten ausdrücken.

Beweis zu Lemma 3.A2: a) Wir zeigen zunächst: Falls sich der i-te Spaltenvektor als Linearkombination der $(i-1)$ ersten Spaltenvektoren darstellen läßt, so gilt das auch für alle folgenden Spaltenvektoren. Aus

$$A^{i-1}\,b = \gamma_0\,b + \gamma_1\,A\,b + \cdots + \gamma_{i-2}\,A^{i-2}\,b$$

erhält man nämlich durch Multiplikation mit A

$$A^i\,b = \gamma_0\,A\,b + \gamma_1\,A^2\,b + \cdots + \gamma_{i-2}\,A^{i-1}\,b$$

und daraus durch nochmalige Anwendung der ersten Gleichung

$$A^i\,b = \gamma_{i-2}\,\gamma_0\,b + (\gamma_0 + \gamma_{i-2}\,\gamma_1)\,A\,b + \cdots + (\gamma_{i-3} + \gamma_{i-2}^2)\,A^{i-2}\,b.$$

Durch wiederholte Anwendung dieses Schlusses folgt die Behauptung.

b) Die Bedingung des Lemmas sei erfüllt. Dann sind die k ersten Spaltenvektoren linear unabhängig, während sich gemäß a) alle übrigen mit ihrer Hilfe linear darstellen lassen. Folglich hat die Matrix $(A^n;\,b)$ genau k linear unabhängige Spalten und damit den Rang k.

c) Falls die Matrix den Rang k hat, kann man genau k linear unabhängige Spaltenvektoren auswählen. Wir behaupten, daß die k ersten linear unabhängig sind. Anderenfalls könnte man einen dieser Vektoren $b, A\,b, \ldots, A^{k-1}\,b$ linear durch die übrigen ausdrücken und dasselbe würde dann auch für die Spaltenvektoren $A^k\,b, \ldots, A^{n-1}\,b$ gelten, wie man durch einen zu a) analogen Schluß zeigt. Damit könnte man alle Spaltenvektoren als Linearkombinationen von $k-1$ festen Spaltenvektoren darstellen, im Widerspruch zur Voraussetzung, von der wir ausgegangen sind.

4. Stabilität linearer Übertragungssysteme

4.1 Definition der Stabilität

Wir haben in den Beispielen von Abschn. 1.2 gesehen, daß ein Regelkreis unter gewissen Umständen instabil und damit unbrauchbar wird. Die Bestimmung seiner Stabilitätsgrenzen gehört zu den wichtigsten Aufgaben beim Entwurf einer Regelung. Mit den dafür geeigneten Methoden werden wir uns in den folgenden Abschnitten beschäftigen. Zunächst müssen wir genauer sagen, was wir unter Stabilität verstehen wollen. Wir werden dabei allgemeiner von beliebigen Übertragungssystemen ausgehen und erst im zweiten Schritt die so gewonnenen Ergebnisse auf Regelkreise anwenden.

Es gibt verschiedene Möglichkeiten für eine sinnvolle Vereinbarung, was man unter Stabilität verstehen will. In Abschn. 1 haben wir von instabilem Verhalten gesprochen, wenn die Ausgangsfunktion eines Übertragungssystems unbeschränkt wächst, obwohl die Eingangsfunktion beschränkt bleibt. Im Anschluß daran wird man ein Übertragungssystem stabil nennen, wenn — kurz gesagt — zu beschränkten Eingangsfunktionen stets auch beschränkte Ausgangsfunktionen gehören. Wir wollen diese Forderung noch verschärfen, indem wir auch für die inneren Systemgrößen stabiles Verhalten fordern. Um diese Größen in die theoretischen Untersuchungen einzubeziehen, müssen wir von einer adäquaten mathematischen Beschreibung ausgehen. Als solche wählen wir ein mathematisches Modell

$$\begin{aligned} \text{a)} \quad & \dot{\boldsymbol{x}}(t) = \boldsymbol{f}\big(\boldsymbol{x}(t);\ \boldsymbol{u}(t); t\big), \\ \text{b)} \quad & \boldsymbol{y}(t) = \boldsymbol{g}\big(\boldsymbol{x}(t); \boldsymbol{u}(t); t\big) \end{aligned} \tag{4.1}$$

mit den *inneren Systemgrößen* $\boldsymbol{x}(t)$, die wir auch als Zustandsgrößen auffassen können. Dabei ist es aber von Wichtigkeit, daß unter den Komponenten von $\boldsymbol{x}(t)$ alle inneren Größen vorkommen, für die wir stabiles Verhalten garantieren wollen, und nicht nur diejenigen, die zur eindeutigen Berechnung der Ausgangsgrößen erforderlich sind.

Die Vorzüge dieses mathematischen Modells sind für die Einführung des Stabilitätsbegriffs von grundlegender Bedeutung. Wir werden daher erst in Abschn. 4.3 darauf zurückkommen, welche Rolle die Beschreibung linearer Systeme durch die Übertragungsfunktion in diesem Zusammenhang spielt.

Definition 4.1: Das *mathematische Modell* (4.1) eines Übertragungssystems heißt *stabil*, wenn bei beliebigem Anfangszustand $x(t_0)$ zu beliebigen beschränkten Eingangsfunktionen $(|u_i(t)| < L$ für $i = 1, \ldots, l)$ im Intervall $t_0 \leq t < \infty$ stets auch beschränkte Zustandsgrößen $(|x_k(t)| < N$ für $k = 1, \ldots, n)$ sowie beschränkte Ausgangsgrößen $(|y_j(t)| < M$ für $j = 1, \ldots, m)$ gehören.

Das mathematische Modell (4.1) heißt *instabil*, falls die in dieser Definition angegebene Bedingung verletzt ist.

Zum Nachweis der Instabilität genügt es demzufolge, wenn man eine beschränkte Eingangsfunktion $u(t)$ und einen Anfangszustand $x(t_0)$ angeben kann, für die eine Zustandsgröße oder eine Ausgangsgröße unbeschränkt wächst.

Wir führen noch einen zweiten Stabilitätsbegriff an, bei dem man von den folgenden Überlegungen ausgeht. Bei vielen Aufgabenstellungen ist ein bestimmter Zustand eines Übertragungssystems als *Ruhelage* ausgezeichnet. Das System verharrt in diesem Zustand, solange keine Störungen vorhanden sind. Da man aber immer mit kleinen Störungen rechnen muß, wird man verlangen, daß sich das System trotz ihrer Einwirkung nicht weit aus dem gewünschten Ruhezustand entfernt. Das war der Fall in dem Beispiel für eine Festwertregelung von Abschn. 1. Wir sind dort von einem bestimmten *Gleichgewichtszustand* des geschlossenen Regelkreises ausgegangen, in dem der tatsächliche Wert der Regelgröße mit ihrem Sollwert übereinstimmt. Zur Untersuchung des Einflusses kleiner Störungen haben wir das mathematische Modell um diesen Gleichgewichtszustand linearisiert und die Abweichungen von diesem Zustand als neue Variable eingeführt.

Eine solche Transformation ist immer möglich. Wir wollen daher voraussetzen, daß $x(t) = o$ die Lösung des mathematischen Modells (4.1) für $u(t) = o$ ist und die ausgezeichnete Ruhelage darstellt. Die Abweichung oder Entfernung von dieser Ruhelage im Zeitpunkt t können wir durch $\max_k\{|x_k(t)|\}$ messen. Außerdem betrachten wir in diesem Zusammenhang zur Vereinfachung nur das *freie System* $(u = o)$ und beschreiben den Störeinfluß durch eine *Auslenkung des Anfangszustandes* $x(t_0)$ aus der Ruhelage. Wir können uns vorstellen, daß diese Zustandsauslenkung durch eine vorübergehende Störung bis zum Zeitpunkt t_0 bewirkt wird, während danach das System sich selbst überlassen bleibt. Im Anschluß an diese Überlegungen sagen wir

Definition 4.2: Die *Ruhelage* $x(t) = o$ des mathematischen Modells (4.1) heißt *stabil* (im Ljapunovschen Sinn), wenn bei verschwindenden Eingangsgrößen $(u = o)$ für jedes beliebige $\varepsilon > 0$ und beliebige Anfangszeitpunkte t_0

$$|x_k(t)| < \varepsilon \qquad (k = 1, \ldots, n) \quad \text{für} \quad t \geqq t_0$$

gilt, falls die Anfangszustände die Bedingung

$$|x_k(t_0)| < \delta \qquad (k = 1, \ldots, n)$$

für ein geeignet gewähltes $\delta = \delta(\varepsilon) > 0$ erfüllen[1]. Falls diese Bedingung verletzt ist, heißt die Ruhelage *instabil*.

Anschaulich besagt diese Stabilitätsforderung: Nach einer vorübergehenden Störung soll für das freie System die Entfernung des Zustandes von der Ruhelage kleiner als jede beliebig vorgegebene Schranke bleiben, wenn nur die Anfangsauslenkung des Zustandes durch die Störeinwirkung nicht zu groß war (s. Bild 4.1).

Diese Definition läßt zu, daß ein System mit stabiler Ruhelage durch geringe Störungen in ungedämpfte Schwingungen versetzt wird (vgl. Beispiel 4.1a). In der Regelungstechnik sind andauernde Schwingungen nach einer Störung unerwünscht. Man verlangt daher zusätzlich, daß solche Schwingungen abklingen. Dieser Gesichtspunkt wird berücksichtigt in

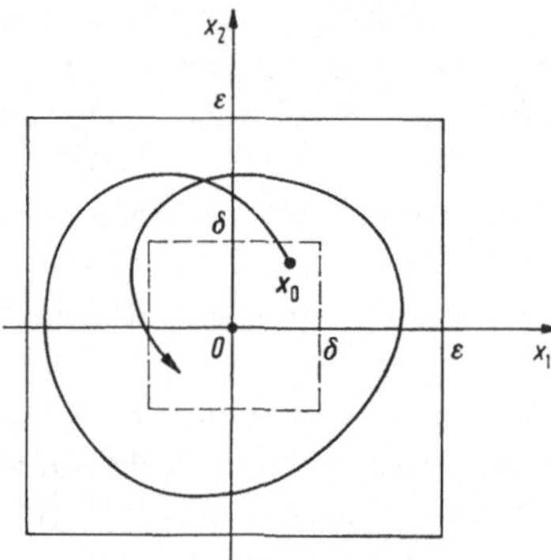

Bild 4.1. Erläuterung zu Definition 4.2.

Definition 4.3: Die *Ruhelage* $\boldsymbol{x} = \boldsymbol{o}$ des mathematischen Modells heißt *asymptotisch stabil*, wenn sie stabil ist und wenn außerdem unter der Voraussetzung $\boldsymbol{u}(t) = \boldsymbol{o}$

$$\lim_{t \to \infty} \boldsymbol{x}(t) = \boldsymbol{o}$$

gilt für alle Anfangszustände $\boldsymbol{x}(t_0)$ aus einer gewissen Umgebung der Ruhelage.

---

[1] Meist mißt man die *Entfernung des Zustandes von der Ruhelage* durch die Länge (euklidische Norm)

$$\|\boldsymbol{x}\| = \left(\sum_{k=1}^{n} x_k \right)^{1/2}$$

des Zustandsvektors und ersetzt dementsprechend die in dieser Definition angegebene Bedingung durch

$$\|\boldsymbol{x}(t)\| < \varepsilon \quad \text{für} \quad t \geqq t_0, \quad \text{falls} \quad \|\boldsymbol{x}(t_0)\| < \delta(\varepsilon).$$

In Bild 4.1 haben wir dann Kreise anstelle der rechteckigen Umgebungen. Das ist aber unwesentlich. Die Einführung der Rechenregeln für die euklidische Norm bringt für unsere Zwecke keine bedeutende Vereinfachung. Wir werden daher diese Norm nur gelegentlich benutzen.

Beispiel 4.1: Für den Zustand des freien Systems gelte:

a)
$$\dot{x}_1 = x_2,$$
$$\dot{x}_2 = -x_1.$$

Daraus folgt

$$\begin{pmatrix} x_1 \\ x_2 \end{pmatrix} = \begin{pmatrix} \cos t & \sin t \\ -\sin t & \cos t \end{pmatrix} \begin{pmatrix} x_{10} \\ x_{20} \end{pmatrix},$$

d. h., die Zustandsbewegungen sind Kreise (Bild 4.2). Mithin ist $\| x(t) \| = \| x(t_0) \|$ und

$$\| x(t) \| < \varepsilon, \quad \text{falls} \quad \| x(t_0) \| < \delta(\varepsilon) = \varepsilon.$$

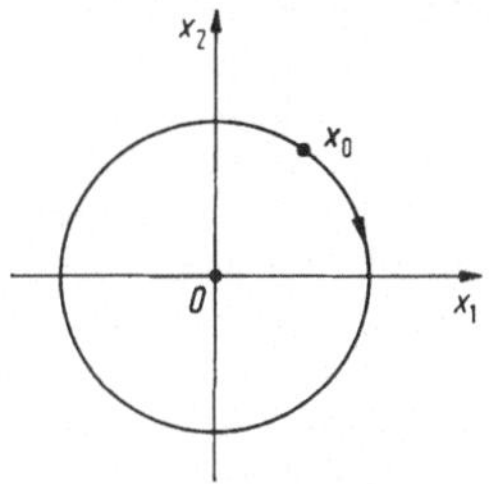

Bild 4.2. Periodische Zustandsänderung.

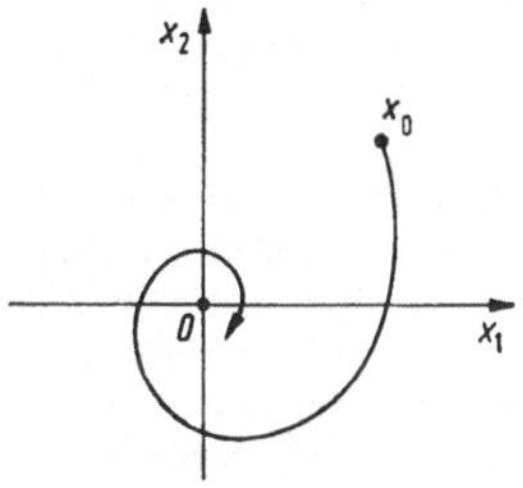

Bild 4.3. Zustandstrajektorie bei asymptotischer Stabilität.

Das System ist stabil, aber offensichtlich nicht asymptotisch stabil.

b)
$$\dot{x}_1 = -x_1 + x_2,$$
$$\dot{x}_2 = -x_1 - x_2.$$

Daraus folgt

$$\begin{pmatrix} x_1 \\ x_2 \end{pmatrix} = e^{-t} \begin{pmatrix} \cos t & \sin t \\ -\sin t & \cos t \end{pmatrix} \begin{pmatrix} x_{10} \\ x_{20} \end{pmatrix}.$$

Das Ergebnis unterscheidet sich von dem in a) durch den Faktor e^{-t}. Die Zustandsbewegungen sind Spiralen (Bild 4.3). Die unter a) angegebene Ungleichung für $\| x(t) \|$ bleibt erfüllt. Außerdem gilt jetzt

$$x(t) \to o \quad \text{für} \quad t \to \infty,$$

das System ist asymptotisch stabil.

*

Wir wollen noch einen Unterschied zwischen den Definitionen 4.1 und 4.2 hervorheben. Bei der ersten Definition haben wir beliebige Anfangszustände und beliebige beschränkte Eingangsfunktionen betrachtet. Man spricht daher auch von einer *Stabilität im Großen*. Dagegen wird in der zweiten Definition nur eine gewisse Umgebung der Ruhelage betrachtet. Es wird nicht einmal vorgeschrieben, wie groß die δ-Schranke für die zulässigen Anfangsstörungen sein soll, damit die Zustandsgrößen innerhalb einer vorgegebenen ε-Umgebung der Ruhelage bleiben. Es genügt, wenn man zu jedem ε überhaupt eine solche δ-Umgebung finden kann, wobei δ im Verhältnis zu ε beliebig klein sein darf. — Oft spricht man auch im Zusammenhang mit der Ljapunovschen Definition von asymptotischer Stabilität im Großen, falls die Bedingung über das asymptotische Verhalten von Definition 4.3 für beliebige Anfangszustände erfüllt ist. — Die aufgezählten Schwächen lassen diese Definitionen im Hinblick auf praktische Anwendungen unbefriedigend erscheinen. Das *Stabilitäts*konzept stellt aber *nur eine Mindest-*

forderung an das Systemverhalten dar, die sehr oft in den Vordergrund gestellt wird, weil sie relativ einfach einer exakten mathematischen Behandlung zugänglich ist. Auf der anderen Seite ist zu berücksichtigen, daß man damit gerade den Einfluß der zahlreichen *kleinen* Störungen erfassen möchte, die überall am System angreifen, aber keine Sonderbehandlung verdienen.

Wir haben die Stabilitätsdefinition ausdrücklich an ein mathematisches Modell (4.1) geknüpft und nicht an das reale System. Wenn wir im folgenden einfach von der Stabilität eines Systems sprechen, so ist damit immer das zugrunde gelegte mathematische Modellsystem gemeint. Bei seiner Aufstellung haben wir eine gewisse Freiheit in der *Wahl der Zustandsgrößen*. Man wird daher fragen, in welchem Maße die Stabilität hiervon abhängt. Bei den praktischen Anwendungen erledigt sich dieses Problem einfach, falls wir von „natürlichen Zustandsgrößen" ausgehen, welche der Aufgabenstellung — insbesondere also der Stabilitätsuntersuchung — angepaßt sind. Wenn wir dann durch eine umkehrbar eindeutige und stetige *Zustandstransformation* $z = h(x)$ neue Zustandsgrößen einführen, ändert sich an den Stabilitätsverhältnissen nichts. Man sieht das anhand der obigen Definitionen ein, wenn man bedenkt, daß bei einer stetigen Transformation beschränkte Zustandsgrößen wieder in beschränkte Größen übergeführt werden und eine kleine Umgebung der Ruhelage wieder in eine solche übergeht. Man kann auch gewisse zeitabhängige Transformationen $z = h(x, t)$ zulassen, die uns aber im Zusammenhang mit zeitinvarianten Systemen nicht interessieren. Mit diesen Andeutungen wollen wir uns vorläufig begnügen, da wir diesen Sachverhalt im nächsten Abschnitt anders begründen.

Welchen Stabilitätsbegriff wir sinnvoll anzuwenden haben, kann sich nur aus der Aufgabenstellung ergeben. Bei linearen Systemen mit konstanten Koeffizienten stimmen die mathematischen Stabilitätsbedingungen, welche wir im nächsten Abschnitt herleiten, für die verschiedenen Definitionen glücklicherweise im wesentlichen überein.

4.2 Fundamentalsätze über die Stabilität zeitinvarianter linearer Systeme

Wir werden uns weiterhin ausschließlich mit *zeitinvarianten linearen* Systemen

$$
\begin{aligned}
\dot{x}(t) &= A\,x(t) + B\,u(t), \\
y(t) &= C\,x(t) + D\,u(t)
\end{aligned}
\tag{4.2}
$$

(x: n-Vektor, u: l-Vektor, y: m-Vektor)

befassen. Dabei dürfen wir wieder ohne Beschränkung der Allgemeinheit $t_0 = 0$ annehmen.

Wir geben zuerst die Bedingungen für die asymptotische Stabilität der Ruhelage an, weil diese am einfachsten herzuleiten sind.

Satz 4.1: Die *Ruhelage* $x(t) = o$ des mathematischen Modells (4.2) ist genau dann *asymptotisch stabil*, wenn alle Eigenwerte, d. h. die Wurzeln der charakteristischen Gleichung

$$
\Delta(s) = \det(s\,E - A) = 0,
\tag{4.3}
$$

in der offenen linken s-Halbebene (Realteil $s < 0$) liegen.

Beweis: a) Die Bedingung des Satzes sei erfüllt. Zum Nachweis der Stabilität schreiben wir die Lösung $x(t) = \boldsymbol{\Phi}(t)\, x_0$ komponentenweise,

$$x_k(t) = \varphi_{k1}(t)\, x_{10} + \cdots + \varphi_{kn}(t)\, x_{n0}.$$

Wenn alle charakteristischen Wurzeln einen negativen Realteil haben, gibt es für die Funktionen $\varphi_{\mu\nu}(t)$ nach Teil a) von Hilfssatz 4.3 (S. 105) eine gemeinsame Schranke K, mit der

$$|x_k(t)| \leq |\varphi_{k1}(t)|\,|x_{10}| + \cdots + |\varphi_{kn}(t)|\,|x_{n0}| \leq$$

$$\leq K\,(|x_{10}| + \cdots + |x_{n0}|)$$

folgt. Daher bleibt für jedes beliebig vorgegebene $\varepsilon > 0$ im Intervall $0 \leq t < \infty$

$$|x_k(t)| < \varepsilon, \quad \text{falls} \quad |x_{k0}| < \frac{\varepsilon}{n\,K} = \delta(\varepsilon) \quad (k = 1, \ldots, n).$$

Damit ist die Stabilität der Ruhelage nach Definition 4.2 bewiesen.

Berücksichtigen wir noch Teil b) von Hilfssatz 4.3, so folgt aus der obigen Darstellung außerdem

$$\lim_{t \to \infty} x_k(t) = 0 \quad \text{für} \quad k = 1, \ldots, n,$$

d. h., auch die Zusatzbedingung von Definition 4.3 ist erfüllt, die Ruhelage ist sogar asymptotisch stabil.

b) Die Bedingung des Satzes sei verletzt, d. h., es gebe einen Eigenwert s_k mit positivem oder verschwindendem Realteil. Nach Satz 2.1 (S. 48) werden durch bestimmte Störungen des Anfangszustandes die zugehörigen Normalschwingungen der Form (2.34) angeregt. Falls $\mathrm{Re}\{s_k\} \geq 0$, so gilt für diese Normalschwingungen $\lim_{t \to \infty} x(t) \neq o$, die Ruhelage ist also nicht asymptotisch stabil. Im Falle $\mathrm{Re}\{s_k\} > 0$ wächst die Amplitude der Normalschwingung für $t \to \infty$ sogar unbegrenzt an, womit auch die Bedingung von Definition 4.2 verletzt wird; die Ruhelage ist dann sicher nicht einmal stabil im gewöhnlichen Sinne.

Bemerkung zu Satz 4.1: Wenn wir nur die *Stabilität im Sinne von Definition* 4.2 fordern, ändert sich an den Bedingungen von Satz 4.1 nicht viel. Nach wie vor darf keine Wurzel von (4.3) einen positiven Realteil haben, wie aus Teil b) des obigen Beweises hervorgeht. Dagegen dürfen jetzt einfache und in gewissen Fällen auch mehrfache Eigenwerte auf der imaginären Achse liegen. Die genaue Formulierung des Sachverhalts ist für die regelungstechnischen Anwendungen aus mehreren Gründen von geringem praktischem Wert. Den einen haben wir im Anschluß an Definition 4.2 bereits dargelegt. Außerdem sind die *Übertragungseigenschaften der Regelstrecke oft nicht genau bekannt* oder sie unterliegen zeitlichen Schwankungen. Dabei kann es passieren, daß charakteristische Wurzeln, die wir auf der imaginären Achse zulassen, schon bei geringen Abweichungen der Systemeigenschaften in die rechte Halbebene übergehen. Man wird daher sogar einen genügend großen Sicherheitsabstand der Eigenwerte von der imaginären Achse fordern. Wir kommen hierauf im Abschn. 6.2 über Stabilitätsgüte zurück.

Wir zeigen noch, daß die Bedingungen von Satz 4.1 zugleich die Stabilität bei Einwirkung von „Dauerstörungen" garantieren:

Satz 4.2: Wenn alle Wurzeln der charakteristischen Gl. (4.3) in der offenen linken s-Halbebene liegen, ist das mathematische Modell (4.2) stabil im Sinne von Definition 4.1.

Beweis: Zunächst sei $x_0 = o$. Außerdem betrachten wir vorläufig nur den Einfluß der j-ten Eingangsgröße, d. h., wir nehmen $u' = (0 \ldots u_j \ldots 0)$ an. Dann gilt

$$x(t) = \int_0^t \boldsymbol{\Phi}(t - \tau)\, \boldsymbol{b}_j\, u_j(\tau)\, d\tau,$$

für die k-te Zustandsgröße also

$$x_k(t) = \int_0^t \left\{ \sum_{i=1}^{n} \varphi_{ki}(t - \tau)\, b_{ij} \right\} u_j(\tau)\, d\tau.$$

Daraus folgt für beschränkte Eingangsfunktionen $(|u_j(t)| < L)$ mit $B_j = \max_k \{|b_{kj}|\}$

$$|x_k(t)| \leq L\, B_j \int_0^t \sum_{i=1}^{n} |\varphi_{ki}(t - \tau)|\, d\tau$$

$$= L\, B_j \sum_{i=1}^{n} \int_0^t |\varphi_{ki}(\tau)|\, d\tau$$

$$\leq L\, B_j \sum_{i=1}^{n} \int_0^{\infty} |\varphi_{ki}(\tau)|\, d\tau.$$

Nach Teil c) des Hilfssatzes 4.3 existieren diese uneigentlichen Integrale und können durch eine gemeinsame Schranke $\tilde{K}$ abgeschätzt werden. Damit gilt

$$|x_k(t)| \leq n\, \tilde{K}\, L\, B_j.$$

Im Falle mehrerer Eingangsgrößen können wir diese Überlegung zunächst auf jede einzeln anwenden. Nach dem Superpositionsgesetz haben wir die Beiträge bei gleichzeitiger Einwirkung aller Eingangsgrößen einfach zu addieren. Da jeder Beitrag beschränkt bleibt, gilt das auch für die Überlagerung endlich vieler Größen. Falls schließlich $x_0 \neq o$ ist, so kommt noch ein Beitrag $\boldsymbol{\Phi}(t)\, x_0$ hinzu, für den aus Teil a) des Beweises zu Satz 4.1 hervorgeht, daß seine Komponenten ebenfalls beschränkt bleiben, wenn alle Eigenwerte einen negativen Realteil haben. Mit den Komponenten des Zustandsvektors bleiben auch die des Ausgangsvektors $y(t) = C\, x(t) + \boldsymbol{D}\, u(t)$ beschränkt. Damit ist Satz 4.2 vollständig bewiesen.

Bemerkung zu Satz 4.2: Die Bedingung von Satz 4.2 ist auch *notwendig,* wenn wir eventuell vorhandene Eigenwerte auf der imaginären Achse zunächst außer Betracht lassen. Es sei nämlich s_k ein Eigenwert mit positivem Realteil. Wählen wir als beschränkte Eingangsgröße $u = o$, so wird durch einen geeigneten Anfangszustand x_0 eine zu s_k gehörige Normalschwingung angeregt, die für $t \to \infty$ nicht beschränkt bleibt. Das System ist also nicht stabil im Sinne von Definition 4.1. Die Untersuchung der Eigenwerte auf der imaginären Achse ist umständlicher. Solche Eigenwerte lassen wir aber aus den bereits dargelegten Gründen nicht zu, wenn wir die Stabilität eines Systems gewährleisten wollen.

Zur Vervollständigung obiger Beweise haben wir noch zu zeigen:

Hilfssatz 4.3: Wenn alle Wurzeln der charakteristischen Gleichung des mathematischen Modells (4.2) einen negativen, von Null verschiedenen Realteil haben, so gilt für die Elemente $\varphi_{\mu\nu}(t)$ der Transitionsmatrix:

a) Es gibt eine Schranke K, so daß

$$|\varphi_{\mu\nu}(t)| < K \quad \text{im Intervall } 0 \leqq t < \infty \quad \text{für} \quad 1 \leqq \mu, \nu \leqq n.$$

b) $\lim\limits_{t\to\infty} \varphi_{\mu\nu}(t) = 0 \quad \text{für} \quad 1 \leqq \mu, \nu \leqq n.$

c) $\varphi_{\mu\nu}(t)$ ist im Intervall $(0, \infty)$ absolut uneigentlich integrabel, und es gibt eine Schranke $\tilde{K}$, so daß

$$\int\limits_0^\infty |\varphi_{\mu\nu}(\tau)|\, d\tau < \tilde{K} \quad \text{für} \quad 1 \leqq \mu, \nu \leqq n.$$

Beweis: Die Behauptung folgt aus der Darstellung (2.46), S. 60, für die Elemente der Transitionsmatrix, weil für $\delta_k < 0$

$$e^{s_k t} = e^{\delta_k t}\, e^{j\omega_k t} \to 0 \quad \text{für} \quad t \to \infty \quad (1 \leqq k \leqq n)$$

gilt. Die Einzelheiten können wir übergehen.

Nach den Bemerkungen zu den Sätzen 4.1 und 4.2 unterscheiden sich die genauen Stabilitätsbedingungen für die betrachteten Stabilitätsbegriffe im linearen Fall nur wenig, die Abweichungen haben für die Anwendung in der Regelungstheorie keine praktische Bedeutung. Wir treffen daher die folgende

Vereinbarung über die **fundamentale Stabilitätsbedingung:**

Im folgenden sprechen wir von einem stabilen System genau dann, wenn alle Wurzeln des charakteristischen Polynoms der Systemmatrix A einen negativen Realteil haben.

Da diese Bedingung nur von der Systemmatrix A abhängt, jedoch nicht von den betrachteten Anfangszuständen oder Eingangsfunktionen, folgt aus der Stabilität linearer Systeme stets auch ihre Stabilität im Großen.

Schließlich erinnern wir daran, daß sich bei einer *Zustandstransformation* $z = T x$ ($T = $ const, regulär) die Eigenwerte des Systems nicht ändern. Die angegebenen Stabilitätsbedingungen sind also gegen solche Transformationen invariant. Dieses Ergebnis haben wir auf Grund der allgemeinen Überlegungen am Ende von Abschn. 4.1 erwartet.

4.3 Stabilitätsbeurteilung anhand der Übertragungsfunktion

In vielen Fällen geht man bei der Untersuchung oder beim Entwur eines linearen Regelkreises von der *mathematischen Beschreibung durch* seine *Übertragungsfunktion* $G(s)$ aus. Die Frage, die uns hier interessiert, lautet: Wann kann man die Stabilität eines Übertragungssystems anhand seiner Übertragungsfunktion $G(s)$ beurteilen? Wir betrachten ein zeitinvariantes lineares Übertragungssystem mit einer Eingangs- und einer Ausgangsgröße, das wir durch ein mathematisches Modell in Normalform

$$\dot{x} = A\,x + b\,u,$$
$$y = c'\,x \tag{4.4}$$

vollständig beschreiben können. Diese Beschreibung sei aber nicht bekannt, lediglich die Übertragungsfunktion — etwa durch eine Frequenzgangmessung gewonnen — sei vorgegeben in der Form

$$G(s) = \frac{Z(s)}{N(s)}, \qquad \begin{array}{l} Z(s),\ N(s) \text{ teilerfremde Polynome} \\ \mathrm{Grad}\{Z(s)\} < \mathrm{Grad}\{N(s)\}. \end{array} \tag{4.5}$$

Kann man mit ihrer Hilfe die Stabilität des mathematischen Modells (4.4) bestimmen? Dabei sei dessen Ordnung, d. h. die Anzahl n der Differentialgleichungen, als bekannt vorausgesetzt.

Die Antwort ergibt sich einfach, wenn wir uns an die in Abschn. 3 gewonnenen Erkenntnisse erinnern. Es gilt

Satz 4.4: a) Die Stabilität eines mathematischen Modells (4.4) der Ordnung n läßt sich dann und nur dann anhand der Übertragungsfunktion (4.5) beurteilen, wenn diese ebenfalls die Ordnung n hat (d. h. wenn das Nennerpolynom vom Grade n ist).

b) Falls diese Bedingung erfüllt ist, ist das mathematische Modell genau dann stabil (im Sinne der Definitionen 4.1 bzw. 4.3), wenn alle Pole der Übertragungsfunktion, die sich aus

$$N(s) = 0 \tag{4.6}$$

ergeben, in der offenen linken s-Halbebene liegen.

Beweis: Es sei $\Delta(s) = \det(s\,E - A)$ das charakteristische Polynom von (4.4), das den Grad n hat. Wenn $N(s)$ denselben Grad hat, so ist nach Abschn. 3.1 bis auf einen konstanten Faktor

$$\Delta(s) = N(s).$$

Daraus folgt in Verbindung mit Satz 4.1 bzw. 4.2 sofort der Teil b) des obigen Satzes.

Falls der Grad von $N(s)$ kleiner als n ist, kann man nach den Überlegungen von Abschn. 3 das mathematische Modell (4.4) durch eine geeignete Zustandstransformation in eine der beiden Strukturen von Bild 3.2, S. 86, überführen. Die charakteristische Gleichung und die Übertragungsfunktion werden bei dieser Transformation nicht verändert. An der neuen Form des mathematischen Modells erkennt man anschaulich, daß die Übertragungsfunktion nicht vom unteren Block abhängt, also auch keine Aussagen über die Stabilität der Zustandsgrößen dieses Teils gestattet.

Eine anschauliche Deutung der Bedingung von Teil a) liefert Satz 3.10, S. 91. Erwartungsgemäß ist diese Bedingung in den meisten Fällen erfüllt; denn es ist wohl Zufall, wenn infolge der Annahme bestimmter Zahlenwerte für die einzelnen Systemparameter, die man gar nicht so genau kennt, bei der Berechnung der Übertragungsfunktion im Zähler und Nenner gemeinsame Wurzeln auftreten. Falls die Bedingung aber verletzt ist, empfiehlt sich eine genauere Untersuchung des Sachverhalts. Meist ändert er sich bei geringen Schwankungen der Systemeigenschaften, mit denen man in der Praxis immer rechnen muß, oder es zeigt sich, daß man bei den Umformungen des mathematischen Modells Zustandsgrößen eingeführt hat, die der Aufgabenstellung nicht recht angepaßt sind.

Wir erwähnen an dieser Stelle noch eine *andere Einführung des Stabilitätsbegriffes*, von der man häufig ausgeht, wenn man lineare Übertragungssysteme

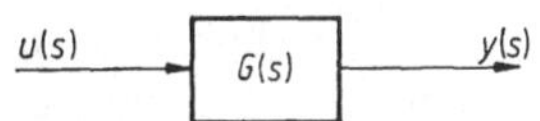

Bild 4.4. Beschreibung eines Systems durch seine Übertragungsfunktion.

allein durch ihre Übertragungsfunktion (unvollständig) kennzeichnet (vgl. Bild 4.4). Man sagt dann, das System sei stabil, wenn der durch

$$y(s) = G(s)\, u(s)$$

bzw.

$$y(t) = \int_0^\infty g(t - \tau)\, u(\tau)\, d\tau$$

vermittelte Zusammenhang zu jeder beschränkten Eingangsfunktion eine beschränkte Ausgangsfunktion liefert.

Im Gegensatz zur Definition 4.1 betrachtet man also hierbei nicht gleichzeitig Auslenkungen des Anfangszustandes. Es wird angenommen, das System sei bis zum Zeitpunkt $t = 0$ in Ruhe ($u(t) = 0$, Zustand $x(t) = o$ für $t < 0$) und wird danach durch eine Eingangsfunktion „gestört". In Analogie zu Satz 4.2 gilt, wie ohne Beweis angeführt sei,

Satz 4.5: Ein Übertragungssystem ist genau dann stabil im eben beschriebenen Sinne, wenn alle Polstellen der Übertragungsfunktion $G(s)$ in der offenen linken Halbebene liegen (und der Zählergrad nicht größer als der Nennergrad ist).

Unabhängig von einer speziellen Deutung brauchen wir häufig eine kurze Ausdrucksweise für den Sachverhalt, daß alle Polstellen von $G(s)$ einen negativen Realteil haben. Wir wollen dann von einer *„stabilen Übertragungsfunktion"* sprechen.

4.4 Numerische Stabilitätskriterien

Die Betrachtungen der Abschn. 4.2 und 4.3 haben gezeigt, daß die Stabilitätsuntersuchungen eines linearen Systems auf die Frage zurückgeführt werden kann, ob sein charakteristisches Polynom bzw. das Nennerpolynom der Übertragungsfunktion nur Wurzeln in der linken Halbebene hat oder nicht. Es wäre umständlich, wenn man zur Beantwortung dieser Frage jedesmal sämtliche Wurzeln dieses Polynoms bestimmen sollte. Die näherungsweise Berechnung der Nullstellen einer Gleichung von der Form

$$D(s) = a_m s^m + a_{m-1} s^{m-1} + \cdots + a_1 s + a_0 = 0, \qquad a_m \neq 0 \qquad (4.7)$$

mit fest vorgegebenen Zahlenwerten für die Koeffizienten wird mit Hilfe eines Digitalrechners zwar außerordentlich erleichtert; häufig interessiert man sich jedoch für die Abhängigkeit der Stabilität von veränderlichen Systemparametern, die in die Koeffizienten des charakteristischen Polynoms eingehen, und man kommt dann mit dieser Methode nur nach umfangreicher Rechenarbeit zu einer Übersicht.

In den beiden folgenden Abschnitten beschreiben wir Verfahren, welche die Bestimmung der charakteristischen Wurzeln zur Lösung des Stabilitätsproblems umgehen. Die numerischen Stabilitätskriterien leisten das durch *Anwendung* relativ *einfacher Algorithmen auf die Koeffizienten des charakteristischen Polynoms*. Dabei können wir uns aus physikalischen Gründen auf Polynome mit reellen Koeffizienten beschränken.

Definition 4.4: Ein Polynom mit reellen Koeffizienten, dessen sämtliche Nullstellen s_i in der offenen linken Halbebene $(\mathrm{Re}\{s_i\} < 0)$ liegen, wird zur Abkürzung ein *Hurwitz-Polynom* genannt.
Wir beginnen mit

Satz 4.6: Alle Koeffizienten a_i $(i = 0, \ldots, m)$ eines Hurwitz-Polynoms $D(s)$ sind von Null verschieden und haben gleiche Vorzeichen.

Dieser Satz stellt ein einfaches Kriterium dar, mit dessen Hilfe sofort alle Polynome mit Koeffizienten verschiedenen Vorzeichens von der weiteren Untersuchung ausgeschlossen werden können.

Beweis: Wir schreiben $D(s)$ als Produkt von Linearfaktoren

$$D(s) = a_m \prod_{i=1}^{m} (s - s_i).$$

Die Wurzeln eines Polynoms $D(s)$ mit reellen Koeffizienten sind entweder reell oder sie treten paarweise konjugiert komplex auf. Bei einem Hurwitz-Polynom gilt für die reellen Wurzeln

$$s_i < 0, \quad \text{also} \quad (s - s_i) = (s + |s_i|)$$

und für die konjugiert komplexen Wurzelpaare

$$s_i = \alpha_i + j\,\beta_i, \quad s_{i+1} = \bar{s}_i = \alpha_i - j\,\beta_i \quad (\alpha_i < 0),$$

wenn wir sie jeweils zusammenfassen,

$$(s - s_i)\,(s - \bar{s}_i) = (s + |\alpha_i|)^2 + \beta_i^2.$$

Damit erhalten wir für $D(s)$ eine Produktdarstellung

$$D(s) = a_m(s + |s_1|)\,(s + |s_2|) \ldots$$

$$[(s + |\alpha_k|)^2 + \beta_k^2]\,[(s + |\alpha_{k+1}|)^2 + \beta_{k+1}^2] \ldots,$$

die beim Ausmultiplizieren offensichtlich auf die Form (4.7) mit nur positiven (falls $a_m > 0$) oder nur negativen (falls $a_m < 0$) Koeffizienten führt.

Der nächste Satz stellt den Schlüssel für alle weiteren numerischen Kriterien dar, die wir noch anführen werden.

Satz 4.7: $D_m(s) = a_m\,s^m + a_{m-1}\,s^{m-1} + \cdots + a_1 s + a_0, a_m \neq 0$ ist dann und nur dann ein Hurwitz-Polynom, wenn

$$a_{m-1} \neq 0, \quad a_m/a_{m-1} > 0 \quad \text{und} \tag{4.8a}$$

$$D_{m-1}(s) = a_{m-1}\,s^{m-1} + \left(a_{m-2} - \frac{a_m}{a_{m-1}}\,a_{m-3}\right)s^{m-2} +$$

$$+ a_{m-3}\,s^{m-3} + \left(a_{m-4} - \frac{a_m}{a_{m-1}}\,a_{m-5}\right)s^{m-4} + \cdots \tag{4.8b}$$

$$(\text{wobei} \quad a_{m-i} = 0 \quad \text{für} \quad i > m)$$

ein Hurwitz-Polynom ist, bzw. wenn

$$a_1 \neq 0, \quad a_0/a_1 > 0 \quad \text{und} \tag{4.9a}$$

$$D_{m-1}^*(s) = a_1 + \left(a_2 - \frac{a_0}{a_1}\,a_3\right)s + a_3\,s^2 +$$

$$+ \left(a_4 - \frac{a_0}{a_1}\,a_5\right)s^3 + \cdots \tag{4.9b}$$

$$(\text{wobei} \quad a_i = 0 \quad \text{für} \quad i > m)$$

ein Hurwitz-Polynom ist.

Beweis: Wir beweisen zunächst den zweiten Teil des Satzes und zeigen dann die Äquivalenz der Bedingungen (4.8) und (4.9).

a) Die Bedingungen (4.9) sind notwendig: Wir setzen voraus, $D_m(s)$ sei ein Hurwitz-Polynom. Nach Satz 4.6 folgen sofort die in (4.9a) angegebenen Ungleichungen. Um zu zeigen, daß auch $D_{m-1}^*(s)$ ein Hurwitz-Polynom ist, führen wir ein weiteres Polynom ein, das von einem Parameter λ abhängt:

$$Q(s, \lambda) = (a_0 - \lambda\, a_1) + a_1\, s + (a_2 - \lambda\, a_3)\, s^2 + a_3\, s^3 + \cdots. \tag{4.10}$$

Offenbar gilt

$$Q(s, 0) = D_m(s), \tag{4.11}$$

$$Q\left(s, \frac{a_0}{a_1}\right) = s\, D^*_{m-1}(s). \tag{4.12}$$

Nach Hilfssatz 4.11, S. 116, sind die Wurzeln von $Q(s, \lambda)$ stetige Funktionen $s_i = s_i(\lambda)$ $(i = 1, \ldots, m)$. Wegen (4.11) und der Voraussetzung gilt $\mathrm{Re}\{s_i(0)\} < 0$ für $i = 1, \ldots, m$. Wir behaupten, daß der Realteil aller Wurzeln negativ bleibt, wenn λ längs der reellen Achse von 0 bis $\frac{a_0}{a_1}$ wächst. Andernfalls verschwindet für eine dieser Wurzeln — wir bezeichnen sie mit $s_{i_0}(\lambda)$ — der Realteil zunächst bei einem gewissen Parameterwert $\lambda = \tilde{\lambda},\ 0 < \tilde{\lambda} \leqq \frac{a_0}{a_1}$, d. h., (4.10) hat für $\tilde{\lambda}$ eine imaginäre Wurzel $s_{i_0} = j\,\omega$, es gilt also

$$Q(j\,\omega, \tilde{\lambda}) = (a_0 - \tilde{\lambda}\, a_1) + a_1\, j\,\omega + (a_2 - \tilde{\lambda}\, a_3)\, (j\,\omega)^2 + \cdots = 0.$$

Lösen wir diese Gleichung nach $\tilde{\lambda}$ auf

$$\tilde{\lambda} = \frac{a_0 + a_1(j\,\omega) + a_2(j\,\omega)^2 + \cdots}{a_1 + a_3(j\,\omega)^2 + a_5(j\,\omega)^4 + \cdots} \tag{4.13}$$

und zerlegen die rechte Seite in Real- und Imaginärteil, so erhalten wir

$$\tilde{\lambda} = \frac{a_0 + a_2(j\,\omega)^2 + a_4(j\,\omega)^4 + \cdots}{a_1 + a_3(j\,\omega)^2 + a_5(j\,\omega)^4 + \cdots} + j\,\omega.$$

Da $\tilde{\lambda}$ reell ist, folgt hieraus $\omega = 0$, $\tilde{\lambda} = \frac{a_0}{a_1}$, d. h. für $\lambda < \frac{a_0}{a_1}$ bleiben alle Wurzeln von $Q(s, \lambda)$ in der linken Halbebene. Für $\lambda = \frac{a_0}{a_1}$ aber tritt auf der imaginären Achse die Wurzel $s = j\,\omega = 0$ auf. Da $a_1 \neq 0$ ist, handelt es sich nach (4.10) um eine einfache Wurzel. Wegen (4.12) ist dann $D^*_{m-1}(s)$ ein Hurwitz-Polynom.

b) Die Bedingungen (4.9) sind hinreichend: Wenn $D^*_{m-1}(s)$ ein Hurwitz-Polynom ist, so liegen nach (4.12) für $\lambda = \tilde{\lambda} = \frac{a_0}{a_1}$ alle Wurzeln von $Q(s, \lambda)$ in der offenen Halbebene mit Ausnahme einer einfachen Wurzel bei $s = 0$. Durchläuft nun λ das Intervall von $\tilde{\lambda}$ nach 0, so bleiben nach der in a) beschriebenen Schlußweise alle Wurzeln von $Q(s, \lambda)$, die für $\lambda = \tilde{\lambda}$ einen negativen Realteil haben, in der linken Halbebene, da sie für diese λ-Werte nicht die imaginäre Achse erreichen können. Es ist nur noch das Verhalten der einen Wurzel $s_{i_0}(\lambda)$ zu untersuchen, die für $\lambda = \tilde{\lambda}$ durch den Nullpunkt läuft. Da $s_{i_0}(\lambda)$ nach Hilfssatz 4.11 sogar eine differenzierbare Kurve in der s-Ebene darstellt und $Q(s, \lambda)$ partiell nach s und λ differenzierbar ist, folgt aus

$$Q(s(\lambda), \lambda) = 0,$$

$$\frac{ds}{d\lambda} = - \frac{\partial Q/\partial \lambda}{\partial Q/\partial s}.$$

Insbesondere ergibt sich für $\lambda = \tilde{\lambda}$, $s = 0$ gemäß (4.10) $\partial Q/\partial \lambda = -a_1$, $\partial Q/\partial s = a_1$, $ds/d\lambda = 1$, d. h., die Kurve $s(\lambda)$ hat im Nullpunkt für abnehmende λ-Werte die Richtung der negativen reellen Achse. Sie kann dann wiederum nach a) die imaginäre Achse nicht mehr erreichen.

c) Die Bedingungen (4.8) und (4.9) sind gleichwertig: Zum Beweis bemerken wir zunächst, daß mit $D_m(s)$ auch

$$\tilde{D}_m(z) = D_m\left(\frac{1}{z}\right) z^m = a_0 z^m + a_1 z^{m-1} + \cdots + a_{m-1} z + a_m \quad (4.14)$$

ein Hurwitz-Polynom ist. Zerlegen wir nämlich $D_m(s)$ in Linearfaktoren,

$$D_m(s) = a_m \prod_{j=1}^{m} (s - s_j) \quad \text{mit} \quad \mathrm{Re}\{s_j\} < 0, \; j = 1, \ldots, m,$$

so sehen wir, daß

$$\tilde{D}_m(z) = D_m\left(\frac{1}{z}\right) z^m = z^m a_m \prod_{j=1}^{m} \left(\frac{1}{z} - s_j\right) = a_m \prod_{j=1}^{m} (1 - s_j z)$$

die Nullstellen $z_j = \dfrac{1}{s_j}$ $(j = 1, \ldots, m)$ hat, deren Realteile weiterhin negativ sind.

Es sei nun (4.9) für das vorgegebene Polynom $D_m(s)$ erfüllt. Dann ist nach dem unter b) bewiesenen Teil $D_m(s)$ und damit nach der einleitenden Bemerkung zu c) auch $\tilde{D}_m(z)$ ein Hurwitz-Polynom. Wenden wir den unter a) bewiesenen Teil auf $\tilde{D}_m(z)$ an, so folgt:

$$a_{m-1} \neq 0, \qquad a_m/a_{m-1} > 0$$

und

$$\tilde{D}^*_{m-1}(z) = a_{m-1} + \left(a_{m-2} - \frac{a_m}{a_{m-1}} a_{m-3}\right) z + a_{m-3} z^2 + \cdots$$

ist ein Hurwitz-Polynom.

Also ist — wir wenden abermals die Überlegungen zu (4.14) sinngemäß an — auch $D_{m-1}(s) = \tilde{D}^*_{m-1}\left(\dfrac{1}{s}\right) s^{m-1}$ ein Hurwitz-Polynom und damit (4.8) erfüllt. Da diese Schlüsse alle umkehrbar sind, ist die Äquivalenz der beiden Bedingungen gezeigt und Satz 4.7 bewiesen.

*

Die Bedeutung dieses Satzes besteht darin, daß durch ihn die Untersuchung eines Polynoms m-ten Grades zurückgeführt wird auf die Untersuchung eines Polynoms $(m - 1)$-ten Grades. Beim *Abbauverfahren* wird diese Methode sukzessiv angewendet, bis man zu einem hinreichend einfachen Polynom gelangt, bei dem man sofort entscheiden kann, ob es ein Hurwitz-Polynom ist oder nicht. Das ist sicher dann der Fall, wenn man schließlich auf ein Polynom 1. Grades kommt oder vorher ein Polynom mit Koeffizienten verschiedenen Vorzeichens auftritt. Wir fassen diese Gedanken zusammen in

Satz 4.8 über das **Abbauverfahren:**

Wenn man aus einem vorgegebenen Polynom

$$D_m(s) = a_m^{(0)} s^m + a_{m-1}^{(0)} s^{m-1} + \cdots + a_0^{(0)}$$

die Polynome

$$D_{m-1}(s) = a_{m-1}^{(1)} s^{m-1} + a_{m-2}^{(1)} s^{m-2} + \cdots + a_0^{(1)}$$

$$\vdots$$

$$D_1(s) \quad = a_1^{(m-1)} s + a_0^{(m-1)},$$

also allgemein

$$D_{m-k}(s) = \sum_{l=k}^{m} a_{m-l}^{(k)} s^{m-l}, \quad k = 1, \ldots, m-1, \qquad (4.15)$$

herleitet, wobei die Koeffizienten eines neuen Polynoms jeweils aus denen des vorhergehenden gemäß

$$a_{m-l}^{(k)} = a_{m-l}^{(k-1)} \quad \text{für} \quad l = k, k+2, k+4, \ldots$$

$$a_{m-l}^{(k)} = a_{m-l}^{(k-1)} - \frac{a_{m-k+1}^{(k-1)}}{a_{m-k}^{(k-1)}} a_{m-l-1}^{(k-1)} = \frac{a_{m-k}^{(k-1)} a_{m-l}^{(k-1)} - a_{m-k+1}^{(k-1)} a_{m-l-1}^{(k-1)}}{a_{m-k}^{(k-1)}} \qquad (4.16)$$

$$\text{für} \quad l = k+1, k+3, \ldots,\text{[1]}$$

zu berechnen sind, so erweist sich $D_m(s)$ genau dann als ein Hurwitz-Polynom, wenn $a_{m-k-1}^{(k)} \neq 0$ und

$$a_{m-k}^{(k)}/a_{m-k-1}^{(k)} > 0 \quad \text{für} \quad k = 0, 1, \ldots, m-1. \qquad (4.17)$$

Beweis: a) Ist $D_m(s)$ ein Hurwitz-Polynom, so folgt (4.17) durch wiederholte Anwendung von Satz 4.7.

b) Gilt (4.17), so ist $D_{m-k}(s)$ ein Hurwitz-Polynom, und wiederholte Anwendung von Satz 4.7 zeigt, daß dann auch $D_m(s)$ ein Hurwitz-Polynom ist.

Obwohl man den Satz in dieser Form nicht anwendet, bringen wir zu seiner Erläuterung das

Beispiel 4.2:

$$D_m(s) = D_4(s) = s^4 + 8s^3 + 18s^2 + 16s + 5, \qquad a_4^{(0)}/a_3^{(0)} = 1/8 > 0,$$

$$D_3(s) = 8s^3 + (18 - \tfrac{1}{8} 16) s^2 + 16s + (5 - \tfrac{1}{8} 0)$$

$$= 8s^3 + 16s^2 + 16s + 5, \qquad a_3^{(1)}/a_2^{(1)} = 8/16 > 0,$$

$$D_2(s) = 16s^2 + \left(16 - \frac{8}{16} \cdot 5\right) s + 5$$

$$= 16s^2 + 13{,}5s + 5, \qquad a_2^{(2)}/a_1^{(2)} = 16/13{,}5 > 0,$$

$$D_1(s) = 13{,}5s + \left(5 - \frac{16}{13{,}5} \cdot 0\right) = 13{,}5s + 5, \qquad a_1^{(3)}/a_0^{(3)} = 13{,}5/5 > 0.$$

$D_4(s)$ ist ein Hurwitz-Polynom.

---

[1] Damit diese 2. Formel bei ungeradem $(m-k)$ auch für die Berechnung von $a_0^{(k)}$ $(m-l=0)$ gültig bleibt, ist $a_{-1}^{(k-1)} = 0$ zu setzen. Dann gilt stets $a_0^{(k)} = a_0^{(k-1)}$.

Zusatz 4.8 zum **Abbauverfahren:** Die notwendigen und hinreichenden Bedingungen (4.17) in Satz 4.8 können ersetzt werden durch

$$a^{(k)}_{m-k-1} \neq 0 \quad \text{für} \quad k = 0, 1, \ldots, m - 1$$

und

$$\begin{aligned} \operatorname{sgn} a^{(0)}_m &= \operatorname{sgn} a^{(0)}_{m-1} = \operatorname{sgn} a^{(1)}_{m-2} = \operatorname{sgn} a^{(2)}_{m-3} \\ &= \cdots = \operatorname{sgn} a^{(m-2)}_1 = \operatorname{sgn} a^{(m-1)}_0. \end{aligned} \tag{4.18}$$

Beweis: Es ist

$$\frac{a^{(0)}_m}{a^{(0)}_{m-1}} > 0 \Leftrightarrow \operatorname{sgn} a^{(0)}_m = \operatorname{sgn} a^{(0)}_{m-1}.$$

Weiter gilt nach (4.16)

$$a^{(0)}_{m-1} = a^{(1)}_{m-1}; \quad \text{also ist} \quad \frac{a^{(1)}_{m-1}}{a^{(1)}_{m-2}} > 0 \Leftrightarrow \operatorname{sgn} a^{(0)}_{m-1} = \operatorname{sgn} a^{(1)}_{m-2},$$

$$a^{(1)}_{m-2} = a^{(2)}_{m-2}; \quad \text{also ist} \quad \frac{a^{(2)}_{m-2}}{a^{(2)}_{m-3}} > 0 \Leftrightarrow \operatorname{sgn} a^{(1)}_{m-2} = \operatorname{sgn} a^{(2)}_{m-3},$$

$$\vdots$$

$$a^{(m-2)}_1 = a^{(m-1)}_1; \quad \text{also ist} \quad \frac{a^{(m-1)}_1}{a^{(m-1)}_0} > 0 \Leftrightarrow \operatorname{sgn} a^{(m-2)}_1 = \operatorname{sgn} a^{(m-1)}_0.$$

Die rechten Seiten ergeben fortlaufend gelesen (4.18).

Da es nur auf die Koeffizienten der Polynome des Abbauverfahrens ankommt, ist es offensichtlich nicht erforderlich, die Polynome selbst aufzuschreiben. Man kann so die Schreibarbeit rationalisieren.

Beim *Routh-Schema*

$$\left.\begin{aligned} &a^{(0)}_m \qquad\qquad a^{(0)}_{m-2} \qquad\qquad a^{(0)}_{m-4} \\ &a^{(0)}_{m-1} = a^{(1)}_{m-1} \quad a^{(0)}_{m-3} = a^{(1)}_{m-3} \quad a^{(0)}_{m-5} = a^{(1)}_{m-5} \\ &a^{(1)}_{m-2} = a^{(2)}_{m-2} \quad a^{(1)}_{m-4} = a^{(2)}_{m-4} \quad a^{(1)}_{m-6} = a^{(2)}_{m-6} \\ &a^{(2)}_{m-3} = a^{(3)}_{m-3} \quad a^{(2)}_{m-5} = a^{(3)}_{m-5} \quad a^{(2)}_{m-7} = a^{(3)}_{m-7} \end{aligned}\right\} \tag{4.19}$$

handelt es sich um eine für die Berechnung der Polynomkoeffizienten gemäß (4.16) besonders übersichtliche Anordnung. In zwei aufeinanderfolgenden Zeilen stehen jeweils die Koeffizienten eines Abbaupolynoms, in der richtigen Reihenfolge durch die gestrichelten Linienzüge verbunden. Die Berechnung der Elemente erfolgt Zeile für Zeile, wobei der Koeffizient in der k-ten Spalte einer neuen Zeile gemäß (4.16) bis auf den Faktor (-1) gleich der Determinante aus den Elementen der ersten und $(k + 1)$-ten Spalte in den beiden darüberliegenden Zeilen ist, geteilt durch das Element der 1. Spalte in der darüberliegenden Zeile. Die Elemente, auf die es nach dem obigen Zusatz ankommt, stehen alle in der ersten Spalte des Schemas. Damit haben wir das Ergebnis

Satz 4.9. **Routh-Kriterium**: Ein Polynom

$$D_m(s) = a_m^{(0)} s^m + a_{m-1}^{(0)} s^{m-1} + \cdots + a_0^{(0)}$$

ist genau dann ein Hurwitz-Polynom, wenn im zugehörigen Routh-Schema (4.19) alle Elemente der ersten Spalte von Null verschieden sind und dasselbe Vorzeichen haben.

Beispiel 4.3: $D(s) = s^4 + 8s^3 + 18s^2 + 16s + 5$ führt auf das Routh-Schema

$$
\begin{array}{ccc}
1 & 18 & 5 \\[2mm]
8 & 16 & 0 \\[2mm]
\dfrac{1 \cdot 16 - 8 \cdot 18}{-8} = 16 & \dfrac{1 \cdot 0 - 8 \cdot 5}{-8} = 5 & 0 \\[4mm]
\dfrac{8 \cdot 5 - 16 \cdot 16}{-16} = 13{,}5 & 0 & 0 \\[4mm]
\dfrac{16 \cdot 0 - 13{,}5 \cdot 5}{-13{,}5} = 5 & 0 & 0
\end{array}
$$

$D(s)$ ist nach Satz 4.9 ein Hurwitz-Polynom.

Als letzte Anwendung des Abbauverfahrens bringen wir den Beweis von

Satz 4.10. **Hurwitz-Kriterium**:

$$D_m(s) = a_m s^m + a_{m-1} s^{m-1} + \cdots + a_0, \quad a_m > 0$$

ist ein Hurwitz-Polynom genau dann, wenn die m-reihige Determinante

$$
H_m = \begin{vmatrix}
a_{m-1} & a_{m-3} & a_{m-5} \ldots 0 & 0 & 0 \\
a_m & a_{m-2} & a_{m-4} \ldots 0 & 0 & 0 \\
0 & a_{m-1} & a_{m-3} \ldots 0 & 0 & 0 \\
0 & a_m & a_{m-2} \ldots 0 & 0 & 0 \\
\vdots & \vdots & \vdots & \vdots & \vdots & \vdots \\
0 & 0 & 0 & \ldots a_2 & a_0 & 0 \\
0 & 0 & 0 & \ldots a_3 & a_1 & 0 \\
0 & 0 & 0 & \ldots a_4 & a_2 & a_0
\end{vmatrix} \tag{4.20}
$$

und ihre sämtlichen Hauptabschnittsdeterminanten (die jeweils durch Streichen der k letzten Zeilen und Spalten entstehen, $k = 1$, $2, \ldots, m - 1$) positiv sind.

Beweis: Wir nehmen zunächst die Fälle vorweg, in denen die einreihige Hauptabschnittsdeterminante $a_{m-1} \leqq 0$ ist. Nach der Satzaussage darf dann $D_m(s)$ kein Hurwitz-Polynom sein. Da wir $a_m > 0$ vorausgesetzt haben, trifft das nach Satz 4.6 tatsächlich zu.

Damit können wir für den eigentlichen Beweis, den wir durch vollständige Induktion führen, $a_{m-1} > 0$ voraussetzen. Wir nehmen an, das Kriterium sei für Polynome $(i - 1)$-ten Grades bewiesen, und zeigen, daß es dann auch für Polynome i-ten Grades gilt. Da es offensichtlich für solche 1. Grades $(a_1 s + a_0, a_1 > 0)$ richtig ist, muß es folglich für beliebige m gelten.

Es sei also $D_i(s) = a_i s^i + a_{i-1} s^{i-1} + \cdots + a_0$ mit $a_i > 0$, $a_{i-1} > 0$, $i > 1$, ein beliebiges Polynom i-ten Grades. Zu zeigen ist, daß das Hurwitz-Kriterium für dieses Polynom gilt.

Da $a_i/a_{i-1} > 0$, erhält man aus Satz 4.7: $D_i(s)$ ist ein Hurwitz-Polynom genau dann, wenn das Abbaupolynom

$$D_{i-1}(s) = a_{i-1} s^{i-1} + (a_{i-2} - \lambda a_{i-3}) s^{i-2} + a_{i-3} s^{i-3} + \cdots$$

$$\text{mit} \quad \lambda = \frac{a_i}{a_{i-1}}$$

ein Hurwitz-Polynom ist.

Für dieses Polynom $(i-1)$-ten Grades gilt nach Induktionsannahme das Hurwitz-Kriterium, d. h., $D_{i-1}(s)$ ist ein Hurwitz-Polynom genau dann, wenn die Determinante

$$H_{i-1} = \begin{vmatrix} a_{i-2} - \lambda a_{i-3} & a_{i-4} - \lambda a_{i-5} & a_{i-6} - \lambda a_{i-7} \cdots \\ a_{i-1} & a_{i-3} & a_{i-5} \quad \cdots \\ 0 & a_{i-2} - \lambda a_{i-3} & a_{i-4} - \lambda a_{i-5} \cdots \\ 0 & a_{i-1} & a_{i-3} \quad \cdots \\ \vdots & \vdots & \vdots \quad \cdots \end{vmatrix}$$

und ihre sämtlichen Hauptabschnittsdeterminanten positiv sind. Das wiederum gilt genau dann, wenn es auch für die Determinante

$$\begin{vmatrix} a_{i-1} & a_{i-3} & a_{i-5} & a_{i-7} & a_{i-9} \cdots \\ 0 & & & & \\ 0 & & H_{i-1} & & \\ 0 & & & & \end{vmatrix} \qquad (4.21)$$

gilt, und das ist gerade die Hurwitz-Determinante H_i des Polynoms $D_i(s)$. (4.21) hat nämlich als erste Hauptabschnittsdeterminante $a_{i-1} > 0$, während ihre übrigen Hauptabschnittsdeterminanten aus denen von H_{i-1} durch Multiplikation mit a_{i-1} hervorgehen. Alle diese Unterdeterminanten bleiben unverändert, wenn man die beiden folgenden Umformungen durchführt:

Wegen $\lambda = a_i/a_{i-1}$ dürfen wir vorkommende Nullen durch $(a_i - \lambda a_{i-1})$ ersetzen. Das geschehe jeweils für die erste 0 einer jeden Spalte in (4.21). Anschließend addieren wir die mit λ multiplizierte k-te Zeile $(k = 1, 3, 5, \ldots)$ zur $(k+1)$-ten Zeile und erhalten H_i.

Beispiel 4.4:   Das   Polynom $D(s) = s^4 + 8s^3 + 18s^2 + 16s + 5$ hat   die Hurwitz-Determinanten

$$H_4 = \begin{vmatrix} 8 & 16 & 0 & 0 \\ 1 & 18 & 5 & 0 \\ 0 & 8 & 16 & 0 \\ 0 & 1 & 18 & 5 \end{vmatrix} \qquad \begin{aligned} H_1 &= 8 > 0, \\ H_2 &= 8 \cdot 18 - 16 = 128 > 0, \\ H_3 &= -8 \cdot 40 + 16 \cdot 128 > 0, \\ H_4 &= 5H_3 > 0 \end{aligned}$$

und ist folglich ein Hurwitz-Polynom.

Ohne Beweis sei der folgende Satz angeführt, den wir wiederholt benutzt haben.

Hilfssatz 4.11: Falls die Koeffizienten eines Polynoms n-ten Grades stetig (differenzierbar) von einem Parameter λ abhängen, so sind auch seine Wurzeln $s_i(\lambda)$ $(i = 1, \ldots, n)$ stetige (differenzierbare) Funktionen von λ. (Die Differenzierbarkeit ist verletzt in den Punkten λ, für die mehrere Wurzeln $s_i(\lambda)$ zusammenfallen.)

4.5 Graphische Methoden zur Stabilitätsuntersuchung

Wir behandeln in diesem Abschnitt zwei Verfahren zur Stabilitätsanalyse, die Methode von CREMER-LEONHARD und die D-Zerlegung. Als Grundlage für das erste Kriterium leiten wir zunächst einen allgemeinen Satz über die *Winkeländerung einer Frequenzgang-Ortskurve* her.

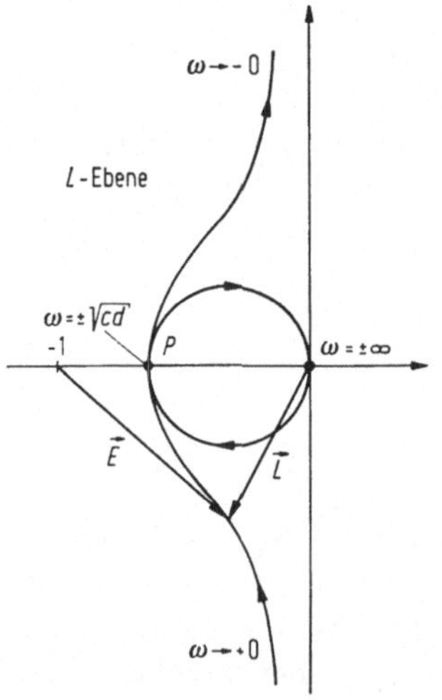

Hierzu betrachten wir eine gebrochen rationale Funktion $F(s)$ auf der imaginären Achse $s = j\,\omega$ (ω reell). Wir bezeichnen mit $\mathrm{arc}\{F(j\,\omega)\}$ den Winkel des komplexen Funktionswertes $F(j\omega)$ und mit $\Delta\,\mathrm{arc}\{F(j\,\omega)\}$ den stetigen Anteil der Änderung dieses Winkels, wenn wir ω von $-\infty$ bis $+\infty$ wachsen lassen. Wir erläutern diesen Begriff anhand von

Beispiel 4.5: Es sei

$$L(s) = \frac{k}{s(s + c)(s + d)} \qquad (c, d, k > 0).$$

Bild 4.5 zeigt qualitativ den Verlauf der Ortskurve

$$L(j\,\omega) = \frac{k}{j\,\omega(j\,\omega + c)(j\,\omega + d)}$$

Bild 4.5. Ortskurve zu Beispiel 4.5 und Beispiel 5.3.

in der komplexen L-Ebene mit ω als Kurvenparameter. Der linke Schnittpunkt der Ortskurve mit der reellen Achse gehört zu $\omega = \pm\sqrt{c\,d}$ und liegt bei $L = -k/c\,d(c + d)$. Wenn wir ω von $-\infty$ über $-\sqrt{c\,d}$ bis -0 wachsen lassen, dreht sich der komplexe Zeiger $\vec{L}$ um $-\pi$. Dieselbe Drehung erhalten wir nochmals, wenn ω von $+0$ bis $+\infty$ wächst. Beim Übergang von $\omega = -0$ nach $\omega = +0$ springt $\mathrm{arc}\{L(j\,\omega)\}$ um π. Diesen Sprung zählen wir nicht mit, da wir vereinbarungsgemäß mit $\varDelta\,\mathrm{arc}\{L(j\,\omega)\}$ den stetigen Anteil der Winkeländerung bezeichnen. Insgesamt beträgt daher $\varDelta\,\mathrm{arc}\{L(j\,\omega)\} = -2\pi$. Offensichtlich erhalten wir dieselbe stetige Winkeländerung, wenn wir von einem anderen Ortskurvenpunkt ausgehen, z. B. ω von $+0$ über $\pm\infty$ bis -0 durchlaufen.

Die Winkeländerung $\varDelta\,\mathrm{arc}\{F(j\,\omega)\}$ hängt von den Verteilungen der Null- und Polstellen von $F(s)$ in der komplexen s-Ebene ab. Es gilt

Satz 4.12 über die **stetige Winkeländerung einer Ortskurve** $F(j\,\omega)$. Es sei

$$F(s) = \frac{P(s)}{Q(s)}$$

eine gebrochen rationale Funktion mit reellen Koeffizienten. Mit $N\{P(s)\}$ oder auch $N\{P\}$ bzeichnen wir die Anzahl der Wurzeln des Polynoms $P(s)$. Zur Kennzeichnung der Nullstellenanzahl in der offenen linken oder rechten s-Halbebene oder auf der imaginären Achse versehen wir N noch mit einem Index l (links), r (rechts) oder a (imaginäre Achse). Entsprechendes gilt für das Polynom $Q(s)$. Durchläuft $s = j\,\omega$ die imaginäre Achse von $-j\,\infty$ bis $+j\,\infty$, so gilt für den stetigen Anteil der Winkeländerung der Ortskurve $F(j\,\omega)$

$$\begin{aligned}
\varDelta\,\mathrm{arc}\{F(j\,\omega)\} &= [N_l\{P\} - N_r\{P\}]\,\pi - [N_l\{Q\} - N_r\{Q\}]\,\pi \\
&= [N\{P\} - N\{Q\}]\,\pi - [N_a\{P\} - N_a\{Q\}]\,\pi - \\
&\quad -2[N_r\{P\} - N_r\{Q\}]\,\pi\,.
\end{aligned} \tag{4.22}$$

Beweis: Schreiben wir $F(j\,\omega)$ in der Form

$$F(j\,\omega) = K\,\frac{\prod\limits_{\nu}(j\,\omega - \beta_\nu)}{\prod\limits_{\mu}(j\,\omega - \alpha_\mu)}, \quad K \neq 0,$$

so gilt für den Winkel

$$\mathrm{arc}\{F(j\,\omega)\} = \sum_\nu \mathrm{arc}\{j\,\omega - \beta_\nu\} - \sum_\mu \mathrm{arc}\{j\,\omega - \alpha_\mu\} + \mathrm{arc}\{K\}.$$

Es sei nun $\omega_1 > \omega_2$. Schreibt man die Differenz $\mathrm{arc}\{F(j\,\omega_1)\} - \mathrm{arc}\{F(j\,\omega_2)\}$ unter Berücksichtigung der letzten Gleichung aus und betrachtet dann den Grenzfall $\omega_1 \to +\infty$, $\omega_2 \to -\infty$, so folgt

$$\varDelta\,\mathrm{arc}\{F(j\,\omega)\} = \sum_\nu \varDelta\,\mathrm{arc}\{j\,\omega - \beta_\nu\} - \sum_\mu \varDelta\,\mathrm{arc}\{j\,\omega - \alpha_\mu\}. \tag{4.23}$$

Zur Bestimmung der Teilbeträge veranschaulichen wir $(j\,\omega - \beta_\nu)$ durch einen Vektor in der s-Ebene (Bild 4.6). Wenn ω bei festem β_ν von $-\infty$ bis $+\infty$ wächst, dreht sich dieser Vektor um einen Winkel π, und zwar im mathematisch positiven Sinne, falls $\mathrm{Re}\{\beta_\nu\} < 0$, und im negativen

Sinne, falls $\mathrm{Re}\{\beta_\nu\} > 0$. Für ein β_ν auf der imaginären Achse haben wir beim Durchgang von $j\,\omega$ durch β_ν eine sprunghafte Änderung von

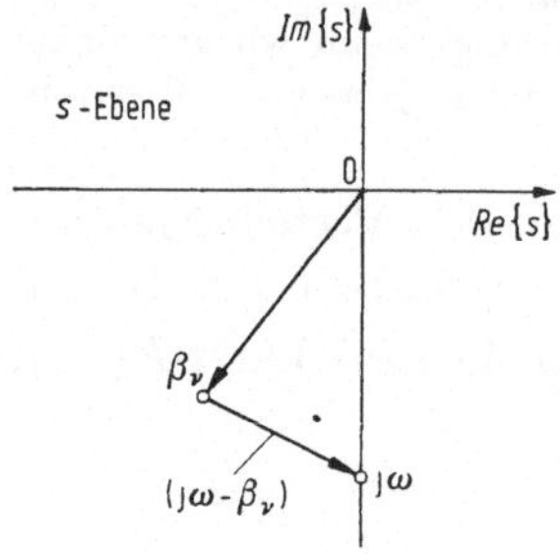

Bild 4.6. Bestimmung des Beitrages einer Nullstelle zu $\Delta \arc\{F\,(j\,\omega)\}$.

$-\dfrac{\pi}{2}$ nach $+\dfrac{\pi}{2}$, die nicht mitgezählt wird. Für die stetige Winkeländerung der Anteile gilt also

$$\Delta \arc\{j\,\omega - \beta_\nu\} = \begin{cases} \pi & \text{falls} \quad \mathrm{Re}\{\beta_\nu\} < 0, \\ 0 & \text{falls} \quad \mathrm{Re}\{\beta_\nu\} = 0, \\ -\pi & \text{falls} \quad \mathrm{Re}\{\beta_\nu\} > 0. \end{cases}$$

Berücksichtigen wir noch

$$N\{P\} = N_l\{P\} + N_a\{P\} + N_r\{P\},$$
$$N\{Q\} = N_l\{Q\} + N_a\{Q\} + N_r\{Q\},$$

so erhalten wir aus (4.23) die Gl. (4.22).

Daraus folgt als erste Anwendung

Satz 4.13. **Kriterium von Cremer-Leonhard-Michailow.**[1] Ein lineares Übertragungssystem der Ordnung n mit dem charakteristischen Polynom $\Delta\,(s)$ ist genau dann stabil, wenn

$$\Delta \arc\{\Delta\,(j\,\omega)\} = n\,\pi. \tag{4.24}$$

Beweis: Da $\Delta\,(s)$ keine Pole hat, folgt aus Satz 4.12 für $P(s) = \Delta\,(s)$, $Q(s) = 1$ und $N\{P\} = n$

$$\Delta \arc\{\Delta\,(j\,\omega)\} = (n - N_a\{\Delta\} - 2N_r\{\Delta\})\,\pi.$$

Der Stabilitätsfall liegt genau dann vor, wenn $\Delta\,(s)$ keine Nullstellen auf der Achse und in der rechten Halbebene hat, d. h. wenn (4.24) gilt.

Beispiel 4.6: Es sei

$$\Delta\,(s) = s^5 + 2s^4 + 2s^3 + 46s^2 + 89s + 260,$$

also

$$\Delta\,(j\,\omega) = (260 - 46\omega^2 + 2\omega^4) + j(89\omega - 2\omega^3 + \omega^5).$$

---

[1] Es handelt sich um eine vereinfachende Zusammenfassung von Kriterien, die nicht genau dasselbe besagen. Insbesondere stellt das *Lagenkriterium* von L. Cremer die ursprüngliche Fassung der Schnittpunktsform eines Ortskurvenkriteriums dar, welche wir in Satz 5.5, S. 135, für Regelkreise formuliert haben. Vgl. hierzu K. Klotter „Technische Schwingungslehre“ Bd. 2, Abschnitt 4.2.

Der zugehörige Ortskurvenverlauf ist qualitativ in Bild 4.7 dargestellt. Man prüft leicht nach, daß die Ortskurve nur einen Schnittpunkt mit der reellen Achse $(\omega = 0,\ \Delta = 260 + j\,0)$ hat und $\mathrm{arc}\{\Delta(j\,\omega)\} \to \pm \dfrac{\pi}{2}$ für $\omega \to \pm\infty$ ist. Das reicht zur Bestimmung der Winkeländerung im vorliegenden Falle aus, der genaue Ortskurvenverlauf ist hierfür nicht wesentlich. Dem Bild entnimmt man $\Delta\,\mathrm{arc}\{\Delta(j\,\omega)\} = \pi$. Ein System mit dem betrachteten charakteristischen Polynom $\Delta(s)$ ist instabil, da diese Winkeländerung nach Satz 4.13 im Stabilitätsfall 5π betragen müßte.

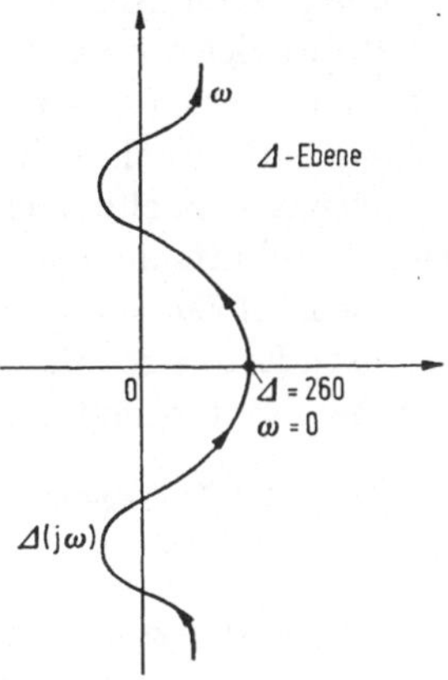

Bild 4.7.   Ortskurve $\Delta(j\,\omega)$ zu Beispiel 4.6.

Oft hängt das charakteristische Polynom von Parametern ab, die innerhalb gewisser Grenzen variiert werden können. Als *Stabilitätsbereich* dieser *Parameter* bezeichnen wir die Menge ihrer Werte, für welche alle charakteristischen Wurzeln in der offenen linken Halbebene liegen. Er läßt sich in dem durch die folgenden Bedingungen gekennzeichneten Spezialfall, der für die Anwendungen in der Regelungstheorie von großer Wichtigkeit ist, besonders einfach bestimmen:

a) Wir betrachten nur einen Parameter λ des charakteristischen Polynoms $\Delta(s)$ als variabel.

b) Die Koeffizienten des charakteristischen Polynoms hängen linear von λ ab, wir können also $\Delta(s) = P(s) + \lambda\,Q(s)$ schreiben.

Das erste Verfahren zur Behandlung dieses Stabilitätsproblems, das wir hier anführen, beruht auf dem

Satz 4.14 über die **D-Zerlegung:** Das charakteristische Polynom vom Grade n habe die Form

$$\Delta(s) = P(s) + \lambda\,Q(s), \qquad (4.25)$$

wobei $P(s)$, $Q(s)$ teilerfremde Polynome und λ ein komplexer Parameter sind. Dann wird die λ-Ebene durch die sog. *D*-Ortskurve

$$\lambda(j\,\omega) = -\frac{P(j\,\omega)}{Q(j\,\omega)}$$

in zusammenhängende „*D*-Gebiete" zerlegt. Die Zerlegung hat die beiden Eigenschaften

a) Für alle λ-Werte aus einem festen *D*-Gebiet hat $\Delta(s)$ dieselbe Anzahl von Wurzeln in der offenen linken s-Halbebene. Wir nennen diese Anzahl den Index r des betreffenden Gebietes, das wir mit $D(r)$ bezeichnen.

b) Die *D*-Ortskurve sei in Richtung wachsender ω-Werte orientiert. Falls rechts von einem doppelpunktfreien Ortskurvenstück das D-Gebiet mit dem Index r liegt, so liegt links $D(r + 1)$. — Für ein λ auf dem betrachteten Ortskurvenstück liegen dann ebenfalls r Wurzeln in der offenen linken Halbebene und genau eine auf der imaginären Achse.

Bemerkung zu Satz 4.14: Bei der Anwendung dieses Satzes wird man zunächst für einen festen λ-Wert feststellen, welchem D-Gebiet er angehört. Nach Teil b) des Satzes kann man dann durch Übergänge zu jeweils benachbarten Gebieten auch deren Indexziffern bestimmen. Der Stabilitätsbereich für den Parameter λ ist durch das Gebiet $D(n)$ gegeben. Meist interessiert man sich nur für reelle Parameterwerte, insbesondere also für den in $D(n)$ gelegenen Abschnitt der reellen λ-Achse. Wir erläutern das Verfahren am

Beispiel 4.7: Gegeben sei die charakteristische Gleichung

$$s^3 + s^2 + s + \lambda = 0.$$

Mit $P(s) = s^3 + s^2 + s$ und $Q(s) = 1$ erhalten wir

$$\lambda(j\,\omega) = \omega^2 + j(\omega^3 - \omega)$$

für die D-Ortskurve, welche in Bild 4.8 skizziert ist. Die Pfeilrichtung gibt ihre Orientierung an.

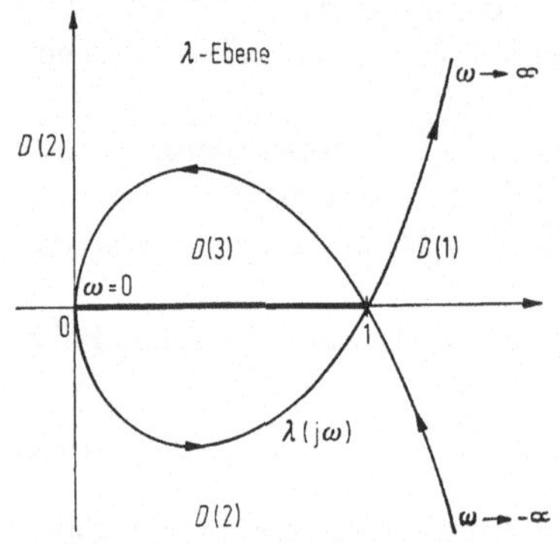

Bild 4.8. D-Ortskurve zu Beispiel 4.7.

Wir lösen die charakteristische Gleichung zunächst für einen λ-Wert, für den sie möglichst einfach wird. Für $\lambda = 0$ z. B. erhält man die Wurzeln

$$s_{1,2} = -\tfrac{1}{2}(1 \pm j\sqrt{3}),\ s_3 = 0,$$

d. h. zwei in der linken Halbebene, eine auf der imaginären Achse. Der betrachtete Punkt $\lambda = 0$ gehört zur D-Kurve. In Richtung wachsender ω-Werte gesehen liegt demnach an dieser Stelle auf der rechten Seite $D(2)$, auf der linken Seite $D(3)$.

Das stark ausgezogene Intervall $0 < \lambda < 1$ stellt den Stabilitätsbereich für reelle Parameterwerte dar.

Beweis zu Satz 4.14: Durch

$$\lambda(s) = -\frac{P(s)}{Q(s)} \tag{4.26}$$

wird eine Abbildung der komplexen s-Ebene auf die komplexe λ-Ebene vermittelt, welche überall konform ist mit Ausnahme der endlich vielen Punkte, für welche

$$\lambda'(s) = -\frac{P'(s)\,Q(s) - P(s)\,Q'(s)}{Q^2(s)} = 0 \tag{4.27}$$

gilt, sowie der Polstellen, um die wir uns aber nicht weiter kümmern, da sie in den uneigentlichen Punkt $\lambda = \infty$ übergehen.

Die Abbildung ist nicht umkehrbar eindeutig, vielmehr gehören zu jedem Bildpunkt λ genau n Wurzeln $s_1(\lambda), \ldots, s_n(\lambda)$ des charakteristischen Polynoms (4.25) als Originalpunkte. Wir zeigen zunächst, daß die Bedingung für die Konformität genau dort verletzt ist, wo mehrere Originalpunkte eines festen Bildpunktes zusammenfallen, d. h. in den mehrfachen Nullstellen von (4.25). Es sei s_0 eine mehrfache Wurzel von $\Delta(s)$ mit dem zugehörigen Parameterwert $\lambda_0 = \lambda(s_0)$. Dann gilt $\Delta(s_0) = \Delta'(s_0) = 0$, oder ausführlicher

$$P(s_0) + \lambda_0 Q(s_0) = 0,$$
$$P'(s_0) + \lambda_0 Q'(s_0) = 0. \tag{4.28}$$

Durch Multiplikation der oberen Gleichung mit $Q'(s_0)$, der unteren mit $Q(s_0)$ und Subtraktion beider Zeilen erhält man

$$P'(s_0)\,Q(s_0) - P(s_0)\,Q'(s_0) = 0$$

und damit (4.27) für $s = s_0$. Es sei umgekehrt (4.27) an einer Stelle s_0 erfüllt und $\lambda_0 = \lambda(s_0)$ endlich $(Q(s_0) \neq 0)$; dann kann man rückwärts auf die Gln. (4.28) schließen, s_0 ist also eine mehrfache Nullstelle von $\Delta(s)$.

Die mathematisch positiv orientierte imaginäre Achse der s-Ebene geht bei der Abbildung (4.26) in eine orientierte Bildkurve, die im Satz definierte D-Ortskurve, über. Doppelpunkten, in denen sich diese Ortskurve überschneidet, entsprechen mehrfachen Wurzeln von $\Delta(s)$. In allen anderen Punkten auf der D-Ortskurve ist die Abbildung (4.26) konform.

Nach diesen Vorbereitungen beweisen wir den Satzteil

a) Wir verbinden zwei Punkte λ_1 und λ_2 eines D-Gebietes durch einen Polygonzug, der die D-Ortskurve nirgends trifft. Durchläuft λ diesen Polygonzug, so wandern die zugehörigen Originalpunkte $s_i(\lambda)$ $(i = 1, \ldots, n)$, d. h. die n Wurzeln des charakteristischen Polynoms, nach Hilfssatz 4.11, S. 116, auf n stetigen Kurven in der s-Ebene. Keine dieser Kurven schneidet die imaginäre Achse. Andernfalls würde dem Schnittpunkt ein Bildpunkt auf der D-Ortskurve entsprechen im Widerspruch zur Konstruktion des Polygonzuges. — Zum Beweis von Satzteil

b) verbinden wir zwei Punkte λ_1 und λ_2 aus benachbarten D-Gebieten durch einen Polygonzug, der die D-Kurve nur einmal schneidet, jedoch nicht in einem Doppelpunkt der D-Kurve. Dem Schnittpunkt entspricht dann genau eine Wurzel $s_{i0}(\lambda_0)$ auf der imaginären Achse in der s-Ebene. Wegen der Winkeltreue der konformen Abbildung wandert diese Wurzel von der rechten in die linke s-Halbebene, wenn wir den Polygonzug so durchlaufen, daß wir dabei von der rechten Seite der orientierten D-Ortskurve auf die linke Seite gelangen. Folglich erhöht sich der Index bei diesem Übergang gerade um 1.

5. Stabilität von Regelkreisen

5.1 Grundlagen

Die Stabilitätsuntersuchung eines zeitinvarianten linearen Regelkreises bringt gegenüber Abschn. 4 nichts grundsätzlich Neues und kann mit den dort angegebenen Methoden erfolgen. Wir wollen aber einige Besonderheiten hervorheben.

Wir interessieren uns hier hauptsächlich für die *Stabilität des geschlossenen Kreises*. Wie wir an Beispielen sehen werden, ist dafür die *Stabilität des offenen Kreises* bzw. der Regelstrecke weder eine hinreichende Bedingung noch notwendige Voraussetzung. Nach Möglichkeit wird man allerdings für den offenen Kreis ebenfalls stabiles Verhalten fordern, um dieses auch beim Ausfall oder Abschalten des Reglers zu gewährleisten.

Wir behandeln in erster Linie Regelkreise mit nur einer Rückführ- und einer Stellgröße. Nach der Vereinbarung am Schluß von Abschn. 4.2, S. 105, läuft die Stabilitätsuntersuchung im linearen Fall immer auf dieselbe Bedingung für die Wurzeln des charakteristischen Polynoms hinaus. Dabei spielt es keine Rolle, von welcher der in Abschn. 4.1 gegebenen Definitionen wir ausgehen. Das *charakteristische Polynom* hängt allein von der Systemmatrix des freien Systems ab. Wir dürfen daher ohne Beschränkung der Allgemeinheit die in Bild 5.1 angegebene

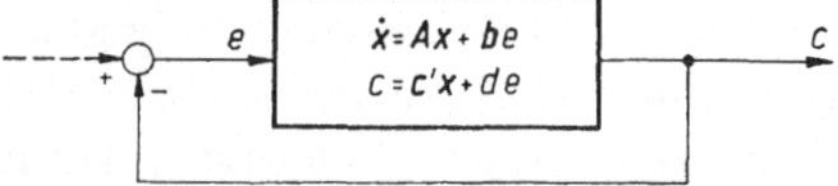

Bild 5.1. Blockstruktur zur Berechnung des charakteristischen Polynoms eines Einfachregelkreises.

Blockstruktur zugrunde legen, auf die wir Regelkreisschleifen mit einer Rückführgröße in diesem Zusammenhang reduzieren können. Die mit der Gegenkoppelung verbundene Vorzeichenumkehr haben wir aus dem Block herausgezogen.

Für den geschlossenen Kreis gilt

$$\dot{x} = A\,x - b\,c,$$
$$c = c'\,x - d\,c$$

oder, wenn wir c mit Hilfe der zweiten Gleichung aus der ersten eliminieren,

$$\dot{x} = \left(A - \frac{1}{1+d}\,b\,c'\right)x. \tag{5.1}$$

Die Berechnung des zugehörigen charakteristischen Polynoms

$$\Delta(s) = \left| s\,E - A + \frac{1}{1+d}\,b\,c' \right|$$

wurde bereits früher durchgeführt. Bezeichnen wir mit

$$\Delta^0(s) = |\,s\,E - A\,|$$

das charakteristische Polynom des offenen Kreises (Rückführung in Bild 5.1 aufgetrennt) und mit

$$L(s) = c'\,(s\,E - A)^{-1}\,b + d$$

die Kreisübertragungsfunktion, so gilt[1]

$$\Delta(s) = \Delta^0(s)\,\bigl(1 + L(s)\bigr). \tag{5.2}$$

Vielfach ist es bequem, wenn man bei der Stabilitätsuntersuchung direkt von der *Übertragungsfunktion des offenen Kreises* ausgehen kann, die in der Form

$$\tag{5.3}$$

$$L(s) = \frac{Z(s)}{N(s)}, \quad Z(s),\ N(s)\ \text{teilerfremd},\ \mathrm{Grad}\{Z(s)\} \leqq \mathrm{Grad}\{N(s)\}$$

gegeben sei. Wir nehmen wieder folgende Fallunterscheidung vor.

1. Normalfall: Der Grad des Nennerpolynoms $N(s)$ stimmt mit der Anzahl n der in $x = (x_1, \ldots, x_n)'$ zusammengefaßten Zustandsgrößen überein.

Dann gilt $\Delta^0(s) = N(s)$, wenn wir den Koeffizienten von s^n in $N(s)$ durch Multiplikation mit einer geeigneten Konstante zu 1 normieren, und (5.2) geht über in $\Delta(s) = N(s)\left(1 + \frac{Z(s)}{N(s)}\right) = N(s) + Z(s)$.

Wir können dieses Ergebnis unabhängig von den obigen Überlegungen auch wie folgt begründen. Wenn wir den geschlossenen Kreis von Bild 5.1 als Übertragungssystem mit einer Eingangsgröße (gestrichelt angedeutet) und einer Ausgangsgröße auffassen, so gilt für die zugehörige Übertragungsfunktion

$$T(s) = \frac{L(s)}{1 + L(s)} = \frac{Z(s)}{N(s) + Z(s)}.$$

Sie hat im Normalfall ebenfalls die Ordnung n. Andernfalls müßten in dem Ausdruck auf der rechten Seite Zähler und Nenner und damit $Z(s)$ und $N(s)$ eine gemeinsame Wurzel haben im Widerspruch zur obigen Voraussetzung. Für den geschlossenen Kreis ist also ebenfalls die Ordnung der Übertragungsfunktion gleich der Anzahl der Zustandsgrößen. Damit gilt nach Abschnitt 4.3

---

[1] Der Nachweis erfolgt mit Hilfe der Formeln (2.50), S. 67, — ähnlich wie unter c) S. 65.

Satz 5.1: Wenn für den aufgetrennten Kreis die Ordnung der Übertragungsfunktion (5.3) mit der Ordnung n des mathematischen Modells übereinstimmt, so ist der geschlossene Kreis genau dann stabil im Sinne der auf S. 105 getroffenen Vereinbarung, wenn alle Wurzeln von

$$N(s) + Z(s) \qquad\qquad (5.4)$$

einen negativen Realteil haben. — Dieses Polynom kann als Nennerpolynom der Übertragungsfunktion $T(s)$ des geschlossenen Kreises gedeutet werden.

Nach Abschn. 3.4 liegt der Normalfall genau dann vor, wenn der aufgetrennte Kreis als Übertragungssystem mit der Eingangsgröße e und der Ausgangsgröße c vollständig steuerbar und vollständig beobachtbar ist. Nach den obigen Überlegungen hat dann auch der geschlossene Kreis als Übertragungssystem mit der Eingangsgröße r und der Ausgangsgröße c diese Eigenschaften.

2. Ausnahmefall: Der Grad von $N(s)$ sei kleiner als n.

Dann sind gewisse Wurzeln von $\Delta^0(s)$ nicht in $N(s)$ enthalten. Fassen wir die entsprechenden Linearfaktoren $(s - s_\nu)$ in der Produktdarstellung zu einem Polynom $R(s)$ zusammen, so gilt

$$\Delta^0(s) = R(s)\, N(s),$$

und (5.2) geht über in

$$\Delta(s) = R(s)\, [N(s) + Z(s)].$$

In diesem Fall liefert die Untersuchung des Polynoms (5.4) nur eine *notwendige Stabilitätsbedingung*. Man muß sich zusätzlich vergewissern, daß keine der Wurzeln, die sich bei der Berechnung von $L(s)$ bzw. $T(s)$ herausgekürzt haben, in der rechten Halbebene oder auf der imaginären Achse liegt.

Einen Spezialfall wollen wir noch hervorheben, da er von praktischem Interesse ist, wenn man bei der Untersuchung einfacher Regelkreise

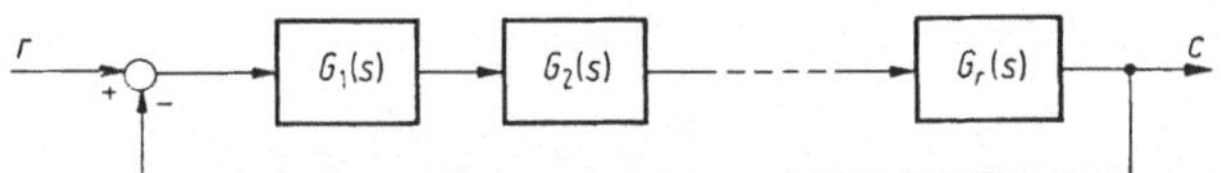

Bild 5.2. Regelkreisstruktur mit einer Kette rückwirkungsfrei gekoppelter Übertragungsglieder.

von der Beschreibung im Bildbereich ausgeht. Das Blockschaltbild besteht häufig aus einer *Kette aufeinanderfolgender Blöcke* (Bild 5.2), deren Übertragungsfunktionen

$$G_\varrho(s) = \frac{Z_\varrho(s)}{N_\varrho(s)} \qquad (\varrho = 1, \ldots, r)$$

bekannt sind. Wir wollen annehmen, daß für jeden einzelnen Block, aufgefaßt als Übertragungssystem mit einer Eingangs- und einer Ausgangsgröße, der Normalfall vorliegt, d. h., der Grad von $N_\varrho(s)$ soll gleich der Anzahl n_ϱ seiner Zustandsgrößen sein.

Dann stimmt das charakteristische Polynom für den geschlossenen Kreis bis auf einen konstanten Faktor überein mit

$$\Delta(s) = \prod_{\varrho=1}^{r} N_\varrho(s) + \prod_{\varrho=1}^{r} Z_\varrho(s)$$

und ist vom Grade $n = \sum_{\varrho=1}^{r} n_\varrho$. Für die Übertragungsfunktion

$$L(s) = G_1(s)\, G_2(s) \ldots G_r(s) = \frac{Z(s)}{N(s)} \quad \big(Z(s),\ N(s) \text{ teilerfremd}\big)$$

des aufgetrennten Kreises kann unter unserer Annahme über die Faktoren $G_\varrho(s)$ der Ausnahmefall nur dann eintreten, wenn sich bei ihrer Multiplikation eine Polstelle eines Blockes gegen eine Nullstelle eines anderen Blockes kürzen läßt. Man spricht dann von einer *Pol-Nullstellen-Kompensation*. Falls sie für Wurzeln in der rechten Halbebene oder auf der imaginären Achse eintritt, so ist nicht nur der aufgetrennte Kreis, sondern auch der geschlossene Kreis instabil. Das folgt aus der angegebenen Form für das charakteristische Polynom, weil dann die beiden Terme auf der rechten Seite eine gemeinsame Wurzel mit nicht negativem Realteil haben, welche somit zugleich Wurzel von $\Delta(s)$ ist. Am

Beispiel 5.1: wollen wir diesen Sachverhalt noch von einer etwas anderen Seite betrachten. Wir fassen den in Bild 5.3 angegebenen Regelkreis auf als Über-

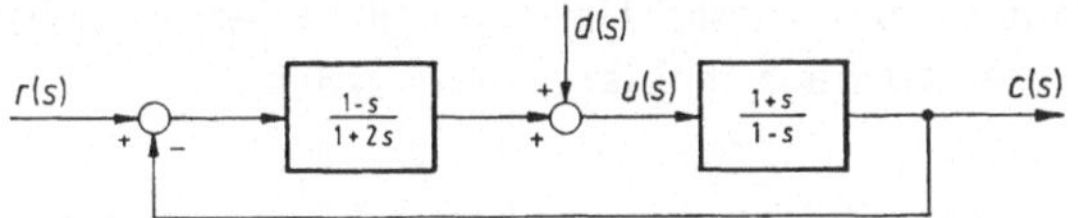

Bild 5.3. Regelkreis mit Pol-Nullstellen-Kompensation.

tragungssystem mit der Eingangsgröße $r(t)$ und der Ausgangsgröße $c(t)$, seinen Zustand beschreiben wir durch die Größen $c(t)$ und $u(t)$. Die Übertragungsfunktionen

$$\frac{c(s)}{r(s)} = \frac{1+s}{2+3s}, \qquad \frac{u(s)}{r(s)} = \frac{1-s}{2+3s}$$

sind stabil. Trotzdem ist der geschlossene Kreis nach den obigen Überlegungen sicher instabil, da die Polstelle bei $s = 1$ des rechten Blocks durch die Nullstelle des linken Blocks kompensiert wird.

Das können wir uns auch auf andere Weise veranschaulichen. Der Einfluß der Störung $d(s)$ auf die Ausgangsgröße wird nämlich durch eine instabile Übertragungsfunktion

$$\frac{c(s)}{d(s)} = \frac{(1+s)(1+2s)}{(1-s)(2+3s)}$$

vermittelt. Gewisse Störfunktionen, z. B. ein kurzer Rechteckimpuls, bewirken also ein unbeschränktes Anwachsen von $c(t)$, selbst wenn die Störamplitude noch so klein ist. Da es selten gelingt, eine Zustandsgröße — hier u — von allen Störeinflüssen vollkommen abzuschirmen, ist ein stabiles Verhalten gegenüber der Eingangsgröße r allein nicht befriedigend.

Im Sinne der Ljapunovschen Stabilitätsdefinition erzeugt der kurze Störimpuls d eine Auslenkung des Anfangszustandes, welche den unerwünschten Verlauf von $c(t)$ zur Folge hat. Diese Deutung war es, die uns veranlaßt hatte, Störungen des Anfangszustandes in den Stabilitätsdefinitionen in jedem Falle mit zu berücksichtigen.

In seiner allgemeinen Form fassen wir das Ergebnis zusammen in der **Regel:** Eine *Pol-Nullstellen-Kompensation* in der rechten Halbebene oder auf der imaginären Achse ist aus Stabilitätsgründen zu vermeiden.

Das gilt im allgemeinen auch dann, wenn die Pol- und Nullstelle in der rechten Halbebene nicht exakt zusammenfallen. Wir haben allerdings noch keine Hilfsmittel zur bequemen Analyse solcher Fälle und verschieben diese daher auf Abschn. 5.5.

Bei der Stabilitätsuntersuchung von Regelkreisen geht man oft von einer mathematischen Beschreibung des offenen Kreises aus und möchte daraus möglichst direkt Aussagen über die Stabilität des geschlossenen Kreises gewinnen. Auf diese Problemstellung sind eine Reihe von Stabilitätskriterien zugeschnitten, von denen wir die wichtigsten in den Abschn. 5.3 bis 5.5 zusammenstellen. Ihnen liegt durchweg eine Beschreibung des offenen Kreises durch die Kreisübertragungsfunktion $L(s)$ zugrunde. Nach den obigen Ausführungen reicht das nicht immer zur Beurteilung des Stabilitätsverhaltens der Zustandsgrößen aus. Wir werden diesen Umstand nicht jedesmal betonen, nachdem wir ihn von vornherein klargestellt haben.

5.2 Kreisverstärkung und bleibende Regelabweichung

Bei den meisten Anwendungen interessiert man sich für die Abhängigkeit der Stabilität von bestimmten Systemparametern, die innerhalb gewisser Grenzen frei wählbar oder veränderlich sind. Eine besondere Rolle spielt dabei der Kreisverstärkungsfaktor, den wir sogleich allgemein definieren werden. Wir haben bereits an den Beispielen von Abschn. 1.2 gesehen, daß ein großer Verstärkungsfaktor des Reglers zur Erzielung eines ausreichend kleinen Regelfehlers erwünscht ist, während andererseits beim Überschreiten einer gewissen Verstärkungsgrenze Instabilität eintreten kann. Die Frage nach dem maximal zulässigen Verstärkungsfaktor ist daher beim Entwurf von Reglern von großer Wichtigkeit.

In diesem Abschnitt wollen wir zunächst die bleibende Regelabweichung (stationärer Regelfehler) formelmäßig durch den Kreisverstärkungsfaktor ausdrücken. Hierzu gehen wir von dem im Bild 5.4 angegebenen Schema einer Einfachregelung mit der Regelgröße $c(s)$ und der Führungsgröße $r(s)$ aus. Die Streckenstörungen denken wir

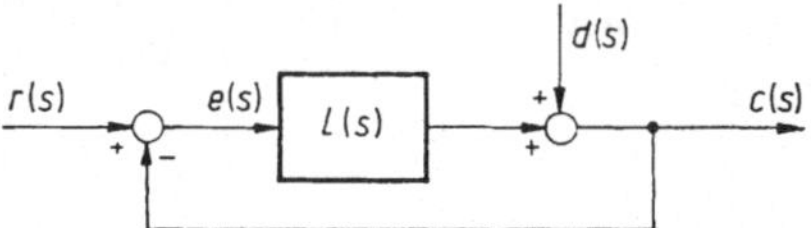

Bild 5.4. Blockschaltbild eines Einfachregelkreises.

uns auf den Streckenausgang umgerechnet und in einer „Ersatzstörgröße" $d(s)$ zusammengefaßt, was im linearen Fall immer möglich ist. Die *Regelabweichung* (der *Regelfehler*)

$$e(t) = r(t) - c(t) \qquad (5.5)$$

soll möglichst klein gehalten werden. Aus Bild 5.4 liest man für die Abhängigkeit des Regelfehlers von der Führungs- und Störgröße im Bildbereich ab

$$e(s) = \frac{1}{1 + L(s)} \, [r(s) - d(s)]. \qquad (5.6)$$

Wir wollen jetzt das Verhalten dieses Fehlers für $t \to \infty$ bei speziellen Eingangstestfunktionen untersuchen, wie das in Abschn. 1.2 schon auf dem Analogrechner geschehen ist. Es genügt, wenn wir die Betrachtungen für den Einfluß von $r(s)$ durchführen, da sich bei Annahme gleicher Testfunktionen für $d(s)$ gemäß (5.6), abgesehen vom Vorzeichen, dieselben Regelfehler ergeben. Die *Kreisübertragungsfunktion* schreiben wir in der Form

$$L(s) = \frac{V}{s^\varrho} \frac{Z(s)}{N(s)}, \qquad \begin{array}{l} \varrho \ \text{ganz,} \\ Z(0) = N(0) = 1. \end{array} \qquad (5.7)$$

V bezeichnen wir als Verstärkungsfaktor des offenen Regelkreises oder einfach als *Kreisverstärkungsfaktor*. Wir kommen auf eine Deutung dieser formalen Definition unten zurück.

Wenn $e(t)$ für $t \to \infty$ einem Grenzwert zustrebt, so können wir diesen nach der Grenzwertregel für die Laplace-Transformation bestimmen und erhalten unter Berücksichtigung von (5.6) und (5.7)

$$\lim_{t \to \infty} e(t) = \lim_{s \to 0} [s\, e(s)] = \lim_{s \to 0} \frac{s^{\varrho+1} N(s)\, r(s)}{s^\varrho N(s) + V Z(s)}$$

bzw.

$$\lim_{t \to \infty} e(t) = \lim_{s \to 0} \frac{s^{\varrho+1}}{s^\varrho + V} \, r(s). \qquad (5.8)$$

In Tab. 5.1 sind die bleibenden Regelfehler $e(\infty) = e_k$ für die *Eingangstestfunktionen* mit den Laplace-Transformierten $1/s^k$ ($k = 1, 2, \ldots$) zusammengestellt.

Tabelle 5.1

	$r(t)$	k	$\varrho = 0$	$\varrho = 1$	$\varrho = 2$
Sprungfunktion	$\sigma(t)$	1	$\dfrac{1}{1+V}$	0	0
Anstiegs- oder Rampenfunktion	$t\,\sigma(t)$	2	∞	$\dfrac{1}{V}$	0
Beschleunigungs-funktion	$\tfrac{1}{2}t^2\,\sigma(t)$	3	∞	∞	$\dfrac{1}{V}$

Falls $\varrho < 0$, liefert (5.8) $e_1 = 1$ bzw. $e_k(t) \to \infty$ für $k > 1$. Im übrigen entnehmen wir der Übersicht folgendes: Zur Reproduktion der Sprungfunktion hinsichtlich ihres Endwertes ist mindestens eine Integration (Faktor $1/s$ in der Übertragungsfunktion) erforderlich, zur Reproduktion der Anstiegsfunktion brauchen wir mindestens zwei Integrationen usf. Haben wir bei denselben Eingangsfunktionen jeweils eine Integration weniger als für einen verschwindenden Restfehler erforderlich wäre, so entsteht eine endliche bleibende Abweichung (Bild 5.5), die mit wachsendem Verstärkungsfaktor abnimmt. Es ist dann wünschenswert, *V im Hinblick auf die bleibende Regelabweichung so groß wie möglich* zu wählen. Man könnte daran denken, diese Maßnahme durch Verwendung einer genügend großen Anzahl von Integrationsstufen überflüssig zu machen. Meist erweist sich jedoch dieser Ausweg mit Rücksicht auf die Stabilitätsverhältnisse oder das Einschwingverhalten als unzweckmäßig, falls er mehr als einen Integrierer erfordert.

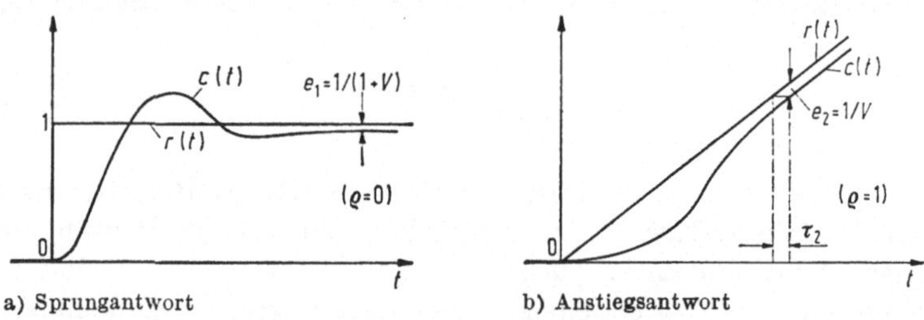

Bild 5.5. Bleibende Regelabweichung für eine
a) Sprungtestfunktion („Lagefehler" e_1); b) Anstiegstestfunktion („Geschwindigkeitsfehler"[1] e_2). Oft interessiert primär die entsprechende Verzögerungszeit τ_2.

Die Wahl der Testfunktionen ist der jeweiligen Aufgabenstellung anzupassen. In vielen Fällen reicht die Betrachtung von Sprungtestfunktionen zur Charakterisierung des Störeinflusses sowie des Führungsverhaltens — wozu auch Sollwertänderungen bei einer Fest-

---

[1] Gemeint ist die bleibende Regelabweichung, wenn sich die Führungsgröße mit konstanter Geschwindigkeit ändert. Man beachte, daß im Bildteil b) die Geschwindigkeiten $\dot{r}(t)$ und $\dot{c}(t)$ nach dem Einschwingvorgang nicht voneinander abweichen.

wertregelung zu rechnen sind — völlig aus. Bei Folgeregelungen zieht man zur Kennzeichnung des Führungsverhaltens oft zusätzlich die Anstiegsfunktion oder auch die Beschleunigungsfunktion heran.

Schließlich besteht noch ein anderer wesentlicher Unterschied bei der Untersuchung des Führungs- und Störverhaltens. Um die bleibende Regelabweichung unter dem Einfluß von Störungen $d(s)$ klein zu halten, haben wir in jedem Falle den Kreisverstärkungsfaktor entsprechend der obigen Tabelle zu wählen und in die Regelkreisschleife eventuell ein zusätzliches Integrationsglied einzufügen. Dagegen kann man das Führungsverhalten oft noch durch eine vorgeschaltete *Steuereinrichtung* $\bigl($Vorfilter $G_v(s)\bigr)$ korrigieren — vgl. Bild 5.6. Wenn z. B. der umrandete

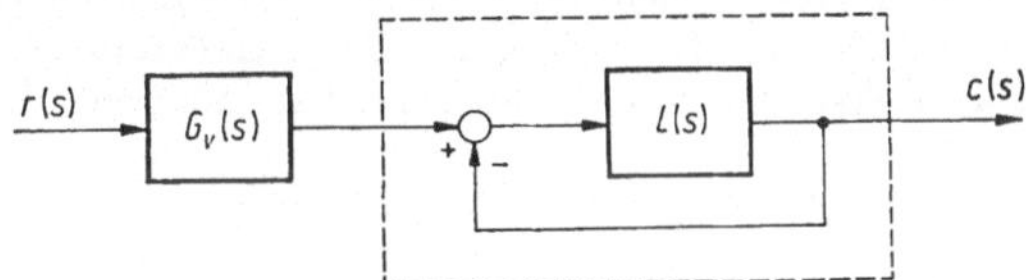

Bild 5.6. Vorfilter zur Beseitigung der bleibenden Regelabweichung.

Teil für sich allein zu einem Lagefehler e_1 führt, wird dieser durch einen Vorverstärker mit der Übertragungsfunktion $G_v(s) = \dfrac{1}{1 - e_1}$ beseitigt. Entsprechendes gilt für den Geschwindigkeitsfehler e_2, wenn man $G_v(s) = 1 + e_2\,s$ wählt. Dem Glied $e_2\,s$ entspricht im Zeitbereich eine Differentiation, die man nur näherungsweise durchführen kann. Mit dem realisierbaren Vorfilter $G_v(s) = (1 + e_2\,s)/(1 + \varepsilon\,e_2\,s)$ wird der ursprüngliche Geschwindigkeitsfehler — wie man nachrechnet — auf den Anteil $\varepsilon\,e_2$ reduziert.

Wir erwähnen noch eine anschauliche *Deutung des Kreisverstärkungsfaktors*, wobei wir $\varrho = 0$ voraussetzen. Dann gehört zum Einheitssprung am Eingang die Ausgangsfunktion

$$c(s) = \frac{V}{s}\,\frac{Z(s)}{N(s)} = \frac{V}{s} + \sum_i \left(\frac{c_{i\,1}}{(s - s_i)} + \cdots + \frac{c_{i\,r_i}}{(s - s_i)^{r_i}} \right).$$

Falls alle Wurzeln $s_1, \ldots, s_l$ von $Z(s)/N(s)$ in der linken Halbebene liegen, erhalten wir mit den nunmehr geläufigen Überlegungen im Zeitbereich

$$r(t) \to V \quad \text{für} \quad t \to \infty, \tag{5.9}$$

d. h., der Endwert der Eingangsfunktion erscheint um den Faktor V verstärkt. V ist daher der Verstärkungsfaktor im stationären Zustand, wenn die Einschwingvorgänge beendet sind. Dieses Ergebnis steht im Einklang damit, daß wir im betrachteten Spezialfall V formal erhalten, indem wir im Frequenzgang $L(j\,\omega)$ die Frequenz gleich Null setzen. Die angegebene Deutung ist nicht mehr richtig, wenn Wurzeln von $L(s)$ in der rechten Halbebene liegen.

Die obige Herleitung der in Tab. 5.1 zusammengefaßten Ergebnisse ist unbefriedigend, da sie von der unbewiesenen Annahme ausgeht, daß sich für $t \to \infty$ tatsächlich ein endlicher Grenzwert einstellt. Wir wollen sie daher durch eine andere ersetzen. Genauer gilt der

Satz 5.2: Wenn die Übertragungsfunktion

$$\frac{e(s)}{r(s)} = \frac{1}{1 + L(s)} = \frac{s^{\varrho} N(s)}{s^{\varrho} N(s) + V Z(s)} \tag{5.10}$$

stabil ist, so ist die bleibende Regelabweichung für die betrachteten Testfunktionen durch die Tab. 5.1 gegeben.

Beweis: Voraussetzungsgemäß liegen die Polstellen $s_1, s_2, \ldots, s_l$ des geschlossenen Kreises in der linken Halbebene, außerdem sei zunächst $\varrho \geqq 0$. So lange $k \leqq \varrho$ ist, hat $e(s)$ für die betrachteten Eingangstestfunktionen $r(s) = 1/s^k$ nach (5.10) dieselben Polstellen und somit eine Partialbruchzerlegung

$$e(s) = \frac{c_1}{s - s_1} + \cdots + \frac{c_l}{s - s_l},$$

wobei wir angenommen haben, daß nur einfache Polstellen vorliegen. Bei mehrfachen Polstellen ändert sich der Beweis nicht wesentlich. Für $k = \varrho + m$ $(m \geqq 1)$ hat $e(s)$ zusätzlich eine m-fache Polstelle bei $s = 0$ und damit eine Partialbruchzerlegung der Form

$$e(s) = \frac{c_{0\,m}}{s^m} + \cdots + \frac{c_{0\,1}}{s} + \frac{c_1}{s - s_1} + \cdots + \frac{c_l}{s - s_l}$$

mit

$$c_{0\,m} = \begin{cases} \dfrac{1}{1 + V} & \text{für} \quad \varrho = 0, \\[2ex] \dfrac{1}{V} & \text{für} \quad \varrho \geqq 1. \end{cases}$$

Im ersten Fall ($k \leqq \varrho$), der in Tab. 5.1 dem Feld oberhalb der Hauptdiagonale entspricht, ergibt die Partialbruchzerlegung im Zeitbereich exponentiell gegen Null abklingende Beiträge, also den Restfehler 0.

Im zweiten Fall ($k = \varrho + m$) ist für $t \to \infty$ der Term $c_{0\,m}/s^m$ ausschlaggebend. Für $m = 1$ (Hauptdiagonale liefert er im Zeitbereich den Beitrag $c_{0\,m}\sigma(t)$, für $m > 1$ (Feld unterhalb der Hauptdiagonale) einen unbeschränkt wachsenden Beitrag.

Für $\varrho = -\tilde{\varrho} < 0$ erhalten wir nach (5.10)

$$e(s) = \frac{N(s)}{N(s) + V s^{\tilde{\varrho}} Z(s)} \frac{1}{s^k} = \frac{c_{0\,k}}{s^k} + \cdots + \frac{c_{0\,1}}{s} + \frac{c_1}{s - s_1} + \cdots + \frac{c_l}{s - s_l}$$

mit $c_{0\,k} = 1$ und daher $e(t) \to \{\begin{smallmatrix} 1 \\ \infty \end{smallmatrix}\}$ für $k \{\begin{smallmatrix} = 1 \\ > 1 \end{smallmatrix}\}$.

Falls die im Satz genannte Voraussetzung über die Polstellen nicht erfüllt ist, gibt (5.9) schon für eine Sprungtestfunktion falsche Ergebnisse. Wir erläutern das am

Beispiel 5.2: Die Übertragungsfunktion des offenen Kreises sei gegeben durch

$$L(s) = V \frac{\left(1 - \dfrac{s}{c}\right)}{\left(1 + \dfrac{s}{c}\right)^2}, \, c > 0.$$

Formal erhalten wir nach der oben aufgestellten Tabelle im Falle einer Sprung-
eingangsfunktion einen bleibenden Fehler $1/(1 + V)$. Dieses Ergebnis ist aber nicht
für beliebige V-Werte richtig. Zur genaueren Untersuchung haben wir uns davon
zu überzeugen, ob die Voraussetzungen für die Benützung dieser Tabelle erfüllt
sind. Hierzu wollen wir die Pole der Übertragungsfunktion

$$\frac{e(s)}{r(s)} = \frac{1}{1 + L(s)} = \frac{\left(1 + \dfrac{s}{c}\right)^2}{\left(1 + \dfrac{s}{c}\right)^2 + V\left(1 - \dfrac{s}{c}\right)}$$

bestimmen. Die Lösung der quadratischen Gleichung

$$\left(1 + \frac{s}{c}\right)^2 + V\left(1 - \frac{s}{c}\right) = 0$$

ergibt die Polstellen

$$s_{1,2} = c\left(\frac{V}{2} - 1\right) \pm c\sqrt{\frac{V}{2}\left(\frac{V}{2} - 4\right)}.$$

Wie die Diskussion dieses Ergebnisses zeigt, liegen nur für

$$-1 < V < 2$$

beide Polstellen in der linken Halbebene, und die obige Tabelle führt zum richtigen
Ergebnis. Für andere V-Werte geben in der Partialbruchzerlegung

$$e(s) = \frac{1}{s_1 s_2}\frac{1}{s} + \frac{1}{s_1(s_1 - s_2)}\frac{1}{s - s_1} + \frac{1}{s_2(s_2 - s_1)}\frac{1}{s - s_2}$$

die Terme mit positivem Realteil von s_1 oder s_2 Anlaß zu einem exponentiell
unbeschränkt wachsenden Regelfehler, der Regelkreis ist also sicher instabil.

5.3 Nyquist-Kriterium

Beim Nyquist-Kriterium handelt es sich um eine Abwandlung der
in Abschn. 4.5 beschriebenen *graphischen Methode*, die auf die Untersuchung von Regelkreisen zugeschnitten ist.

Es sei wieder

$$L(s) = \frac{Z(s)}{N(s)}, \qquad \begin{array}{l} Z(s),\ N(s)\ \text{teilerfremd,} \\ \text{Grad}\{Z(s)\} \leqq \text{Grad}\{N(s)\} \end{array} \tag{5.11}$$

die Kreisübertragungsfunktion. Nach Abschn. 5.1 ist die Übertragungsfunktion des geschlossenen Kreises genau dann stabil, wenn die Nullstellen der Gleichung

$$N(s) + Z(s) = 0 \tag{5.12}$$

einen negativen Realteil haben. Wir wollen jetzt mit Hilfe von Satz 4.12,
S. 117, entscheiden, ob diese Bedingung erfüllt ist und geben hierzu zwei
Möglichkeiten an:

1. Wir betrachten anstelle von $Z(s) + N(s)$ die Funktion

$$F(s) = \frac{Z(s) + N(s)}{N(s)} = 1 + L(s)$$

und wenden auf diese Satz 4.12 an:

$$\varDelta \arc\{F(j\,\omega)\} = \varDelta \arc\{1 + L(j\,\omega)\} \tag{5.13}$$
$$= [\mathrm{Grad}\{Z + N\} - \mathrm{Grad}\{N\}]\,\pi -$$
$$- [N_a\{Z + N\} - N_a\{N\}]\,\pi -$$
$$- 2[N_r\{Z + N\} - N_r\{N\}]\,\pi.$$

2. Setzen wir

$$F(s) = \frac{Z(s) + N(s)}{Z(s)} = 1 + \frac{1}{L(s)},$$

so gilt nach Satz 4.12

$$\varDelta \arc\{F(j\,\omega)\} = [\mathrm{Grad}\{Z + N\} - \mathrm{Grad}\{Z\}]\,\pi - \tag{5.14}$$
$$- [N_a\{Z + N\} - N_a\{Z\}]\,\pi -$$
$$- 2[N_r\{Z + N\} - N_r\{Z\}]\,\pi.$$

Wir behaupten nun

Satz 5.3. **Nyquist-Kriterium:**

Die Übertragungsfunktion des offenen Kreises sei in der Form 5.11 gegeben:

Die Übertragungsfunktion

$$T(s) = \frac{c(s)}{r(s)} = \frac{Z(s)}{N(s) + Z(s)}$$

des geschlossenen Kreises (Bild 5.1) ist genau dann stabil, wenn

$$\varDelta \arc\{1 + L(j\,\omega)\} = [\mathrm{Grad}\{Z(s) + N(s)\} - \mathrm{Grad}\{N(s)\}]\,\pi + \atop + [N_a\{N(s)\} + 2N_r\{N(s)\}]\,\pi \tag{5.15}$$

oder die äquivalente Bedingung

$$\varDelta \arc\left\{1 + \frac{1}{L(j\,\omega)}\right\} = [\mathrm{Grad}\{Z(s) + N(s)\} - \mathrm{Grad}\{Z(s)\}]\,\pi + \atop + [N_a\{Z(s)\} + 2N_r\{Z(s)\}]\,\pi \tag{5.16}$$

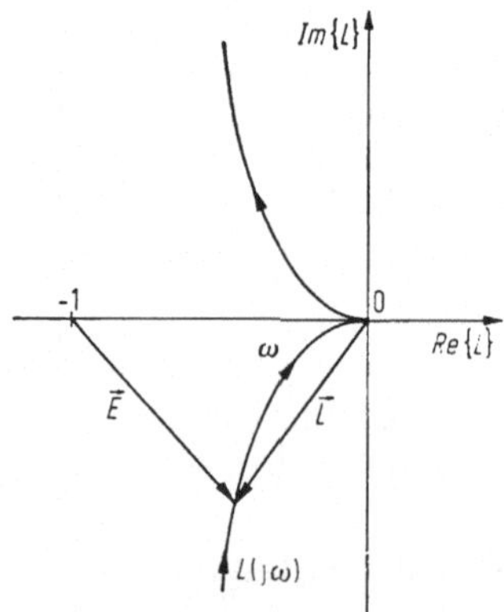

Bild 5.7. Stabilitätsuntersuchung anhand der „*Nyquist-Ortskurve*" L(j ω).

erfüllt ist, d. h. wenn die *vom Punkt* (-1) *aus gemessene stetige Winkelän- derung* der Ortskurve $L(j\,\omega)$ (= stetige Winkeländerung des Fahrstrahls $\vec{E}$ in Bild 5.7) bzw. der Ortskurve $1/L(j\,\omega)$ den Wert hat, der durch die rechten Seiten der Gln. (5.15) bzw. (5.16) gegeben ist.

Beweis: Wir betrachten den ersten Teil des Satzes. Die Notwendigkeit dieser Bedingung folgt sofort aus (5.13), weil im Stabilitätsfall $N_a\{Z + N\} = N_r\{Z + N\}$ $= 0$ gilt. Wenn umgekehrt die Bedingung (5.15) erfüllt ist, so geht die allgemeine

Winkelbilanz (5.13) über in

$$-[N_a\{Z + N\} + 2N_r\{Z + N\}]\,\pi = 0\,.$$

Da die Zahlen $N_a\{Z + N\}$ und $N_r\{Z + N\}$ nicht negativ sind, folgt aus dieser Gleichung sogar $N_a\{Z + N\} = N_r\{Z + N\} = 0$ und damit die Stabilität der Übertragungsfunktion $T(s)$.

Den zweiten Teil des Satzes kann man analog beweisen.

Beispiel 5.3: Die Übertragungsfunktion $L(s)$ des offenen Kreises stimme überein mit der Funktion $F(s)$ von Beispiel 4.5, S. 116. Dann lautet die Stabilitätsbedingung (5.15)

$$\Delta\arc\{1 + L(j\,\omega)\} = \pi\,.$$

Anhand von Bild 4.5 prüft man nach, daß sie genau dann erfüllt ist, wenn der Punkt (-1) links vom Schnittpunkt P der Ortskurve mit der reellen Achse bei $-k/c\,d\,(c + d)$ liegt, d. h. wenn $k/c\,d\,(c + d) < 1$ ist. Liegt P links vom Punkt (-1) bzw. darauf, so dreht sich der Fahrstrahl $\vec{E}$ beim Durchlaufen der Ortskurve nicht um den Wert π, sondern um -3π bzw. $-\pi$.

Die Anwendung des Nyquist-Kriteriums setzt voraus, daß man für die Übertragungsfunktion des offenen Kreises die Anzahl der Nullstellen oder Polstellen in der rechten Halbebene und auf der imaginären Achse kennt. Diese Voraussetzung ist häufig gegeben, insbesondere dann, wenn das Blockschaltbild die Form von Bild 5.2 hat und die Ordnung der Übertragungsfunktionen für die einzelnen Blöcke niedrig ist, ihre Pol- und Nullstellen also einfach berechnet werden können. Andernfalls kann man sich helfen, indem man etwa zunächst die Ortskurve $N(j\,\omega)$ zeichnet. Aus der graphischen Bestimmung ihrer stetigen Winkeländerung ergibt sich gemäß Satz 4.12, S. 117, $\bigl(\text{mit } F(s) = P(s) = N(s), Q(s) = 1\bigr)$

$$\pi[N_a\{N\} + 2N_r\{N\}] = \pi\,\mathrm{Grad}\{N\} - \Delta\arc\{N(j\,\omega)\}\,.$$

Auf der linken Seite steht gerade der Ausdruck, den man zur Stabilitätsprüfung mit Hilfe der Bedingung (5.15) braucht. Entsprechendes gilt für $Z(s)$ bei Anwendung von (5.16).

Wir wollen noch den Spezialfall hervorheben, bei dem der aufgetrennte Kreis nach Abspaltung eventuell vorhandener Integrationsglieder stabil ist.

Satz 5.4: **Vereinfachtes Nyquist-Kriterium.**

Die Übertragungsfunktion des offenen Kreises habe die Form

$$L(s) = \frac{1}{s^\varrho}\,\frac{Z_0(s)}{N_0(s)} \quad \bigl(Z_0(s),\ N_0(s)\ \text{teilerfremd}\bigr),\qquad (5.17)$$

wobei ϱ eine ganze Zahl, $\varrho + \mathrm{Grad}\{N_0(s)\} > \mathrm{Grad}\{Z_0(s)\}$ sei und $N_0(s)$ nur Wurzeln mit negativem Realteil habe.

Unter dieser Voraussetzung ist die Übertragungsfunktion $T(s)$ des geschlossenen Kreises genau dann stabil, wenn

$$\Delta \arc\{1 + L(j\,\omega)\} = \begin{cases} 0 & \text{für } \varrho \leqq 0, \\ \varrho\,\pi & \text{für } \varrho > 0 \end{cases} \tag{5.18}$$

gilt, d. h. wenn die „*Umlaufzahl*"

$$U = \frac{1}{2\,\pi}\,\Delta\arc\{1 + L(j\,\omega)\}\,{}^{1}$$

der Ortskurve $L(j\,\omega)$ um den Punkt (-1) gleich 0 $(\varrho \leqq 0)$ bzw. $\frac{\varrho}{2}$ $(\varrho > 0)$ ist.

Beweis: Wir setzen

$$Z(s) = Z_0(s), \qquad N(s) = s^\varrho\,N_0(s), \qquad \text{falls } \varrho \geqq 0,$$
$$Z(s) = s^{-\varrho}\,Z_0(s), \qquad N(s) = N_0(s), \qquad \text{falls } \varrho < 0.$$

Unter den Annahmen zu (5.17) folgt

$$N_r\{N\} = 0, \qquad N_a\{N\} = \begin{cases} \varrho & \text{für } \varrho \geqq 0, \\ 0 & \text{für } \varrho < 0 \end{cases}$$

sowie $\mathrm{Grad}\{N\} > \mathrm{Grad}\{Z\}$, also $\mathrm{Grad}\{Z + N\} = \mathrm{Grad}\{N\}$. Damit geht (5.15) über in (5.18).

Wir wollen dem Nyquist-Kriterium noch eine andere Fassung geben, indem wir die Winkeländerung der Ortskurve $L(j\,\omega)$ durch die Betrachtung ihrer Schnittpunkte mit der reellen Achse bestimmen. Aus Symmetriegründen genügt es, wenn wir den Ortskurvenverlauf für $\omega > 0$ untersuchen. Bezeichnen wir die stetige Winkeländerung des Fahrstrahls $\vec{E}$ in Bild 5.8 zwischen $\omega = +0$ und $\omega = +\infty$ zur Abkürzung mit W, so gilt

$$W = \tfrac{1}{2}\Delta\arc\{1 + L(j\,\omega)\}. \tag{5.19}$$

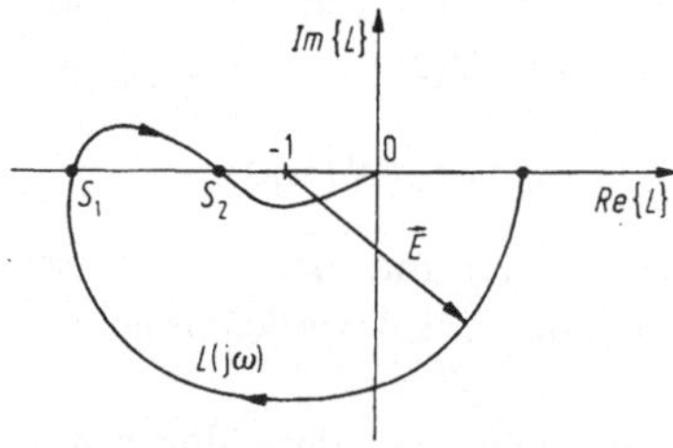

Bild 5.8. Positiver (S_2) und negativer (S_1) Schnittpunkt mit der reellen Achse.

Wir nennen einen *Schnittpunkt* der orientierten Ortskurve mit der negativen reellen Achse *positiv*, wenn er vom zweiten in den dritten Quadranten führt (wie S_2 in Bild 5.8), *negativ*, wenn er vom dritten Quadranten zurück in den zweiten führt (wie S_1). Berührungspunkte der Ortskurve mit der reellen Achse zählen wir nicht mit.

Es sei

$$L(s) = \frac{Z(s)}{N(s)}, \tag{5.20}$$

---

¹ Vorsicht ist geboten mit einer oft gebrauchten geometrischen Definition der Umlaufzahl.

wobei $\mathrm{Grad}\{Z(s)\} < \mathrm{Grad}\{N(s)\}$ und $N(s)$ keine konjugiert komplexen Polpaare auf der imaginären Achse hat.

Wir ordnen der Ortskurve $L(j\,\omega)$ die Zahl $v = 0$, ± 1 oder ± 2 zu, je nachdem welcher der in Bild 5.9a angegebenen Richtungen der Fahrstrahl $\vec{E}$ für $\omega \to +0$ zustrebt.

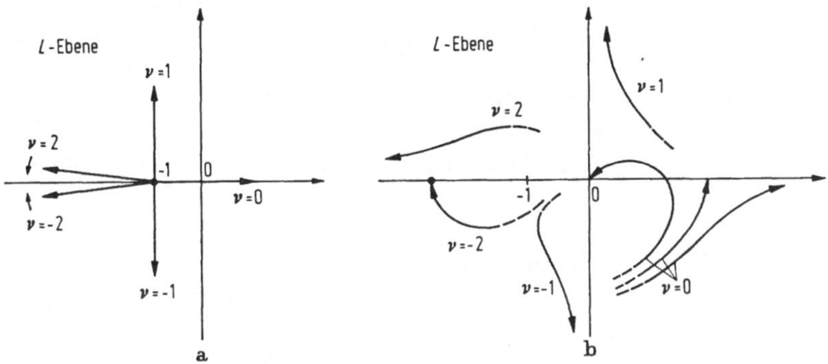

Bild 5.9. Zur Festsetzung von v (Satz 5.5).
a) Grenzrichtung von $\vec{E}$ } für $\omega \to +0$ ($\omega > 0$).
b) Verhalten von $L(j\,\omega)$ }

Für die spätere Anwendung auf die Stabilitätsuntersuchung mit Hilfe des Frequenzkennlinienverfahrens ist es bequemer, wenn man zur Bestimmung von v anstelle der Grenzlage des Fahrstrahls $\vec{E}$ das Verhalten von $L(j\,\omega)$ für $\omega \to +0$ betrachtet. Den Zusammenhang sieht man leicht geometrisch ein. Bild 5.9b veranschaulicht einige typische Fälle. Die Pfeile zeigen ausnahmsweise in Richtung abnehmender $\omega \to +0$.

Mit diesen Vereinbarungen formulieren wir den angekündigten

Satz 5.5: **Schnittpunktsform des Nyquist-Kriteriums.**

Die Übertragungsfunktion $L(s)$ des offenen Kreises sei durch (5.20) mit der dort angeführten Voraussetzung gegeben. $d = n_p - n_n$ sei die Differenz aus der Anzahl der positiven (n_p) und der negativen (n_n) Schnittpunkte der Ortskurve $L(j\,\omega)$ mit der reellen Achse links vom „kritischen Punkt" (-1).

Der geschlossene Kreis ist genau dann stabil, wenn die Ortskurve nicht durch den Punkt (-1) geht und

$$4d - v = N_a\{N(s)\} + 2N_r\{N(s)\} \tag{5.21}$$

gilt.

Beweis: Wir bezeichnen die links von (-1) gelegenen Schnittpunkte der Ortskurve mit der reellen Achse in der Reihenfolge, in der sie mit wachsendem ω durchlaufen werden, mit $S_1, S_2, \ldots, S_n$. Den Beitrag des Kurvenstückes zwischen S_i und S_{i+1} zur Winkeländerung W nennen wir $W_{i,i+1}$. Wir gehen aus von dem Spezialfall, bei dem alle Schnittpunkte S_i positiv sind. Außerdem sei zunächst $v = 0$ angenommen.

Dann ist (vgl. Bild 5.10a)

$$W_{i,\,i+1} = 2\pi \quad \text{für} \quad i = 1, \ldots, n-1,$$

$$W_{0,1} \;\;= \pi,$$

$$W_{n,\infty} = \pi,$$

insgesamt also

$$W = n\,2\pi. \tag{5.22}$$

Falls genau eine Schnittstelle S_i negativ ist, gibt das Ortskurvenstück zwischen S_{i-1} und S_{i+1} den Winkelzuwachs 0, der um $2\cdot 2\pi$ kleiner ist als im zuerst behandelten Fall (vgl. Bild 5.10b); folglich wird

$$W = (n-2)\,2\pi.$$

Durch eine ähnliche Skizze macht man sich klar, daß sich der Winkelbeitrag für k aufeinanderfolgende negative Schnittpunkte S_i gegen-

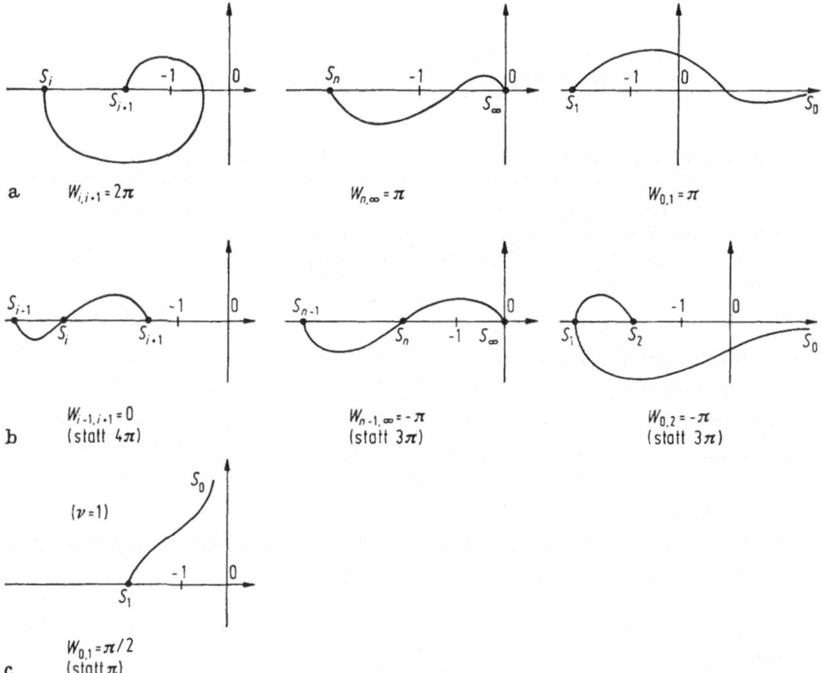

Bild 5.10. Zum Beweis von Satz 5.5. [Die Klammerwerte unter b) und c) beziehen sich auf den Vergleich mit a).]

über (5.22) zum $2k\cdot 2\pi$ verringert. Für insgesamt n_p positive und n_n negative Schnittpunkte erhalten wir

$$W = (n - 2\,n_n)\,2\pi$$

oder wegen $n_p + n_n = n$

$$W = (n_p - n_n)\, 2\pi = 2\pi\, d\,.$$

Wenn ν von 0 verschieden ist, ändert sich der Beitrag $W_{0,1}$ um $-\nu\dfrac{\pi}{2}$ (vgl. Bild 5.10c für $\nu = 1$), es gilt also allgemein

$$W = 2\pi\, d - \nu\,\frac{\pi}{2}\,. \tag{5.23}$$

Für den Stabilitätsfall folgt aus (5.15) wegen der Voraussetzung $\operatorname{Grad}\{Z(s)\} < \operatorname{Grad}\{N(s)\}$

$$W = [N_a\{N(s)\} + 2N_r\{N(s)\}]\,\frac{\pi}{2}\,.$$

Der Vergleich der beiden letzten Gleichungen ergibt die Bedingung (5.21). Für diese geometrische Beweisskizze ist wesentlich, daß die Ortskurve $L(j\,\omega)$ höchstens für $\omega \to 0$ ins Unendliche läuft. Das wird durch die in (5.20) angegebenen Bedingungen sichergestellt.

Beispiel 5.4: Es sei

$$L(s) = \frac{V}{s^2}\;\frac{\left(1 + \dfrac{s}{1,8}\right)^2}{\left(1 + \dfrac{s}{0,4}\right)\left(1 + \dfrac{s}{15}\right)^2}\,.$$

Den Verlauf der Ortskurve $L(j\,\omega)$ veranschaulicht Bild 5.11. Sie hat einen positiven Schnittpunkt S_1 bei $-0{,}125\,V$ und einen negativen Schnittpunkt S_2 bei $-0{,}0066\,V$; man kann die Schnittpunkte z. B. ermitteln, indem man die Ortskurve für $V = 1$ punktweise (mit Hilfe des Digitalrechners) berechnet und maß-

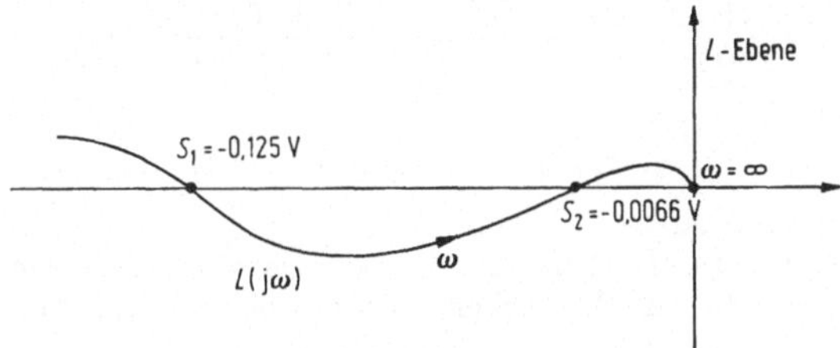

Bild 5.11. Ortskurve zu Beispiel 5.4 (schematisch).

stabsgetreu zeichnet. Für diese Kreisübertragungsfunktion ist $N_a\{N(s)\} = 2$, $N_r\{N(s)\} = 0$, $\nu = 2$. Folglich liegt gemäß (5.21) Stabilität genau dann vor, wenn die Bedingung

$$4d - 2 = 2\,, \quad \text{d. h.} \quad d = 1\,,$$

erfüllt ist. Das ist der Fall, wenn der kritische Punkt (-1) zwischen S_1 und S_2 liegt, also

$$0{,}0066\,V < 1 < 0{,}125\,V$$

bzw.

$$8 \quad\quad < V < 151$$

gilt.

In diesem Beispiel wird der Regelkreis auch dann instabil, wenn der Kreisverstärkungsfaktor unter einen bestimmten Wert sinkt, d. h. für $V \to 0$. Man spricht daher von *bedingter Stabilität*. Ein solches Verhalten ist im allgemeinen unerwünscht.

Abschließend gehen wir auf den *Zusammenhang des Nyquist-Kriteriums mit der D-Zerlegung* ein. In Satz 4.14, S. 119, haben wir charakteristische Gleichungen der Form

$$P(s) + \lambda Q(s) = 0 \tag{5.24}$$

betrachtet, wobei λ ein *veränderlicher Parameter* ist. Zunächst sei ein einfaches Beispiel für das Auftreten einer solchen Gleichung in der Regelungstheorie angeführt.

Beispiel 5.5: Der Regelkreis sei im Bildbereich durch das Blockschaltbild 5.12

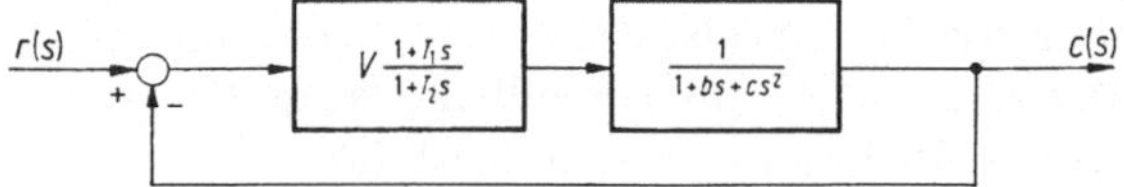

Bild 5.12. Beispiel für einen Regelkreis, der auf eine charakteristische Gl. (5.24) führt ($\lambda = 1/V$ bzw. $1/b$).

mit der Kreisübertragungsfunktion

$$L(s) = V \frac{1 + T_1 s}{1 + T_2 s} \frac{1}{1 + b s + c s^2}$$

beschrieben. Im Normalfall sind die Polstellen des quadratischen Gliedes von der Nullstelle des linearen Gliedes verschieden. Das charakteristische Polynom des geschlossenen Kreises ist dann durch das Nennerpolynom der Übertragungsfunktion

$$T(s) = \frac{c(s)}{r(s)} = \frac{V(1 + T_1 s)}{(1 + T_2 s)(1 + b s + c s^2) + V(1 + T_1 s)}$$

gegeben, d. h. durch

$$\Delta(s) = (1 + T_2 s)(1 + b s + c s^2) + V(1 + T_1 s).$$

Wir untersuchen zwei Fälle:

a) Die charakteristische Gleichung hat die gewünschte Form, wenn V der veränderliche Parameter ist. Wir wollen sie aber noch mit $1/V$ multiplizieren und

$$\lambda = 1/V,$$
$$P(s) = 1 + T_1 s, \quad Q(s) = (1 + T_2 s)(1 + b s + c s^2)$$

setzen. Dann stimmt $\dfrac{1}{\lambda} \dfrac{P(s)}{Q(s)}$ mit der Kreisübertragungsfunktion $L(s)$ überein.

b) Zur Prüfung der Stabilität in Abhängigkeit vom Parameter b für feste Werte der übrigen Koeffizienten schreiben wir das charakteristische Polynom um,

$$\Delta(s) = \frac{1}{b} [(1 + T_2 s)(1 + c s^2) + V(1 + T_1 s)] + s(1 + T_2 s),$$

und setzen

$$\lambda = 1/b,$$
$$P(s) = s(1 + T_2 s),$$
$$Q(s) = (1 + T_2 s)(1 + c s^2) + V(1 + T_1 s).$$

$\widetilde{L}(s) = \dfrac{1}{\lambda}\,\dfrac{P(s)}{Q(s)}$ stellt jetzt nicht die Kreisübertragungsfunktion des gegebenen Regelkreises dar. Formal können wir aber $\widetilde{L}(s)$ auffassen als Übertragungsfunktion des offenen Kreises von Bild 5.13, der auf dieselbe charakteristische Gleichung führt.

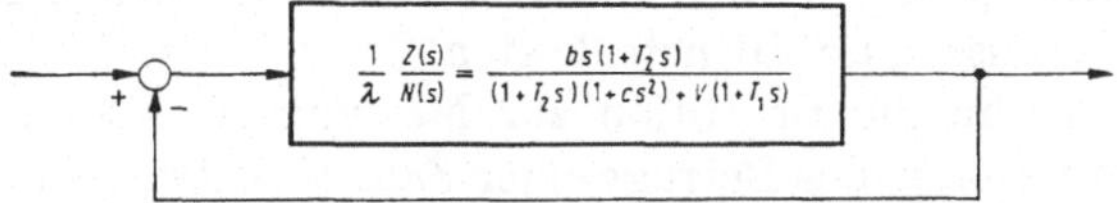

Bild 5.13. Umgewandeltes Blockschaltbild zu Beispiel 5.5.

Allgemein deuten wir für die Bestimmung des Stabilitätsbereichs von λ mit Hilfe des Nyquist-Kriteriums in (5.24)

$$\widetilde{L}(s) = \frac{1}{\lambda}\,\frac{P(s)}{Q(s)}$$

als Übertragungsfunktion eines offenen Regelkreises. Wir haben dann im Prinzip für die interessierenden λ-Werte festzustellen, ob die stetige Winkeländerung der Ortskurve $L(j\,\omega)$ vom Punkt (-1) aus betrachtet der Bedingung (5.15) genügt. Das Verfahren vereinfacht sich, wenn man beachtet, daß die zu verschiedenen λ-Werten gehörigen Ortskurven ähnlich sind. Wir erhalten daher dieselbe stetige Winkeländerung

$$\Delta\arc\left\{1+\frac{1}{\lambda}\,\frac{P(j\,\omega)}{Q(j\,\omega)}\right\} = \Delta\arc\left\{\lambda\left(1+\frac{1}{\lambda}\,\frac{P(j\,\omega)}{Q(j\,\omega)}\right)\right\} = \Delta\arc\left\{\lambda+\frac{P(j\,\omega)}{Q(j\,\omega)}\right\},$$

wenn wir die feste Ortskurve $\dfrac{P(j\,\omega)}{Q(j\,\omega)}$ vom variablen Punkt $(-\lambda)$ aus betrachten.

Ganz analog gehen wir vor, wenn wir den Stabilitätsbereich von λ über die D-Zerlegung ermitteln. Die D-Ortskurve $\lambda(j\,\omega) = -P(j\omega)/Q(j\omega)$ und die Nyquist-Ortskurve $\widetilde{L}(j\,\omega)$ unterscheiden sich nur durch den Faktor (-1), dem geometrisch eine Spiegelung am Nullpunkt der komplexen Ortskurvenebene entspricht. Auch die Voraussetzungen für die Anwendung beider Methoden entsprechen sich weitgehend. Bei der D-Zerlegung hat man wenigstens für einen λ-Wert die Anzahl von Wurzeln der charakteristischen Gleichung in der linken Halbebene zu bestimmen. Für die Anwendung von Satz 5.3 muß die Anzahl der Wurzeln von $Q(s)$ auf der imaginären Achse und in der rechten Halbebene bekannt sein.

5.4 Logarithmische Frequenzkennlinien (Bode-Diagramme)

Bei der Anwendung des Nyquist-Kriteriums zur Untersuchung der Stabilität eines geschlossenen Regelkreises mit rationalen Übertragungsgliedern war es erforderlich, eine Funktion $Z(j\,\omega)/N(j\,\omega)$ in der komplexen Ebene als Ortskurve mit dem Parameter ω aufzuzeichnen. Die

Ermittlung des Ortskurvenverlaufs ist oft mühsam, wenn man keinen Digitalrechner zur Verfügung hat. In diesen Fällen stellen die logarithmischen Frequenzkennlinien ein Hilfsmittel zur Vereinfachung der erforderlichen Arbeit bei der graphischen Analyse des Stabilitätsverhaltens dar. Später werden wir sehen, daß sie auch beim Entwurf linearer Regelkreise gute Dienste leisten.

Zunächst sei an die Definition zur Messung eines komplexen Verstärkungsfaktors bzw. des Betrags einer Zahl N in *Dezibel* (dB bzw. db) erinnert. Es gilt

$$|N|_{\mathrm{dB}} = 20\log|N| \qquad (\log = {}^{10}\log).$$

Die Tabelle gibt einige wichtige Umrechnungswerte an. Mit den Regeln

$$|N_1 N_2|_{\mathrm{dB}} = |N_1|_{\mathrm{dB}} + |N_2|_{\mathrm{dB}},$$

$$|N_1/N_2|_{\mathrm{dB}} = |N_1|_{\mathrm{dB}} - |N_2|_{\mathrm{dB}}$$

N	$|N|_{\mathrm{dB}}$
0,01	-40
0,1	-20
0,32	-10
0,50	$- 6$
1,0	0
2,0	$+ 6$
3,16	$+10$
10	$+20$
100	$+40$

kann man daraus leicht weitere Werte bestimmen, z. B. ist

$$|5|_{\mathrm{dB}} = |10/2|_{\mathrm{dB}} = 20\,\mathrm{dB} - 6\,\mathrm{dB} = 14\,\mathrm{dB}.$$

Wir nehmen nun an, die *Übertragungsfunktion des offenen Regelkreises* liege in der Form

$$L(s) = \frac{V}{s^\varrho}\,\frac{\left(1 + \dfrac{s}{\tilde{\omega}_1}\right)\left(1 + \dfrac{s}{\tilde{\omega}_2}\right)\cdots\left(1 + \dfrac{2\,\tilde{\zeta}_1 s}{\tilde{\omega}_{n1}} + \dfrac{s^2}{\tilde{\omega}_{n1}^2}\right)\cdots}{\left(1 + \dfrac{s}{\omega_1}\right)\left(1 + \dfrac{s}{\omega_2}\right)\cdots\left(1 + \dfrac{2\,\zeta_1 s}{\omega_{n1}} + \dfrac{s^2}{\omega_{n1}^2}\right)\cdots} \tag{5.25}$$

$$(\varrho \text{ ganz}; \ \omega_i, \tilde{\omega}_i \neq 0, \text{ reell}; \ \omega_{ni}, \tilde{\omega}_{ni} > 0; \ -1 < \zeta_i < +1)$$

vor, d. h., Zähler und Nenner der rationalen Übertragungsfunktion sind als Produkte von Linearfaktoren dargestellt, wobei wir aber die Beiträge konjugiert komplexer Wurzeln zu quadratischen Termen zusammenfassen[1] und die Wurzeln bei $s = 0$ zu einem Faktor s^ϱ. V ist der in Abschn. 5.2 eingeführte Kreisverstärkungsfaktor.

---

[1] Man beachte, daß die quadratischen Faktoren unter der angegebenen Voraussetzung $|\zeta_i| < 1$ zwei konjugiert komplexe Wurzeln haben. Für $|\zeta_i| \geqq 1$ würden sie sich in zwei Linearfaktoren mit reellen Wurzeln aufspalten lassen.

Zur bequemen graphischen Darstellung von $L(j\,\omega)$ zerlegen wir diese komplexe Funktion in ihren Winkel und Betrag:

$$|L(j\,\omega)| = \frac{|V|}{|j\,\omega|^{\varrho}} \; \frac{\left|1 + \dfrac{j\,\omega}{\tilde{\omega}_1}\right| \cdots \left|1 + 2\,\tilde{\zeta}_1 \dfrac{j\,\omega}{\tilde{\omega}_{n1}} + \dfrac{(j\,\omega)^2}{\tilde{\omega}_{n1}^2}\right| \cdots}{\left|1 + \dfrac{j\,\omega}{\omega_1}\right| \cdots \left|1 + 2\,\zeta_1 \dfrac{j\,\omega}{\omega_{n1}} + \dfrac{(j\,\omega)^2}{\omega_{n1}^2}\right| \cdots}$$

bzw.

$$|L(j\,\omega)|_{\mathrm{dB}} = |V|_{\mathrm{dB}} - |(j\,\omega)^{\varrho}|_{\mathrm{dB}} +$$

$$+ \left|1 + \frac{j\,\omega}{\tilde{\omega}_1}\right|_{\mathrm{dB}} + \cdots + \left|1 + 2\,\tilde{\zeta}_1 \frac{j\,\omega}{\tilde{\omega}_{n1}} + \frac{(j\,\omega)^2}{\tilde{\omega}_{n1}^2}\right|_{\mathrm{dB}} + \cdots -$$

$$- \left|1 + \frac{j\,\omega}{\omega_1}\right|_{\mathrm{dB}} - \cdots - \left|1 + 2\,\zeta_1 \frac{j\,\omega}{\omega_{n1}} + \frac{(j\,\omega)^2}{\omega_{n1}^2}\right|_{\mathrm{dB}} - \cdots$$

$$\text{(5.26)}$$

$$\mathrm{arc}\{L(j\,\omega)\} = \mathrm{arc}\{V\} - \mathrm{arc}\{(j\,\omega)^{\varrho}\} +$$

$$+ \mathrm{arc}\left\{1 + \frac{j\,\omega}{\tilde{\omega}_1}\right\} + \cdots + \mathrm{arc}\left\{1 + 2\,\tilde{\zeta}_1 \frac{j\,\omega}{\tilde{\omega}_{n1}} + \frac{(j\,\omega)^2}{\tilde{\omega}_{n1}^2}\right\} + \cdots -$$

$$- \mathrm{arc}\left\{1 + \frac{j\,\omega}{\omega_1}\right\} - \cdots - \mathrm{arc}\left\{1 + 2\,\zeta_1 \frac{j\,\omega}{\omega_{n1}} + \frac{(j\,\omega)^2}{\omega_{n1}^2}\right\}.$$

$$\text{(5.27)}$$

Der Vorteil dieser Zerlegung ist offensichtlich. Die Beiträge der linearen und quadratischen Faktoren setzen sich in beiden Gleichungen additiv zusammen. Wir wollen daher diese Faktoren einzeln betrachten. Es wird sich zeigen, daß sie sich mit Hilfe einfacher Näherungen sowie nachträglicher Korrekturen auf Grund von Tabellen oder Diagrammen besonders bequem zeichnen lassen, wenn man Betrag und Phase getrennt über der logarithmisch geteilten ω-Achse darstellt. Man nennt eine solche Darstellung des Frequenzgangs $L(j\,\omega)$ durch Betragskennlinien (Amplitudenkennlinien) und Phasenkennlinien *Bode-Diagramme* oder *logarithmische Frequenzkennlinien*. Dabei beschränkt man sich auf positive ω-Werte (natürliche Frequenzen), weil $|L(j\,\omega)|$ eine gerade und $[\mathrm{arc}\{L(j\,\omega)\} - \mathrm{arc}\{V\}]$ eine ungerade Funktion ist. Der Verlauf der Betrags- und Phasenkennlinien für $\omega > 0$ ist also durch den für $\omega < 0$ festgelegt. Außerdem ist zu beachten, daß die Phase nur bis auf Vielfache von 2π definiert ist. Für unsere Zwecke legen wir die Phasenkennlinie von (5.25) eindeutig fest durch die Vereinbarung

$$\mathrm{arc}\{L(j\,0)\} = \lim_{\omega \to +0}[\mathrm{arc}\{L(j\,\omega)\}] = [-\varrho + \mathrm{sgn}\{V\} - 1]\frac{\pi}{2}.$$

Nach diesen Vorbemerkungen wollen wir die einzelnen Faktoren von (5.25) genauer untersuchen. Es gilt für

a) den *Verstärkungsfaktor* V:

$$|V|_{dB} = 20 \log |V|. \tag{5.28}$$

$$\mathrm{arc}\{V\} = [\mathrm{sgn}\{V\} - 1]\frac{\pi}{2} = \begin{cases} 0 & \text{für} \quad V > 0, \\ -\pi & \text{für} \quad V < 0, \end{cases}$$

b) den *Beitrag* $G_\varrho(s) = s^\varrho$:

$$|G_\varrho(j\,\omega)|_{dB} = 20\,\varrho \log \omega\,^1,$$

$$\mathrm{arc}\{G_\varrho(j\,\omega)\} = \varrho\,\frac{\pi}{2}. \tag{5.29}$$

Die Betragsgleichung in (5.29) liefert über der logarithmisch geteilten Frequenzachse eine Gerade durch den Nullpunkt mit einer Steigung $\varrho \cdot 20$ dB/Dekade. Der Winkelwert ist konstant (s. Bild 5.14).

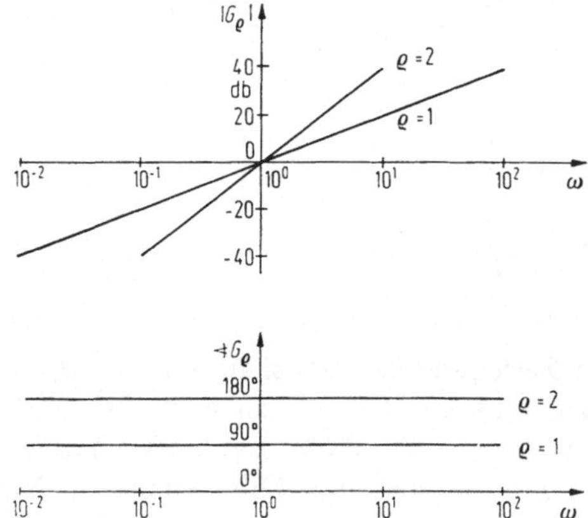

Bild 5.14. Frequenzkennlinien zu $G_\varrho(s) = s^\varrho$.

c) *Beiträge der Linearfaktoren* $G_l(s) = \left(1 + \dfrac{s}{\omega_i}\right)$:

$$|G_l(j\,\omega)|_{dB} = 20 \log \sqrt{1 + \left(\frac{\omega}{\omega_i}\right)^2} \approx$$

$$\approx \begin{cases} 0 & \text{für} \quad \omega \ll |\omega_i|, \\ 20 \log \omega - 20 \log |\omega_i| & \text{für} \quad \omega \gg |\omega_i|, \end{cases}$$

$$\mathrm{arc}\{G_l(j\,\omega)\} = \mathrm{arc}\tan \frac{\omega}{\omega_i} = \mathrm{sgn}\{\omega_i\} \, \mathrm{arc}\tan \left(\frac{\omega}{|\omega_i|}\right) \tag{5.30}$$

$$= \begin{cases} 0° & \ll \\ \mathrm{sgn}\{\omega_i\}\, 45° & \text{für} \quad \omega = \\ \mathrm{sgn}\{\omega_i\}\, 90° & \gg \end{cases} |\omega_i|.$$

---

^{1} Wir betrachten die Einheiten für ω als festgelegt und verstehen unter ω die Zahlenwerte der in diesen Einheiten gemessenen Frequenzen.

Dem asymptotischen Verlauf der Amplitudenkennlinie für große und kleine ω entsprechen im Bode-Diagramm zwei Geraden mit der Steigung 0 bzw. 20 dB/Dekade, vgl. Bild 5.15 oben. Die Korrekturwerte in der Umgebung der Eckfrequenz $|\omega_i|$ sind in dem unteren Bildteil wiedergegeben und lassen sich nachträglich leicht anbringen. Zur be-

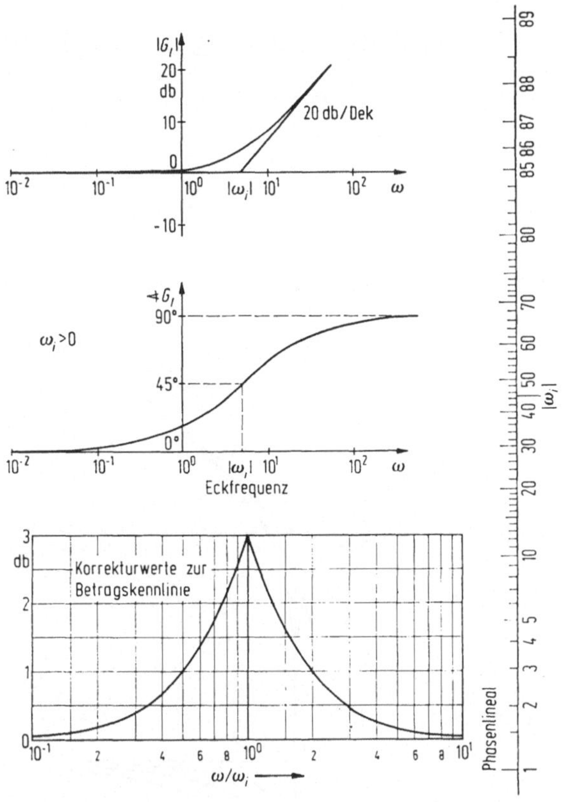

Bild 5.15. Frequenzkennlinien zu $G_i(s) = \left(1 + \dfrac{s}{\omega_i}\right)$.

quemen Zeichnung des Winkelanteils kann man nach dem Muster von Bild 5.15 ein *Phasenlineal* herstellen, das man so an die Abszisse des Bode-Diagramms legt, daß die Marke bei $|\omega_i|$ mit der Eckfrequenz übereinstimmt. An der Teilung liest man die Winkelwerte für die darüberliegenden Frequenzen ab.

Sowohl in der Betrags- als auch in der Winkelgleichung tritt der Parameter ω_i nur als Maßstabsfaktor der Frequenz ω auf. In der Darstellung über der logarithmischen Frequenzskala gehen daher die

Kurven für beliebige ω_i aus der speziellen für $\omega_i = 1$ durch Parallel-
verschieben um $\log|\omega_i|$ hervor.

d) *Beiträge der quadratischen Terme* $G_q(s) = 1 + 2\zeta\dfrac{s}{\omega_n} + \dfrac{s^2}{\omega_n^2}$:

$$|G_q(j\,\omega)|_{\mathrm{dB}} = 20\log\sqrt{\left[1 - \left(\frac{\omega}{\omega_n}\right)^2\right]^2 + \left[2\zeta\left(\frac{\omega}{\omega_n}\right)\right]^2} \approx$$

$$\approx \begin{cases} 0 & \text{für} \quad \omega \ll \omega_n, \\ 20\log\left(\dfrac{\omega}{\omega_n}\right)^2 = 40\log\omega - 40\log\omega_n & \text{für} \quad \omega \gg \omega_n, \end{cases}$$

$$\text{arc}\{G_q(j\omega)\} = \arctan\frac{2\,\zeta\left(\dfrac{\omega}{\omega_n}\right)}{1 - \left(\dfrac{\omega}{\omega_n}\right)^2} \approx$$

$$\approx \begin{cases} 0° & \text{für } 0 < \omega \ll \omega_n, \\ \text{sgn}\{\zeta\}\,90° & \text{für} \quad \omega = \omega_n, \\ \text{sgn}\{\zeta\}\,180° & \text{für} \quad \omega \gg \omega_n. \end{cases}$$

$$(5.31)$$

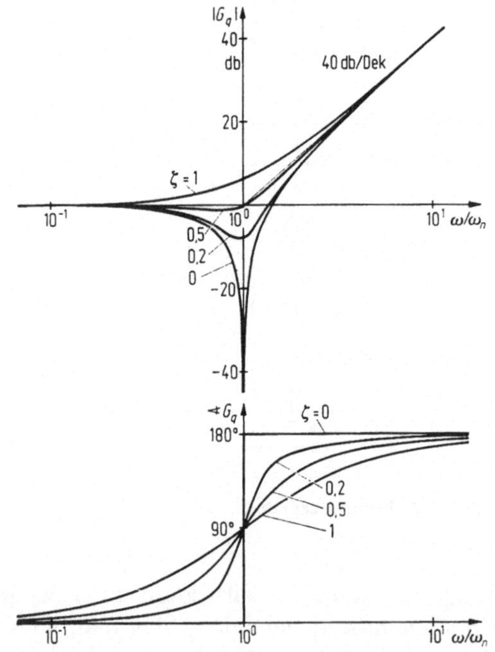

Bild 5.16. Frequenzkennlinien zu $G_q(s) = 1 + 2\zeta\dfrac{s}{\omega_n} + \left(\dfrac{s}{\omega_n}\right)^2$.

Auch hier können wir die asymptotischen Werte sofort zeichnen
(Bild 5.16). Die Korrekturwerte in der Nähe der Eckfrequenz ω_n hängen
jetzt aber vom Parameter ζ ab. Sie sind für einige positive Werte von ζ

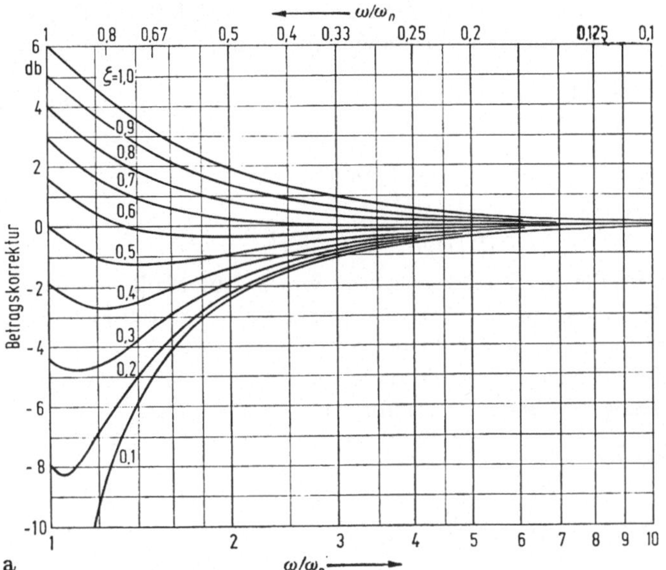

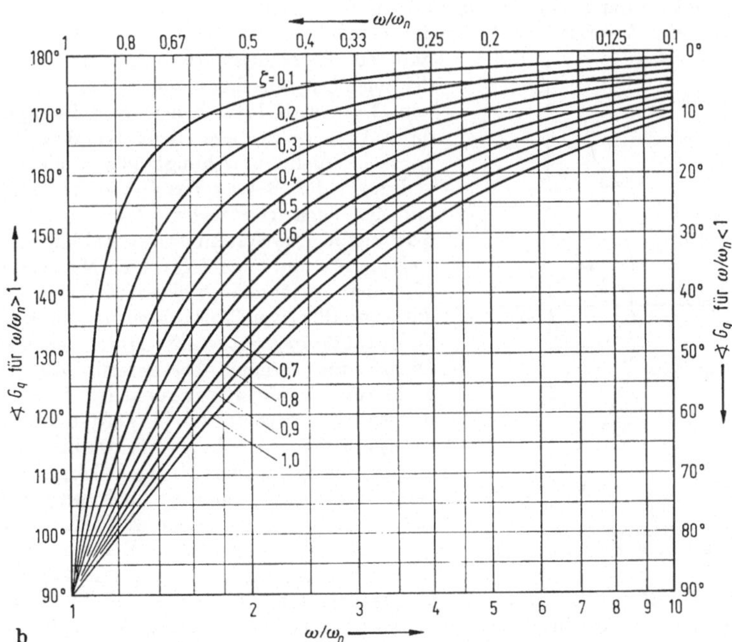

Bild 5.17. Korrekturdiagramme zum asymptotischen Verlauf von $G_q(s) = 1 + 2\zeta\,\dfrac{s}{\omega_n} + \left(\dfrac{s}{\omega_n}\right)^2$.

a) Betragskorrektur;   b) Phasenkennlinien.

in Bild 5.17 dargestellt. Vorzeichenumkehr von ζ läßt die Betragskurven ungeändert, während die Phasenwinkel ebenfalls ihre Vorzeichen ändern.

Die Betragskurven haben für $0 < |\zeta| < \dfrac{1}{\sqrt{2}} = 0{,}707$ ein Minimum an der Stelle

$$\omega_{\min} = \omega_n \sqrt{1 - 2\zeta^2} \qquad (5.32)$$

mit dem Wert

$$|G(j\,\omega_{\min})| = 2\,|\zeta|\,\sqrt{1 - \zeta^2}.$$

ω_n kann wieder als Maßstabsfaktor von ω aufgefaßt werden, und die Kurven für beliebige ω_n gehen aus der für $\omega_n = 1$ durch Parallelverschiebung um $\log \omega_n$ nach rechts hervor.

Die Zusammensetzung der verschiedenen Beiträge und die Stabilitätsuntersuchung im Bode-Diagramm erläutern wir am

Beispiel 5.6:

$$L(s) = \frac{K(s+2)}{s(s+0{,}5)(s^2+3{,}2s+64)} = \frac{V\left(1 + \dfrac{s}{\tilde{\omega}_1}\right)}{s\left(1 + \dfrac{s}{\omega_1}\right)\left(1 + \dfrac{2\zeta_1}{\omega_{n\,1}}s + \dfrac{s^2}{\omega_{n\,1}^2}\right)}$$

mit $\omega_1 = 0{,}5$, $\tilde{\omega}_1 = 2$, $\omega_{n1} = 8$, $\zeta_1 = 0{,}2$.

Gesucht sei der Stabilitätsbereich von $V = K/16 > 0$. Wir zeichnen zunächst qualitativ den Verlauf von $L(j\,\omega)$ für einen festen V-Wert (Bild 5.18). Für alle anderen Parameterwerte erhält man daraus die zugehörige Ortskurve durch Dehnung. Nach dem Nyquist-Kriterium liegt Stabilität genau dann vor, wenn diese Ortskurve den Punkt $L = -1$ nicht umschlingt oder, anders ausgedrückt, der Betrag des Ortskurvenpunktes auf der negativen reellen Achse kleiner als 0 dB bleibt. Das System ist also stabil für alle K zwischen 0 und einem gewissen Maximalwert K_m, instabil für alle größeren K-Werte. Nach dieser qualitativen Vorbetrachtung wollen wir die Stabilitätsgrenze mit Hilfe des Bode-Diagramms genauer bestimmen. Zu seiner Konstruktion setzen wir zunächst $V = 1$ und nähern die Beiträge zu $|L(j\,\omega)|$ durch ihre *asymptotischen Knicklinien* an. Damit wir sie gleich richtig aneinanderfügen können, ordnen wir die Eckfrequenzen nach wachsenden Beträgen, was bereits oben geschehen ist.

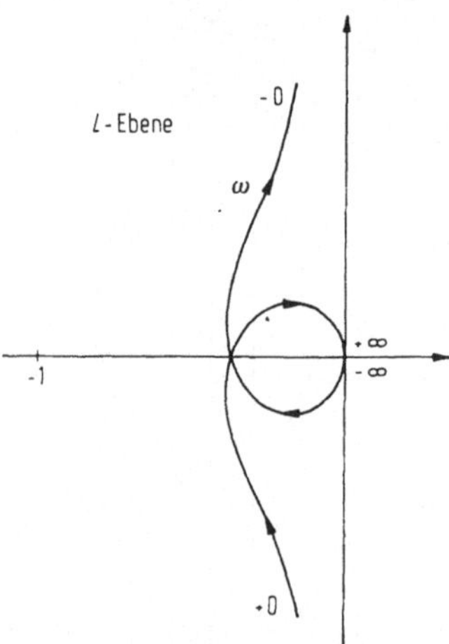

Bild 5.18. Qualitativer Ortskurvenverlauf zu Beispiel 5.6.

Links von der ersten Eckfrequenz bei $\omega_1 = 0{,}5$ geben alle Anteile zur Betragskurve den Anteil 0 dB mit Ausnahme des Terms V/s, dem eine Gerade mit der Neigung 20 dB/Dekade entspricht, welche die 0 dB-Linie bei $\omega = V$ schneidet. In Bild 5.19 haben wir die Betragskennlinie für $V = 1$ gezeichnet. Rechts von der Eckfrequenz gibt der Linearfaktor des Nenners einen Beitrag, der bei ω_1 Null ist und von da aus um 20 dB/Dekade fällt. Die beiden übrigen Faktoren sind zunächst noch Null.

Insgesamt haben wir also einen Abfall von 40 dB/Dekade. Rechts von der zweiten
Eckfrequenz liefert der Linearfaktor des Zählers eine Zunahme von 20 dB/Dekade.
so daß die Neigung auf ihren ursprünglichen Wert von 20 dB/Dekade reduziert
wird, und nach der letzten Eckfrequenz schließlich liefert der quadratische Term
im Nenner wieder eine zusätzliche Abnahme von 40 dB/Dekade. Wenn wir diesen
Streckenzug in der Umgebung der Eckfrequenzen noch entsprechend den obigen
Diagrammen korrigieren, erhalten wir eine ausreichende Annäherung an den
genauen Verlauf der Betragskurve. Zur Konstruktion der Phasenkurve haben wir
die Winkelwerte der linearen Faktoren für einige Frequenzen mit dem Phasen-
lineal bestimmt, die des quadratischen Anteils der Darstellung 5.17 entnommen
und in Bild 5.19 übereinandergeschrieben. Daraus ergeben sich durch Addition
die resultierenden Phasenwerte in diesen Punkten.

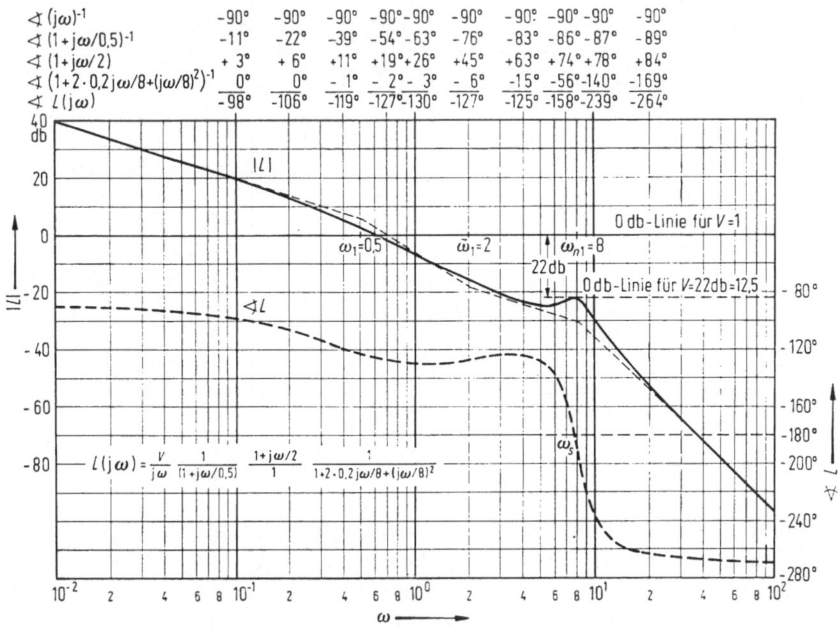

Bild 5.19. Logarithmische Frequenzkennlinien zu Beispiel 5.6.

Aus diesem Diagramm läßt sich ablesen, daß der Schnittpunkt der Phasenkennlinie mit der −180°-Linie ungefähr bei $\omega_s = 8$ liegt. Die für $V = 1$ gezeichnete
Amplitudenkennlinie hat an dieser Stelle den Wert −22 dB. Bis zum Erreichen
der Stabilitätsgrenze dürfen wir sie nach der anfangs angestellten Überlegung
noch um 22 dB anheben. Das entspricht einer zulässigen Kreisverstärkung
$V_{max} \approx 12,5$.

Bild 5.18 wird in diesem Zusammenhang überflüssig, wenn man das Nyquist-
Kriterium in der Schnittpunktform anwendet. Es liegt genau ein negativer
(fallende Phasenkennlinie!) Schnittpunkt bei ω_s und kein positiver Schnittpunkt
vor. Mit $N_s\{N\} = 1$, $N_r\{N\} = 0$ und $v = -1$ geht die Stabilitätsbedingung (5.21)
über in $d = 0$. Sie ist erfüllt, solange die Amplitudenkennlinie bei ω_s unter 0 dB
bleibt. Falls wir den Verstärkungsfaktor um mehr als 22 dB anheben, wird $d = -1$.

10*

Beispiel 5.7: Bild 5.20 zeigt das Bode-Diagramm zum Beispiel 5.4. Nach dem Schnittpunktskriterium haben wir genau dann Stabilität, wenn der Durchtritt der Amplitudenkennlinie durch 0 dB zwischen dem positiven Schnittpunkt S_1 und dem negativen Schnittpunkt S_2 erfolgt. Das ergibt den bereits früher angegebenen Stabilitätsbereich für V.

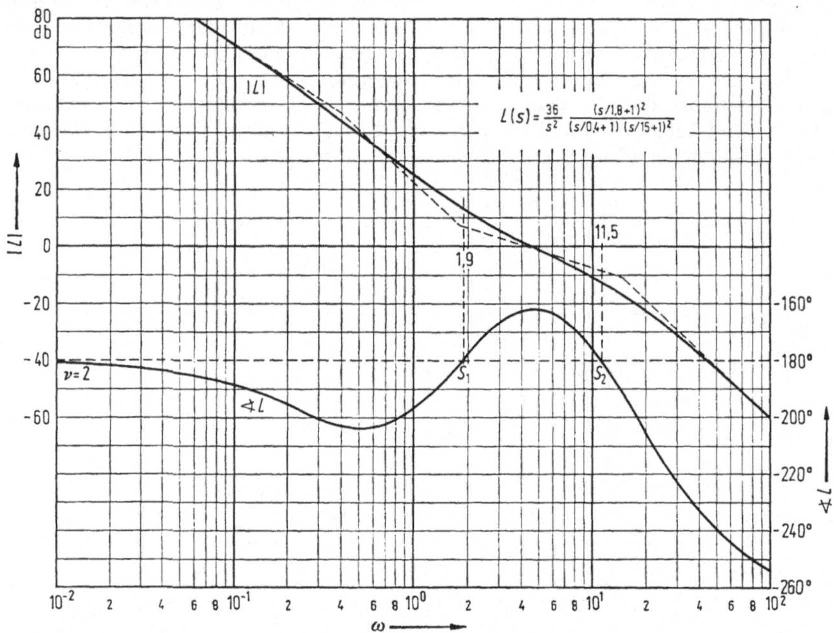

Bild 5.20. Logarithmische Frequenzkennlinien zu Beispiel 5.7, gezeichnet für V=36.

Im Bode-Diagramm wird der Frequenzgang durch die Amplituden- und Phasenkennlinie vollständig beschrieben. Unter gewissen Einschränkungen reicht hierzu die Amplitudenkennlinie allein aus, weil man aus ihr die Phasenkennlinie konstruieren kann und somit alle Information, welche sich aus dieser gewinnen läßt, bereits in jener enthalten ist. Das trifft jedoch nicht allgemein zu, wie unter Berücksichtigung aller Vorzeichenkombinationen die Gegenüberstellung

$$\pm \frac{1}{\left(1 \pm \dfrac{s}{\omega_1}\right)} \quad \text{bzw.} \quad \pm \frac{1}{\left(1 \pm 2\zeta\dfrac{s}{\omega_n} + \dfrac{s^2}{\omega_n^2}\right)}$$

von Übertragungsfunktionen mit denselben Betrags- aber verschiedenen Phasenkennlinien zeigt. Für zwei Übertragungsfunktionen mit dieser Eigenschaft muß

$$G_2(j\,\omega) = G_A(j\,\omega)\,G_1(j\,\omega), \tag{5.33}$$

wobei

$$|G_A(j\,\omega)| = 1,$$

gelten. Ein lineares Übertragungsglied, dessen Amplitudenkennlinie
für alle Frequenzen 1 (bzw. konstant) ist, nennt man einen *Allpaß*.
Unter Beschränkung auf rationale Übertragungsfunktionen, deren Zähler- und Nennerpolynom teilerfremd **vorausgesetzt** werden, zeigen wir:

a) Ein Übertragungssystem ist genau
dann ein Allpaß, wenn in seiner Übertragungsfunktion die Pol- und Nullstellen paarweise symmetrisch zur
imaginären Achse auftreten, wie es in
Bild 5.21 gezeigt ist.

b) Die Phasenkennlinie eines stabilen
Allpasses nimmt monoton ab und ist
stets negativ.

Zu a). Zum Beweis der Notwendigkeit dieser Bedingung bezeichnen
wir die Nullstellen von $G_A(s)$ mit

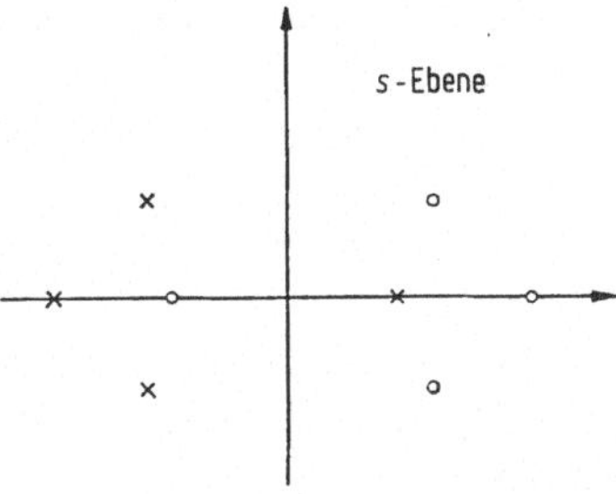

Bild 5.21. Polstellen (×) und Nullstellen (○) eines Allpasses.

$\tilde{s}_j = \tilde{\delta}_j + j\,\tilde{\omega}_j$, die Polstellen mit $s_i = \delta_i + j\,\omega_i$. Aus $|G_A(j\,\omega)| = 1$
und der Darstellung

$$G_A(s) = K\,\frac{\prod\limits_{j} (s - \tilde{s}_j)}{\prod\limits_{i} (s - s_i)}$$

folgt für $s = j\,\omega$

$$K^2 \prod_{j} [(\omega - \tilde{\omega}_j)^2 + \tilde{\delta}_j^2] = \prod_{i} [(\omega - \omega_i)^2 + \delta_i^2] \quad \text{identisch in } \omega.$$

Ersetzen wir in dieser Gleichung ω durch die komplexe Variable z,
so stehen links und rechts zwei Funktionen, die längs der reellen Achse
übereinstimmen. Da sie analytisch sind, stimmen sie dann überall
überein. Als Polynome in z müssen daher beide dieselben durch $\tilde{\omega}_j \pm j\,|\tilde{\delta}_j|$
bzw. $\omega_i \pm j\,|\delta_i|$ gegebenen Nullstellen haben, d. h., es gilt bei geeigneter
Numerierung $\tilde{\omega}_i = \omega_i$ und $|\tilde{\delta}_i| = |\delta_i|$.
Da Zähler und Nenner von $G_A(s)$
teilerfremd vorausgesetzt sind, folgt
hieraus die beschriebene Symmetrie.
Die Umkehrung der Behauptung a) ist
ohne weiteres einzusehen.

Zu b). Die Polstellen eines stabilen
Allpasses liegen sämtlich in der linken
Halbebene, seine Nullstellen folglich
in der rechten.

Greifen wir ein solches Pol-Nullstellen-Paar heraus (Bild 5.22), so gibt
dieses zur Phase bei der Frequenz ω

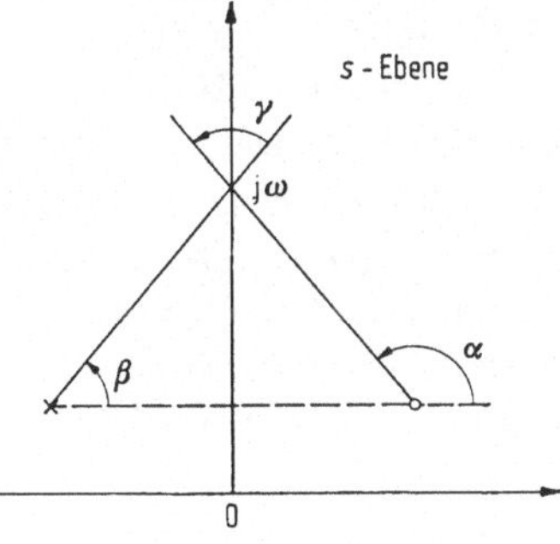

Bild 5.22. Zum Beweis der Allpaßeigenschaft b).

den Beitrag $\gamma = \alpha - \beta$, der monoton abnimmt, wenn ω von 0 bis ∞ wächst. Da ein Allpaß gemäß a) keine Polstellen auf der imaginären Achse hat, insbesondere also keine bei $s = 0$, gilt mit unserer Vereinbarung $\text{arc}\{L(j\,0)\} = 0°$ oder $-180°$. Hieraus und aus der eben bewiesenen Monotonieeigenschaft folgt $\text{arc}\{L(j\,\omega)\} < 0$ für $\omega > 0$.

Definition 5.1: Als *Phasenminimumsystem* bezeichnen wir ein rationales Übertragungssystem (Übertragungssystem mit rationaler Übertragungsfunktion), dessen Übertragungsfunktion keine Pol- und Nullstellen rechts von der imaginären Achse hat und in der normierten Darstellung (5.25) einen positiven Verstärkungsfaktor besitzt.

Die Stabilität eines Phasenminimumsystems kann also nur durch Polstellen der Übertragungsfunktion auf der imaginären Achse verletzt werden.

Satz 5.6: a) Unter allen rationalen Übertragungssystemen mit derselben Betragskennlinie gibt es genau ein Phasenminimumsystem, das durch die Angabe der Betragskennlinie vollständig beschrieben ist.

b) Die Phasenkennlinie eines Phasenminimumsystems liegt oberhalb der Phasenkennlinie aller rationalen Übertragungsfunktionen, die dieselbe Betragskennlinie und keine Polstellen rechts von der imaginären Achse haben.

Beweis: a) Zu jedem rationalen Übertragungssystem $G(s)$ kann man ein Phasenminimumsystem mit derselben Betragskennlinie angeben. Man erhält es, indem man die Übertragungsfunktion mit der eines Allpasses multipliziert, für den in der rechten Halbebene die Nullstellen mit den Polstellen von $G(s)$ übereinstimmen und umgekehrt, und dessen Verstärkungsfaktor dasselbe Vorzeichen hat wie der von $G(s)$. Unter allen rationalen Übertragungsfunktionen mit derselben Betragskennlinie gibt es nur ein Phasenminimumglied. Wären nämlich $G_1(s)$ und $G_2(s)$ zwei Phasenminimumglieder mit derselben Betragskennlinie, so müßte (5.33) gelten, wobei aber der Allpaß zu $G_1(s)$ weder Pol- noch Nullstellen in der rechten Halbebene hinzufügen, noch den Verstärkungsfaktor ändern darf. Daraus folgt $G_A(s) = 1$.

b) Es sei $G_1(j\,\omega)$ die Übertragungsfunktion eines Phasenminimumsystems. Alle anderen zum Vergleich zugelassenen Übertragungsfunktionen mit derselben Betragskennlinie können in der Form (5.33) dargestellt werden, wobei $G_A(s)$ ein stabiler Allpaß ist. Hieraus folgt zusammen mit der auf S. 149 aufgeführten Eigenschaft b) der zweite Teil von Satz 5.6.

Für ein Phasenminimumsystem muß es möglich sein, aus der Betragskennlinie die *Phasenkennlinie zu konstruieren*. Die graphische Lösung dieser Aufgabe kann man so durchführen: Man nähert die vorgelegte Amplitudenkennlinie $|G(j\,\omega)|$

durch einen Polygonzug an, bei dem die Neigungen der einzelnen Geradenstücke ein Vielfaches von 20 dB/Dekade betragen. Aus der Differenz der beiden Kurven an den Eckfrequenzen schätzt man mit Hilfe von Bild 5.17a die Dämpfungswerte ζ_i eventuell vorhandener quadratischer Faktoren der Übertragungsfunktion ab. Mit den so gewonnenen Eckfrequenzen und Dämpfungswerten ist eine analytische Näherung $\hat{G}(s)$ der Übertragungsfunktion in der Form (5.25) bekannt, wobei für ein Phasenminimumsystem alle vorkommenden Konstanten positiv zu wählen sind. Zur Kontrolle der Genauigkeit wird man den Verlauf von $|\hat{G}(j\,\omega)|$ berechnen. Falls er mit der ursprünglich vorgegebenen Betragskennlinie nicht hinreichend gut übereinstimmt, kann man zur Differenz $|\Delta G(j\,\omega)|_{\mathrm{dB}} = |G(j\,\omega)|_{\mathrm{dB}} - |\hat{G}(j\,\omega)|_{\mathrm{dB}}$ beider Betragskennlinien ganz entsprechend $\Delta G(s)$ ermitteln und die erste Näherung $\hat{G}(s)$ durch Multiplikation mit $\Delta G(s)$ korrigieren. Durch Wiederholung dieses Korrekturverfahrens erhält man eine schrittweise Verbesserung, bis die gewünschte Genauigkeit erreicht ist.

Aus der analytischen Form von $\hat{G}(s)$ kann man dann die gesuchte Phasenkennlinie berechnen. Kommt es nur auf eine rohe Näherung an, so reicht es aus, wenn man beachtet, daß zu Geradenstücken mit einer Neigung $r \cdot 20$ dB/Dekade zwischen zwei Knickfrequenzen eine Phase $r\,\dfrac{\pi}{2}$ gehört, und an den Übergangsstellen grobe Korrekturen anbringt. Das gilt vor allem dann, wenn die Eckfrequenzen nicht zu nahe beieinander liegen.

Es sei aber nochmals darauf hingewiesen, daß diese Methode nur dann zum richtigen Phasenverlauf führt, wenn es sich tatsächlich um ein Phasenminimumsystem handelt.

5.5 Das Wurzelortverfahren

Dieses Verfahren ist im besonderen Maße auf die folgende Aufgabe der Regelungstechnik zugeschnitten. Gegeben sei die Übertragungsfunktion des offenen Kreises in der Form

$$L(s) = K\,\frac{Z(s)}{N(s)},$$

wobei $Z(s)$, $N(s)$ vorgegebene, teilerfremde Polynome sind.

Gefragt ist nach der Stabilität der Übertragungsfunktion

$$T(s) = \frac{L(s)}{1 + L(s)} = \frac{K\,Z(s)}{N(s) + K\,Z(s)}$$

des geschlossenen Kreises in Abhängigkeit von dem *reellen Parameter K*, der dem *Kreisverstärkungsfaktor* proportional ist. Zur Lösung dieser Aufgabe haben wir die Lage der Polstellen von $T(s)$, d. h. die Wurzeln des Nenners

$$N(s) + K\,Z(s) = 0 \tag{5.34}$$

zu untersuchen.

Definition 5.2: Die *Wurzelortskurve* (Wurzelort) ist der geometrische Ort der Wurzeln der Gl. (5.34) in Abhängigkeit von dem reellen Parameter K.

Zur Erläuterung dieser Definition bringen wir

Beispiel 5.8: Für

$$L(s) = \frac{K}{s(s+2)}$$

kann man die Pole des geschlossenen Kreises aus der Gleichung

$$s^2 + 2s + K = 0$$

sofort berechnen:

$$s_{1,2}(K) = \begin{cases} -1 \pm \sqrt{1-K} & \text{für } K < 1, \\ -1 \pm j\sqrt{K-1} & \text{für } K \geqq 1. \end{cases}$$

Bild 5.23 zeigt die Lage dieser Wurzeln in der s-Ebene als Funktion von K. Der Wurzelort besteht aus der reellen Achse und einer Parallele zur imaginären Achse im Abstand (-1).

Wir markieren im folgenden durch

$\left.\begin{array}{ll} \circ & \text{Nullstellen} \\ \times & \text{Polstellen} \end{array}\right\}$ des offenen Kreises, d. h. von $L(s)$

$\left.\begin{array}{ll} \boxed{\circ} & \text{Nullstellen} \\ \boxed{\times} & \text{Polstellen} \end{array}\right\}$ des geschlossenen Kreises, d. h. von $T(s)$

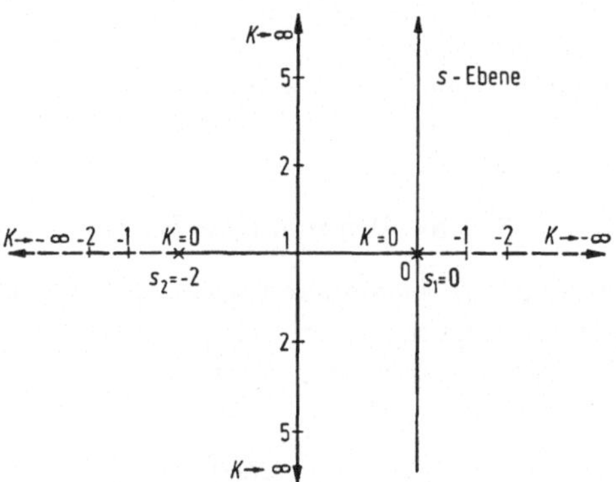

Bild 5.23. Wurzelort zu Beispiel 5.8.
———— WO für $K > 0$; — — — — WO für $K < 0$. Die Zahlen geben die K-Werte an.

In diesem Beispiel haben wir den Wurzelort durch direkte Lösung der Gl. (5.34) berechnet. Als *Wurzelortverfahren* bezeichnet man die Zusammenfassung einer Reihe von Regeln und Hilfsmitteln, welche die näherungsweise Konstruktion des Wurzelortes ohne algebraische oder numerische Lösung dieser Gleichung ermöglichen, wenn die *Nullstellen* und die *Polstellen des offenen Kreises bekannt* sind. Die zuletzt genannte Voraussetzung scheint zunächst ein Nachteil gegenüber der Anwendung des Nyquist-Kriteriums oder der D-Zerlegung zu sein. Der Regelkreis besteht aber oft aus einer Hintereinanderschaltung einfacher Übertragungsglieder, die sich durch gebrochen rationale Übertragungsfunktionen $G_\nu(s)$ mit bekannter Linearfaktorzerlegung des Zählers und Nenners beschreiben lassen. Wegen $L(s) = \prod_\nu G_\nu(s)$ sind damit auch die Pol- und Nullstellen des offenen Kreises bekannt.

Unabhängig von der speziellen Fragestellung, von der wir ausgegangen sind, kann man das Wurzelortverfahren allgemeiner zur Bestimmung des Stabilitätsbereichs eines beliebigen reellen Parameters K anwenden, der in die charakteristische Gleichung in der Form (5.34) eingeht. Wir verweisen auf Beispiel 5.5, Fall b), wobei wir $K = b$, $Z(s) = P(s)$, $N(s) = Q(s)$ setzen. $Z(s)$ und $N(s)$ stimmen hierbei allerdings nicht mehr mit dem Zähler- bzw. Nennerpolynom der Übertragungsfunktion des offenen Kreises überein. Außerdem müssen wir jetzt zunächst die Nullstellen von $N(s)$ berechnen, um das Wurzelortverfahren anwenden zu können. Hierzu ist die Lösung einer kubischen Gleichung erforderlich, obwohl die Linearfaktoren der Übertragungsglieder des offenen Kreises bekannt sind. An diesem einfachen Beispiel wird ersichtlich, warum man das Wurzelortverfahren im allgemeinen im Zusammenhang mit der eingangs gestellten Aufgabe erörtert.

Im Gegensatz zum Nyquist-Kriterium wird mit der Darstellung des Wurzelortes nicht nur die Frage beantwortet, ob alle Polstellen von $T(s)$ in der offenen linken s-Halbebene liegen, sondern eine detaillierte Übersicht über die Lage dieser Polstellen gegeben. Damit kann man zugleich die „Stabilitätsgüte" oder die Dämpfung der Einschwingvorgänge bei einer sprunghaften Änderung der Führungsgröße abschätzen. Wir kommen hierauf später zurück. Diese Vorteile ermöglichen auch die Lösung einfacher Syntheseaufgaben mit Hilfe des Wurzelortverfahrens.

Wir nehmen weiterhin an, daß die Koeffizienten der höchsten Potenzen von $Z(s)$ und $N(s)$ gleich 1 sind. Mit der Darstellung

$$L(s) = K \frac{Z(s)}{N(s)} = K \frac{\prod\limits_{\mu=1}^{m} (s - \beta_\mu)}{\prod\limits_{\nu=1}^{n} (s - \alpha_\nu)} \tag{5.35}$$

als Produkt von Linearfaktoren geht (5.34) über in

$$K \frac{\prod\limits_{\mu=1}^{m} (s - \beta_\mu)}{\prod\limits_{\nu=1}^{n} (s - \alpha_\nu)} = -1. \tag{5.36}$$

Diese Gleichung zerlegen wir nach Absolutbetrag und Winkel:

$$\sum_{\mu=1}^{m} \mathrm{arc}\{s - \beta_\mu\} - \sum_{\nu=1}^{n} \mathrm{arc}\{s - \alpha_\nu\} = \mathrm{arc}\left\{-\frac{1}{K}\right\} = \pm i \cdot 180° \tag{5.37}$$

$$\text{mit} \quad i = \begin{cases} 1, 3, 5, \ldots & \text{für } K > 0, \\ 0, 2, 4, \ldots & \text{für } K < 0, \end{cases}$$

$$|K| = \frac{\prod\limits_{\nu=1}^{n} |s - \alpha_\nu|}{\prod\limits_{\mu=1}^{m} |s - \beta_\mu|}. \tag{5.38}$$

Das sind die beiden Grundbeziehungen für die Konstruktion des Wurzelortes. In der Winkelbeziehung tritt K überhaupt nicht auf. Darin besteht der wesentliche Vorteil der Aufspaltung in die Betragsbeziehung (5.38) und Winkelbeziehung (5.37). Prinzipiell können wir nun so vorgehen: Wir wählen versuchsweise einen Aufpunkt in der s-Ebene und prüfen, ob für ihn die Winkelbeziehung erfüllt ist. Damit ist entschieden, ob er zur Wurzelortskurve gehört oder nicht. Aus der Betragsbeziehung ergibt sich dann für jeden Punkt des Wurzelorts der zugehörige Wert des Parameters K.

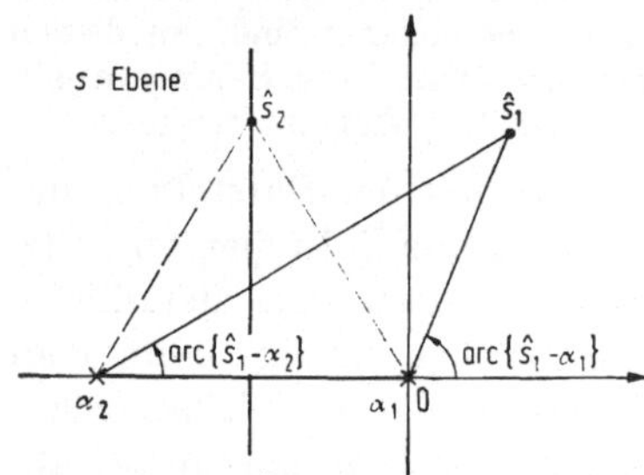

Bild 5.24. Aufpunktmethode zur Wurzelortbestimmung.

Wir erläutern das am obigen Beispiel.

Beispiel 5.9: In Bild 5.24 sind nochmals die Pole des offenen Kreises bei $s = \alpha_1 = 0$, $s = \alpha_2 = -2$ markiert. Nullstellen β_μ gibt es in diesem Beispiel nicht. Für den Aufpunkt $s = \hat{s}_1$ ist die Winkelsumme

$$\mathrm{arc}\{\hat{s}_1 - \alpha_1\} + \mathrm{arc}\{\hat{s}_1 - \alpha_2\}$$

etwa 90°, die Winkelbedingung (5.37) also nicht erfüllt. Für reelle s zwischen den beiden Polen und für $\hat{s}_2$ beträgt die Winkelsumme 180°, die Winkelbeziehung ist also erfüllt mit $i = 1$ ($K > 0$). Die K-Beschriftung der gefundenen Ortskurvenpunkte ergibt sich leicht mit Hilfe der Betragsbeziehung (5.38), z. B. gilt für $\hat{s}_2 = -1 + 2j$

$$K = |-1 + 2j|\,|1 + 2j| = \sqrt{5}\,\sqrt{5} = 5.$$

Eine solche Untersuchung aller Punkte der s-Ebenen wäre im allgemeinen sehr mühsam. Die bereits angekündigten Regeln zur Konstruktion des Wurzelortes, von denen wir die wichtigsten im folgenden zusammenstellen und anschließend beweisen, führt viel schneller zu einer Skizze, deren Genauigkeit oft ausreicht. Man kann dann immer noch den so gewonnenen Kurvenverlauf verbessern, indem man nach der im obigen Beispiel beschriebenen *Aufpunktmethode* zuerst die Winkelbeziehung für einzelne Ortskurvenpunkte nachprüft und nach einer eventuell erforderlichen Korrektur dieser Punkte ihre K-Werte bestimmt. Diese Arbeit wird außerordentlich erleichtert durch die sog. Spirule[1], mit deren Hilfe die in (5.37/38) auftretenden Winkelsummen und Betragsprodukte graphisch ermittelt werden können.

Regeln für den Wurzelort

Vereinbarung: Es sei $L(s) = K\,\dfrac{Z(s)}{N(s)}$,

m Zählergrad von $L(s)$ = Grad$\{Z(s)\}$,

n = Nennergrad von $L(s)$ = Grad$\{N(s)\}$,

r größte der beiden Zahlen m und n.

---

[1] Beschreibung in [9], Vertrieb durch: The Spirule Company, Whittier, California.

Wir schließen die komplexe Zahlenebene wie üblich durch den Punkt $s = \infty$ ab. $L(s)$ hat genau r Nullstellen und r Polstellen, wenn wir die im Unendlichen gelegenen Pol- oder Nullstellen mitrechnen. Zum Beispiel stimmen für $r = m > n$ die Nullstellen von $L(s)$ mit den Wurzeln von $Z(s)$ überein, n Polstellen von $L(s)$ mit den Wurzeln von $N(s)$, während eine $(m - n)$-fache Polstelle bei $s = \infty$ auftritt.

Für viele Anwendungen genügt es, wenn man den Wurzelort für $K > 0$ kennt. Wir formulieren die Regeln so, daß sie auch den Verlauf für $K < 0$ ergeben. In den Skizzen bedeutet

$\longrightarrow$ Wurzelort für $K > 0$ ⎱ Pfeile in Richtung von

$--\!\!\rightarrow\!\!--$ Wurzelort für $K < 0$ ⎰ wachsendem $|K|$.

1. Der Wurzelort besteht für $-\infty < K < +\infty$ aus r *Zweigen*, die vom Kurvenparameter K stetig abhängen.

(Die Zweigfunktionen $s_1(K), \ldots, s_r(K)$ sind sogar differenzierbare Funktionen von K mit Ausnahme der Punkte, durch die mehrere Zweige gehen.)

2. Für $K = 0$ $(K = \infty)$, gehen die Zweige durch eine *Polstelle* (*Nullstelle*) von $L(s)$, und zwar genau λ Zweige durch eine λ-fache Polstelle (Nullstelle).

3. Es sei $s = \gamma$ eine im Endlichen gelegene λ-fache *Polstelle* (*Nullstelle*) von $L(s)$. Die Neigungswinkel, mit denen die λ Zweige für $K \to \pm 0$ $(K \to \pm \infty)$ nach γ einlaufen, sind gegeben durch

$$\varphi = {}_{(\pm)}\frac{1}{\lambda}\left[\sum_{\mu=1}^{m} \mathrm{arc}\,\{\gamma - \beta_\mu\} - \sum_{\nu=1}^{n} \mathrm{arc}\,\{\gamma - \alpha_\nu\} \right] + i\,\frac{180°}{\lambda}\,{}^{1}$$

mit

$$i = \begin{cases} 1, 3, 5, \ldots, & \text{für } K > 0, \\ 0, 2, 4, \ldots, & \text{für } K < 0, \end{cases}$$

$+$ falls γ Polstelle, $(-)$ falls γ Nullstelle.

4. Für $m \neq n$ haben die $|m - n|$ Zweige durch die Pol- bzw. Nullstelle bei $s = \infty$ *Asymptoten* mit den Neigungswinkeln

$$\psi_i = \frac{i \cdot 180°}{|m - n|}, \qquad i = \begin{cases} 2k + 1 & \text{für } K > 0, \\ 2k & \text{für } K < 0, \end{cases}$$

$$k = 0, 1, \ldots, |m - n| - 1.$$

Die Asymptoten schneiden sich auf der reellen Achse im gemeinsamen Punkt

$$s_0 = \frac{\sum\limits_{\mu=1}^{m} \mathrm{Re}\,\{\beta_\mu\} - \sum\limits_{\nu=1}^{n} \mathrm{Re}\,\{\alpha_\nu\}}{m - n}.$$

---

[1] Für $\gamma = \alpha_i$ kommt ein Summand $\mathrm{arc}\,\{\alpha_i - \alpha_i\} = \mathrm{arc}\,\{0\}$ vor, der Null zu setzen ist. Entsprechendes gilt für eine Nullstelle $\gamma = \beta_k$.

5. Im Falle $m = n$ gehen für $K = -1$

$$l = \mathrm{Grad}\{Z(s)\} - \mathrm{Grad}\{N(s) - Z(s)\}$$

Zweige durch $s = +\infty$. Sie haben *Asymptoten* mit den Neigungswinkeln

$$\psi_i = \frac{i \cdot 180°}{l} \qquad (i = 0, 1, 2, \ldots)$$

und einen gemeinsamen Schnittpunkt auf der reellen Achse (dessen Lage sich nicht so einfach durch die Pol- und Nullstellen von $L(s)$ ausdrücken läßt).

6. Der Wurzelort ist symmetrisch zur reellen Achse. Ein Punkt der *reellen Achse* gehört zum Wurzelort für $K > 0$ ($K < 0$), wenn die Anzahl der rechts von ihm auf der reellen Achse gelegenenen Pol- und Nullstellen von $L(s)$, ihrer Vielfachheit entsprechend gezählt, eine ungerade (eine gerade Zahl oder Null) ist.

7. Für jeden Punkt der s-Ebene, der auf dem Wurzelort liegt, ist der zugehörige K-Wert eindeutig bestimmt. Insbesondere gilt: Ein Zweig kann sich nirgends selbst überschneiden oder Doppelpunkte haben. Falls s_0 ein gemeinsamer Punkt mehrerer Zweige ist, haben diese dort alle denselben K-Wert. Solche Punkte haben den Charakter von *Verzweigungspunkten* (Bild 5.25).

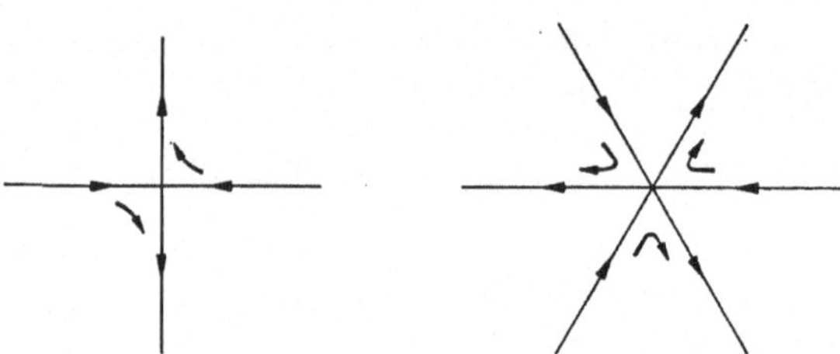

Bild 5.25. Beispiele für Verzweigungspunkte ($K > 0$). Die Zweigzuordnung (gekrümmte Pfeile) ist in unserem Zusammenhang willkürlich.

Die Verzweigungspunkte sind Lösungen der Gleichung

$$\frac{d}{ds} L(s) = 0 \quad \text{bzw.} \quad \sum_{\mu = 1}^{m} \frac{1}{s - \beta_\mu} = \sum_{\nu = 1}^{n} \frac{1}{s - \alpha_\nu}.^{1}$$

Eine Wurzel s_0 dieser Gleichung ist genau dann ein Verzweigungspunkt des Wurzelortes, wenn sich für sie ein reeller Wert

$$-\frac{N(s_0)}{Z(s_0)} = K_0$$

— der zugehörige Parameterwert — ergibt.

---

[1] Falls keine Pol- oder Nullstellen vorhanden sind, ist die zugehörige Summe Null zu setzen.

8. Falls es Schnittpunkte des Wurzelortes mit der imaginären Achse gibt, kann man sie mittels des *Routh-Schemas* (S. 113) bestimmen.

9. Die Punkte (x, y) des Wurzelortes (x = Realteil, y = Imaginärteil) genügen der *algebraischen Gleichung*

$$\mathrm{Im}\{Z(s)/N(s)\} = 0.$$

Die zugehörigen K-Werte kann man aus

$$\mathrm{Re}\{Z(s)/N(s)\} = -\frac{1}{K}$$

bestimmen.

10. Ist $n \geq m + 2$, so gilt für die Summe der Wurzeln s_i ($i = 1, \ldots, n$) der charakteristischen Gleichung des geschlossenen Kreises

$$\sum_{i=1}^{n} s_i(K) = \sum_{\nu=1}^{n} \alpha_\nu \quad \text{unabhängig von } K.$$

(Anschauliche Deutung: Der *Schwerpunkt* der Punkte $s_1(K), \ldots, s_n(K)$ in der Wurzelortebene ist unabhängig von K.)

Beweise zu 1. Wir setzen zunächst K verschieden von 0 oder ∞ voraus. Dann ist die Gl. (5.34) vom Grad r und hat für jeden K-Wert genau r Wurzeln $s_1(K), \ldots, s_r(K)$. Diese r Wurzeln sind nach Hilfssatz 4.11, S. 116, stetige Funktionen von K, denen in der s-Ebene r stetige Wurzelortzweige entsprechen. Nach dem zitierten Hilfssatz sind die Funktionen $s_\varrho(K)$ sogar überall differenzierbar mit Ausnahme der Punkte, die mehreren Zweigen angehören. — Das Verhalten für $K \to 0$ bzw. ∞ untersuchen wir unter 2. gesondert.

2. Wir betrachten zuerst das Verhalten der Wurzeln für $K \to 0$. Eine λ-fache Wurzel von $N(s)$ ist zugleich λ-fache Wurzel von (5.34) für $K = 0$. Im Falle $n > m$ haben wir damit alle $r = n$ Punkte des Wurzelortes zum Parameterwert $K = 0$ gefunden. Für $m > n$ erhalten wir so nur $n < r = m$ Punkte des Wurzelortes. Wir behaupten, daß die übrigen $(m - n)$ Zweige in diesem Falle für $K \to 0$ in die $(m - n)$-fache Polstelle von $L(s)$ bei $s = \infty$ einlaufen. Bliebe nämlich ein solches $s_\varrho(K)$ bei diesem Grenzübergang endlich, so würde aus (5.34) wieder $N(s_\varrho(0)) = 0$ folgen. Die im Endlichen gelegenen Stellen $s_\varrho(0)$ des Wurzelortes, die mit den n Wurzeln von $N(s)$ zusammenfallen, haben wir aber bereits alle erfaßt.

Für $K \to \infty$, $\tilde{K} = 1/K \to 0$, schreiben wir (5.34) um in

$$\tilde{K} N(s) + Z(s) = 0$$

und wenden auf diese Gleichung die analoge Schlußweise an.

3. Nach 2. liegt γ auf dem Wurzelort. Für einen hinreichend nahe bei γ gelegenen Testpunkt s_0 können wir die Winkel $\mathrm{arc}\{s_0 - \beta_\mu\}$ und

$\mathrm{arc}\{s_0 - \alpha_\nu\}$ für alle von γ verschiedenen β_μ, α_ν ersetzen durch $\mathrm{arc}\{\gamma - \beta_\mu\}$ bzw. $\mathrm{arc}\{\gamma - \alpha_\nu\}$. Liegt nun s_0 auf dem Wurzelort, so lautet die Winkelbedingung, wenn wir den λ-fach zu zählenden Winkel $\mathrm{arc}\{s_0 - \gamma\}$ mit φ bezeichnen,

$$\sum_{\mu=1}^{m} \mathrm{arc}\{\gamma - \beta_\mu\} - \sum_{\nu=1}^{n} \mathrm{arc}\{\gamma - \alpha_\nu\} \; \overline{(+)} \; \lambda\,\varphi = i \cdot 180°,$$

$$i = \pm \begin{cases} 1, 3, 5, \ldots & \text{für } K > 0, \\ 0, 2, 4, \ldots & \text{für } K < 0, \end{cases}$$

$-$ falls γ Polstelle, $\quad (+)$ falls γ Nullstelle.

Durch Auflösung nach φ folgt Regel 3, wobei es offensichtlich genügt, wenn wir nur positive Werte von i berücksichtigen.

4. Es sei $m \neq n$. Wir haben bereits unter 2. gezeigt, daß sich dann $|m - n|$ Zweige ins Unendliche erstrecken. Für diese Zweige gilt bei hinreichend großem $|s|$

$$K = -\frac{N(s)}{Z(s)} = -\frac{s^n + a_{n-1}\,s^{n-1} + \cdots + a_0}{s^m + b_{m-1}\,s^{m-1} + \cdots + b_0}$$

$$= -\frac{s^n}{s^m}\,\frac{1 + a_{n-1}\dfrac{1}{s} + \cdots}{1 + b_{m-1}\dfrac{1}{s} + \cdots}$$

$$= -s^{n-m}\left[1 + (a_{n-1} - b_{m-1})\frac{1}{s} + \cdots\right]$$

bzw.

$$s\left[1 + \frac{a_{n-1} - b_{m-1}}{n - m}\,\frac{1}{s} + \cdots\right] = (-K)^{\frac{1}{n-m}}.$$

Mit $s = x + j\,y$ folgt daraus

$$x + j\,y - \frac{a_{n-1} - b_{m-1}}{m - n} \cong \left|K^{\frac{1}{n-m}}\right|\left[\cos\frac{i\,\pi}{n - m} + j\sin\frac{i\,\pi}{n - m}\right],$$

$$i = \pm \begin{cases} 1, 3, 5, \ldots & \text{für } K > 0, \\ 0, 2, 4, \ldots & \text{für } K < 0. \end{cases}$$

Wenn man aus den beiden Beziehungen, die sich durch Vergleich von Real- und Imaginärteil dieser Gleichung ergeben, $\left|K^{\frac{1}{m-n}}\right|$ eliminiert, erhält man

$$y = \tan\frac{i\,\pi}{n - m}\left[x - \frac{a_{n-1} - b_{m-1}}{m - n}\right].$$

Das ist für jedes i die Gleichung einer Geraden mit der Steigung $i\dfrac{180°}{n - m}$ und einem Schnittpunkt mit der reellen Achse bei

$x_0 = (a_{n-1} - b_{m-1})/(m - n)$. Berücksichtigt man, daß nach dem Vietaschen Wurzelsatz

$$-b_{m-1} = \text{Summe aller Wurzeln von } Z(s) = \sum_{\mu=1}^{m} \beta_\mu,$$

$$-a_{n-1} = \text{Summe aller Wurzeln von } N(s) = \sum_{\nu=1}^{n} \alpha_\nu$$

gilt, so erhält man — da komplexe Wurzeln paarweise konjugiert komplex auftreten — das in Regel 4 angegebene Resultat. Auf den Nachweis, daß diese Geraden tatsächlich Asymptoten des Wurzelortes sind, gehen wir nicht ein.

5. Im Falle $m = n$ führen wir $\tilde{K} = K + 1$ als neuen Parameter ein. Damit geht (5.34) über in

$$\tilde{N}(s) + \tilde{K} Z(s) = 0 \quad \text{mit} \quad \tilde{N} = N(s) - Z(s).$$

Diese Gleichung hat wieder dieselbe Form, es ist aber $\text{Grad}\{\tilde{N}(s)\} <$ $< \text{Grad}\{Z(s)\} = n$, da sich in der Differenz $N - Z$ sicher die Glieder mit s^n herausheben, weil beide denselben Koeffizienten 1 haben. Bezeichnen wir den Grad von $\tilde{N}$ mit $(n - l)$, so hat $L = Z/\tilde{N}$ eine l-fache Polstelle bei $s = \infty$. Nach 2. gehen folglich l Zweige für $\tilde{K} \to 0$ ($K \to -1$) ins Unendliche und haben nach 4. Asymptoten mit den Neigungswinkeln $i \cdot 180°/l$.

6. Da die Koeffizienten der charakteristischen Gleichung reell vorausgesetzt werden, sind ihre Wurzeln reell oder sie treten paarweise konjugiert komplex auf. Daraus folgt die Symmetrie der Ortskurve zur reellen Achse. Zur Feststellung, ob ein Testpunkt auf der reellen Achse die Winkelbedingung erfüllt, können wir die Winkelbeiträge der Paare konjugiert komplexer Pole und Nullstellen von $L(s)$ außer Betracht lassen, da ihre Summe stets 360° ist. Für einen Testpunkt, der rechts von allen reellen Pol- und Nullstellen liegt, geben auch diese sämtlich den Winkelbeitrag 0, die Winkelbedingung ist also für $K < 0$ erfüllt. Wandert der Testpunkt auf der reellen Achse nach links, so ändert sich die Winkelsumme der linken Seite von (5.37) bei jeder Überschreitung eines Poles oder einer Nullstelle um 180°, wobei mehrfache Pole oder Nullstellen entsprechend ihrer Vielfachheit anzurechnen sind. Die Winkelbedingung für die Wurzelortskurven ist daher in den aufeinanderfolgenden Intervallen zwischen benachbarten Pol- oder Nullstellen (wenn wir zu einem Punkt entartete Intervalle zwischen zusammenfallenden mehrfachen Polen oder Nullstellen mitzählen) abwechselnd für $K < 0$ und für $K > 0$ erfüllt.

7. Die Eindeutigkeit von K ergibt sich direkt aus (5.36). Daraus folgt der erste Teil der Regel 7 ufnd außerdem:

Ein Punkt s_0 gehört genau dann mindestens zwei Zweigen an, wenn s_0 eine mehrfache Wurzel von (5.34) mit passendem, reellen $K = K_0$ ist, d. h. wenn die beiden Gleichungen

$$\left.\begin{aligned} K_0\, Z(s_0) + N(s_0) &= 0 \\ K_0\, Z'(s_0) + N'(s_0) &= 0 \end{aligned}\right\} \text{ für ein reelles } K_0$$

erfüllt sind. Die zweite dieser Gleichungen formen wir um, indem wir sie mit $Z(s_0)$ multiplizieren und von der mit $Z'(s_0)$ multiplizierten ersten Gleichung subtrahieren:

$$Z'(s_0)\, N(s_0) - Z(s_0)\, N'(s_0) = 0.$$

Da wir die Pol- und Nullstellen von $L(s)$ bereits mit 2. und 3. erledigt haben, dürfen wir $N(s_0)$, $Z(s_0) \neq 0$ voraussetzen und erhalten insgesamt die äquivalenten Bedingungen

$$\left.\begin{aligned} K_0\, Z(s_0) + N(s_0) &= 0 \\ \frac{Z'(s_0)\, N(s_0) - Z(s_0)\, N'(s_0)}{N^2(s_0)} &= 0 \end{aligned}\right\} \text{ für ein reelles } K_0.$$

In der zweiten Gleichung kommt das unbekannte K_0 nicht vor. Hat man eine ihrer Wurzeln bestimmt, so bleibt nur noch zu prüfen, ob die erste Gleichung eine reelle Lösung für K_0 liefert. Die zweite Gleichung können wir auch in der Form $L'(s_0) = 0$ bzw.

$$\frac{Z'(s_0)}{Z(s_0)} = \frac{N'(s_0)}{N(s_0)} \quad \text{bzw.} \quad [\log Z(s_0)]' = [\log N(s_0)]'$$

schreiben. Setzt man für $Z(s_0)$, $N(s_0)$ die Produktdarstellungen (5.35) ein, so ergibt sich die in Regel 7 angegebene, explizite Form von $L'(s_0) = 0$.

8. Diese Regel stellt lediglich eine Anleitung dar, nach der man gegebenenfalls die Schnittpunkte des Wurzelortes mit der imaginären Achse bestimmen kann. Wir bringen hierzu ein

Beispiel 5.10: Es sei

Routh-Schema:

$$L(s) = \frac{K}{s(s+1)(s+5)}.$$

1	5
6	K
$\dfrac{30-K}{6}$	0
K	

Die charakteristische Gleichung des geschlossenen Kreises lautet für diese spezielle Übertragungsfunktion $s^3 + 6s^2 + 5s + K = 0$, das entsprechende Routh-Schema ist nebenstehend angegeben. Damit alle Wurzeln in der linken Halbebene liegen, müssen die Elemente der ersten Spalte des Schemas gleiches Vorzeichen haben, d. h., es muß $0 < K < 30$ sein. Für $K \to 0$ bzw. $K \to 30$ muß jeweils eine Wurzel die imaginäre Achse erreichen. Ihre Lage auf dieser Achse ergibt sich, wenn man die charakteristische Gleichung mit $s = j\,\omega$ für diese K-Werte löst. Man erhält so für

$$K = 0 : \quad j\,\omega(-\omega^2 + 5) - 6\omega^2 = 0$$

mit der reellen Wurzel $\omega = 0$,

$$K = 30: \quad j\,\omega(5 - \omega^2) + (30 - 6\omega^2) = 0$$

mit den reellen Wurzeln $\omega = \pm \sqrt{5}$.

9. Die beiden angegebenen Gleichungen folgen durch Zerlegung der Gl. (5.34) in Real- und Imaginärteil, wozu wir sie vorher in

$$\frac{Z(s)}{N(s)} = -\frac{1}{K}$$

umformen.

10. Nach dem Vietaschen Wurzelsatz ist die Summe der Wurzeln α_ν von

$$N(s) = s^n + a_{n-1}\,s^{n-1} + \cdots + a_0 = 0$$

gegeben durch

$$a_{n-1} = -\sum_{\nu=1}^{n} \alpha_\nu.$$

a_{n-1} ist andererseits unter der Voraussetzung $n \geqq m + 2$ zugleich Koeffizient von s^{n-1} in der charakteristischen Gleichung

$$N(s) + K\,Z(s) = s^n + a_{n-1}\,s^{n-1} + \cdots + a_0 +$$

$$+ K(s^m + b_{m-1}\,s^{m-1} + \cdots + b_0) = 0$$

des geschlossenen Kreises und muß daher auch mit der negativen Summe $-\sum_i s_i$ dieser Gleichung übereinstimmen. Beide Wurzelsummen sind daher gleich groß.

Wir erläutern die Anwendung dieser Regeln am

Beispiel 5.11: Die Übertragungsfunktion des offenen Kreises sei — wie im Beispiel 5.10 — durch

$$L(s) = \frac{K}{s(s+1)(s+5)}$$

gegeben. Der Wurzelort des geschlossenen Kreises besteht für $K > 0$ und $K < 0$ aus 3 Zweigen (Regel 1), die für $K = 0$ in den Polen von $L(s)$ bei $s = 0, -1, -5$ beginnen (Regel 2) und für $K = \pm\infty$ durch $s = \infty$ gehen. Die Asymptoten (Regel 4) haben die Richtungen

$$\tfrac{1}{3}(180° + i \cdot 360°) = 60°, 180°, 300° \qquad (K > 0)$$

bzw.

$$\tfrac{1}{3}(i \cdot 360°) \qquad\quad = 120°, 240°, 360° \qquad (K < 0),$$

ihr gemeinsamer Schnittpunkt auf der reellen Achse liegt bei $s_0 = -(0 - 1 - 5)/(-3) = -2$.

Regel 3 ist hier uninteressant, da nur einfache Pole auf der Achse vorliegen. Nach Regel 6 gehören auf der reellen Achse die Punkte zwischen 0 und -1 sowie zwischen -5 und $-\infty$ für $K > 0$ zum Wurzelort, die übrigen für $K < 0$. Für die gemeinsamen Punkte verschiedener Zweige muß nach Regel 7 gelten:

$$\frac{1}{s} + \frac{1}{s+1} + \frac{1}{s+5} = 0 \quad \text{bzw.} \quad s^2 + 4s + \frac{5}{3} = 0$$

$$\text{also} \quad s = \begin{cases} -0{,}47, \\ -3{,}53. \end{cases}$$

Die Schnittpunkte mit der imaginären Achse haben wir bereits in Beispiel 5.10 ausgerechnet.

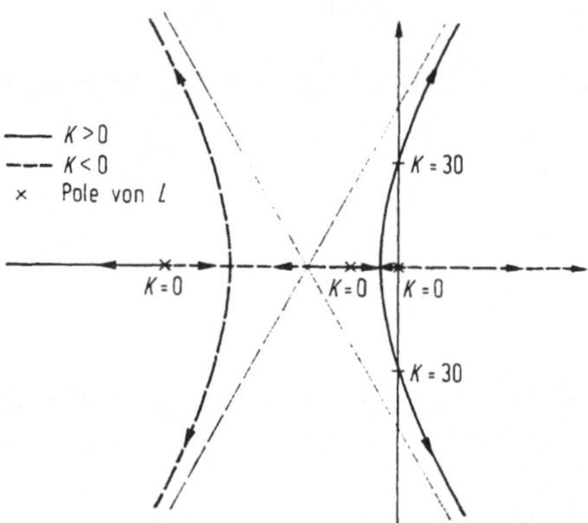

Bild 5.26. Wurzelort zu Beispiel 5.11.

Die Herleitung der algebraischen Gleichung des Wurzelortes gemäß Regel 9 ergibt mit $s = x + jy$

$$\frac{N(s)}{Z(s)} = s(s+1)(s+5) = (x+jy)(x+jy+1)(x+jy+5)$$

$$= [x(x^2 + 6x + 5) - 3y^2(x+2)] + jy[3x^2 + 12x + 5 - y^2].$$

Damit folgt aus der ersten Gleichung von Regel 9

$$y = 0 \qquad \text{(reelle Achse)}$$

oder

$$y^2 = 3x^2 + 12x + 5$$

d. h.

$$3(x+2)^2 - y^2 = 7 \qquad \text{(Hyperbel)}.$$

Auf die etwas umständliche Berechnung der K-Werte nach dieser Methode gehen wir nicht weiter ein.

Je ein Ast der Hyperbel entspricht positiven bzw. negativen K-Werten. Als Beispiel zur Anwendung von Regel 10 nehmen wir an, daß die beiden konjugiert komplexen Pole des geschlossenen Kreises bei $s = -0{,}4 \pm j \cdot 0{,}8$ liegen und fragen nach dem zugehörigen K-Wert und der Lage der dritten Wurzel. Den K-Wert erhalten wir, indem wir in die Gl. (5.38) für s einen der vorgegebenen Wurzelortspunkte, z. B. $s = -0{,}4 + j \cdot 0{,}8$ einsetzen:

$$|K| = |-0{,}4 + j \cdot 0{,}8| \, |0{,}6 + j \cdot 0{,}8| \, |4{,}6 + j \cdot 0{,}8| = 4{,}18.$$

Für die dritte Wurzel ergibt sich nach Regel 10:

$$s_3 = \alpha_1 + \alpha_2 + \alpha_3 - (s_1 + s_2) = -6 + 0{,}8 = -5{,}2.$$

Beispiel 5.12: a) In Bild 5.27 a ist der Wurzelort für

$$L(s) = K \frac{s^2 - 1}{s^2 + 1}$$

dargestellt als Beispiel zur Anwendung der Regel 5. Die Diskussion sei dem Leser überlassen. Insbesondere kann man in diesem einfachen Fall den Wurzelort nach Regel 9 berechnen.

b) Den Wurzelort für

$$L(s) = K \frac{s + 1}{(s + 2)(s - 1)}$$

zeigt Bild 5.27 b. Man beachte, daß K und $V = -0{,}5 K$ entgegengesetztes Vorzeichen haben. Für $V > 0$ (WO gestrichelt) ist der geschlossene Kreis stets instabil.

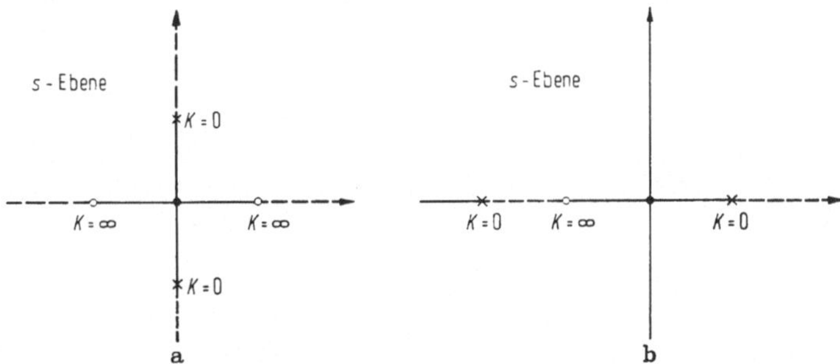

Bild 5.27. Wurzelortskurven zu Beispiel 5.12.

c) Falls eine oder mehrere Polstellen des offenen Kreises in der rechten Halbebene liegen, ist der geschlossene Kreis bestenfalls *bedingt stabil* (d. h., er wird instabil für $V \to 0$). Das sieht man sofort ein, wenn man den Wurzelort in der Umgebung dieser Polstellen betrachtet. — Falls in der rechten Halbebene Nullstellen sehr nahe bei Polstellen liegen, tritt Instabilität ein (vgl. die Bemerkung im Anschluß an die Regel von S. 126).

Wir bringen noch eine Klassifikation der einfachsten Wurzelortskurven für den Fall, daß die Übertragungsfunktion des offenen Kreises maximal drei Pole oder Nullstellen hat (vgl. Bild 5.28). Mit ihrer Hilfe ist es oftmals möglich, die Wurzelortskurven für kompliziertere Systeme zu skizzieren. Wenn wir Zähler und Nenner der Übertragungsfunktion des offenen Kreises vertauschen, bleibt der Wurzelort nach (5.37) ungeändert. Nach (5.38) wird lediglich die K-Beschriftung geändert. Durch diese Feststellung wird die Zahl der zu untersuchenden Fälle auf die Hälfte reduziert. Die Konstruktion der übrigbleibenden Fälle erfolgt nach den angegebenen Regeln, wobei sich auf Grund von Regel 9 für die gekrümmten Zweige in diesen einfachen Beispielen Gleichungen

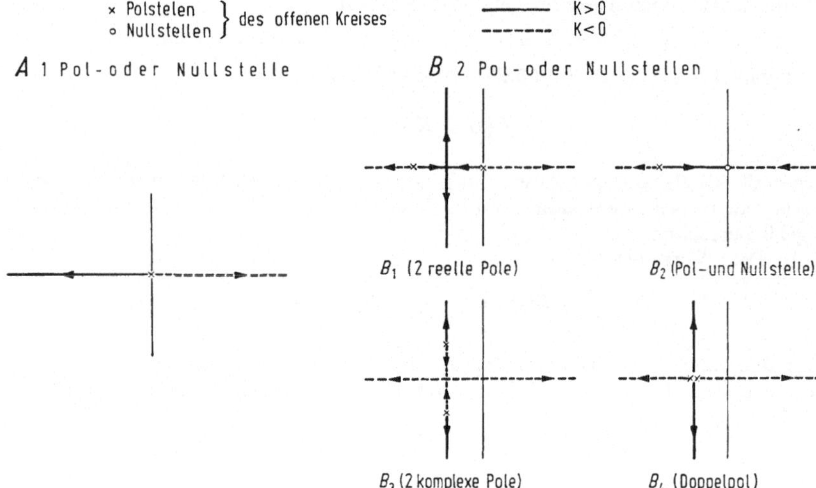

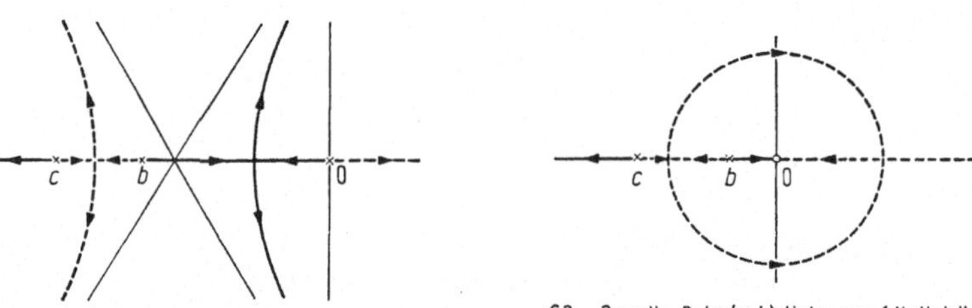

C1 3 reellé Pole $(c,b,0)$
Hyperbelgleichung:
$3x^2 - 2(b+c)x - y^2 + bc = 0$

Asymptotenschnittpunkt: $(b+c)/3$
Verzweigungspunkte bei:
$(b+c)/3 \pm \sqrt{(b+c)^2 - 3bc}/3$

$C2_1$ 2 reelle Pole (c,b) links von 1 Nullstelle (0)
Kreisgleichung: $x^2 + y^2 = cb$

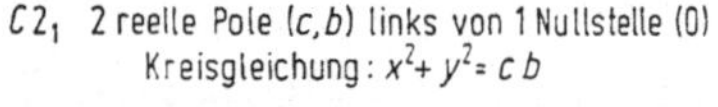

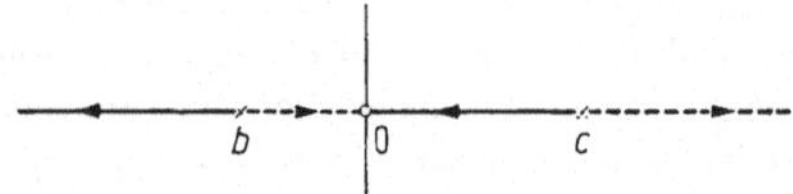

$C2_2$ 1 Nullstelle (0) zwischen 2 reellen Polen (b,c)

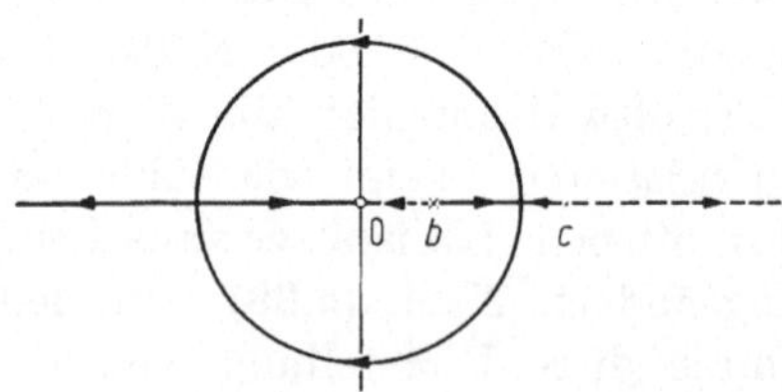

$C2_3$ 2 reelle Pole (b,c) rechts von 1 Nullstelle (0)
Kreisgleichung: $x^2 + y^2 = cb$

Bild 5.28/1. Übersicht über die Wurzelortskurven für maximal 3 Pol- und Nullstellen von $L(s)$.

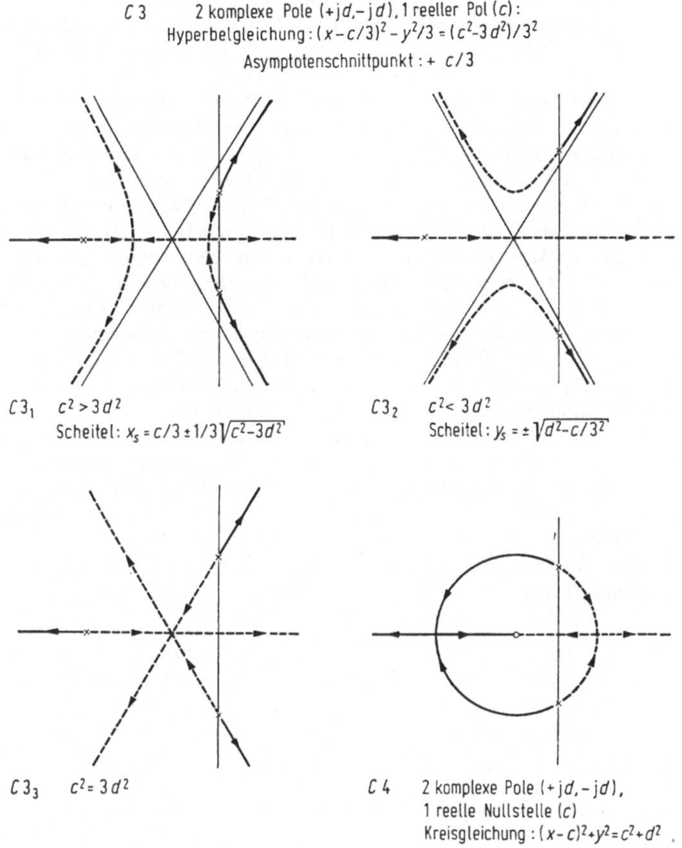

Bild 5.28/2. Übersicht über die Wurzelortskurven für maximal 3 Pol- und Nullstellen von $L(s)$.

für Kreise bzw. Hyperbeln ergeben. Verschiebt man alle Pol- und Nullstellen um dasselbe Stück parallel zur reellen Achse, so wird auch die Wurzelortskurve mit verschoben, wobei nach (5.37) und (5.38) ihre Gestalt und K-Beschriftung unverändert bleiben. Es bedeutet daher keine Einschränkung, wenn wir in den Bildern jeweils eine Pol- oder Nullstelle auf die imaginäre Achse legen.

Die unter Teil B. des Katalogs gezeichneten Wurzelortskurven kann man als Grenzfälle von C. auffassen, wenn man eine der Pol- oder Nullstellen längs der reellen Achse unendlich weit hinausrückt. Umgekehrt kann man sich die Ortskurven mit drei Pol- oder Nullstellen aus den einfacheren mit nur zwei solchen Stellen entstanden denken, indem man eine zusätzliche heranschiebt. Der Vergleich entsprechender Bilder unter B. und C. macht den folgenden Effekt deutlich:

Die ursprünglichen Asymptotenzweige, die von einer Konfiguration mit Polstellenüberschuß ausgehen, werden von einem hinzukommenden Pol weggedrängt
(B.1 → C.1, B.3 → C.3), von einer hinzukommenden Nullstelle angezogen (B.1 →
→ C.2$_3$, B.3 → C.4). Die Zweige verhalten sich also in der Ferne wie die *Stromlinien von Quellen und Senken* eines ebenen Potentialfeldes. Im ersten Falle
treffen längs der reellen Achse entgegengesetzt gerichtete Zweige zusammen. Sie
weichen — wie aufeinanderstoßende Stromlinien — seitlich aus und geben Anlaß
zu den neuen Asymptoten, die nach der 4. Regel entstehen müssen. Dabei bildet
sich zunächst ein neuer Verzweigungspunkt (B.3 → C.3$_1$), der sich bei weiterer
Annäherung von der Achse lösen kann (B.3 → C.3$_2$). Beim Hinzukommen einer
Nullstelle muß ein Asymptotenpaar verschwinden. Die zugehörigen Zweige ver-
einigen sich auf der Achse und bilden dort ebenfalls einen neuen Verzweigungspunkt (B.1 → C.2$_3$, B.3 → C.4). Wird die neue Pol- oder Nullstelle von rechts
längs der positiven reellen Achse herangerückt, so gehen die Zweige mit $K < 0$ in
solche mit $K > 0$ über (B.1 → C.2$_1$), im übrigen bleiben die gegebenen qualitativen Vorstellungen richtig. Hat die ursprünglich vorhandene Konfiguration
einen Nullstellenüberschuß, so gelten analoge Überlegungen.

Man kann sich anhand der oben angegebenen Regeln auch genauer überlegen,
wie sich der Wurzelort einer gegebenen Konfiguration beim Hinzukommen einer
weiteren Pol- oder Nullstelle α bzw. β ändert. Insbesondere ergibt sich die Richtung
und Lage der neuen Asymptoten nach der 4. Regel. Von einer alten Pol- bzw.
Nullstelle γ geht unter der Annahme $\gamma \neq \alpha$ bzw. β dieselbe Anzahl von Zweigen
aus, aber unter Winkeln, die sich nach der 3. Regel von den ursprünglichen durch
den zusätzlichen Term

$$\Delta \varphi = \pm \frac{\mathrm{arc}(\gamma - \beta)}{\varrho} \quad \text{(zusätzliche Nullstelle } \beta),$$

$$\Delta \varphi = \mp \frac{\mathrm{arc}(\gamma - \alpha)}{\varrho} \quad \text{(zusätzliche Polstelle } \alpha) \tag{5.39}$$

(obere Vorzeichen, falls γ Polstelle, untere Vorzeichen, falls γ Nullstelle)
unterscheiden.

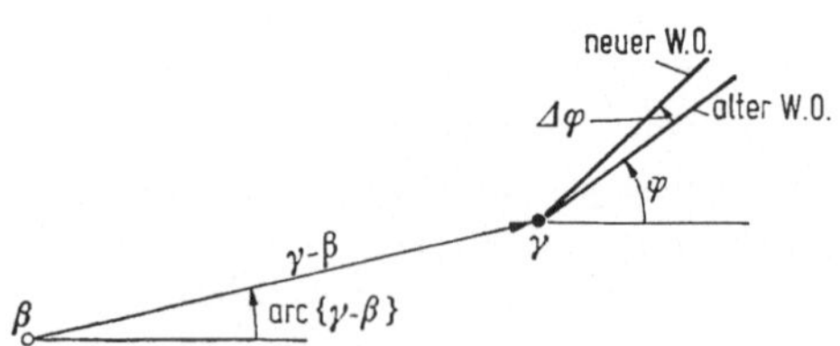

Bild 5.29. Erläuterung zur 1. Gl. (5.39).

Ähnliche Verhältnisse treten bei der Zusammensetzung anderer Pol- und Null-
stellenverteilungen auf. Solange der Abstand der Teilkonfigurationen im Vergleich
zum gegenseitigen Abstand ihrer eigenen Pol- und Nullstellen relativ groß ist,
beeinflussen sich die beiden Teilbilder in der Nähe dieser Stellen nur wenig. Allerdings können auch hier „gestrichelte" und „ausgezogene" Zweige teilweise ver-

tauscht erscheinen. In Bild 5.30 ist an einem Beispiel gezeigt, wie man auf diese
Weise die im obigen Katalog angegebenen Kurven als Ausgangspunkt nehmen
kann, um sich auch für kompliziertere Fälle einen ungefähren Verlauf des Wurzelortes zu verschaffen.

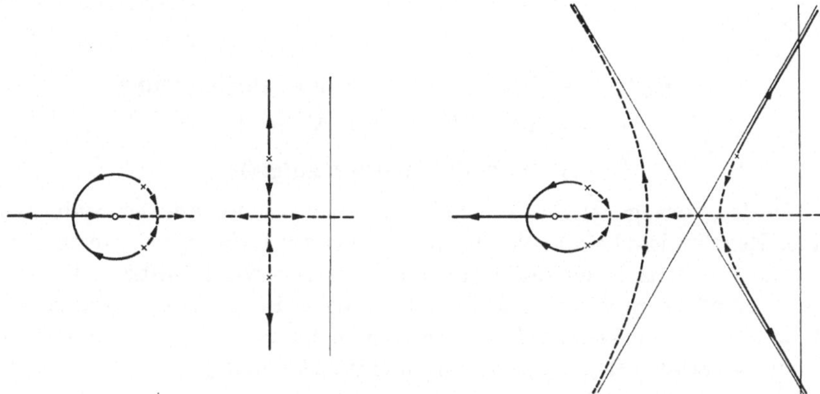

Bild 5.30. Zusammensetzung einer Wurzelortskurve mit 4 Polen und einer Nullstelle (linke Bildhälfte) aus Elementen des Katalogs (rechte Bildhälfte).

Die beschriebene Analogie zu ebenen Potentialfeldern läßt sich mathematisch
begründen. Wir gehen darauf nicht ein.

6. Entwurf eines Reglers zur Stabilisierung des geschlossenen Kreises

6.1 Spezielle Syntheseaufgabe

In den vorangehenden Abschnitten haben wir uns mit der Stabilität eines Regelkreises befaßt. Wir bringen hierzu zwei wichtige Ergänzungen.

Die Frage nach der Stabilität eines Systems wurde bisher mit „ja" oder „nein" beantwortet. Die Entscheidung zwischen dieser Alternative ist jedoch für praktische Anwendungen nicht ausreichend. Wir wollen daher die stabilen Regelsysteme durch einen *Stabilitätsgrad* kennzeichnen, mit dem wir ihre *Stabilitätsgüte* beurteilen.

Weiter haben wir uns bisher mit der Feststellung begnügt, ob ein Regelkreis stabil ist oder nicht. Es fragt sich, was man tun kann, falls die Antwort negativ ausfällt. In den Anwendungen sind fast immer gewisse Glieder des Regelkreises vorgegeben. Dazu gehören im Beispiel 1.2, S. 16, die Radarantenne und der Servomotor. Diesen festen Teil bezeichnen wir als Regelstrecke. Wir betrachten hier nur Strecken mit einer Ausgangsgröße, der Regelgröße c, und einer Eingangsgröße, der Stellgröße u[1]. Bei der *Festlegung* des Übertragungsverhaltens *des Reglers*,

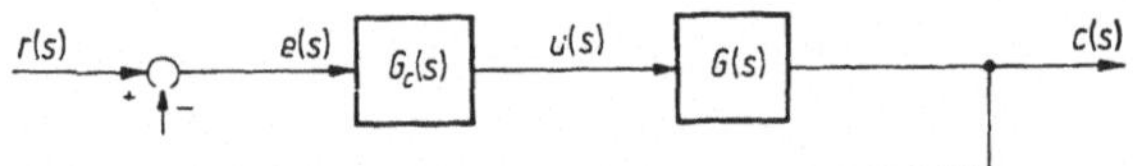

Bild 6.1. Zur Formulierung der Syntheseaufgabe.
$G(s)$ Übertragungsfunktion der Regelstrecke,
$G_c(s)$ Übertragungsfunktion des Reglers (Kompensationsglied),
$c(s)$ Regelgröße (control variable),
$u(s)$ Stellgröße,
$e(s)$ Regelabweichung (error),
$r(s)$ Führungsgröße (reference signal).

den wir der Strecke direkt vorschalten (Bild 6.1) oder in den Rückführzweig legen, haben wir meist noch weitgehende Freiheit. Es sei allerdings angenommen, daß der Regler wie die Regelstrecke ein zeitinvariantes lineares Übertragungssystem ist, das sich durch eine rationale

---

[1] In Abschn. 1 haben wir die Regelstrecke gerätetechnisch durch das Stellglied am Eingang und den Meßfühler zur Messung der Regelgröße am Ausgang abgegrenzt. Für die Formulierung der Syntheseaufgabe ist die oben angegebene Charakterisierung besser geeignet. Oft stimmen beide Festlegungen überein. Wir bezeichnen daher die Streckeneingangsgröße auch weiterhin als Stellgröße.

Übertragungsfunktion beschreiben läßt. Wir formulieren nun den einfachsten Fall der

Syntheseaufgabe: Bei fest vorgegebener Übertragungsfunktion $G(s)$ der Regelstrecke soll die Übertragungsfunktion $G_c(s)$ des Reglers so gewählt werden, daß der geschlossene Regelkreis eine gewünschte Stabilitätsgüte besitzt[1], die wir jeweils durch geeignete Kenngrößen festlegen.

6.2 Stabilitätsgüte

Mit $L(s)$ bezeichnen wir wieder die Kreisübertragungsfunktion. In Bild 6.1 ist $L(s) = G_c(s)\,G(s)$. Wir setzen jetzt die Stabilität des geschlossenen Kreises voraus, es sei jedoch angenommen, daß die Ortskurve $L(j\,\omega)$ nahe am kritischen Punkt (-1) in der L-Ebene vorbeigeht (Bild 6.2). Würde sie durch diesen Punkt hindurchlaufen, so wäre der Regelkreis sicher instabil. Aus $L(j\,\tilde\omega) = Z(j\,\tilde\omega)/N(j\,\tilde\omega) = -1$ folgt nämlich $Z(j\,\tilde\omega) + N(j\,\tilde\omega) = 0$, d. h., $j\,\tilde\omega$ ist eine auf der imaginären Achse liegende Wurzel der charakteristischen Gleichung des geschlossenen Kreises[2], der somit gerade die *Stabilitätsgrenze* erreicht hat. Unsere obige Annahme über den Ortskurvenverlauf in Bild 6.2 bedeutet, daß wir uns in der Nähe der Stabi-

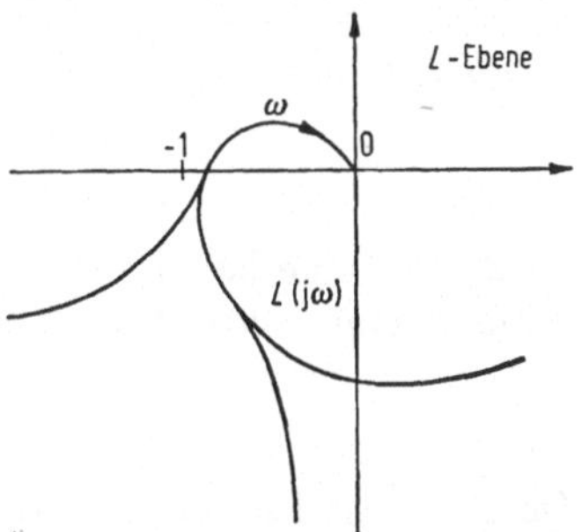

Bild 6.2. Beispiele für Verlauf der Nyquist-Kurve bei geringer Stabilitätsgüte.

litätsgrenze befinden. Eine solche Dimensionierung ist aus folgenden Gründen unbefriedigend:

1. Schon eine relativ geringe Vergrößerung des Verstärkungsfaktors (vgl. Bild 6.3) — bei bedingt stabilen Systemen eventuell auch seine Abnahme — führt zur Instabilität. Auch eine *Variation von* anderen *Systemparametern* kann leicht eine Verbiegung der Ortskurve über den Punkt (-1) hinaus und somit eine Überschreitung der Stabilitätsgrenze bewirken. Allgemein nennt man die kleinste Änderung eines Parameters, bei welcher die Stabilität verlorengeht, seine *Stabilitätsreserve.* Sie soll für alle Parameter hinreichend groß sein. Das ist besonders dann zu beachten, wenn die Übertragungseigenschaften des

---

[1] Wir nehmen an, daß der in Abschn. 5.1 beschriebene Normalfall vorliegt, bei dem sich die Stabilität mit Hilfe der Übertragungsfunktion beurteilen läßt.

[2] $ce^{j\tilde\omega t}$ ist in diesem Falle eine stationäre Eigenschwingung des geschlossenen Kreises. Das ist die bekannte Deutung des geometrischen Sachverhalts in der L-Ebene, von dem wir ausgegangen sind.

Systems zeitlich schwanken — z. B. infolge von Störeinflüssen oder bei linearisierten Modellen auch durch Änderung des Arbeitspunktes — oder von vornherein nicht genau bestimmt werden können.

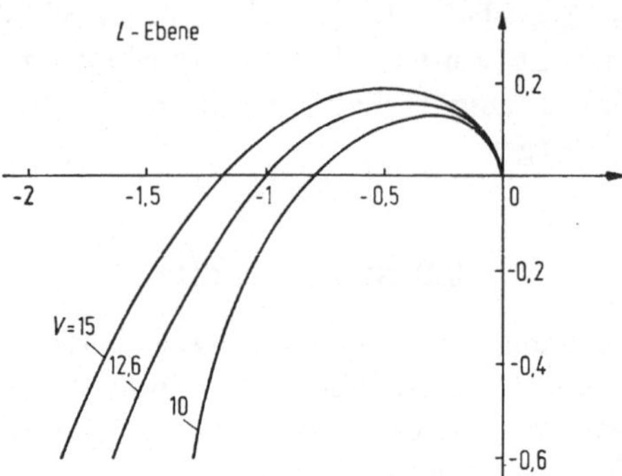

Bild 6.3. Einfluß einer Variation des Verstärkungsfaktors V auf den Ortskurvenverlauf für
$$L(s) = \frac{10\,V}{(s+1)\,(s+2)\,(s+5)}.$$

2. Für eine harmonische Schwingung am Eingang des geschlossenen Kreises von Bild 6.1 ist die Amplitudenverstärkung gegeben durch

$$|T(j\,\omega)| = \left|\frac{L(j\,\omega)}{1+L(j\,\omega)}\right|.$$

Im Nyquist-Diagramm können wir $1 + L(j\,\omega)$ durch den Zeiger $\vec{E}$ (vgl. Bild 6.4) veranschaulichen. Falls die Ortskurve für ω_m nahe bei (-1) vorbeigeht, wird $|L(j\,\omega_m)| \approx 1$, $|1 + L(j\,\omega_m)| \ll 1$, also

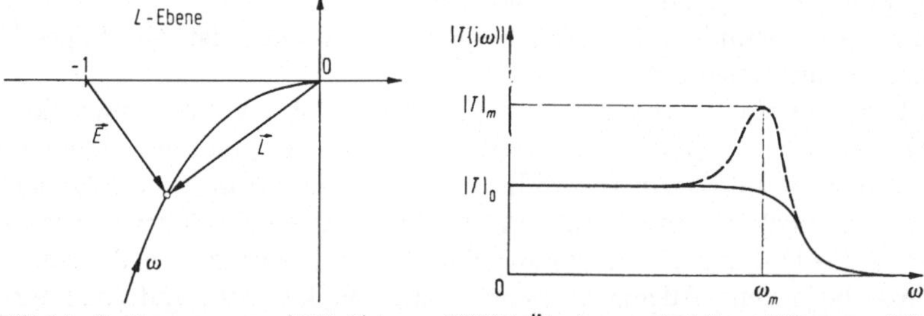

Bild 6.4. Bestimmung von $|T(j\,\omega)|$ im Nyquist-Diagramm.

Bild 6.5. Übertragungsfunktion mit Resonanzstelle.

$|T(j\,\omega_m)| \gg 1$. Der Frequenzgang $T(j\,\omega)$ des geschlossenen Kreises hat bei dieser Frequenz eine *Resonanzstelle* (gestrichelte Kurve in Bild 6.5). Die Systemantwort auf eine stationäre Schwingung in der Nähe der Resonanzfrequenz bleibt zwar beschränkt, sie besitzt aber eine sehr große Amplitude. Das System verhält sich also ,,praktisch instabil".

Bei einer Folgeregelung führt eine starke Resonanz in $T(j\,\omega)$ zu einer sehr unterschiedlichen Bewertung der spektralen Anteile der Führungsgröße. Dadurch werden unter Umständen unerwünschte Signalverzerrungen verursacht.

Als *Resonanzfaktor* eines Regelkreises mit einer Übertragungscharakteristik gemäß Bild 6.5 definiert man das Verhältnis

$$R = \frac{|T|_m}{|T|_0}. \tag{6.1}$$

Wir wollen die Stabilitätsforderung verschärfen durch die Zusatzbedingung $R < K$, wobei K eine vorgegebene Schranke ist.

3. Zur Untersuchung der Stabilität im Ljapunovschen Sinne geben wir gewisse *Eigenschwingungen* an, die der geschlossene Regelkreis nach einer Störung des Anfangszustandes bei einem Ortskurvenverlauf nach Bild 6.2 ausführen kann. Hierzu betrachten wir die durch

$$L = L(s) = \frac{Z(s)}{N(s)} \tag{6.2}$$

vermittelte *konforme Abbildung*. Sie ordnet jedem Punkt der s-Ebene einen Bildpunkt in der L-Ebene zu. Die Abbildung ist aber nicht umkehrbar eindeutig, vielmehr entsprechen einem festen Bildpunkt L jeweils die n Wurzeln der Gleichung

$$L\,N(s) - Z(s) = 0$$

als Originalpunkte. Für $L = -1$ geht diese Gleichung in $N(s) + Z(s) = 0$ über. Zum Bildpunkt $L = -1$ gehören also in der s-Ebene die n Polstellen der Übertragungsfunktion

$$T(s) = \frac{L(s)}{1 + L(s)} = \frac{Z(s)}{N(s) + Z(s)}$$

des geschlossenen Kreises. Die Ortskurve $L(j\,\omega)$ ist die Bildkurve der imaginären Achse der s-Ebene.

Einen Überblick über die gesamte Abbildung kann man sich verschaffen, indem man in die L-Ebene das Bild eines hinreichend feinen kartesischen Koordinatennetzes der s-Ebene einzeichnet. Man erhält so ein krummliniges Koordinatennetz, wie es in Bild 6.6 für einen speziellen Fall dargestellt ist.

Zur Berechnung des Bildnetzes setzt man $s = \delta + j\,\omega$:

$$L = u + j\,v = \frac{1}{[\delta(1 + \delta) - \omega^2] + j\,\omega(2\,\delta + 1)}.$$

Daraus ergeben sich in der L-Ebene

    für $\delta =$ const, ω variabel, die δ-Linien und

    für $\omega =$ const, δ variabel, die ω-Linien.

Zu jedem Bildpunkt in der L-Ebene gehören 2 Originalpunkte in der s-Ebene. Gezeichnet wurden nur die δ-Linien für $\delta > -0{,}5$, die bereits die ganze L-Ebene überdecken. Dabei geht der Streifen $-0{,}5 < \delta < 0$ $(\delta > 0)$ der s-Ebene in der L-Ebene in das Gebiet links (rechts) von der Ortskurve $L(j\,\omega)$ über. Für $\delta < -0{,}5$ erhält man dasselbe Bildnetz, nur hat man die Linien umzunumerieren: $\delta \to -1 - \delta$, $\omega \to -\omega$. Durch den Punkt (-1) gehen in diesem Beispiel die Linien für $\delta_n = -0{,}5$ und $\omega_n = \pm 0{,}87$ — vgl. Bild 6.6 b). Somit sind $s_n = -0{,}5 \pm j \cdot 0{,}87$ Polstellen von $T(s)$.

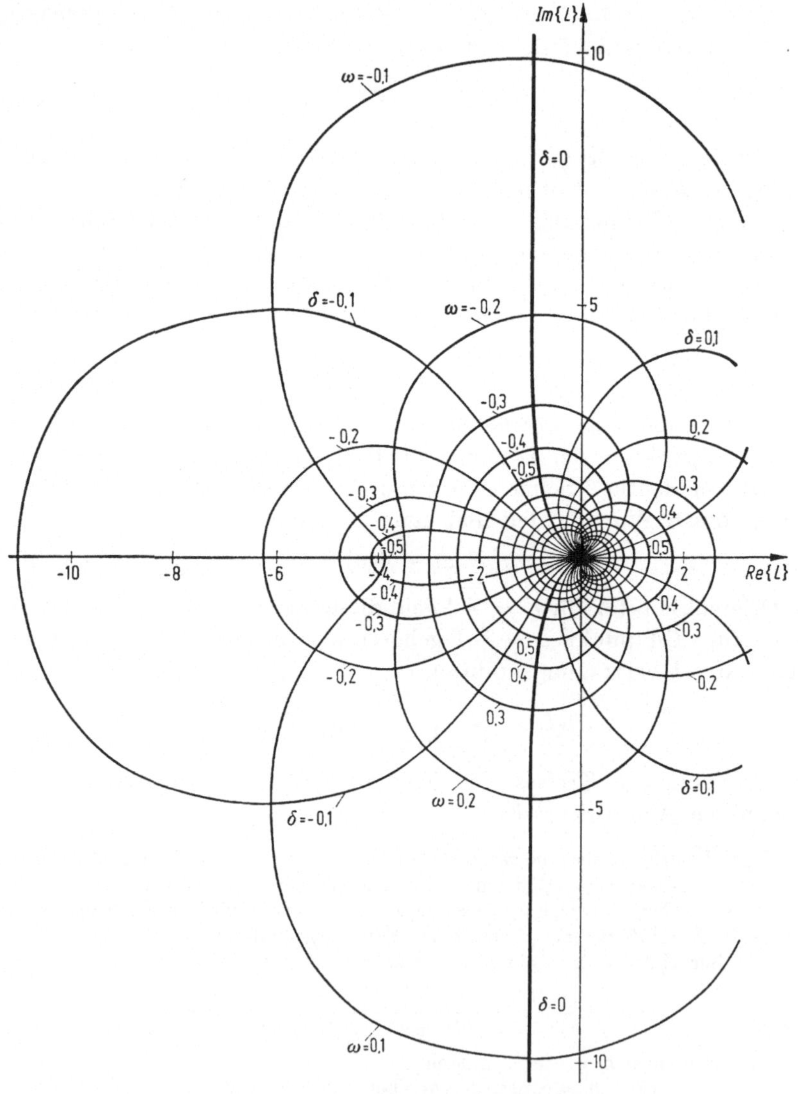

Bild 6.6. a) Konforme Abbildung $L = \dfrac{1}{s(s+1)}$.

Wie dieses einfache Beispiel zeigt, kann man der Deutung von $L(s)$ als konforme Abbildung und ihrer vollständigen geometrischen Darstellung mehr entnehmen als dem Verlauf der Nyquist-Kurve allein. Sie ist aber recht kompliziert und hat deshalb keine verbreitete Anwendung gefunden.

Wir wollen nun annehmen, der geschlossene Kreis habe eine *Polstelle* $s_n = \delta_n + j\,\omega_n$ *mit kleinem Realteil*. Wegen der Stetigkeit der durch (6.2) vermittelten Abbildung verläuft dann in der L-Ebene die δ_n-Linie benachbart zur Bildkurve der imaginären Achse, d. h. zur

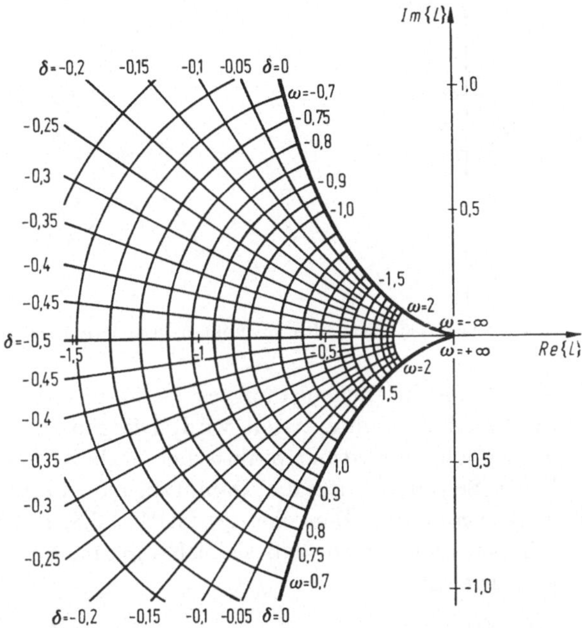

Bild 6.6. b) Ausschnitt von Bild 6.6a zur Bestimmung der Polstellen von $L(s)$.

Frequenzgangkurve $L(j\,\omega)$, und geht für $\omega = \omega_n$ durch (-1). Wenn umgekehrt $L(j\,\omega)$ nahe bei (-1) vorbeiführt, hat $T(s)$ eine Polstelle in der Nähe der imaginären Achse. Einer solchen Polstelle entspricht eine Eigenschwingung, die nur wenig gedämpft ist oder sogar langsam zunimmt. In der Praxis wird man aber die Forderung der asymptotischen Stabilität verschärfen und verlangen, daß alle Eigenschwingungen hinreichend rasch abklingen.

Eine eventuell vorhandene Wurzel mit kleinem Realteil läßt sich durch eine einfache geometrische Betrachtung genähert aus dem Verlauf der Ortskurve $L(j\,\omega)$ sowie ihrer Frequenzmarkierung in der Umgebung von (-1) bestimmen. Das Bild 6.2 ist konform, d. h. im Kleinen winkeltreu und maßstabstreu. Insbesondere wird das kleine Viereck in Bild 6.7 links in ein ähnliches Viereck (rechte Bildhälfte) übergeführt, es gilt also

$$\left|\frac{\delta_n}{2\,\Delta\omega}\right| = \left|\frac{d}{2\,l}\right|.$$

Die *Stabilitätsreserve* der Systemparameter, der *Resonanzfaktor* der Übertragungsfunktion $T(s)$ des geschlossenen Kreises sowie der *Dämpfungsgrad seiner Eigenschwingungen* sind zur *Charakterisierung des*

Stabilitätsgrades geeignete Maßzahlen. Nach den unter 1. bis 3. angestellten Überlegungen sind diese Kenngrößen verwandt. Eine Veranschaulichung dieses Sachverhaltes gibt das Nyquist-Diagramm, in welchem die Frequenzgangkurve $L(j\,\omega)$ des aufgetrennten Kreises eine

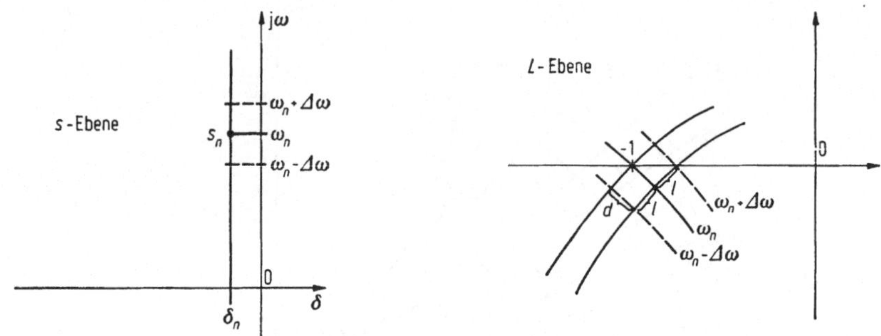

Bild 6.7. Abschätzung von Eigenwerten mit kleinem Realteil in der L-Ebene.

gewisse Umgebung des kritischen Punktes (-1) meiden soll, damit eine ausreichende Stabilitätsgüte erzielt wird. Die genaue Abgrenzung des verbotenen Bereichs auf Grund praktischer Stabilitätsforderungen, z. B. vorgegebener Schranken für die Dämpfungskonstanten, ist aber im allgemeinen sehr mühsam. Bereiche der im Bild 6.8, rechts, wiedergegebenen Art haben den Vorteil, daß sie sich auch im *Bode-Diagramm* leicht bestimmen lassen.

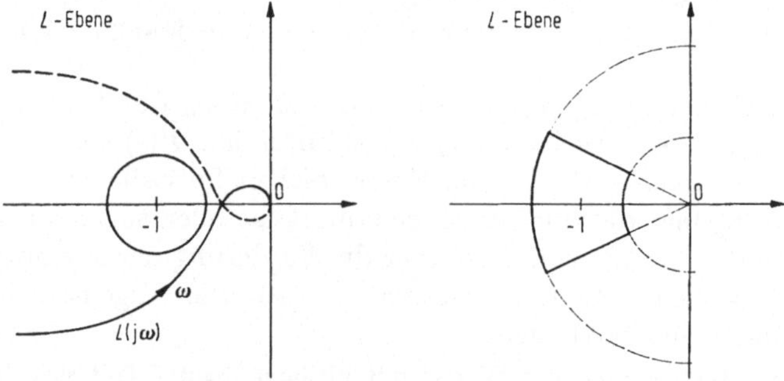

Bild 6.8. Beispiele für Umgebungen des kritischen Punktes, welche die Ortskurve $L(j\,\omega)$ aus Stabilitätsgründen meiden soll.

Zur weiteren Vereinfachung kennzeichnet man den Abstand der Ortskurve $L(j\,\omega)$ vom kritischen Punkt (-1) durch zwei Zahlen. Der *Phasenrand* Φ_r gibt an, um wieviel sich die Phase der Nyquist-Kurve im Schnittpunkt P_c mit dem Einheitskreis von $-\pi$ unterscheidet[1]. Bezeichnen wir die Schnittpunktfrequenz mit ω_c, so gilt

$$\Phi_r = \text{arc}\{L(j\,\omega_c)\} + \pi. \tag{6.3}$$

Der *Amplitudenrand* A_r ist ein Maß für die Entfernung eines eventuell vorhandenen Schnittpunktes P_r der Frequenzgangkurve mit der reellen Achse vom kritischen Punkt (-1)[1]. Er gibt an, um welchen Faktor man

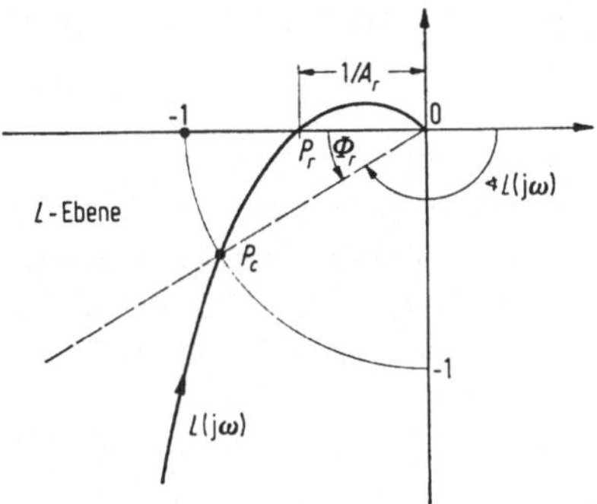

Bild 6.9. Phasenrand Φ_r und Amplitudenrand A_r.

die Kreisverstärkung bis zum Erreichen der Stabilitätsgrenze ändern darf:

$$A_r = \frac{1}{|L(j\,\omega_r)|}. \tag{6.4}$$

Durch diese beiden Kennzahlen läßt sich die Stabilitätsgüte für viele Zwecke mit ausreichender Genauigkeit beschreiben, falls der Verlauf der Nyquist-Kurve nicht zu kompliziert ist. Man fordert dann z. B. $\Phi_r > 30°$ und $A_r > 10$ dB. Das sind Erfahrungswerte, die sich für spezielle Ortskurven auch rechnerisch begründen lassen.

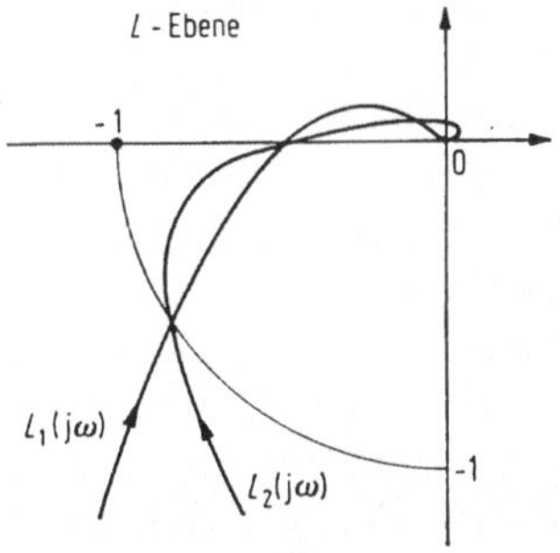

Nach Bild 6.10 kann man nicht erwarten, daß damit in allen Fällen ein gutes Stabilitätsverhalten gewährleistet wird. Außerdem lassen sich Beispiele angeben, bei denen der geschlossene Kreis trotz eines großen Phasen- und Amplitudenrandes[2] sogar instabil ist. Wir wollen daher noch eir.e Klasse häufig auftretender Kreisübertragungsfunktionen angeben, bei der vom Phasenrand allein auf die Stabilität geschlossen werden kann.

Wir sagen, eine Kreisübertragungsfunktion $L(s)$ mit Tiefpaßcharakter sei vom *einfachen Typ*, wenn ihre Polstellen

Bild 6.10. Kreisübertragungsfunktionen mit gleicher Amplituden- und Phasenreserve, aber unterschiedlicher Stabilitätsgüte.

alle einen negativen. Realteil haben mit Ausnahme eines eventuell vor-

---

[1] Im allgemeinen ergeben sich Schwierigkeiten, falls es mehrere solche Schnittpunkte gibt. Mehrere Schnittpunkte mit dem Einheitskreis sind auch deshalb nicht erwünscht, weil dann die Bandbreite des Systems nicht scharf bestimmt wäre — vgl. S. 176/177.

[2] Die Begriffe Phasen- bzw. Amplitudenreserve anstelle von Phasen- bzw. Amplitudenrand verwenden wir nur bei stabilen Systemen.

handenen einfachen Pols bei $s = 0$, die Betragskennlinie nur einen Schnittpunkt mit der O—dB-Linie aufweist und der Kreisverstärkungsfaktor positiv ist, so daß

$$\lim_{\omega \to 0} \not{\kern-0.3em\triangleleft}\, L(j\,\omega) = 0° \text{ bzw. } -90°$$

gilt.

Vereinfachtes Schnittpunkt-Kriterium:

Für eine Kreisübertragungsfunktion $L(s)$ vom einfachen Typ ist die Übertragungsfunktion $T(s) = L(s)/(1 + L(s))$ des geschlossenen Kreises genau dann stabil, wenn der Phasenrand positiv ist.

Bild 6.11 veranschaulicht diesen Sachverhalt im Bode-Diagramm.

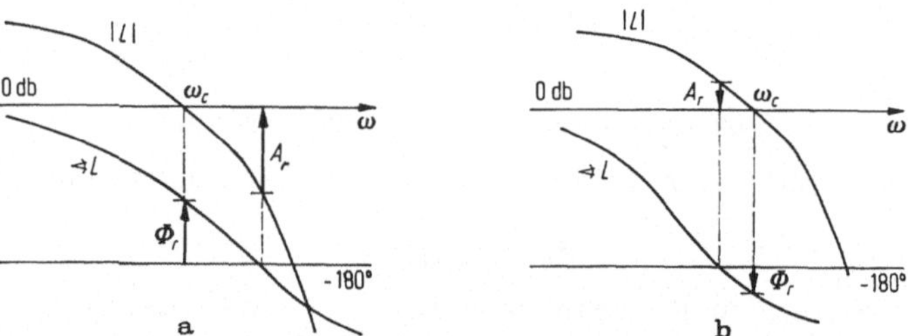

Bild 6.11. Phasen- und Amplitudenrand im Bode-Diagramm. Falls das vereinfachte Schnittpunktkriterium anwendbar ist, liegt bei a) Stabilität, bei b) Instabilität vor.

Beweis: Für Ortskurven vom einfachen Typ haben wir in Satz 5.5, S. 135, $-\,v = N_a\{N(s)\}$, $N_r\{N(s)\} = 0$ zu setzen, und es liegt Stabilität genau dann vor, wenn vor dem Schnittpunkt mit dem Einheitskreis ($\omega <$ Schnittfrequenz ω_c) ebenso viele positive wie negative Schnittpunkte mit der reellen Achse ($\not{\kern-0.3em\triangleleft}\,L\,(j\,\omega) = -180° + k\,360°$) liegen. Wegen der Voraussetzung über den Grenzwert, dem die Phasenkennlinie für $\omega \to 0$ zusteht, ist diese Bedingung für $\Phi_r > 0°$ erfüllt, für $\Phi_r \leqq 0°$ verletzt.

Die *Durchtrittsfrequenz* ω_c ist in vielen Fällen zugleich ein brauchbares Maß für die *Bandbreite* ω_b des Führungsfrequenzganges $T(j\,\omega)$ $= c(j\,\omega)/r(j\,\omega)$. Eine große Bandbreite ist erwünscht, falls die Regelgröße auch breitbandigen Führungsgrößen ohne unzulässige Verzerrungen folgen soll (vgl. Abschn. 7.3). Wenn wir die Struktur von Bild 6.1 zugrunde legen, gilt näherungsweise mit $L(s) = G_c(s)\,G(s)$

$$T(j\,\omega) = \frac{L(j\,\omega)}{1 + L(j\,\omega)} \approx \begin{cases} 1 & \text{falls} \quad |L(j\,\omega)| \gg 1, \\ L(j\,\omega) & \text{falls} \quad |L(j\,\omega)| \ll 1. \end{cases}$$

Damit kann man den asymptotischen Verlauf von $|T(j\,\omega)|$ in die Frequenzkennlinien-Darstellung von $L(j\,\omega)$ einzeichnen (Bild 6.12). Die Korrektur in der Umgebung von ω_c ergibt sich für Phasenminimumsysteme einfach, wenn dort $|L(j\,\omega)|$ in einer genügend großen Umgebung mit 20 dB/Dekade abnimmt. Dann wird

$$L(j\,\omega) \approx \frac{\omega_c}{j\,\omega}, \quad T(j\,\omega) \approx \frac{1}{1 + \dfrac{j\,\omega}{\omega_c}} \quad \text{für} \quad \omega \approx \omega_c,$$

d. h., $T(s)$ verhält sich näherungsweise wie ein Übertragungsglied 1. Ordnung mit der Knickfrequenz ω_c. Als Bandbreite ω_b eines Fre-

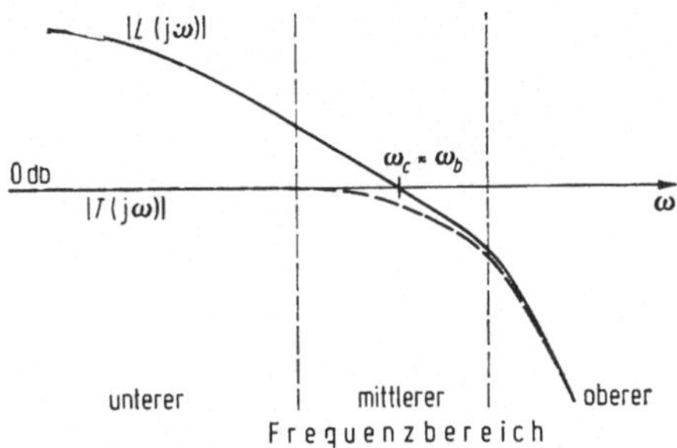

Bild 6.12. Zusammenhang zwischen $|L(j\,\omega)|$ und $|T(j\,\omega)|$ im Bode-Diagramm.

quenzganges $T(j\,\omega)$ mit Tiefpaßcharakteristik definiert man gewöhnlich die Frequenz, für welche der Frequenzgang gegenüber $T(j\,0)$ betragsmäßig um 3 dB abgefallen ist. Nach Bild 6.12 gilt $\omega_b \approx \omega_c$.

Zur Begründung dieser Faustformel sind wir von einer Annahme ausgegangen, die recht willkürlich zu sein scheint. Tatsächlich darf aber für *Phasenminimumsysteme* die Neigung der Amplitudenkennlinie $|L(j\,\omega)|$ in einem gewissen Bereich um oder nahe bei ω_c den Wert 20 dB/Dekade nicht wesentlich überschreiten, weil sonst der Phasenrand zu klein wird. Bild 6.13 veranschaulicht das für einige einfache Fälle. Man kann in dieser Darstellung den Verstärkungsfaktor V als Parameter auffassen. Bei seiner Änderung haben wir lediglich die 0 dB-Kennlinie entsprechend nach oben oder unten zu verschieben und bei der neuen Schnittfrequenz den Wert von Φ_r abzulesen. In diesem Zusammenhang kommen wir nochmals auf Bild 6.12 zurück, wo wir eine grobe Unterteilung des Frequenzbereiches vorgenommen haben. Im *unteren Frequenzbereich* soll $|L(j\,\omega)|$ möglichst groß sein, damit die *bleibende Regelabweichung* — oder allgemeiner der Regelfehler bei langsamen Regelvorgängen — möglichst klein bleibt. Der Verlauf der Frequenzkennlinien im *mittleren Bereich* ist verantwortlich für die *Stabilitätsgüte*, d. h. die Dämpfung der Eigenschwingungen und damit auch für den Einschwingvorgang des geschlossenen Kreises. Im *oberen Frequenzbereich*, dem Sperrbereich von $T(j\,\omega)$, wünscht man sich im Hinblick auf unter Umständen auftretende *hochfrequente Störungen*, die sich dem Führungssignal überlagern, einen raschen Abfall der Betragskennlinie, sofern man den Störeinfluß nicht durch ein Vorfilter abschwächen kann. Diese pauschalen Betrachtungen werden wir in Abschn. 7 durch genauere Überlegungen ersetzen.

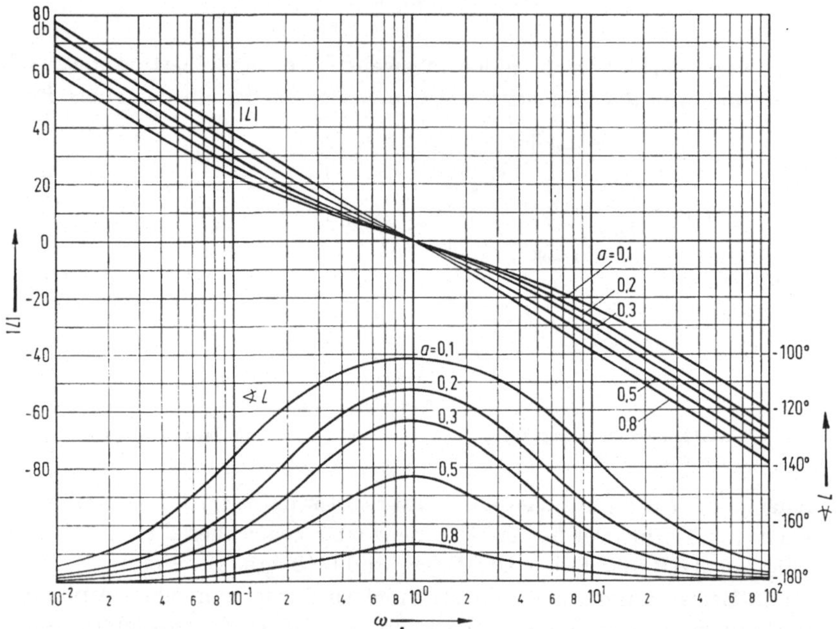

Bild 6.13. Phasenreserve für Minimumphasensysteme, die sich in der Umgebung von ω_c wie

$$L(s) = \frac{1}{s^2}\,\frac{s + a}{a\,s + 1}\ \text{verhalten.}$$

Neben dem Frequenzkennlinien-Verfahren spielt das *Wurzelortverfahren* bei der Beurteilung der Stabilität linearer Regelkreise eine dominierende Rolle. Die eben beschriebenen Kennwerte sind aber im Zusammenhang mit diesem Verfahren wenig geeignet. Dagegen kann man aus den Wurzelortskurven die *Polstellen der Übertragungsfunktion* $T(s)$ ablesen. Damit kennt man im Normalfall (S. 69) zugleich die

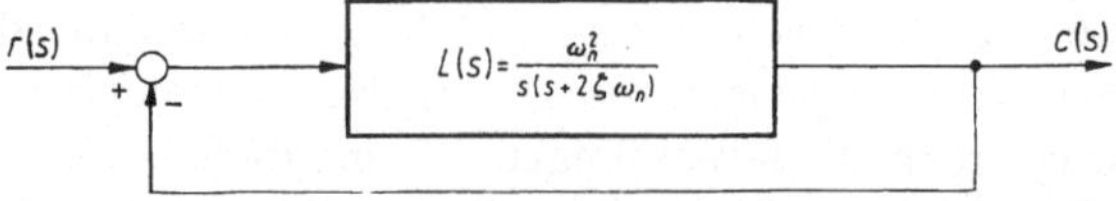

Bild 6.14. Beispiel für eine Folgeregelung bestehend aus einem Servomotor (K_1/s) und einer trägen Last (Verzögerungsglied $K_2/(s + 2\zeta\,\omega_n)$).

Eigenwerte des Systems, mit deren Hilfe sich der Dämpfungsgrad der Einschwingvorgänge nach einer vorübergehenden Störung abschätzen läßt.

Wir zeigen das für den Regelkreis von Bild 6.14. Zu ihm gehört die Führungsübertragungsfunktion

$$T(s) = \frac{c(s)}{r(s)} = \frac{\omega_n^2}{s^2 + 2\zeta\,\omega_n\,s + \omega_n^2} \quad (\omega_n, \zeta > 0). \tag{6.5}$$

Bild 6.15 zeigt den Frequenzgang des offenen und geschlossenen Krei-

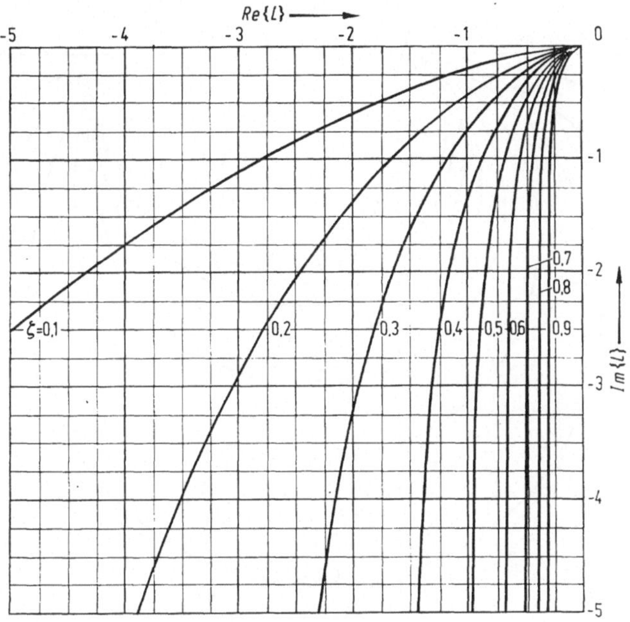

Bild 6.15 a). Frequenzgang zu $L(s) = \dfrac{\omega_n^2}{s(s + 2\zeta\,\omega_n)}$.

ses. Die logarithmischen Frequenzkennlinien von $1/T(j\,\omega)$ sind im Bild 5.16, S. 144, dargestellt. Sie stimmen mit denen von $T(j\,\omega)$ bis auf das Vorzeichen überein.

Zur Berechnung der *Schwingungen des freien Systems* gehen wir zur zugehörigen I. Standardform

$$\begin{pmatrix} \dot{z}_1 \\ \dot{z}_2 \end{pmatrix} = \begin{pmatrix} 0 & 1 \\ -\omega_n^2 & -2\zeta\,\omega_n \end{pmatrix} \begin{pmatrix} z_1 \\ z_2 \end{pmatrix} + \begin{pmatrix} 0 \\ 1 \end{pmatrix} u,$$

$$c = (\omega_n^2 \quad 0) \begin{pmatrix} z_1 \\ z_2 \end{pmatrix}$$

über mit dem charakteristischen Polynom

$$\Delta(s) = (s - s_1)(s - s_2), \quad s_{1,2} = \omega_n\left(-\zeta \pm \sqrt{\zeta^2 - 1}\right).$$

Die freien Schwingungen klingen für beliebige Anfangszustände ·exponentiell ab, da s_1 und s_2 wegen $\zeta > 0$ einen negativen Realteil haben. Uns interessiert vor allem das Ergebnis[1]

$$\text{für} \quad 0 < \zeta < 1, \quad \eta = \sqrt{1 - \zeta^2}:$$

$$c(t) = A\,e^{-\omega_n \zeta t}\sin(\eta\,\omega_n\,t + \alpha) \tag{6.6}$$

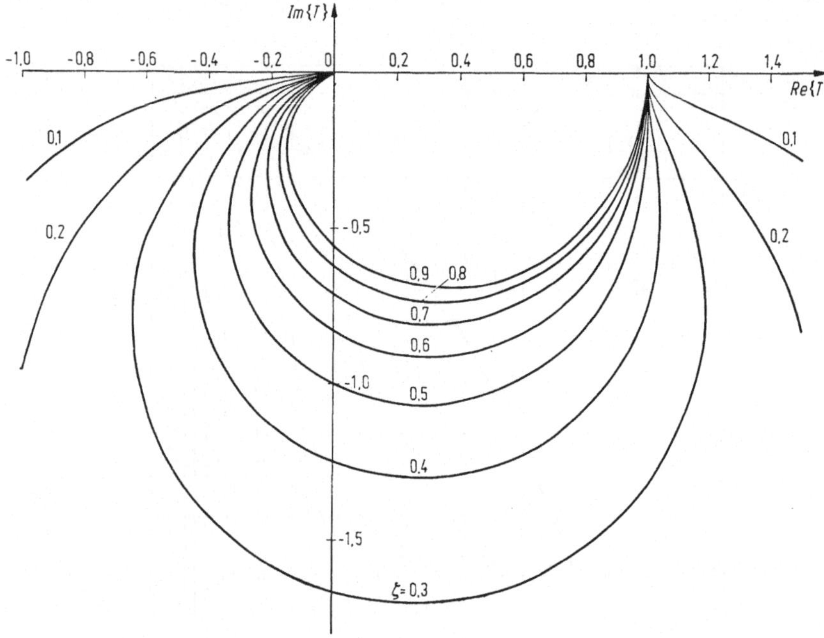

Bild 6.15 b). Frequenzgang des geschlossenen Kreises mit $T(s) = \dfrac{\omega_n^2}{s^2 + 2\zeta\,\omega_n\,s + \omega_n^2}$.

---

[1] Herleitung: Unter Berücksichtigung von $s_{1,2} = \omega_n(-\zeta \pm j\,\eta)$ erhält man im Bildbereich

$$c(s) = \frac{\omega_n^2}{\Delta(s)}\,(s + 2\zeta\,\omega_n \mid 1)\,z_0$$

$$= \frac{\omega_n^2}{s_1 - s_2}\left[\frac{(-s_2 \mid 1)}{s - s_1} - \frac{(-s_1 \mid 1)}{s - s_2}\right]z_0$$

und daraus durch Rücktransformation

$$c(t) = \frac{\omega_n}{j \cdot 2\eta}\left[-s_2\,e^{s_1 t} + s_1\,e^{s_2 t} \mid e^{s_1 t} - e^{s_2 t}\right]z_0.$$

Setzt man für die charakteristischen Wurzeln die berechneten Werte ein, so liefert die Zusammenfassung entsprechender Terme

$$c(t) = \frac{\omega_n^2}{\eta}\,e^{-\zeta\omega_n t}\left(\zeta\sin\eta\,\omega_n\,t + \eta\cos\eta\,\omega_n\,t \mid \frac{1}{\omega_n}\sin\eta\,\omega_n\,t\right)z_0,$$

was man in (6.6) umschreiben kann.

mit

$$A^2 = \frac{\omega_n^2}{\eta^2}\,(\omega_n^2\, z_{10}^2 + 2\zeta\,\omega_n\, z_{10}\, z_{20} + z_{20}^2),$$

$$\tan\alpha = \frac{\eta\,\omega_n\, z_{10}}{\zeta\,\omega_n z_{10} + z_{20}}.$$

Man nennt

ω_n *Eigenfrequenz des ungedämpften Systems (Kennkreisfrequenz)*,

ζ *Dämpfungsgrad*,

$\sigma = \zeta\,\omega_n$ *Abklingkonstante*,

$T = \dfrac{1}{\sigma}$ *Zeitkonstante*.

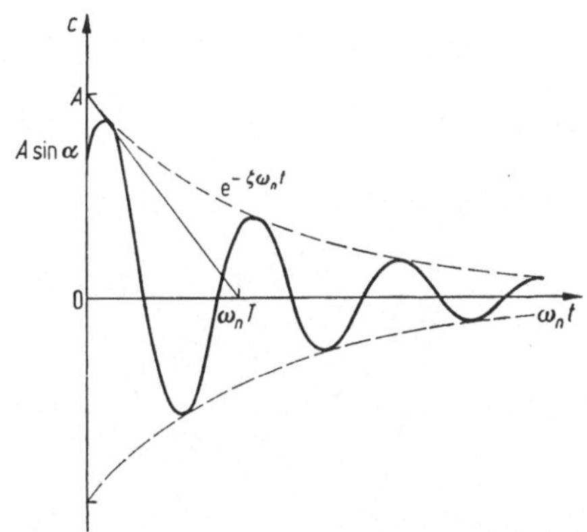

Bild 6.16. Ungenügend gedämpfter Einschwingvorgang der Regelgröße.

In der Zeit $T = \dfrac{1}{\sigma}$ klingt die Amplitude auf den $1/e$-ten ($= 0{,}37$) Teil ab. Die Anzahl der Schwingungen in diesem Zeitintervall ist für nicht zu große Werte von ζ durch $n \approx 1/2\pi\,\zeta$ gegeben. ω_n geht als Normierungsfaktor in den Zeitmaßstab von Bild 6.16 ein, ist also ein Maß für die *Schnelligkeit* des Regelkreises. Um zu einer einfachen Übersicht zu gelangen, haben wir in Bild 6.17a den Verlauf von $c(t)$ nach einer Störung durch einen Einheitsstoß dargestellt. Nach (2.42), S. 57, erhalten wir diese *Impulsantwort*, indem wir in (6.6) $z_0 = b = (0\ 1)'$ setzen:

$$g(t) = \frac{\omega_n}{\sqrt{1-\zeta^2}}\, e^{-\zeta\omega_n t} \sin\left(\sqrt{1-\zeta^2}\,\omega_n\, t\right). \tag{6.7a}$$

In Abschn. 7 interessiert uns in erster Linie die *Sprungantwort* (vgl. Bild 6.17b)

$$h(t) = 1 - \frac{1}{\sqrt{1-\zeta^2}}\, e^{-\zeta\omega_n t} \cos\left(\sqrt{1-\zeta^2}\,\omega_n\, t - \Phi_\zeta\right) \tag{6.7b}$$

(Φ_ζ definiert in Bild 6.18),

die sich aus (6.7a) durch Integration ergibt.

An die Stabilitätsgüte des betrachteten Regelkreises wird man folgende Forderungen stellen:

a) Die Abklingzeit T soll genügend klein, $\omega_n \zeta$ also genügend groß sein.

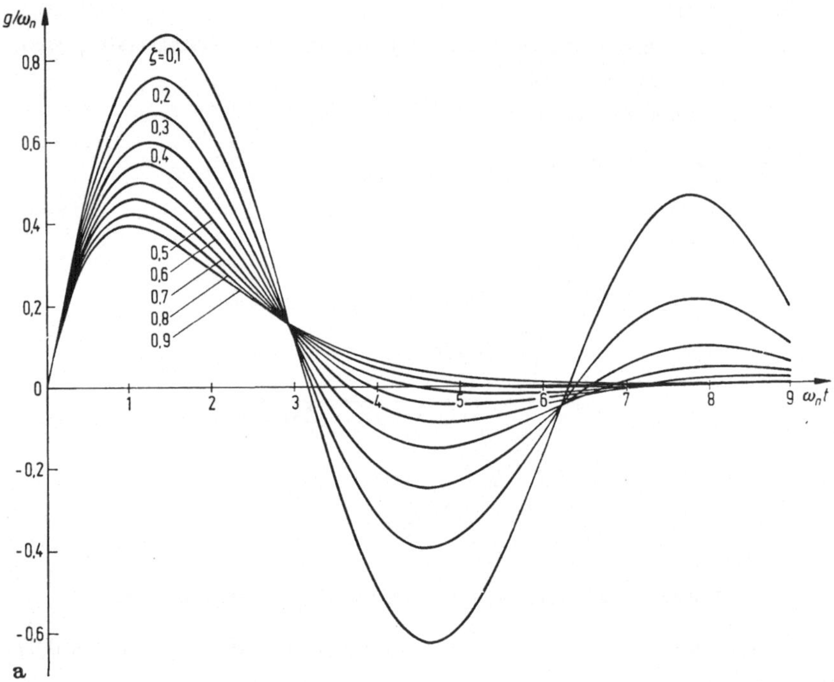

Bild 6.17 a). Impulsantwort zur Übertragungsfunktion $T(s) = \dfrac{\omega_n^2}{s^2 + 2\zeta\,\omega_n\,s + \omega_n^2}$, mit ζ als Parameter.

b) Innerhalb dieser Zeit soll das System nur wenige Schwingungen ausführen, d. h., ζ muß genügend groß sein.

Diese Forderungen sind erfüllt, wenn für das konjugiert komplexe Polpaar der Übertragungsfunktion $T(s)$ sowohl der senkrechte Abstand wie der Winkelabstand von der imaginären Achse nicht zu klein sind (vgl. Bild 6.18a). Der *zulässige Bereich für* die Lage dieser *Polstellen* hat die in Bild 6.18b angegebene Form.

Wir sind von dem speziellen Regelkreis von Bild 6.14 mit einem konjugiert komplexen Polpaar der Übertragungsfunktion $T(s)$ ausgegangen. Die Impulsantwort oder allgemeiner das Einschwingverhalten ändert sich nicht wesentlich, wenn wir diese Übertragungsfunktion abändern durch Hinzufügen weit links liegender Polstellen, weit ent-

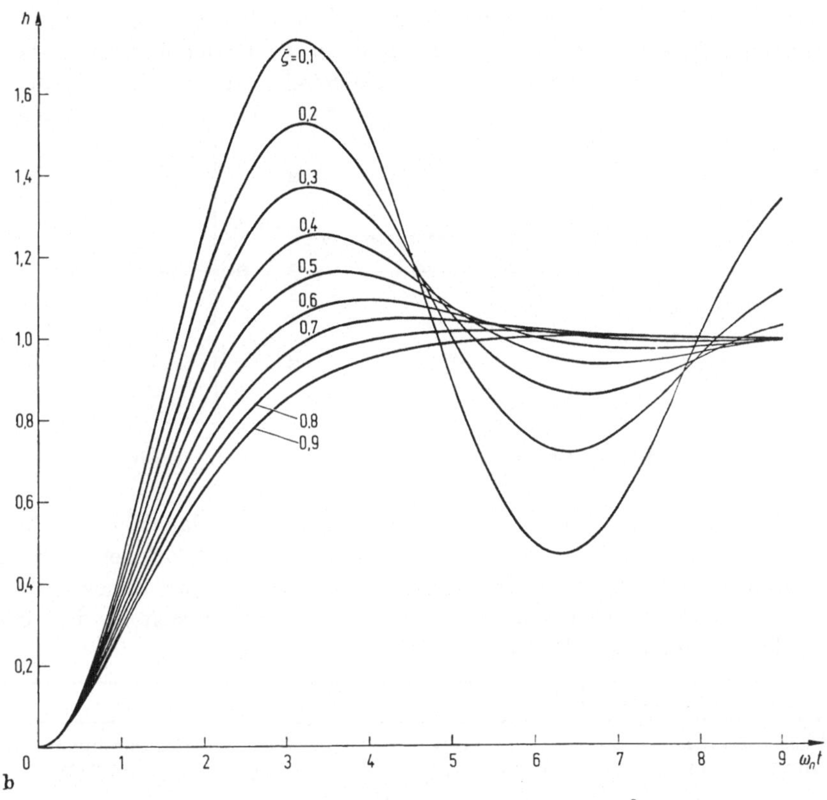

Bild 6.17 b). Sprungantwort zur Übertragungsfunktion $T(s) = \dfrac{\omega_n^2}{s^2 + 2\zeta\,\omega_n\,s + \omega_n^2}$ mit ζ als Parameter.

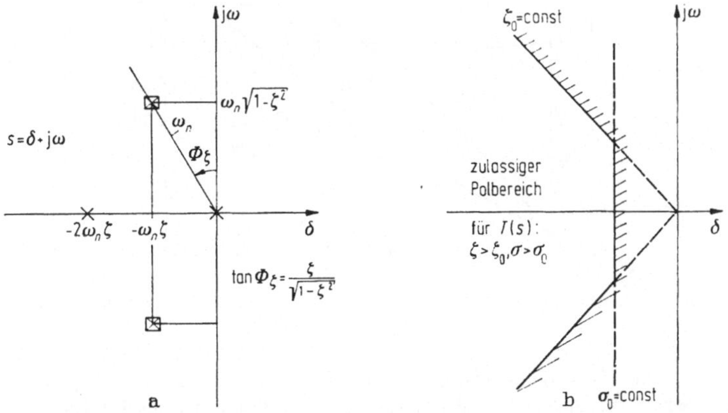

Bild 6.18. Lage des konjugiert komplexen Polpaares bei vorgeschriebener Dämpfung.

fernt liegender Nullstellen oder eines Pol-Nullstellen-Paares mit relativ kleinem Abstand (Dipol)[1]. Man nennt dann die beiden Polstellen, von denen wir ausgegangen sind, ein *dominierendes Polpaar* (Bild 6.19).

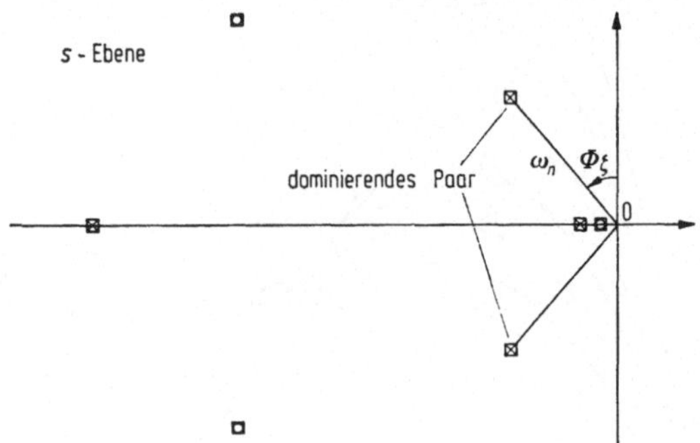

Bild 6.19. Übertragungsfunktion $T(s)$ mit dominierendem Polpaar.

Am Beispiel der Stabilitätsgüte haben wir gesehen, daß der Wurzelort des geschlossenen Kreises und der Frequenzgang des offenen Kreises (Nyquist-Ortskurve oder Bode-Diagramm) verschiedene Aspekte desselben Sachverhalts beschreiben. Dabei entsprechen sich in den betrachteten einfachen Fällen

im Bode-Diagramm	in der Wurzelort-Ebene	
Phasenrand Φ_r Grenzfrequenz ω_c	Dämpfungsgrad ζ bzw. Φ_ζ { Betrag ω_n	des dominierenden Polpaares.

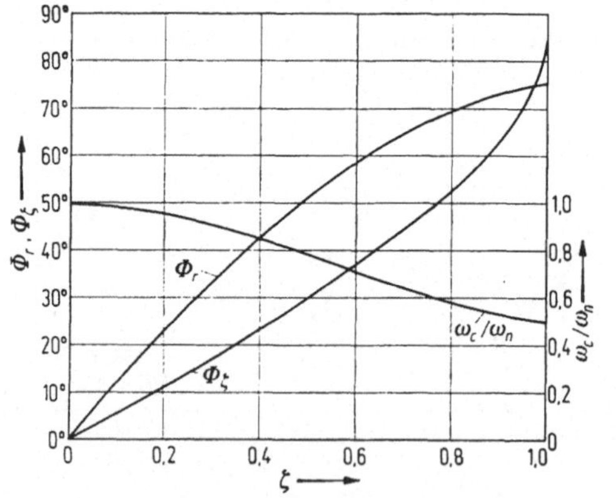

Bild 6.20. Grenzfrequenz und Phasenreserve des Regelkreises von Bild 6.14.

---

[1] Man kann diese Behauptung durch einfache Abschätzungen begründen, auf die wir aber an dieser Stelle nicht eingehen, da uns später in erster Linie der Einfluß zusätzlicher Pol- und Nullstellen auf die Sprungantwort interessiert.

Für den Spezialfall des Bildes 6.14 kann man den Zusammenhang zwischen diesen Parametern leicht berechnen. Das Ergebnis ist in Bild 6.20 dargestellt[1]. Oft geht man beim Entwurf eines Regelkreises von günstigen Erfahrungswerten für diese Kenngrößen aus, die sich anhand einfacher Beispiele auch rechnerisch begründen lassen. Ein solches Vorgehen ist nicht ganz so unbefriedigend wie es zunächst den Anschein hat. Man muß sich dabei vor Augen halten, daß bei vielen Anwendungen keine allzu große Genauigkeit verlangt wird, weil das Übertragungsverhalten der Regelstrecke nicht hinreichend bekannt ist oder keine genauen Spezifikationen für das Verhalten des geschlossenen Kreises vorgegeben sind.

6.3 Erhöhung der Stabilitätsgüte durch Korrekturglieder

Wir wollen in diesem Abschnitt zeigen, wie man die Stabilitätsgüte durch einfache Korrekturglieder $G_c(s)$ in Bild 6.1 verbessern kann. Es handelt sich um ziemlich allgemeine Maßnahmen, die man aber am besten an einem konkreten Fall erläutert. Dafür sei eine Regelstrecke mit der Übertragungsfunktion

$$G(s) = \frac{V}{s\left(1 + \dfrac{s}{2}\right)\left(1 + \dfrac{s}{5}\right)}$$

gewählt. Wir vereinbaren, daß wir die gesamte Kreisverstärkung zur Streckenübertragungsfunktion hinzurechnen und damit den Verstärkungsfaktor von $G_c(s)$ zu 1 normieren. Für die praktische Anwendung bedeutet das keine Einschränkung, da wir nachträglich eine Aufteilung des Verstärkungsfaktors auf die Regelstrecke und das Korrekturglied vornehmen können, wie sie den Erfordernissen entspricht.

Zunächst ersetzen wir das Korrekturglied durch einen idealen Verstärker mit der Übertragungsfunktion

$$G_c(s) = 1\,.$$

---

[1] Herleitung: Für

$$L(s) = \frac{\omega_n^2}{s(s + 2\,\zeta\,\omega_n)}$$

gilt

$$|L(j\,\omega)|^2 = \frac{\omega_n^4}{\omega^4 + 4\,\zeta^2\,\omega_n^2\,\omega^2}\,,$$

$$\tan\left(\angle L(j\,\omega)\right) = 2\,\zeta\,\frac{\omega_n}{\omega}\,.$$

Für $\omega = \omega_c$ folgt wegen $|L(j\,\omega_c)| = 1$

$$\left(\frac{\omega_c}{\omega_n}\right)^2 = -\,2\,\zeta^2 + \sqrt{1 + (2\,\zeta^2)^2}\,,$$

$$\Phi_r = \pi + \arctan\left(2\,\zeta\,\frac{\omega_n}{\omega_c}\right)\,.$$

Man spricht in diesem Fall auch von einer „starren" Rückführung. Zur Bestimmung des Wurzelortes schreiben wir die zugehörige Übertragungsfunktion des offenen Kreises in der Form

$$L(s) = \frac{K}{s(s+2)(s+5)} \quad \text{mit} \quad K = 10\,V. \tag{6.8}$$

Der zugehörige Wurzelort ist in Bild 6.21 dargestellt, Bild 6.22 zeigt das entsprechende Bode-Diagramm für $V = 10$, was aber bereits zu

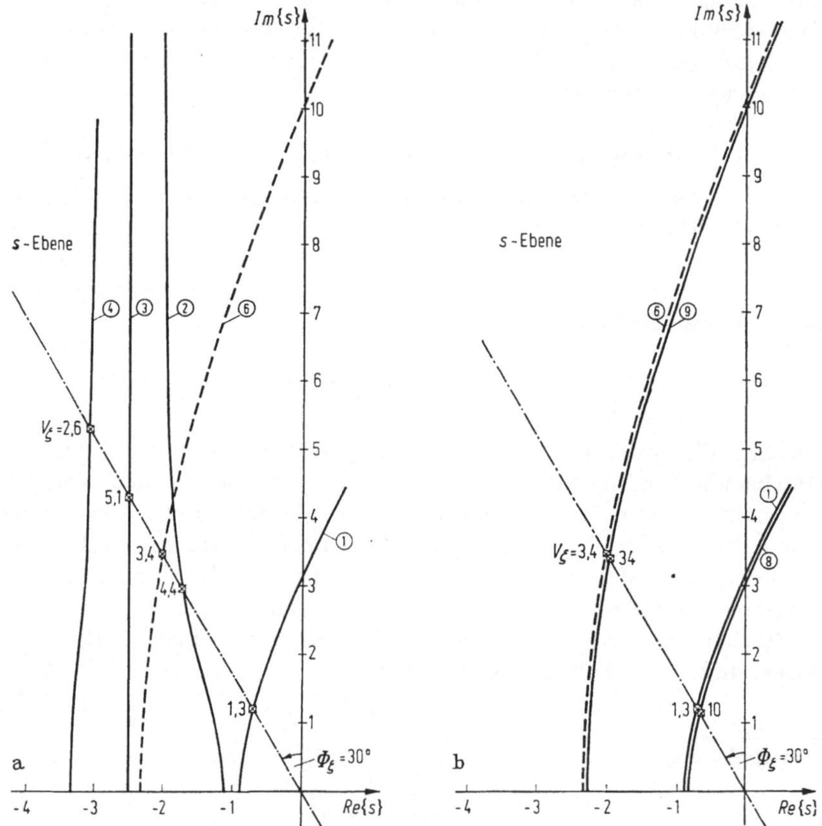

Bild 6.21. Hauptzweig des Wurzelortes für die Strecke $G(s) = \dfrac{K}{s(s+2)(s+5)}$ mit Korrekturgliedern gemäß Tab. 6.1.
a) PD- und Lead-Glieder; b) Lag- und Lead-Lag-Glieder.

Instabilität führt. Das erkennt man leicht, weil hier das vereinfachte Schnittpunktkriterium von S. 176 anwendbar ist. Beiden Darstellungen kann man im Rahmen der Zeichengenauigkeit entnehmen, daß die Stabilitätsgrenze bei dem Wert $V_{st} = K_{st}/10 = 7{,}0$ liegt, der sich auch mit Hilfe des Routh-Kriteriums bestätigen läßt.

Wir interessieren uns aber nicht allein für die Stabilitätsgrenze, sondern in erster Linie für den *zulässigen Verstärkungsfaktor bei einer vorgeschriebenen Mindestdämpfung* ζ des dominierenden Polpaares bzw.

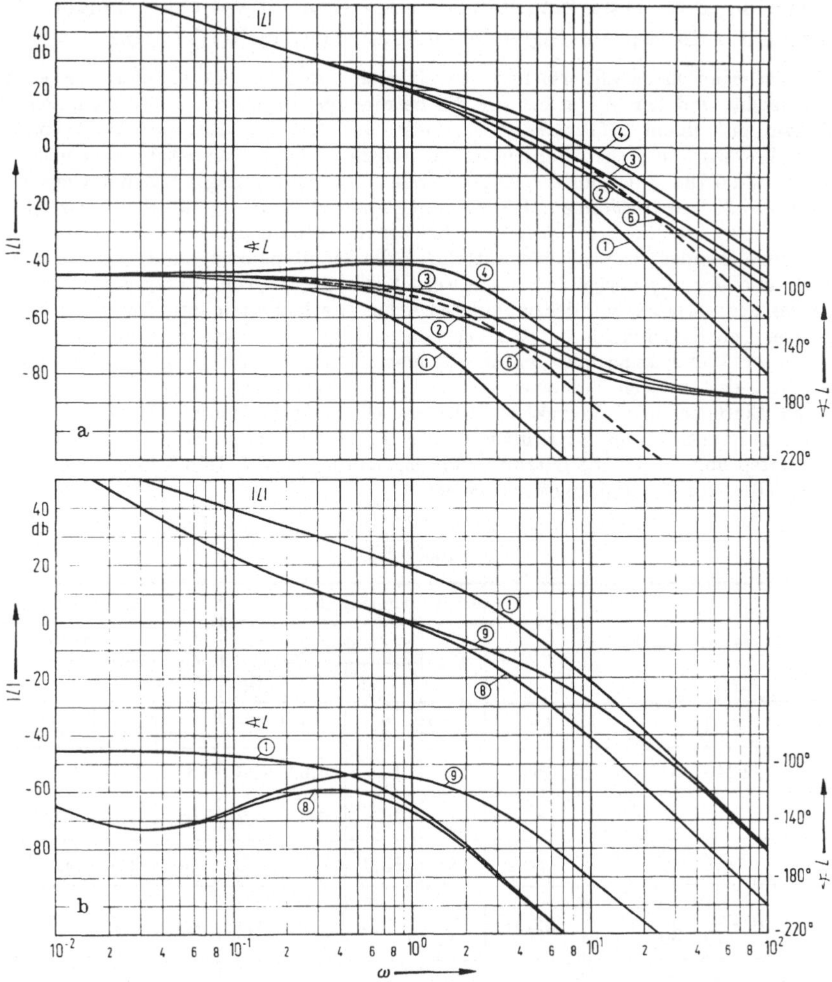

Bild 6.22. Logarithmische Frequenzkennlinien für die Strecke $G(s) = \dfrac{K}{s(s+2)(s+5)}$
$(K=100)$ mit Korrekturgliedern gemäß Tab. 6.1.
a) PD- und Lead-Glieder; b) Lag- und Lead-Lag-Glieder.

bei vorgeschriebener Phasenreserve Φ_r. Wir wollen im folgenden den Vergleich verschiedener Korrekturglieder für die Werte $\zeta = 0{,}5\,(\Phi_\zeta \approx 30°)$ bzw. $\Phi_r \approx 50°$ vornehmen, die sich gemäß Bild 6.20 entsprechen. Als Vergleichswerte entnehmen wir — wie sogleich näher erläutert wird — dem Wurzelortdiagramm den zugehörigen Verstärkungsfaktor $V(\Phi_\zeta)$

und die Eigenfrequenz $\omega_n(\Phi_\zeta)$ des dominierenden Polpaares, aus der Frequenzkennlinien-Darstellung lesen wir den Verstärkungsfaktor $V(\Phi_r)$ und die Grenzfrequenz $\omega_c(\Phi_r)$ ab. Diese Werte sowie die Stabilitätsgrenze V_{st} des Verstärkungsfaktors tragen wir für verschiedene Korrekturglieder, die wir im folgenden untersuchen, in die Tab. 6.1 ein.

Wir erinnern daran, wie man im einzelnen vorgehen kann. Man überzeugt sich leicht, daß der Wurzelort für die betrachtete Regelstrecke einen einfachen Verlauf mit einem „Hauptzweig" aufweist, auf dem das dominierende Polpaar liegt. Wie wir noch sehen werden, ändern daran auch die Korrekturglieder nichts. Nach Bild 6.18a hat man den Schnittpunkt des Hauptzweiges mit der Geraden für $\Phi_\zeta = 30°$ zu bestimmen. Hierzu genügt zunächst eine qualitative Skizze des Wurzelortes. Nach der auf S. 154 beschriebenen Aufpunktmethode läßt sich dann mit ausreichender Genauigkeit ermitteln, wo der Schnittpunkt s_n auf der Φ_ζ-Geraden liegt, und der zugehörige Parameterwert $K(\Phi_\zeta)$ bestimmen. Entsprechendes gilt für den Schnittpunkt mit der imaginären Achse zwecks Feststellung der Stabilitätsgrenze. Den Zusammenhang zwischen den gefundenen Parameterwerten und den gesuchten Verstärkungsfaktoren ersieht man aus der Übertragungsfunktion. Man beachte, daß er sich bei einer Änderung der Kreisübertragungsfunktion $L(s)$ durch Einfügen eines Korrekturgliedes im allgemeinen ebenfalls ändert — vgl. Fußnote 1 auf S. 191. ω_n ist definiert als Abstand des Schnittpunktes s_n vom Koordinatenursprung. Zur Abschätzung von ω_c wurde gemäß Bild 6.20 die Formel $\omega_c \approx 0,8\,\omega_n$ für $\zeta = 0,5$ zugrunde gelegt.

Tabelle 6.1

| Korrekturglied G_c | Frequenzkennlinienverfahren | | | | | Wurzelortverfahren | | | |
| | $|V_{st}|_{dB}$ | V_{st} | $\Phi_r = 50°$ | | | V_{st} | $\Phi_\zeta = 30°$ | | |
			$|V|_{dB}$	V	ω_c		V	ω_n	ω_c
(1) $\quad 1$	17	7,1	2	1,3	1,1	7,0	1,3	1,5	1,2
(2) $\quad \frac{1}{3}(s+3)$	∞	∞	12	4,0	2,8	∞	4,4	3,5	2,8
(3) $\quad \frac{1}{2}(s+2)$	∞	∞	15	5,6	4,2	∞	5,1	5,0	4,0
(4) $\quad (s+1)$	∞	∞	13,3	4,6	5,8	∞	2,6	6,2	4,9
(5) $\quad 10\,\dfrac{(s+3)}{(s+30)}$	32,5	42	9,8	3,1	2,3	42	3,2	3,0	2,4
(6) $\quad 10\,\dfrac{(s+2)}{(s+20)}$	28	25	11,3	3,7	3,1	26	3,4	4,0	3,2
(7) $\quad 10\,\dfrac{(s+1)}{(s+10)}$	20	10	7,6	2,4	3,5	10	1,6	4,2	3,4
(8) $\quad \dfrac{1}{10}\,\dfrac{(s+0,1)}{(s+0,01)}$	36	63	18,8	9,5	0,8	65	10	1,3	1,0
(9) $\quad \dfrac{(s+2)}{(s+20)}\,\dfrac{(s+0,1)}{(s+0,01)}$	48	250	30,5	39	2,7	251	34	4,0	3,2

Die Amplitudenkennlinien sind in Bild 6.22 alle für einen Kreisverstärkungsfaktor von 20 dB gezeichnet. Den zugehörigen Amplitudenrand bezeichnen wir mit A_r. Da eine Ortskurve vom einfachen Typ vorliegt, gilt $|V_{st}|_{dB} = 20$ dB $+$ $+ |A_r|_{dB}$. $\omega_c (\Phi_r = 50°)$ ist die Schnittfrequenz der Phasenkennlinie mit der $(-130°)$-Linie. Falls bei dieser Frequenz die gezeichnete Amplitudenkennlinie den Wert $|L_c|_{dB}$ hat, folgt $V(\Phi_r = 50°)_{dB} = 20$ dB $- |L_c|_{dB}$.

Die Gegenüberstellung der Werte für das Frequenzkennlinien- und das Wurzelortverfahren demonstriert zugleich, wie weit man dabei Übereinstimmung erwarten kann. Für V_{st} müßte sich nach beiden Methoden derselbe Wert ergeben, was im Rahmen der Zeichengenauigkeit tatsächlich zutrifft. Etwas größere Unterschiede liefert der Vergleich der V-Werte für $\Phi_r = 50°$ und $\Phi_\zeta = 30°$, sowie der ω_c-Werte, die sich strenggenommen nur für den Regelkreis von Bild 6.14 entsprechen. Trotzdem ist die Übereinstimmung noch recht gut. Bedeutend größere Differenzen treten z. B. auf, wenn wir von der Streckenübertragungsfunktion $G(s) = K/((s + 1)(s + 2)(s + 5))$ ausgehen, die im Unterschied zu (6.8) keine Polstelle bei $s = 0$ hat. Dem Leser sei empfohlen, sich hiervon selbst durch Konstruktion des Wurzelortes und der Frequenzkennlinien zu überzeugen.

Für die starre Rückführung ist der zulässige Verstärkungsfaktor durch die vorgeschriebene Stabilitätsgüte gegenüber V_{st} etwa um einen Faktor 5 verkleinert worden und führt auf einen Geschwindigkeitsfehler (s. S. 128) von 75%. Dieser Fehler läßt sich durch die folgenden Methoden erheblich herabdrücken.

A. Lead-Glied und PD-Regler

Die Stabilitätsgrenze ist im obigen Beispiel in der Wurzelortdarstellung durch den Schnittpunkt des Hauptzweiges mit der imaginären Achse gegeben. Dieser Aspekt legt es nahe, die Stabilitätsverhältnisse zu verbessern, indem wir den Hauptzweig stärker in die linke Halbebene hineinziehen. Nach den Überlegungen am Schluß von Abschn. 5.5, S. 166, können wir das erreichen, indem wir in der Übertragungsfunktion $L(s)$ des offenen Kreises eine Nullstelle bei $s = -\omega_1$ $(\omega_1 > 0)$ hinzufügen, die wir von links her annähern. Bild 6.21a zeigt das Ergebnis für verschiedene Lagen der Nullstelle. Falls die Nullstelle zu weit links liegt, ist ihre „anziehende" Wirkung zu gering. Auf der anderen Seite hat es keinen Sinn, die Nullstelle wesentlich weiter nach rechts zu schieben als im Falle (4), weil sonst in der Nähe dieser Nullstelle eine Polstelle des geschlossenen Kreises erzeugt wird, der eine Eigenschwingung mit großer Abklingzeit entspricht. In der Frequenzkennlinien-Darstellung hebt eine hinzukommende Nullstelle die Phase in der Nähe und oberhalb der zugehörigen Knickfrequenz ω_1 an, verhindert also den raschen Phasenabfall über $-180°$, der für die schlechten Stabilitätsverhältnisse bei starrer Rückführung verantwortlich war. Damit der gewünschte *stabilisierende* Effekt auftritt, muß die Nullstellen-Knickfrequenz ω_1 in der Nähe der *Grenzfrequenz* ω_c liegen, welche unter Umständen etwas *vergrößert* wird, da sich auch die Neigung der Betragskennlinie oberhalb von ω_1 um 20 dB/Dekade verringert. Nach der 2. bis 4. Zeile der Tab. 6.1 wird im Fall (4) der größte Wert von $\omega_n(\Phi_\zeta)$ bzw. $\omega_c(\Phi_r)$ erreicht, während der optimale Wert des Verstärkungsfaktors ungefähr bei (3) auftritt. Der geschlossene Kreis bleibt in den betrachteten Fällen für beliebige Verstärkungsfaktoren stabil.

Zur Erzeugung einer solchen Nullstelle haben wir in Bild 6.1

$$G_c(s) = 1 + \frac{s}{\omega_1} = \frac{1}{\omega_1}(s + \omega_1), \quad \omega_1 > 0 \qquad (6.9\,\text{a})$$

zu wählen. Daraus folgt für den Zusammenhang der Ausgangs- und Eingangsgröße des Korrekturgliedes

$$u(t) = e(t) + \frac{1}{\omega_1}\dot{e}(t). \qquad (6.9\,\text{b})$$

Man spricht daher von einem *PD-Regler* (Regler mit proportionalem und differenzierendem Verhalten). Ein ideales Differenzierglied kann man nicht herstellen. Realistischer ist es, wenn man anstelle von (6.9) ein sog. *Lead-Glied*[1] mit der Übertragungsfunktion

$$G_c(s) = \frac{1 + \dfrac{s}{\omega_1}}{1 + \dfrac{s}{\varkappa_1\,\omega_1}} = \varkappa_1\,\frac{s + \omega_1}{s + \varkappa_1\,\omega_1} \qquad (6.10\,\text{a})$$

$$(\omega_1 > 0,\ \varkappa_1 > 1)$$

betrachtet, das sich im maßgeblichen Frequenzbereich meist genügend genau approximieren läßt, wenn $\varkappa_1$ nicht zu groß ist. Die Sprungantwort

$$u(t) = 1 + (\varkappa_1 - 1)\,e^{-\varkappa_1\omega_1 t}{}^2 \qquad (6.10\,\text{b})$$

dieses Korrekturgliedes sowie sein Frequenzgang sind in Tab. 6.2 dargestellt.

Die Polstelle bei $s = -\varkappa_1\,\omega_1$ von (6.10a) muß in der Wurzelortebene genügend weit links (die zugehörige Knickfrequenz im Bode-Diagramm also genügend weit rechts) liegen, damit sie den beschriebenen Einfluß der Nullstelle nicht kompensiert. Lead-Glieder, für die $\varkappa_1$ wesentlich größer als 10 ist, sind aber nur mit verhältnismäßig großem *Aufwand* realisierbar und haben bei raschen Änderungen des Regelfehlers unerwünscht große *Stellgrößenausschläge* zur Folge (vgl. die Sprungantwort in Tab. 6.2). Deshalb wurde einheitlich $\varkappa_1 = 10$ angenommen. In den Bildern 6.21/22 haben wir die sich für ein Lead-Glied ergebende Abweichung vom idealen PD-Glied nur zu Fall (3) eingezeichnet [Fall (6)], in der Tab. 6.1 sind die Ergebnisse auch für die beiden anderen Fälle aufgeführt. Die Wurzelortasymptoten haben jetzt wieder dieselbe Richtung wie bei der starren Rückführung, der

---

[1] Lead (= voreilen) soll auf die *Phasenvoreilung* des Frequenzgangs hinweisen. Das Wort voreilen darf in diesem Zusammenhang nicht kausal gedeutet werden. Der Frequenzgang ist nur für den eingeschwungenen Zustand, der Phasennullpunkt nur bis auf Vielfache von 2π definiert.

[2] Hier und im folgenden stets für eine Erregung aus der Ruhelage angegeben.

Schnittpunkt des Hauptzweiges mit der imaginären Achse liegt aber viel weiter vom Ursprung entfernt. Trotzdem haben wir im Vergleich zu PD-Gliedern einen Teil des erzielten Gewinns eingebüßt.

B. Lag-Glied und PI-Regler

Die Übertragungsfunktion des Korrekturgliedes sei durch

$$G_c(s) = \frac{1 + \dfrac{s}{\varkappa_2\,\omega_2}}{1 + \dfrac{s}{\omega_2}} = \frac{1}{\varkappa_2}\,\frac{s + \varkappa_2\,\omega_2}{s + \omega_2} \qquad (6.11\,\text{a})$$

$$(\omega_2 > 0,\ \varkappa_2 > 1)$$

gegeben. Im Unterschied zu (6.10 a) liegt jetzt ihre Polstelle in der Wurzelortebene rechts von der Nullstelle. Das führt zu einem völlig anderen Verhalten, wie schon die Gegenüberstellung des zugehörigen Frequenzgangs und der Sprungantwort

$$u(t) = 1 - \frac{\varkappa_2 - 1}{\varkappa_2}\,e^{-\omega_2 t} \qquad (6.11\,\text{b})$$

in Tab. 6.2 zeigt. Man spricht daher jetzt von einem *Lag-Glied*[1]. Es sei angenommen, daß seine Pol- und Nullstelle in der s-Ebene einen „Dipol" auf der negativen reellen Achse bilden, dessen Länge (Pol-Nullstellen-Abstand) klein ist im Vergleich zu seinem Abstand von den übrigen Pol- und Nullstellen des offenen Kreises. Durch einen solchen Dipol wird der geometrische Verlauf des Wurzelortes nur geringfügig beeinflußt und auch die K-Beschriftung ändert sich nur wenig. Diese Behauptung kann man sich qualitativ anhand der Gln. (5.37), (5.38) von S. 153 klarmachen oder auch mit Hilfe der Regeln für die Konstruktion des Wurzelortes. Bild 6.21 bestätigt sie im Falle unseres Beispiels für die speziellen Zahlenwerte $\omega_2 = 0{,}01$, $\varkappa_2 = 10$ (Korrekturglied 8). Insbesondere gilt also an der Stabilitätsgrenze oder allgemeiner bei vorgegebener Dämpfung ζ für das Polpaar auf dem Hauptzweig $K_\zeta^m \approx K_\zeta^o$ (m = mit, o = ohne Lag-Glied). Geändert hat sich aber der Zusammenhang zwischen K und der Kreisverstärkung. Es gilt

$$\frac{V_\zeta^m}{V_\zeta^o} = \frac{K_\zeta^m}{K_\zeta^o}\,\varkappa_2 \approx \varkappa_2\,,\ ^2$$

---

[1] Lag (= Verzögerung) soll auf die *Phasenverzögerung* im Frequenzgang hinweisen.

[2] Herleitung: Die Strecke (6.8) liefert in Verbindung mit dem Lag-Glied die Kreisübertragungsfunktion

$$L(s) = \frac{V^m}{s}\,\frac{1}{\left(1 + \dfrac{s}{2}\right)\left(1 + \dfrac{s}{5}\right)}\,\frac{1 + \dfrac{s}{\varkappa_2\,\omega_2}}{1 + \dfrac{s}{\omega_2}}$$

$$= \frac{K^m}{s(s + 2)(s + 5)}\,\frac{(s + \varkappa_2\,\omega_2)}{(s + \omega_2)}\,,$$

woraus $V^m = \varkappa_2\,K^m/10$ folgt. Ohne Korrekturglied galt $V^o = K^o/10$.

d. h., der zulässige Verstärkungsfaktor ist ungefähr um den Faktor $\varkappa_2$ größer geworden und die bleibende Regelabweichung entsprechend herabgesetzt. Man wird daher dieses Verhältnis möglichst groß wählen, wobei allerdings wiederum Grenzen durch den erforderlichen Aufwand bei der Realisierung gesetzt sind. Der Dipol erzeugt noch eine zusätzliche Polstelle von $T(s)$ in der Nähe des Koordinatenursprungs. Der Einfluß dieser Polstelle auf das Übertragungsverhalten wird jedoch weitgehend aufgehoben durch die Nullstelle des Dipols, die zugleich Nullstelle von $T(s)$ ist.

Tabelle 6.2

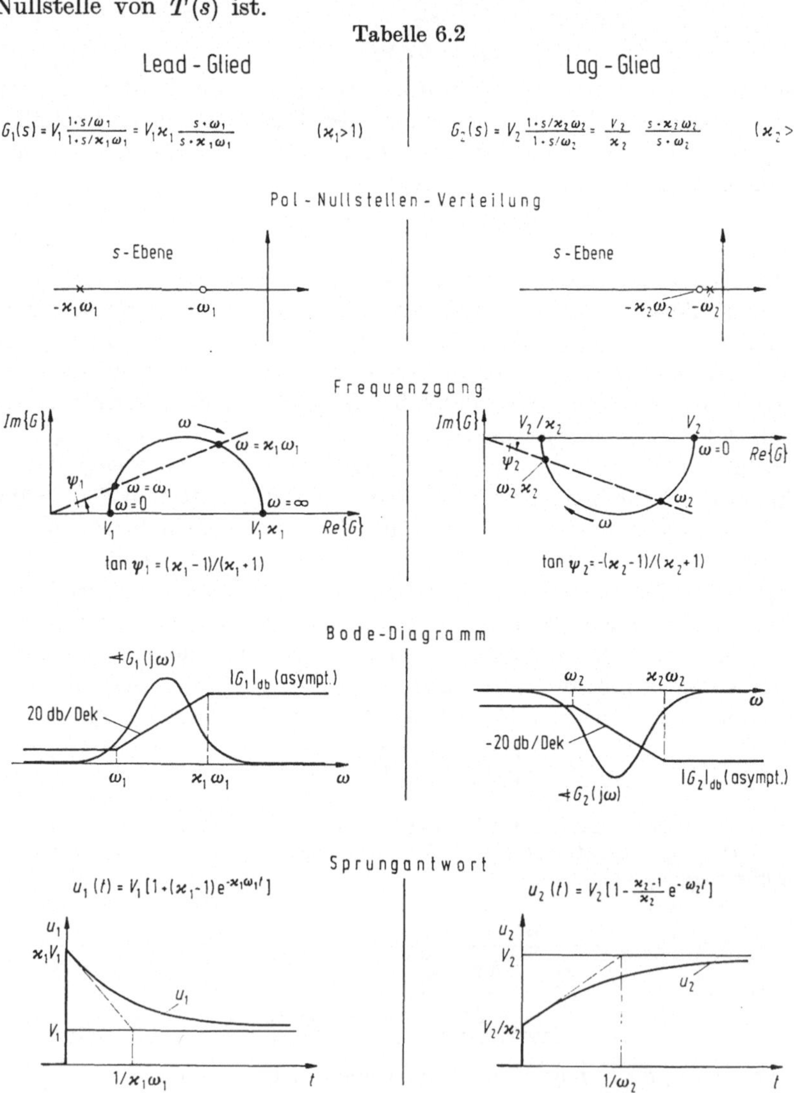

Zu Tabelle 6.2

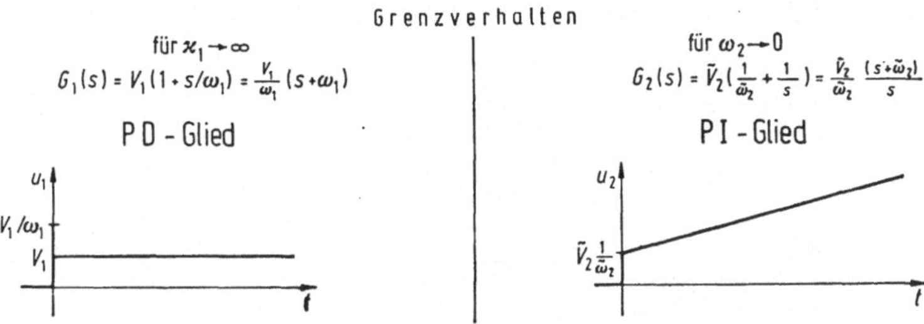

Anwendung

a) Anhebung der Phasenkennlinie bei ω_c (fest) zur Vergrößerung der Phasenreserve Φ_r (Stabilisierung)	a) Absenkung der Amplitudenkennlinie im mittleren Frequenzbereich (V fest) zur Vergrößerung der Phasenreserve Φ_r bei gleichzeitiger Herabsetzung von ω_c (Stabilisierung)
b) Anhebung der Amplitudenkennlinie oberhalb der ursprünglichen Grenzfrequenz ω_c zur Vergrößerung der Bandbreite (Erhöhung der „Schnelligkeit")	b) Anhebung der Amplitudenkennlinie im unteren Frequenzbereich (ω_c, Φ_r fest) zur Vergrößerung der Kreisverstärkung V (Herabsetzung des stationären Regelfehlers)

In der Frequenzkennlinien-Darstellung von Bild 6.22 zeigt sich die *stabilisierende Wirkung* des Lag-Gliedes in einer Absenkung der Amplitudenkennlinie in der Nähe der Grenzfrequenz ω_c, die bei praktisch unveränderter Phasenkennlinie in dieser Gegend die gewünschte Vergrößerung der Phasenreserve hervorruft. Noch anschaulicher ist es, wenn wir in diesem Fall auf die Normierung des Verstärkungsfaktors von $G_c(s)$ zu 1 verzichten und so vorgehen (Bild 6.23): Wir zeichnen das Bode-Diagramm von $G(s)$ ohne Korrekturglied mit dem Verstärkungsfaktor, der gerade die vorgegebene Phasenreserve ergibt. Durch ein Lag-Glied können wir die Amplitudenkennlinie im unteren Frequenzbereich und damit die *Kreisverstärkung* um einen Betrag *anheben*, der durch das Verhältnis $\varkappa_2$ der Knickfrequenzen gegeben ist. Falls die Knickfrequenzen hinreichend klein sind, wird durch das Lag-Glied der Verlauf der Amplituden- und Phasenkennlinie in der Umgebung von ω_c nicht wesentlich beeinflußt, die Phasenreserve Φ_r bleibt praktisch ungeändert.

Wenn wir in (6.11a) $\varkappa_2$ gegen ∞ gehen lassen, erhalten wir ein Verzögerungsglied 1. Ordnung

$$G_c(s) = \frac{1}{1 + \dfrac{s}{\omega_2}}.$$

Interessanter ist ein anderer Grenzfall, den der Übergang $\omega_2 \to 0$ liefert. Dabei berücksichtigen wir den Verstärkungsfaktor V_2 des

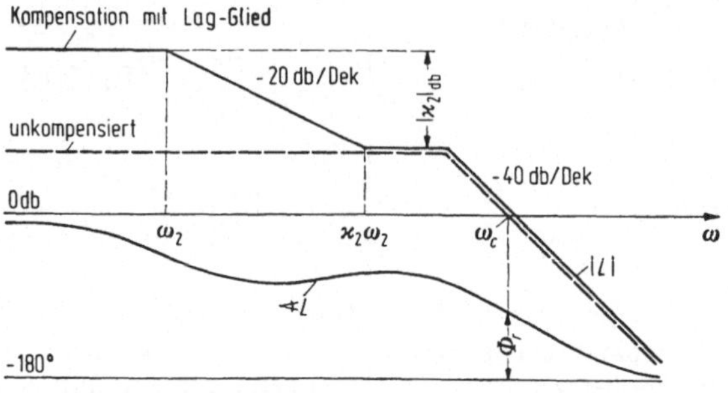

Bild 6.23. Zur Wirkung eines Lag-Gliedes.

Korrekturgliedes und halten $V_2\,\omega_2 = \tilde{V}_2$, sowie $\varkappa_2\,\omega_2 = \tilde{\omega}_2$ konstant. Auf diese Weise folgt:

$$G_c(s) = V_2\,\omega_2 \frac{1 + \dfrac{s}{\varkappa_2\,\omega_2}}{\omega_2 + s} \to \frac{\tilde{V}_2}{s}\left(1 + \frac{s}{\tilde{\omega}_2}\right)$$

bzw.

$$G_c(s) = \tilde{V}_2\left(\frac{1}{\tilde{\omega}_2} + \frac{1}{s}\right). \tag{6.12a}$$

Die Beziehung zwischen der Eingangs- und Ausgangsgröße dieses Korrekturgliedes lautet

$$u(t) = \tilde{V}_2\left[\frac{1}{\tilde{\omega}_2}\,e(t) + \int\limits_0^t e(\tau)\,d\tau\right]. \tag{6.12b}$$

Man nennt es daher ein *PI-Glied* (Proportional-Integral-Glied).

C. Lead-Lag-Glied, PID-Regler

Eine Reihenschaltung aus den beiden erwähnten Korrekturgliedern mit der Übertragungsfunktion

$$G_c(s) = \frac{1 + \dfrac{s}{\omega_1}}{1 + \dfrac{s}{\varkappa_1\omega_1}}\;\frac{1 + \dfrac{s}{\varkappa_2\omega_2}}{1 + \dfrac{s}{\omega_2}} \tag{6.13}$$

$$(\varkappa_1,\,\varkappa_2 > 1;\ \omega_1 > \varkappa_2\,\omega_2)$$

nennt man *Lead-Lag-Glied*. Damit kann man die Vorteile beider Korrekturglieder kombinieren. In der Frequenzkennlinien-Darstellung korrigieren sie nämlich den Frequenzgang der Regelstrecke in verschiedenen Frequenzbereichen mit geringfügiger Überlappung. Mit dem Lead-Glied kann man zunächst die Phasenkennlinie im mittleren Frequenzbereich um ω_c anheben und damit die gewünschte Phasenreserve herstellen, mit dem Lag-Glied kann man die Amplitudenkennlinie im unteren Frequenzbereich anheben und damit den Verstärkungsfaktor heraufsetzen. In der Wurzelortebene liefert das Lead-Glied eine Nullstelle in der Gegend, wo auch die Strecke ihre maßgeblichen Polstellen hat, und eine Polstelle weiter links. Seine stabilisierende Wirkung bleibt ungeändert, wenn zusätzlich der Lag-Dipol eingefügt wird; man sieht das ein, indem man Lead-Glied und Regelstrecke zu einer Ersatzstrecke zusammenfaßt und auf diese die unter B. durchgeführten Überlegungen anwendet. Mit diesen Andeutungen und einem Hinweis auf den Fall (9) im obigen Beispiel zur Veranschaulichung des Sachverhalts wollen wir uns hier begnügen.

Wenn wir in (6.13) den unter B. beschriebenen Grenzübergang durchführen und gleichzeitig $\varkappa_1$ gegen ∞ gehen lassen, so erhalten wir einen PID-Regler, dessen Übertragungsverhalten durch

$$G_c(s) = \frac{\tilde{V}_c}{s}\left(1 + \frac{s}{\omega_1}\right)\left(1 + \frac{s}{\tilde{\omega}_2}\right) = \tilde{V}_c\left[\frac{1}{s} + \left(\frac{1}{\omega_1} + \frac{1}{\tilde{\omega}_2}\right) + \frac{1}{\omega_1\,\tilde{\omega}_2}\,s\right]$$

(6.14a)

bzw.

$$u(t) = \tilde{V}_c\left[\left(\frac{1}{\omega_1} + \frac{1}{\tilde{\omega}_2}\right)e(t) + \int_0^t e(\tau)\,d\tau + \frac{1}{\omega_1\,\tilde{\omega}_2}\,\dot{e}(t)\right] \qquad (6.14b)$$

beschrieben werden kann.

D. Verallgemeinerte Lead-Glieder

Wir haben eingangs erwähnt, daß sich die Stabilitätsgüte und, wie wir noch im einzelnen sehen werden, das gesamte Übertragungsverhalten des geschlossenen Kreises für eine große Klasse von Regelstrecken durch Lead-Lag-Glieder wirkungsvoll verbessern läßt. Wenn in der Streckenübertragungsfunktion ein konjugiert komplexes Polpaar mit geringer Dämpfung vorkommt, erweist sich ein gewöhnliches Lead-Glied jedoch als wenig wirkungsvoll. Man ersetzt es daher durch ein Korrekturglied mit der in Bild 6.24 dargestellten Pol- und Nullstellenverteilung, das wir als verallgemeinertes Lead-Glied

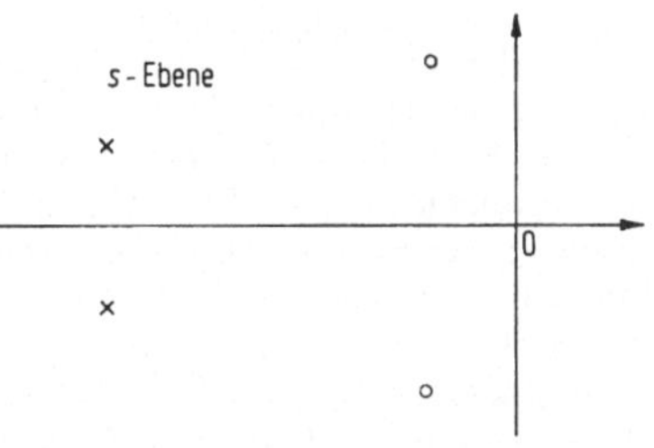

Bild 6.24. Pol-Nullstellen-Konfiguration eines verallgemeinerten Lead-Gliedes.

auffassen können, da es ebenfalls die Phase vordreht. Seine Nullstellen sind in der Nähe der dominierenden Streckenpole anzubringen. Falls diese zu nahe an der imaginären Achse liegen, ist hierbei allerdings Vorsicht geboten, wie das folgende Beispiel zeigt.

Beispiel 6.1: Die Streckenübertragungsfunktion

$$G(s) = \frac{1}{s(s^2 + 100)}$$

besitzt ein Polpaar auf der imaginären Achse. Eine exakte Kompensation dieser Polstellen durch die Nullstellen des verallgemeinerten Lead-Gliedes ist aus Stabilitätsgründen nicht möglich. Wir legen daher die Nullstellen versuchsweise etwas weiter links in die s-Halbebene. Das Ergebnis ist in Bild 6.25 (gestrichelte Kurven) gezeigt. Die Wurzelortzweige laufen von den Polen auf der imaginären Achse aus zunächst in die rechte Halbebene, der geschlossene Kreis ist also nur bedingt stabil.

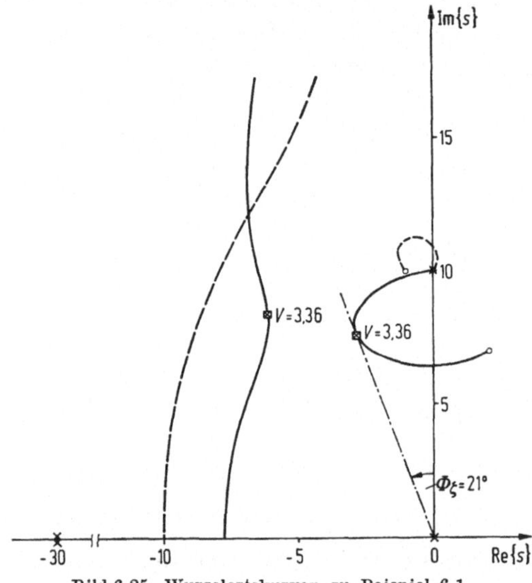

Bild 6.25. Wurzelortskurven zu Beispiel 6.1.

Dieser Nachteil läßt sich vermeiden. Nach den Überlegungen von S. 166 können wir die ungünstigen Startwinkel der Wurzelortzweige ändern, indem wir die Reglernullstellen um die konjugiert komplexen Pole in die rechte Halbebene wandern lassen (ausgezogene Kurven in Bild 6.25).

Mit Rücksicht auf die Stellgrößenamplituden dürfen wir auch die Polstellen des verallgemeinerten Lead-Gliedes nicht zu weit nach links legen. Wir haben sie beide auf der reellen Achse bei -30 angenommen. In diesem Fall ergaben sich für den geschlossenen Kreis durch Probieren günstige Dämpfungswerte, wenn die Nullstellen bei $2 \pm j \cdot 7$ liegen. Die Führungsübertragungsfunktion weist jetzt 2 konjugiert komplexe Polpaare auf, deren Eigenschwingungen sich überlagern. Dadurch verschlechtert sich im allgemeinen das Einschwingverhalten gegenüber einer Konfiguration mit einem dominierenden Polpaar. Auf die Einzelheiten gehen wir an dieser Stelle nicht ein.

6.4 Realisierung von Korrekturgliedern

Für die Nachbildung von Regelkreisgliedern auf dem Analogrechner reicht es gewöhnlich aus, wenn man ihre Übertragungsfunktionen kennt. Nach Abschn. 3.2 läßt sich dann stets über die II. Standardform auf bequemem Wege ein Koppelplan aufstellen. Anders verhält es sich bei der Frage nach der zweckmäßigen Realisierung einer Regeleinrichtung zu der tatsächlich vorgegebenen Regelstrecke, die wir nicht allgemein beantworten können. Selbst wenn wir die Problemstellung durch

Tabelle 6.3

Netzwerk	Übertragungsfunktion $\frac{u_a(s)}{u_e(s)}$	Beziehung zwischen den Konstanten	Amplitudenkennlinie
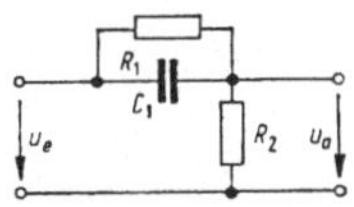 (Schaltbild: u_e, R_1, C_1, R_2, u_a)	Lead-Glied $\left(\dfrac{u_a}{u_e}\right) = V_c\,\dfrac{1+s/\omega_1}{1+s/\varkappa_1\omega_1}$ $(\varkappa_1 > 0)$	$\omega_1 = \dfrac{1}{R_1\,C_1}$ $\varkappa_1 = \dfrac{R_1+R_2}{R_2}$ $V_c = \dfrac{1}{\varkappa_1} < 1$	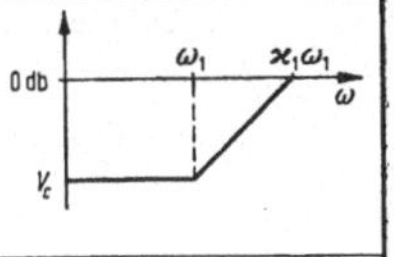 (Kennlinie) 0 db, ω_1, $\varkappa_1\omega_1$, ω, V_c
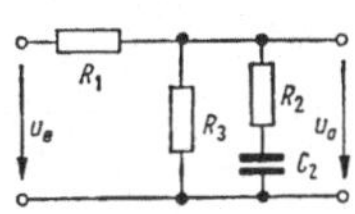 (Schaltbild: u_e, R_1, R_3, R_2, C_2, u_a)	Lag-Glied $\left(\dfrac{u_a}{u_e}\right) = V_c\,\dfrac{1+s/\varkappa_2\omega_2}{1+s/\omega_2}$ $(\varkappa_2 > 0)$	$\varkappa_2\omega_2 = \dfrac{1}{R_2 C_2}$ $\varkappa_2 = 1 + V_c\dfrac{R_1}{R_2}$ $V_c = \dfrac{R_3}{R_1+R_3} < 1$	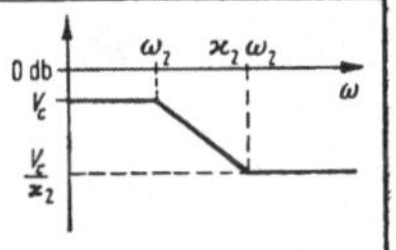 (Kennlinie) 0 db, V_c, ω_2, $\varkappa_2\omega_2$, ω, $\dfrac{V_c}{\varkappa_2}$
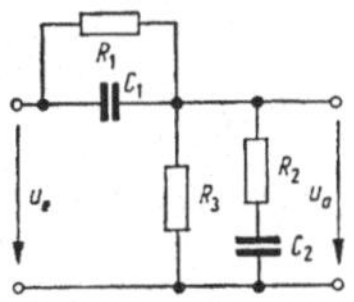 (Schaltbild: u_e, R_1, C_1, R_3, R_2, C_2, u_a)	Lead-Lag-Glied (1) $\left(\dfrac{u_a}{u_e}\right) = V_c\,\dfrac{(1+s/\omega_1)(1+s/\varkappa_2\omega_2)}{(1+s/\varkappa_1\omega_1)(1+s/\omega_2)}$ $(\varkappa_1,\varkappa_2 > 1;\ \omega_1 > \varkappa_2\omega_2)$	$V_c = \dfrac{R_3}{R_3+R_1} < 1$ $\varkappa_2 = V_c\,\varkappa_1$ $\left.\begin{array}{l}\dfrac{1}{\omega_1} = R_1 C_1\\[4pt]\dfrac{1}{\varkappa_2\omega_2} = R_2 C_2\end{array}\right\}$ oder umgekehrt $\dfrac{1}{\varkappa_1\omega_1} + \dfrac{1}{\omega_2} = R_2 C_2 + V_c\,R_1(C_1+C_2)$	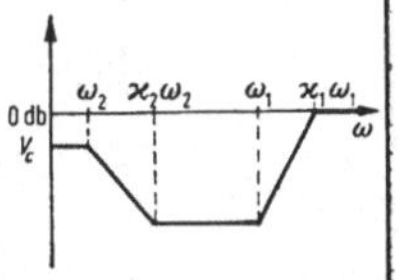 (Kennlinie) 0 db, V_c, ω_2, $\varkappa_2\omega_2$, ω_1, $\varkappa_1\omega_1$, ω
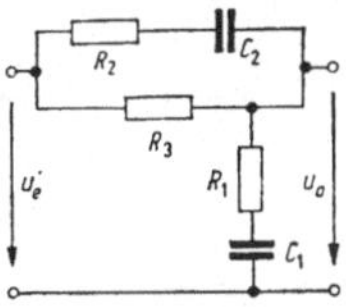 (Schaltbild: u_e, R_2, C_2, R_3, R_1, C_1, u_a)	Lead-Lag-Glied (2) $\left(\dfrac{u_a}{u_e}\right) = V_c\,\dfrac{(1+s/\omega_1)(1+s/\varkappa_2\omega_2)}{(1+s/\varkappa_1\omega_1)(1+s/\omega_2)}$ $(\varkappa_1,\varkappa_2 > 1;\ \omega_1 > \varkappa_2\omega_2)$	$V_c = 1,\ \varkappa_1 = W\varkappa_2$ $W = \dfrac{R_1 R_2 + R_1 R_3}{R_1 R_2 + R_1 R_3 + R_2 R_3} < 1$ $\left.\begin{array}{l}\dfrac{1}{\omega_1} = R_1 C_1\\[4pt]\dfrac{1}{\varkappa_2\omega_2} = (R_2+R_3) C_2\end{array}\right\}$ oder umgekehrt $\dfrac{1}{\omega_1\omega_2}\left(\dfrac{1}{\varkappa_1} - \dfrac{1}{\varkappa_2}\right) = R_2 C_2 \cdot R_3 C_1$	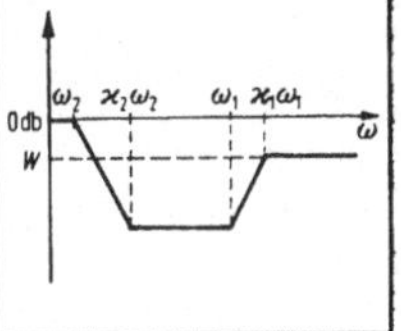 (Kennlinie) 0 db, W, ω_2, $\varkappa_2\omega_2$, ω_1, $\varkappa_1\omega_1$, ω
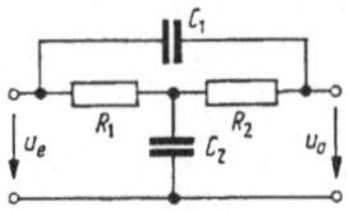 (Schaltbild: u_e, C_1, R_1, R_2, C_2, u_a)	Brücken-T-Glied $\left(\dfrac{u_a}{u_e}\right) = \dfrac{s^2 + 2\,\tilde\delta\,\tilde\omega_n s + \tilde\omega_n^2}{s^2 + 2\,\delta\,\omega_n s + \omega_n^2}$ $(\tilde\omega_n = \omega_n > 0 \quad 0 < \tilde\delta < \delta)$	$\tilde\omega_n^2 = \omega_n^2 = \dfrac{1}{R_1 C_1 R_2 C_2}$ $\dfrac{2\tilde\delta}{\omega_n} = C_1(R_1 + R_2)$ $2\delta = 2\tilde\delta + \dfrac{R_1+R_2}{R_2}\,\dfrac{1}{2\tilde\delta}$	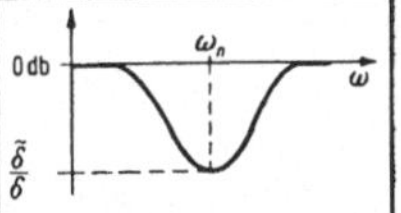 (Kennlinie) 0 db, ω_n, ω, $\dfrac{\tilde\delta}{\delta}$

ausschließliche Betrachtung technischer Systeme einschränken, hängt die Lösung in solchem Ausmaße von den gerätetechnischen Gegebenheiten der Regelstrecke sowie Zusatzforderungen über Aufwand, Zuverlässigkeit usw. ab, daß wir sie in diesem Rahmen nicht behandeln können.

Um wenigstens für einige Fälle eine Vorstellung über die Struktur von Korrekturgliedern mit rationaler Übertragungsfunktion zu bekommen, wollen wir hier passive elektrische Netzwerke als Analogiemodelle betrachten, welche man häufig direkt in eine mechanische, pneumatische oder hydraulische Regeleinrichtung übersetzen kann. Wir werden uns allerdings nicht mit den allgemeinen Methoden der Netzwerksynthese befassen, sondern mit einer tabellarischen Zusammenstellung der einfachsten Korrekturnetzwerke begnügen.

Tabelle 6.4

Netzwerk	Kurzschlußleitwert $Y(s)$	Koeffizienten
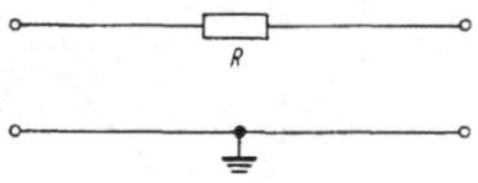	$1/R$	—
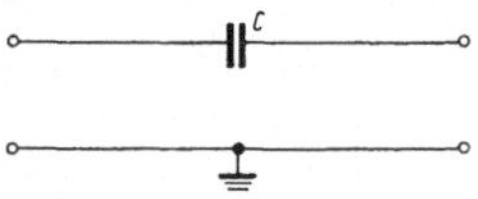	sC	—
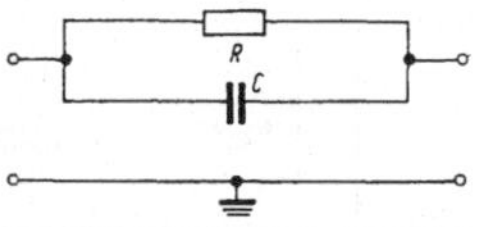	$V\left(1+\frac{s}{\omega_1}\right)$	$V=\frac{1}{R}$ $\omega_1=\frac{1}{RC}$
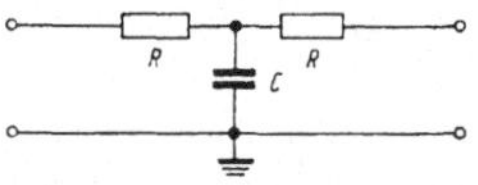	$\frac{V}{1+s/\omega_1}$	$V=\frac{1}{2R}$ $\omega_1=\frac{2}{RC}$
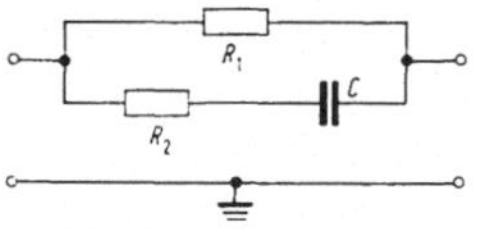	$V\,\frac{1+s/\omega_1}{1+s/\varkappa_1\omega_1}$ $\varkappa_1>1$	$V=\frac{1}{R_1}$ $\omega_1=\frac{1}{(R_1+R_2)C}$ $\varkappa_1=\frac{R_1+R_2}{R_2}$
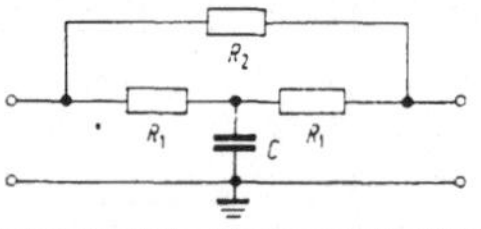	$V\,\frac{1+s/\varkappa_2\omega_2}{1+s/\omega_2}$ $\varkappa_2>1$	$V=\frac{2R_1+R_2}{2R_1R_2}$ $\omega_2=\frac{2}{R_1C}$ $\varkappa_2=\frac{2R_1+R_2}{2R_1}$

In der Tab. 6.3 sind einige *RC-Netzwerke* zusammen mit ihren Übertragungsfunktionen dargestellt. Die angegebenen Übertragungsfunktionen gelten für das unbelastete Netzwerk. Eine rückwirkungsfreie Koppelung mit dem vorhergehenden und dem folgenden Übertragungsglied erreicht man über die meist ohnehin erforderlichen Verstärkerstufen.

Erwähnenswert ist noch die Koppelung zweier solcher Netzwerke, bei der das eine am Eingang, das andere im Rückführzweig eines *Operationsverstärkers* liegt. Das Schaltschema ist in Bild 6.26 gezeigt. Die

Ströme i_1 und i_2 können aus den Eingangs- und Ausgangsspannungen der beiden Netzwerke berechnet werden. Wegen der Linearität gilt im Bildbereich

$$i_1(s) \;=\; Y_1(s)\,u_e(s) \;+\; \tilde{Y}_1(s)\,u_g(s)\,,$$
$$i_2(s) \;=\; Y_2(s)\,u_a(s) \;+\; \tilde{Y}_2(s)\,u_g(s)\,.$$

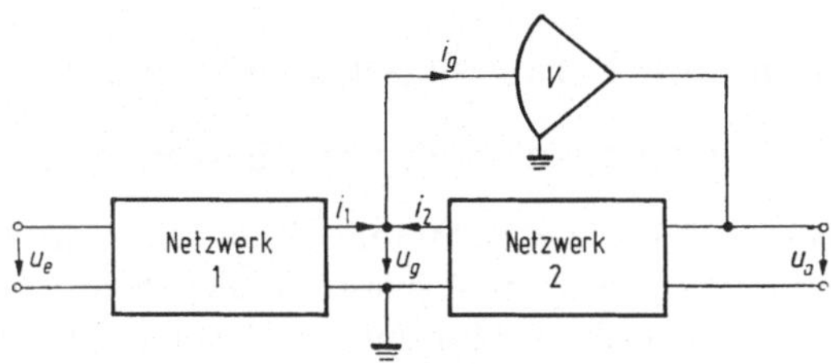

Bild 6.26. Operationsverstärker.

Der Eingangswiderstand des Verstärkers sei so groß, daß wir den Gitterstrom i_g vernachlässigen dürfen. Dann wird

$$i_1 \;=\; -\,i_2\,.$$

Für den Zusammenhang zwischen der Gitter- und der Ausgangsspannung am Verstärker schreiben wir

$$u_a \;=\; -\,V\,u_g\,,$$

wobei der Verstärkungsfaktor V sehr groß vorausgesetzt wird. Dann folgt aus den obigen Gleichungen

$$u_a(s) \;=\; -\,\frac{Y_1(s)\,u_e(s)}{Y_2(s) - \dfrac{1}{V}\left(\tilde{Y}_1(s) + \tilde{Y}_2(s)\right)} \;\approx\; -\,\frac{Y_1(s)}{Y_2(s)}\,u_e(s)\,.$$

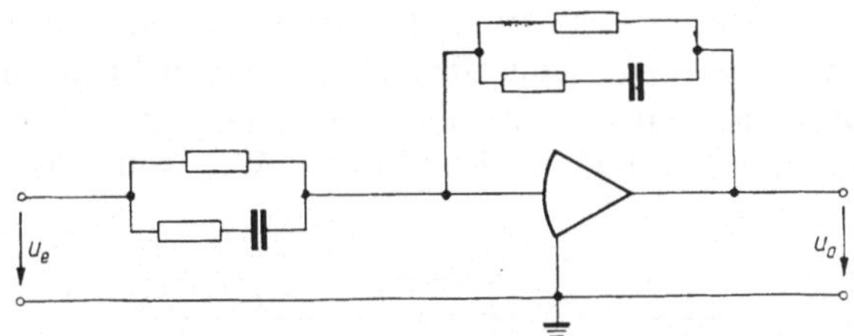

Bild 6.27. Beschaltung eines Operationsverstärkers als Lead-Lag-Glied.

$Y_1(s)$ und $Y_2(s)$ sind die Kurzschluß-Übertragungsleitwerte ($u_g = 0$) der beiden RC-Netzwerke, die in Tab. 6.4 für einige Fälle angegeben sind. Wenn man je zwei dieser Netzwerke in der beschriebenen Verstärkerschaltung kombiniert, kann man die Übertragungsfunktionen

$$G(s) \;=\; -\,\frac{Y_1(s)}{Y_2(s)}$$

erzeugen. Ein Beispiel ist in Bild 6.27 angeführt.

7. Allgemeine Forderungen an einen Regelkreis

7.1 Formulierung der Syntheseaufgabe

Bisher haben wir die betrachteten Hilfsmittel zur Untersuchung linearer Übertragungssysteme fast ausschließlich benutzt, um einfache Regelkreise hinsichtlich ihrer stationären Regelabweichung und ihrer Stabilität zu beurteilen. Insbesondere haben wir gesehen, wie man durch eine Rückführung vorgegebene Stabilitätsforderungen erfüllen kann, wenn die Regelstrecke keine ausreichende Stabilitätsgüte besitzt oder sogar instabil ist. Wir knüpfen jetzt wieder an Abschn. 1.1 an und erinnern an die übrigen Gründe, die uns zur Anwendung des Regelprinzips veranlaßt haben. Die wesentlichen Forderungen seien nochmals aufgezählt:

1. gutes Führungs- (Folge-) Verhalten,
2. Unterdrückung des Störgrößeneinflusses,
3. Verminderung des Einflusses von Parametervariationen.

Man könnte als vierte Forderung die nach der Stabilität hinzufügen. Bei manchen Aufgaben ist das empfehlenswert, und wir werden es darum später auch so halten. Es handelt sich aber eigentlich nicht um eine neue Grundforderung, sondern um eine Mindestforderung an das Störverhalten.

Ein gutes Führungsverhalten läßt sich für stabile Strecken durch eine Steuerung erreichen. Eine Regelung ermöglicht darüber hinaus innerhalb gewisser Grenzen eine Verminderung der unter 2. und 3. genannten Störeinflüsse auf die Regelgröße. Wir wollen in diesem Ab-

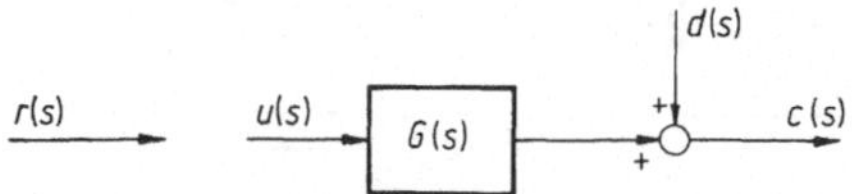

Bild 7.1. Zur Formulierung der Syntheseaufgabe.

schnitt die obigen Forderungen mathematisch ausdrücken und zeigen, wie man sie prinzipiell erfüllt. Dabei werden wir den Unterschied in der Wirkung einer Regelung und einer Steuerung für den linearen Fall exakt beschreiben.

In Bild 7.1 kennzeichne $G(s)$ die *Regelstrecke*, die wir als vorgegebenes Übertragungssystem betrachten. $c(t)$ sei die Regelgröße, die im Idealfall mit der vorgegebenen oder durch Messungen bzw. Beobachtung eines Zieles gewonnenen *Führungsgröße* $r(t)$ übereinstimmen soll. Bei einer Festwertregelung ist $r(t)$ eine Konstante, im allgemeinen ist $r(t)$ eine Funktion der Zeit, über deren Verlauf keine genauen Voraussagen existieren. Man hilft sich für die theoretischen Untersuchungen, indem man $r(t)$ durch charakteristische Testfunktionen ersetzt oder durch statistische Kenndaten beschreibt. Die zuletzt genannte Möglichkeit scheidet im Rahmen dieses Buches aus. Die Stellgröße, durch die wir $c(t)$ bei auftretenden Regelabweichungen $e(t) = r(t) - c(t)$ im gewünschten Sinne beeinflussen können, bezeichnen wir mit $u(t)$.

Weiter sei eine *Störgröße* $d(t)$ vorhanden, deren Zeitverlauf nicht bekannt und auch nicht meßbar ist, und von der wir ohne Beschränkung der Allgemeinheit annehmen dürfen, daß sie sich *am Streckenausgang* der Regelgröße überlagert. Additive Störgrößen, die an einer anderen Stelle der Regelstrecke angreifen, etwa $\tilde{d}(s)$ in Bild 7.2, lassen sich in äquivalente Störgrößen am Ausgang umrechnen. Wegen der Linearität des Systems kann man auf diese Weise auch mehrere

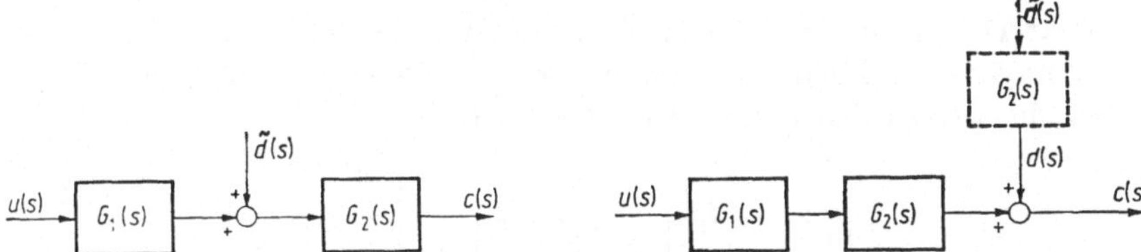

Bild 7.2. Umrechnung einer Störgröße $\tilde{d}(s)$ in eine äquivalente Störgröße $d(s)$ am Streckenausgang (Laststörgröße).

Störgrößen auf den gemeinsamen Angriffspunkt am Streckenausgang beziehen und dort nach dem Superpositionsgesetz zu einer einzigen Ersatzstörgröße zusammenfassen. Störungen, die nicht an der Strecke angreifen, z. B. additive Störungen $d_r(t)$ der Führungsgröße (Bild 7.4), werden gesondert betrachtet.

Bei vielen Anwendungen ändert sich die Übertragungsfunktion $G(s)$ im Laufe der Zeit, sei es infolge schwankender äußerer Einflüsse oder infolge von Alterungserscheinungen der Bauelemente, in unvorhersehbarer Weise. Man spricht in diesem Zusammenhang oft von *Parametervariationen*, da es sich ursprünglich um die Änderung physikalischer Parameter — eines Verstärkungsfaktors oder einer Zeitkonstanten beispielsweise — handelt, von denen die Übertragungsfunktion abhängt. Diese Änderungen seien ebenfalls weder vorhersagbar noch meßbar. Es sei lediglich bekannt, daß $G(j\omega)$ Werte in einem gewissen Bereich $\mathfrak{B}(\omega)$ der komplexen Zahlenebene annehmen kann (Bild 7.3). Diese Betrachtungsweise ist auch dann angemessen, wenn $G(s)$ zwar näherungsweise als konstant angesehen werden darf, aber nicht genau bekannt

ist. Das kommt häufig vor, weil eine Messung der Streckenübertragungsfunktion zu aufwendig ist und dem mathematischen Modell stark vereinfachende Annahmen oder eine unzureichende Kenntnis gewisser
Systemparameter zugrunde liegen.

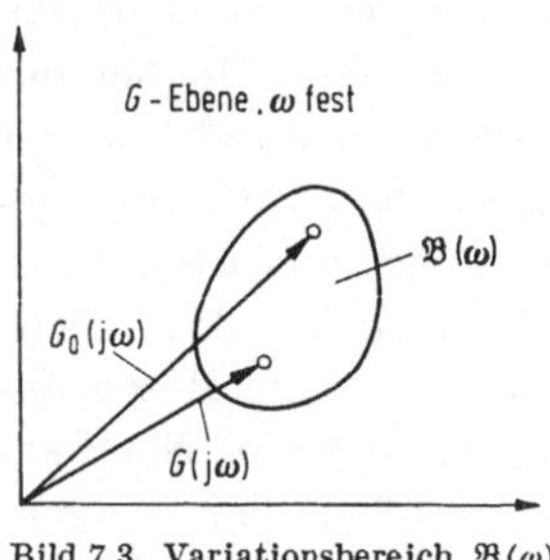

Bild 7.3. Variationsbereich $\mathfrak{B}\,(\omega)$
des Streckenfrequenzganges für
die Frequenz ω.

Weiter wollen wir hier voraussetzen, daß
$r\,(t)$ und $c\,(t)$ die einzigen direkt beobachtbaren
oder meßbaren Größen sind, die zur Lösung
unserer Aufgabe zur Verfügung stehen. Aus
ihnen allein ist die Stellgröße $u\,(t)$ in geeigneter Weise zu bilden. Wenn $u\,(t)$ nur von
der Führungsgröße abgeleitet wird, sprechen
wir von einer *Steuerung*, wenn $u\,(t)$ zusätzlich
über einen Rückführzweig von der Regelgröße abhängt, von einer *Regelung*. Da wir
hier nur lineare Systeme betrachten, können
wir die beiden Fälle im Bildbereich durch
die Blockschaltbilder 7.4 und 7.5 veranschaulichen. Die dargestellte
Regelkreisstruktur mit einem Vorfilter und je einem Korrekturglied
im Vorwärts- und Rückwärtszweig der Schleife ergibt eine große Flexibilität bei der Realisierung der Regeleinrichtung.

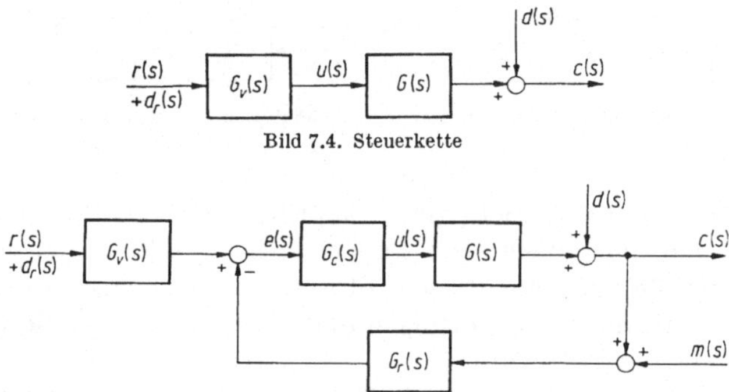

Bild 7.4. Steuerkette

Bild 7.5. Einfachregelkreis mit einer Regelgröße $c(s)$, die zugleich einzige Rückführgröße ist.

Das Gesamtsystem charakterisieren wir ebenfalls durch seine Übertragungsfunktionen, weil das im Hinblick auf die Entwurfsverfahren,
die wir in den Vordergrund stellen, zweckmäßig ist. Wir schreiben
also z. B.

$$c\,(s) = T\,(s)\,r\,(s) + D\,(s)\,d\,(s), \quad \text{falls} \quad m\,(s), d_r\,(s) = 0. \tag{7.1}$$

$T\,(s)$ wird *Führungsübertragungsfunktion*, $D\,(s)$ *Störübertragungsfunktion*
genannt. Diese Beschreibung reicht aus, da wir die unbekannten Füh-
rungs- und Störgrößen durch die Betrachtung geeigneter Testfunktionen
bei einer Erregung aus dem Gleichgewichtszustand ersetzen.

Sofern nicht ausdrücklich etwas anderes gesagt wird, sei außerdem vorausgesetzt, daß der Normalfall vorliegt, bei dem die Ordnung von $T(s)$ bzw. $D(s)$ gleich der Anzahl der Zustandsgrößen des mathematischen Modells ist. Diese Annahme ermöglicht auch die vollständige Beantwortung der Stabilitätsfrage anhand der Übertragungsfunktionen.

$T(s)$ und $D(s)$ hängen von der fest vorgegebenen Übertragungsfunktion $G(s)$ ab sowie von den übrigen Übertragungsfunktionen $G_v(s)$, $G_c(s)$, $G_r(s)$, die wir als frei wählbar betrachten. Ihre Wahl erfolge nach Möglichkeit so, daß die oben aufgezählten Forderungen erfüllt werden, denen wir uns jetzt im einzelnen zuwenden.

$c(t)$ soll im *Idealfall* mit jeder beliebig vorgegebenen Eingangsfunktion $r(t)$ übereinstimmen. Wenn wir überhaupt keine Kenntnisse über die Störung $d(t)$ und die Parametervariationen voraussetzen wollen, führt das auf die Forderungen

$$\left.\begin{array}{ll} \text{a)} & T(s) = 1, \\[4pt] \text{b)} & D(s) = 0, \\[4pt] \text{c)} & \Delta T(s) = 0, \end{array}\right\} \qquad (7.2)$$

wobei $\Delta T(s)$ die Abweichung der Führungsübertragungsfunktion von Eins infolge der Parameterschwankungen ist.

Anstelle von (7.2a) könnte man eine beliebige Übertragungsfunktion $T(s)$ vorgeben und damit auch solche Fälle einbeziehen, in denen die Regelgröße nicht ein getreues Abbild der Führungsgröße sein soll, sondern ein bestimmter linearer Zusammenhang zwischen beiden gewünscht wird. Durch passende Abänderung des Vorfilters $G_v(s)$ läßt sich diese Aufgabenstellung auf die oben beschriebene zurückführen.

Es ist nicht möglich, die Forderungen (7.2) streng zu verwirklichen. Zunächst muß für *reale Übertragungssysteme* der Frequenzgang mit wachsender Frequenz schließlich gegen Null gehen. Wir können daher die Forderung a) an das Führungsübertragungsverhalten höchstens in einem endlichen Frequenzbereich erfüllen. Das reicht aber für die praktischen Anwendungen auch aus. Wir haben uns zwar bisher auf den Standpunkt gestellt, die auftretenden Führungsgrößen seien völlig unbekannt, in den meisten Fällen weiß man aber wenigstens, daß sie innerhalb einer angebbaren *Bandbreite* ω_b liegen. Die Realisierung von a) in einem größeren Frequenzbereich wäre mit unnötigem Aufwand (Breitbandsystem) verbunden und ist sogar unerwünscht, wenn sich einer durch eine Messung gewonnenen Führungsgröße $r(t)$ am Eingang des Gesamtsystems *höherfrequente Störungen* $d_r(t)$ überlagern. Man wird dann verlangen, daß $|T(j\omega)|$ sich unterhalb ω_b nur wenig ändert, jedoch oberhalb dieser Frequenz rasch abnimmt — also etwa einen Verlauf nach Bild 7.6 (oben) hat — während die Phase $\arc\{T(j\omega)\}$ bis zur Frequenz ω_b möglichst in der Nähe von 0 bleibt. Bei Phasenminimumsystemen ist der Verlauf der Phasenkennlinie durch die Amplitudenkennlinie eindeutig festgelegt. Sie verhält sich in dem Intervall, in dem $|T(j\,\omega)|$ nahezu konstant ist, ebenfalls wunschgemäß und fällt erst in der Gegend von ω_b ab (vgl. untere Hälfte von Bild 7.6). Wir

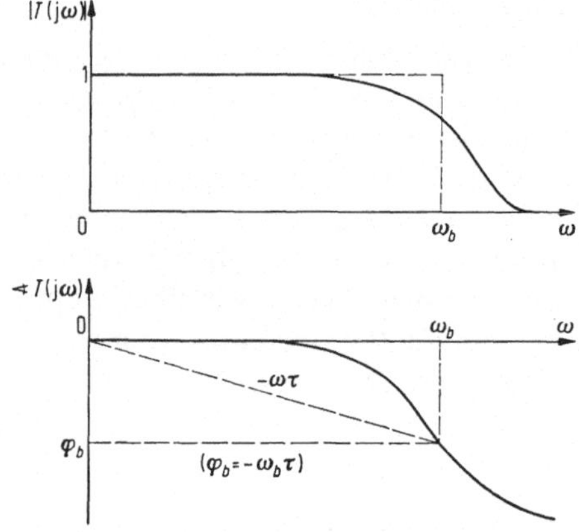

Bild 7.6. Beispiel für Führungsfrequenzgang.
———— realistischer Verlauf; – – – Rechteckfilter mit linearer Phasenkennlinie (nicht realisierbar).

brauchen uns daher in diesen Fällen beim Entwurf um den Phasenverlauf der Übertragungsfunktion $T(s)$ des geschlossenen Kreises nicht zu kümmern. Oft dürfen wir sogar noch stärkere *Phasenverzerrungen* zulassen. Wenn wir z. B. in Bild 7.6 die Phase im interessierenden Frequenzbereich durch die gestrichelte Gerade mit der Steigung $-\tau$ ersetzen, so entspricht dem ein Totzeitglied mit der Übertragungs-

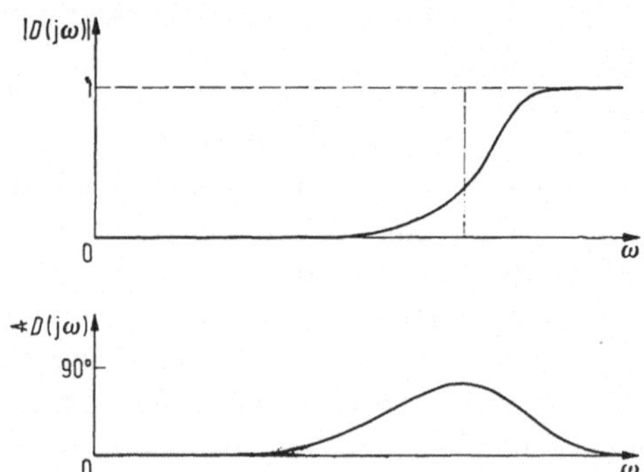

Bild 7.7. Beispiel für Störfrequenzgang (Störung am Streckenausgang).

funktion $T(s) = e^{-\tau s}$. Die Regelgröße folgt dann den auftretenden Führungsgrößen unverzerrt mit einer zeitlichen Verzögerung τ, und das kann man in vielen Fällen in Kauf nehmen.

In Bild 7.7 haben wir eine typische *Störübertragungsfunktion* dargestellt. Im Gegensatz zur Führungsübertragungsfunktion hat sie

Hochpaßcharakter, was man sich leicht anhand des Zusammenhangs

$$D(s) = \frac{1}{1 + L(s)}$$

zwischen $D(s)$ und der Kreisübertragungsfunktion

$$L(s) = G_r(s)\, G_c(s)\, G(s)$$

plausibel macht. Für kleine Frequenzen $(L(s) \to V$ bzw. $\infty)$ folgt daraus $D(s) \approx \dfrac{1}{1 + V}$ bzw. 0 und für große Frequenzen $(L(s) \to 0)$ $D(s) \approx 1$.

Einen idealen Hochpaß gibt es natürlich nicht. Im vorliegenden Fall kommt eine solche Übertragungsfunktion theoretisch zustande, weil wir alle realen Störungen durch eine Ersatzstörgröße beschreiben, die am Streckenausgang direkt der Regelgröße aufgeschaltet wird. Man muß sich dabei stets vor Augen halten, daß das Strukturbild nicht mehr die ursprünglichen physikalischen Zusammenhänge darstellt, sondern lediglich eine äquivalente mathematische Beschreibung. Insbesondere hängt es in Bild 7.2 von der Willkür bei der Systemabgrenzung ab, wie wir den Störeinfluß im Frequenzbereich mathematisch auf das Störspektrum und ein Störfilter (z. B. $\hat{d}(s)\, G_2(s)$ oder $d(s) \cdot 1$) aufteilen. Falls die Ersatzstörgröße $d(s)$ eine Bandbreite ω_{ab} hat, so genügt es, wenn die Forderung $D(s) \approx 0$ in diesem Störfrequenzband erfüllt ist.

Wollte man den Einfluß der *Parametervariationen* vollkommen eliminieren, so müßte man die Änderungen der Streckenübertragungsfunktion messen und die übrigen Übertragungsfunktionen jeweils anpassen. Wir werden jedoch solche adaptiven Systeme nicht betrachten, sondern für $G_c(s)$, $G_r(s)$, $G_v(s)$ nur ein für allemal fest gewählte Übertragungsfunktionen zulassen. Wir können dann auch die erste Forderung (7.2a) nur für ein festes $G_0(j\,\omega)$ erfüllen und bezeichnen den zugehörigen Frequenzgang des geschlossenen Kreises mit $T_0(j\,\omega)$. $G_0(s)$ werden wir auch als Nennübertragungsfunktion der Strecke auffassen. Für die variierten Funktionen $G(j\,\omega)$ aus $\mathfrak{B}(\omega)$ verlangen wir, daß die relativen Änderungen

$$\frac{T(j\,\omega) - T_0(j\,\omega)}{T_0(j\,\omega)}$$

der Führungsübertragungsfunktion betragsmäßig unter einer gewissen Schranke bleiben. $T(j\,\omega)$ soll also z. B. in einer kleinen Kreisumgebung um $T_0(j\,\omega) = 1$ vom Radius $\delta(\omega)$ liegen (Bild 7.8, rechts). Dabei ist $\delta(\omega)$ eine kleine Zahl, z. B. 0,01. Wir können unter dieser Voraussetzung den festen Bezugswert $T_0(j\,\omega)$ auch durch das veränderliche $T(j\,\omega)$ ersetzen. Das wird sich später als zweckmäßig erweisen. Das Verhältnis der relativen Änderungen des Führungsfrequenzgangs zur relativen

Änderung des Streckenfrequenzgangs,

$$S_G^T(s) = \frac{\dfrac{T(s) - T_0(s)}{T(s)}}{\dfrac{G(s) - G_0(s)}{G(s)}} \qquad (s = j\,\omega),^1 \qquad (7.3)$$

nennt man die *Empfindlichkeit* von $T(j\,\omega)$ gegenüber Parametervariationen von $G(j\,\omega)$. Damit schreiben wir für unsere dritte Forderung genauer $|S_G^T(j\,\omega)| < \varepsilon(\omega)$.

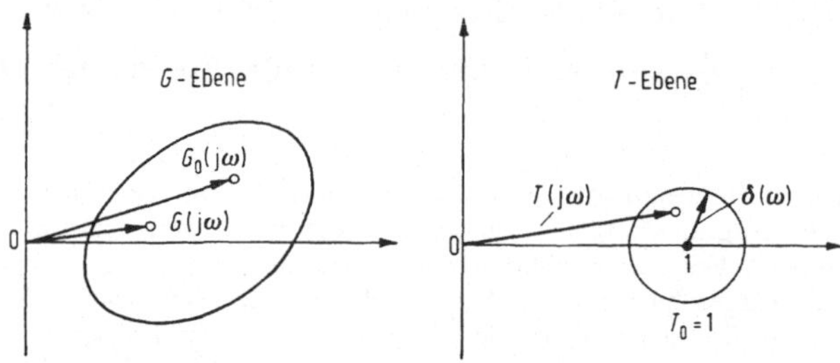

Bild 7.8. Vorgegebene Schwankungen von $G(j\,\omega)$ (links) und zulässiger Bereich für die verursachten Schwankungen von $T(j\,\omega)$ (rechts).

Insgesamt ersetzen wir (7.2) realistischer durch

Spezifikationen im Frequenzbereich:

$$
\begin{aligned}
\text{a)} \quad & \left|\,|T_0(j\,\omega)| - 1\,\right| \leq \mu(\omega) \\
& |\mathrm{arc}\,\{T_0(j\,\omega)\}| \leq \alpha(\omega)
\end{aligned}
\quad \text{für} \quad 0 \leq \omega \leq \omega_b,
$$

$$|T_0(j\,\omega)| \leq \tilde{\mu}(\omega) \qquad \text{für} \quad \omega \geq \omega_b, \qquad (7.4)$$

$$\text{b)} \quad |D_0(j\,\omega)| \leq \eta(\omega)^2,$$

$$\text{c)} \quad |S_G^T(j\,\omega)| \leq \varepsilon(\omega).$$

Wir sind bei unseren Überlegungen von den idealisierten Forderungen (7.2) ausgegangen und haben diese nachträglich mit Rücksicht auf ihre Realisierbarkeit und auf eventuell vorhandene Störungen unter Berücksichtigung der Störbandbreiten abgeändert. Die Bedeutung dieser Änderungen wollen wir uns im Zeitbereich anhand der *Sprungantwort* veranschaulichen. Hierzu betrachten wir zunächst einen Führungsfrequenzgang $T(j\,\omega)$ nach Bild 7.6, wobei wir den raschen Abfall der

---

¹ $S =$ sensitivity. Der untere Index gibt diejenige Übertragungsfunktion an, deren Parametervariationen als Ursache für die Variationen der mit dem oberen Index bezeichneten Übertragungsfunktion betrachtet werden.

² Auch ein für die Streckenübertragungsfunktion $G_0(s)$ erzieltes gutes Störverhalten darf durch Parametervariationen nicht verdorben werden. Um daran zu erinnern, haben wir die Störübertragungsfunktion ebenfalls mit dem Index Null versehen. Analog zu (7.3) kann man eine Empfindlichkeit $S_G^D(j\,\omega)$ der Störübertragungsfunktion definieren.

Amplitudenkennlinie schematisch durch die gestrichelt gezeichnete
Rechteckfunktion beschreiben und für die Phase innerhalb des Durchlaß-
bereiches einen linearen Abfall annehmen. Insgesamt haben wir dann

$$T(j\,\omega) = \begin{cases} e^{-j\omega\tau} & \text{für}\quad 0 \leqq \omega \leqq \omega_b, \\ 0 & \text{für}\quad \omega_b < \omega. \end{cases} \qquad (7.5)$$

Für Signale, die innerhalb des Frequenzbereiches ω_b liegen, verhält
sich ein solches System wie ein Totzeitglied. Die Sprungfunktion enthält aber Frequenzanteile oberhalb ω_b und wird daher Verzerrungen
erleiden. Die Berechnung der Sprungantwort ergibt

$$c(t) = h(t) = \frac{1}{2} + \frac{1}{\pi}\,\mathrm{Si}\big(\omega_b(t-\tau)\big).^{[1]} \qquad (7.6)$$

Zur Herleitung setzen wir (7.5) ein in die
Umkehrformel der Laplace-Transformation

$$c(t) = \frac{1}{2\pi j} \int_{\mathfrak{C}} \frac{T(s)}{s}\, e^{st}\, ds,$$

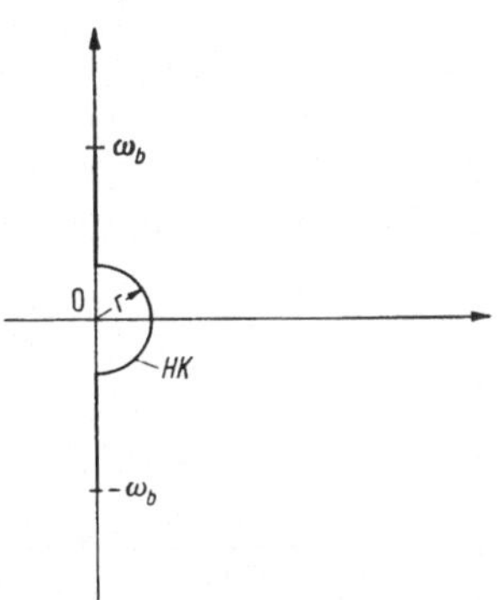

wobei $\mathfrak{C}$ der im Bild 7.9 beschriebene Integrationsweg ist, der die Polstelle des Integranden
bei $s = 0$ umgeht. Wir zerlegen $\mathfrak{C}$ in den Halb-
kreis HK und die beiden Geradenstücke auf
der positiven und negativen imaginären Achse.
Letztere liefern konjugiert komplexe Beiträge,
und unter Berücksichtigung von $z + \bar{z} = 2\,\mathrm{Re}\{z\}$
erhalten wir so

Bild 7.9. Integrationsweg $\mathfrak{C}$.

$$c(t) = \frac{1}{2\pi j} \int_{HK} \frac{e^{s(t-\tau)}}{s}\, ds + \mathrm{Re}\left\{ \frac{1}{\pi j} \int_{jr}^{j\omega_b} \frac{e^{j\omega(t-\tau)}}{j\omega}\, d(j\,\omega) \right\}.$$

Für hinreichend kleine Radien des Halbkreises unterscheidet sich der erste Anteil
von

$$\frac{1}{2\pi j} \int_{HK} \frac{ds}{s} = \frac{1}{2\pi j} \int_{-\pi/2}^{+\pi/2} j\,d\varphi = \frac{1}{2} \qquad (s = r\,e^{i\,\varphi})$$

beliebig wenig (da $e^{s(t-\tau)} \to 1$ für $s \to 0$) und der zweite Anteil geht für $r \to 0$
über in

$$\mathrm{Re}\{\ldots\} = \frac{1}{\pi} \int_{0}^{\omega_b} \frac{\sin\omega(t-\tau)}{\omega}\, d\omega = \frac{1}{\pi} \int_{0}^{\omega_b(t-\tau)} \frac{\sin x}{x}\, dx.$$

---

[1] Das Funktionssymbol bedeutet den durch

$$\mathrm{Si}(t) = \int_{0}^{t} \frac{\sin x}{x}\, dx$$

definierten Integralsinus, der tabelliert ist.

Das Ergebnis ist in Bild 7.10 dargestellt. Da $h(t)$ für $t < 0$ nicht verschwindet, kann es sich aus physikalischen Gründen nur um eine Näherung handeln, die in der nicht streng realisierbaren Übertragungsfunktion mit dem rechteckförmigen Abfall bei ω_b begründet liegt. Für

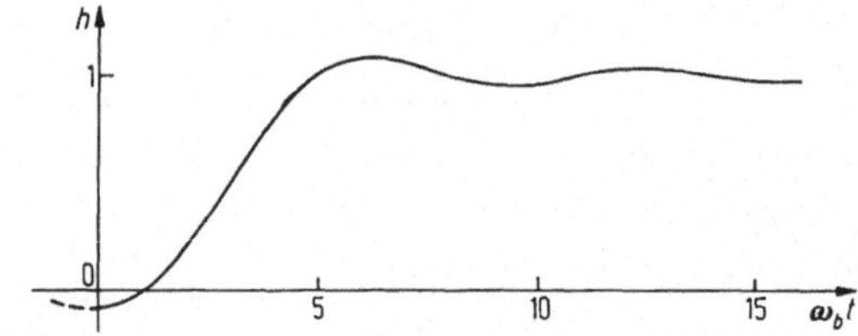

Bild 7.10. Sprungantwort für idealisiertes Rechteckfilter von Bild 7.6.

die Belange der Regelungstechnik kennzeichnen wir diese Sprungantwort durch zwei Kenndaten, die *Verzugszeit* (delay time) t_d und die *Anstiegszeit* (rise time) t_r — vgl. Bild 7.11a. Sie stehen mit den Kenngrößen der Übertragungsfunktion von Bild 7.6 in folgender Relation

$$\frac{\omega_b\,t_d}{|\varphi_b|} = 1, \quad \omega_b\,t_r = \pi\,^1.\tag{7.7}$$

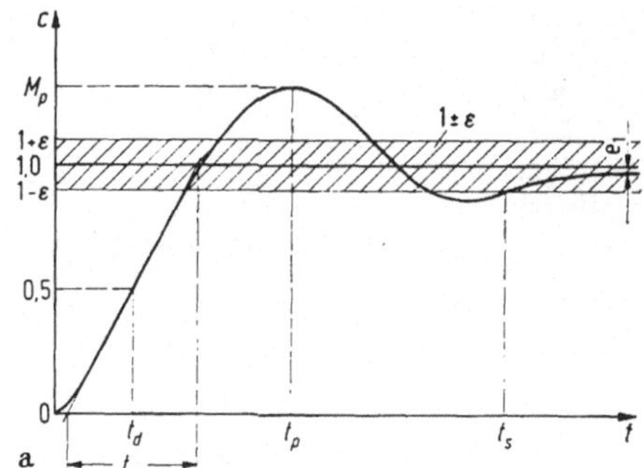

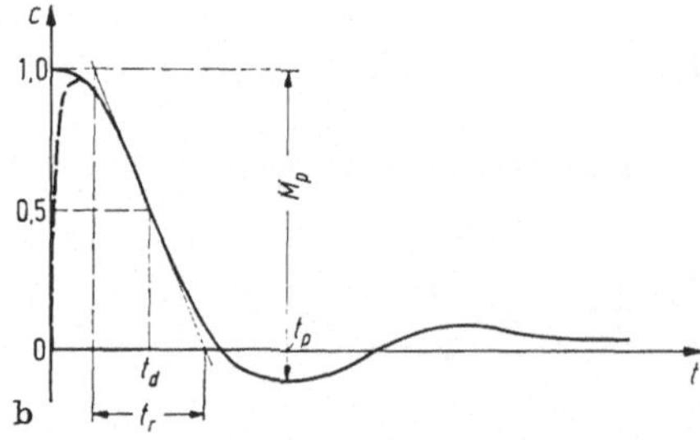

Bild 7.11. a) Sprungantwort der Führungsübertragungsfunktion;
b) Sprungantwort der Störübertragungsfunktion.

$t_d: h(t_d) = 0{,}5$ Verzugszeit (delay time),

$t_r = 1/\dot{h}(t_d)$ Anstiegszeit (rise time),

$t_a: h(t_a) = 1$ Anregelzeit,

$t_s:|\,h(t_s)-1| < \varepsilon$ für $t > t_s$ Ausregelzeit (settling time),

$t_p: c(t_p)$ erstes Maximum nach t_a (peak time),

$M_p = c(t_p)$ Überschwingweite.

---

^{1} Herleitung: Nach (7.6) wird $h(t) = \tfrac{1}{2}$ für $t = t_d = \tau$ und daraus folgt wegen $\tau = -\varphi_b/\omega_b$ (vgl. Bild 7.6) die erste der Beziehungen (7.7). Die zweite ergibt sich aus $\dfrac{1}{t_r} = \dot{h}(t_d) = \dot{h}(\tau) = \dfrac{\omega_b}{\pi}$.

Als rohe Faustformeln bleiben diese Beziehungen auch für eine große Klasse anderer Übertragungssysteme brauchbar. Im allgemeinen nimmt man zur genauen Beschreibung der Sprungantwort für die Führungsübertragungsfunktion noch weitere Kenngrößen hinzu, die in Bild 7.11a definiert sind.

Die Störsprungantwort [Verlauf von $c(t)$ für Einheitssprung als Teststörgröße $d(t)$] hat den in Bild 7.11b wiedergegebenen typischen Verlauf, der sich auf ähnliche Weise durch die angegebenen Parameter kennzeichnen läßt.

Qualitativ macht man sich dieses Störverhalten klar, indem man von der Sprungfunktion das abzieht, was der Hochpaß $D(s)$ in seinem Sperrbereich nicht durchläßt. Es gilt also

$$h_d(t) = \sigma(t) - \tilde{h}(t),$$

wobei $\tilde{h}(t)$ die Sprungantwort eines Tiefpasses mit der Übertragungsfunktion $\tilde{T}(s) = 1 - D(s)$ darstellt und daher denselben Charakter hat wie diejenige von Bild 7.11a.

Vielfach geht man beim Entwurf eines Regelkreises nicht von den Forderungen (7.4) im Frequenzbereich aus, sondern von den folgenden

Spezifikationen im Zeitbereich:

a) Verlauf der Führungssprungantwort $h(t)$ bzw. zugehörige Kenndaten von Bild 7.11a,

b) Verlauf der Störsprungantwort $h_d(t)$ bzw. entsprechende Kenndaten von Bild 7.11b,

c) maximal zulässige Schwankungen der unter a) und b) genannten Kenngrößen infolge von Parametervariationen (z. B. Toleranzen für die in Bild 7.11a und 7.11b definierten Größen t_d, t_r, M_p, e_1 usw.).

$$(7.8)$$

Damit es möglich ist, aus praktischen Forderungen an die Genauigkeit einer Regelung sinnvoll Spezifikationen der beschriebenen Art herzuleiten, müssen zusätzlich gewisse Kenntnisse oder Annahmen über die Führungsgröße $r(s)$, die in $d(s)$ zusammengefaßten Störeinflüsse sowie die eventuell auftretenden Parametervariationen vorausgesetzt werden. So ergeben sich z. B. vernünftige Forderungen an $D(j\omega)$ häufig aus spektralen Kenngrößen für die Störungen. Verfügt man über solche Kenntnisse nicht in ausreichendem Maße, so bleibt auch die Aufgabenstellung unsicher.

Außer den aufgezählten Spezifikationen sind beim Entwurf eines Regelkreises noch gewisse *Nebenbedingungen* zu beachten. Die wichtigsten fassen wir zusammen in

a) Das gesamte System muß *stabil* sein.

b) den frei wählbaren Übertragungsfunktionen in Bild 7.4 bzw. 7.5 sollen *realisierbare Übertragungssysteme* entsprechen.

c) Die Stellgröße $u(t)$ darf aus technischen Gründen vorgegebene Maximalwerte oder Zeitmittelwerte nicht überschreiten, weil die *Leistung des Stellgliedes* oder die zulässige *Belastung der Regelstrecke* beschränkt ist.

$$(7.9)$$

Bemerkungen zu (7.9): a) Die Spezifikationen (7.4 b) bzw. (7.8 b) beziehen sich gewöhnlich nur auf die „Hauptstörungen". Damit man aber die Betrachtung aller übrigen Störungen, deren Einfluß man wegen ihrer Geringfügigkeit im einzelnen nicht untersuchen will, tatsächlich ausschließen darf, muß man die Voraussetzung hierzu durch die Forderung nach stabilem Verhalten bei beliebigen Störungen schaffen. (Vgl. hierzu auch S. 101/102.)

b) Realisierbar haben wir eine rationale Übertragungsfunktion genannt, falls die Bedingung

$$\text{Zählergrad} \leq \text{Nennergrad}$$

erfüllt ist.

c) Gelegentlich sind noch andere Beschränkungen dieser Art gegeben, z. B. für die maximale Geschwindigkeit oder Beschleunigung, mit der sich die Regelgröße ändern darf.

Damit haben wir alle Gesichtspunkte zusammengestellt, die wir beim Entwurf eines einfachen Regelkreises berücksichtigen wollen, und formulieren die

Allgemeine Syntheseaufgabe für Einfachregelkreise:

Im Strukturbild 7.5 sei die Regelstrecke fest vorgegeben und durch ihre Übertragungsfunktion $G(s)$ beschrieben. Die Übertragungsfunktionen G_v, G_c und G_r seien frei wählbar und sollen so bestimmt werden, daß der geschlossene Kreis vorgegebene Spezifikationen (7.4) im Frequenzbereich bzw. (7.8) im Zeitbereich erfüllt, wobei die Nebenbedingungen (7.9) zu beachten sind.

Bei den praktischen Anwendungen sind die Spezifikationen oft im Zeitbereich gegeben. Zum Entwurf linearer Regelkreise empfiehlt es sich meist, Spezifikationen dieser Art zunächst in den Frequenzbereich zu übersetzen, weil das Rechnen mit Übertragungsfunktionen bequemer ist als mit den entsprechenden Zeitfunktionen. Auf den Zusammenhang zwischen den Kenngrößen im Zeit- und Frequenzbereich gehen wir in Abschn. 7.3 ausführlich ein. Den allgemeinen Überlegungen, die wir in Abschn. 7.2 anstellen, legen wir die Beschreibung im Frequenzbereich zugrunde.

Es sind noch andere Formulierungen für die Forderungen an das Verhalten eines Regelkreises denkbar, die wir aber im folgenden nicht weiter behandeln. Der Vollständigkeit halber wollen wir die sog. *Optimalkriterien* wenigstens erwähnen. Man kennzeichnet hierbei die Regelgüte durch einen geeigneten Güteindex Q und sucht eine Regeleinrichtung, für welche dieser Index seinen optimalen Wert annimmt.

Als Beispiel sei das quadratische Gütekriterium angeführt, das für die lineare Theorie die größte Bedeutung erlangt hat. In seiner einfachsten, auf Einfachregelkreise zugeschnittenen Form lautet es

$$Q = \int\limits_0^\infty [r(\tau) - c(\tau)]^2\, d\tau + \lambda \int\limits_0^\infty [u(\tau)]^2\, d\tau \quad (\lambda > 0) \tag{7.10}$$

soll so klein wie möglich gehalten werden.

Der erste Anteil auf der rechten Seite ist ein mittleres Maß für den quadratischen Regelfehler im Zeitintervall $0 < t < \infty$ (Bild 7.12). Mit dem zweiten Anteil, wird

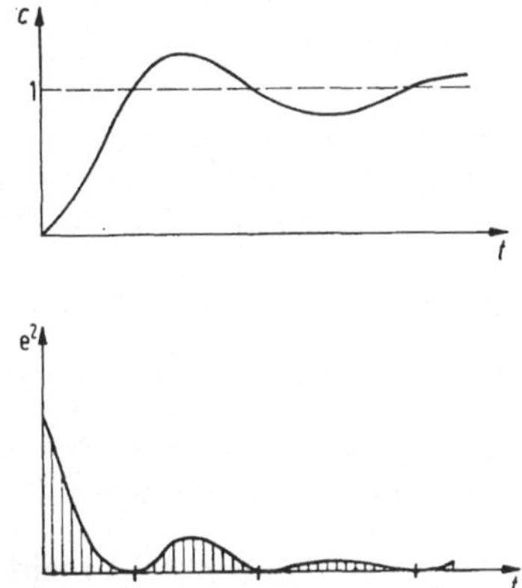

Bild 7.12. Quadratische Regelfläche für $r(t) = \sigma(t)$.

der Stellgrößenaufwand bewertet und damit die Nebenbedingung (7.9c) auf angemessene Weise berücksichtigt.

7.2 Grundsätzliche Betrachtungen zur Lösung der Syntheseaufgabe

Wir wollen prüfen, ob und wie sich die Spezifikationen (7.4) erfüllen lassen.

Zunächst untersuchen wir, was man mit einer *Steuerung* erreichen kann. Aus Bild 7.4 lesen wir ab

$$\text{a)} \qquad T_0(s) = G_v(s)\, G_0(s),{}^1$$

$$\text{b)} \qquad D(s) = 1, \tag{7.11}$$

$$\text{c)} \qquad \frac{T(s) - T_0(s)}{T(s)} = \frac{G(s) - G_0(s)}{G(s)} \qquad \left(S_G^T(s) = 1\right).$$

---

[1] $G_0(s)$ ist die Übertragungsfunktion der Strecke ohne Parametervariation (Nennübertragungsfunktion), $T_0(s)$ die zugehörige Führungsübertragungsfunktion.

Durch passende Wahl von $G_v(s)$ können wir also ein gewünschtes Führungsübertragungsverhalten $T_0(s)$ erzielen. Auf die Störübertragungsfunktion haben wir jedoch keinen Einfluß. Auch die Empfindlichkeit $S_G^T(s)$ ist stets Eins, die relativen Änderungen der Streckenübertragungsfunktion übertragen sich voll auf die Führungsübertragungsfunktion. Diesen Sachverhalt haben wir auf Grund der Betrachtungen von Abschn. 1 erwartet.

Die Nachteile einer Steuerung lassen sich vermeiden durch Einführung einer *Regelung*. Für den Regelkreis von Bild 7.5 gilt

$$\left.\begin{array}{ll} \text{a)} & T_0(s) = \dfrac{G_v(s)\,G_c(s)\,G_0(s)}{1 + G_r(s)\,G_c(s)\,G_0(s)}, \\[3mm] \text{b)} & D_0(s) = \dfrac{1}{1 + G_r(s)\,G_c(s)\,G_0(s)}, \\[3mm] \text{c)} & S_G^T(s) = \dfrac{1}{1 + G_r(s)\,G_c(s)\,G_0(s)}.^{\,1} \end{array}\right\} \tag{7.12}$$

Wir haben den Einfluß der Parametervariationen auf die Störübertragungsfunktion $D_0(s)$ nicht mit angegeben, obwohl man sich vergewissern muß, daß er ebenfalls genügend klein bleibt. Eine analoge Rechnung ergibt für die entsprechende Empfindlichkeit

$$|S_G^D(j\,\omega)| = |L(j\,\omega)/(1 + L_0(j\,\omega))|.$$

Es wird also $|S_G^D(j\,\omega)| \approx 1$ in dem Frequenzbereich, in dem $|L(j\,\omega)|$ für alle Parametervariationen groß bleibt. Die relativen Schwankungen der Störübertragungsfunktion haben also dieselbe Größenordnung wie die der Streckenübertragungsfunktion! Dieser Sachverhalt ist bei der Festlegung der Spezifikationen für $D_0(j\,\omega)$ zu berücksichtigen.

In den Formeln b) und c) von (7.12) steht rechts derselbe Ausdruck. Wir wollen ihn mit

$$S(s) = \frac{1}{1 + L_0(s)}, \tag{7.13}$$

wobei

$$L_0(s) = G_r(s)\,G_c(s)\,G_0(s)$$

---

[1] Herleitung: Aus (7.12a) und

$$T(s) = \frac{G_v(s)\,G_c(s)\,G(s)}{1 + G_r(s)\,G_c(s)\,G(s)}$$

folgt

$$\frac{T(s) - T_0(s)}{T(s)} = 1 - \frac{G_0(s)}{G(s)}\,\frac{1 + G_r(s)\,G_c(s)\,G(s)}{1 + G_r(s)\,G_c(s)\,G_0(s)}$$

$$= \frac{1}{1 + G_r(s)\,G_c(s)\,G_0(s)}\,\frac{G(s) - G_0(s)}{G(s)}$$

und daraus mit der Definitionsgleichung (7.3) das obige Resultat. Im Endergebnis tritt nur die feste Übertragungsfunktion $G_0(s)$ auf, nicht mehr die variierte Form $G(s)$. Diese wünschenswerte Vereinfachung ist der Grund, warum wir bei der Definition der Empfindlichkeit die relativen Änderungen von $T(s)$ nicht auf $T_0(s)$ bezogen haben.

die *Kreisübertragungsfunktion* darstellt, abkürzen. Damit können wir
die beiden Forderungen (7.4 b, c) zusammenfassen in

$$|S(j\,\omega)| < \bar{\varepsilon}(\omega) = \text{Min}\{\varepsilon(\omega), \eta(\omega)\} \qquad (7.14)$$

$$\text{für}\quad 0 \leqq \omega \leqq \bar{\omega}_b = \text{Max}\{\omega_b, \omega_{sb}\}.$$

Wir brauchen uns daher im folgenden nur noch um die zwei Bedingungen
(7.4 a) und (7.14) zu kümmern. Voraussetzung für diese formale Vereinfachung ist die Umrechnung der Störgrößen auf den Streckenausgang.

Wenn wir die Übertragungsfunktionen $G_r(s)$ und $G_c(s)$ so wählen,
daß die Bedingung (7.14) erfüllt ist, so genügt der Regelkreis unseren
Anforderungen bezüglich des Störverhaltens und der Empfindlichkeit.
Durch ein geeignetes Vorfilter $G_v(s)$ können wir dann noch dafür sorgen,
daß die Führungsübertragungsfunktion $T_0(s)$ innerhalb der vorgeschriebenen Grenzen liegt.

Anstelle von (7.14) schreiben wir auch

$$|E(j\,\omega)| > K(\omega) = \frac{1}{\bar{\varepsilon}(\omega)} \quad (0 \leqq \omega \leqq \bar{\omega}_b), \qquad (7.15)$$

mit

$$E(s) = 1 + L_0(s).$$

$|E(j\,\omega)|$ ist ein Maß für den *Effekt der Regelung* auf die durch Störgrößen und Parametervariationen verursachten Regelfehler.

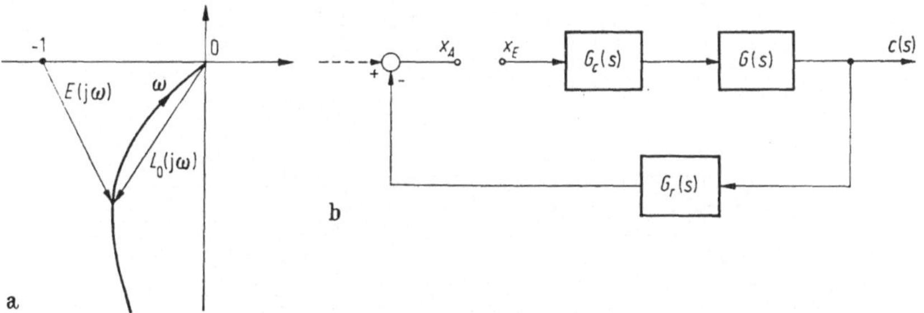

Bild 7.13. Zur Definition des Effektes.
a) Darstellung in der *L*-Ebene; b) Messung am aufgetrennten Kreis: $E(j\,\omega) = 1 + L(j\,\omega) = \dfrac{x_E(j\,\omega) - x_A(j\,\omega)}{x_E(j\,\omega)}.$

Einen großen Effekt erzielen wir, wenn wir $|L_0(j\,\omega)|$ im interessie-
renden Frequenzbereich entsprechend heraufsetzen (vgl. Bild 7.13a).
Das werden wir zunächst durch eine Erhöhung der Kreisverstärkung
zu erreichen versuchen. Dabei dürfen wir jedoch nicht beliebig weit
gehen, weil die meisten Regelkreise mit wachsendem Verstärkungsfaktor
zur Instabilität neigen. In Abschn. 6.3 haben wir zwar gesehen, wie
wir dieser Schwierigkeit durch geeignete Korrekturglieder — z. B.
durch Lead- oder Lag-Kompensation — wirkungsvoll begegnen und

dadurch die Stabilitätsgrenze weiter hinausschieben können, aber auch diesen Maßnahmen sind Grenzen gesetzt durch den *erforderlichen Aufwand*. Sie bedingen nämlich unter Umständen eine enorme Bandbreitenvergrößerung, eine große Stellgliedleistung oder eine hohe Belastung der Regelstrecke. Für die Vorteile, die eine Regelung bringt, müssen wir also einen Preis bezahlen.

In Bild 7.5 haben wir noch eine Störung $m(s)$ bei der Messung der Regelgröße $c(s)$ angenommen. Aus der Forderung $|L(j\,\omega)| \gg 1$ zur Gewährleistung eines großen Effektes ergibt sich

$$\frac{c(j\,\omega)}{m(j\,\omega)} = \frac{-L_0(j\,\omega)}{1 + L_0(j\,\omega)} \approx -1 \quad \text{für} \quad \omega < \tilde{\omega}_b,$$

d. h., *Meßfehler* im maßgeblichen Frequenzbereich wirken sich ungeschwächt aus. Das ist auch nicht anders zu erwarten. Das beschriebene Regelprinzip beruht ja auf einer Korrektur, die auf Grund einer Messung der Regelgröße und dem Vergleich dieses Meßwertes mit der Soll- oder Führungsgröße vorgenommen wird. Falls die Messung falsch ist, muß auch das Prinzip versagen. Glücklicherweise kann man solche Meßfehler bei genügender Sorgfalt meist vernachlässigbar klein halten.

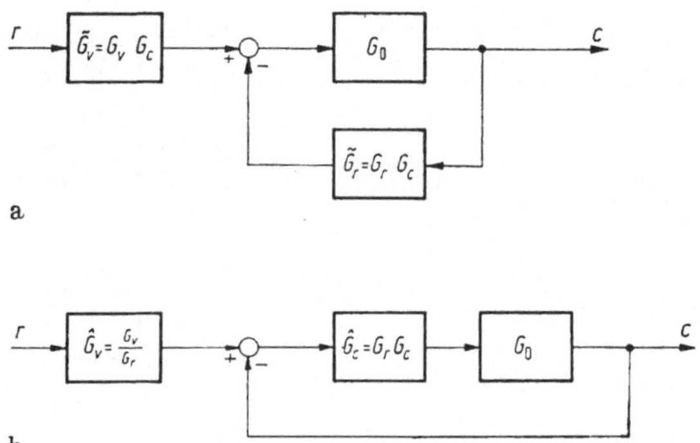

Bild 7.14. Zur Anordnung von Bild 7.5 äquivalente Regelkreiskonfigurationen.

Nach den Gln. (7.12) hängt das Führungs- und Störverhalten sowie die Auswirkung von Parametervariationen für den Regelkreis von Bild 7.5 bei vorgegebener Streckenübertragungsfunktion $G(s)$ nur noch von den Produkten $G_v(s)\,G_c(s)$ und $G_r(s)\,G_c(s)$ der frei wählbaren Übertragungsfunktionen ab. Man spricht daher von einer *Konfiguration mit zwei Freiheitsgraden*. Besonders deutlich kommt das in Bild 7.14 zum Ausdruck. Dort sind Regelkreise angegeben, welche nur zwei Korrekturglieder besitzen, aber trotzdem dieselben Übertragungsfunktionen $T_0(s)$, $D_0(s)$ und dieselbe Empfindlichkeit $S_G^T(s)$ haben wie die Anordnung von Bild 7.5. Sie sind daher mit dieser äquivalent, solange wir uns nur für die aufgezählten Kenngrößen interessieren. Beim Übergang zur Konfiguration b) ist allerdings zu beachten, ob man dabei für $\hat{G}_v(s)$ eine realisierbare Übertragungsfunktion erhält.

Es ist nützlich, diesen Sachverhalt noch auf eine andere Weise auszudrücken. Wir verschärfen die Problemstellung für den Regelkreisentwurf, indem wir im ganzen Frequenzbereich vollständig definierte Funktionen $T_0(s)$ *und* $S(s)$ *vorgeben*, welche den Forderungen (7.4a) bzw. (7.14) genügen. Wir wollen versuchen, die Übertragungsfunktionen in den frei wählbaren Blöcken von Bild 7.5 so zu bestimmen, daß sich genau die vorgeschriebenen Funktionen $T_0(s)$ und $S(s)$ ergeben. Das ist mehr als wir ursprünglich verlangt haben, denn diese beiden Funktionen sind durch die Spezifikationen (7.4a) und (7.14) nicht eindeutig festgelegt. Die Frage, wie sich die Willkür bei ihrer Auswahl innerhalb der zulässigen Grenzen auswirkt, stellen wir vorläufig zurück. Dieses Vorgehen erweist sich sowohl für eine allgemeine Übersicht über die Lösungsmöglichkeiten der Syntheseaufgabe als auch für spezielle praktische Lösungsverfahren als zweckmäßig.

Die Auflösung von (7.12a) und (7.13) nach den unbekannten Übertragungsfunktionen ergibt

$$G_v(s)\,G_c(s) = \frac{T_0(s)}{G_0(s)}\,\frac{1}{S(s)},$$
$$G_r(s)\,G_c(s) = \frac{1}{G_0(s)}\,\frac{1 - S(s)}{S(s)}. \tag{7.16}$$

Die rechten Seiten sind bei der jetzigen Version der Syntheseaufgabe bekannt. Damit kann man die Produkte $G_v\,G_c$ und $G_r\,G_c$ berechnen. Allerdings wird sich diese Form der Lösung nicht in allen Fällen als brauchbar erweisen, weil sie unter Umständen zu unerlaubten Pol-Nullstellen-Kompensationen führt.

Bis zu einem gewissen Grade kann man die Forderungen (7.4) auch mit der Regelkreisstruktur von Bild 7.15 mit nur einem frei wählbaren

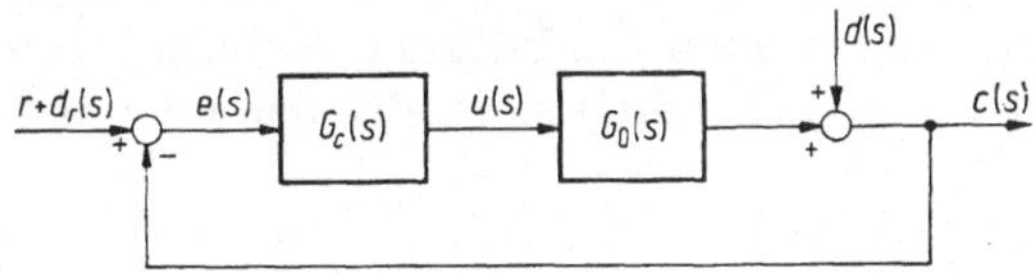

Bild 7.15. Grundkonfiguration mit einem Freiheitsgrad.

Übertragungsglied $G_c(s)$ erfüllen. Sämtliche Formeln dieses Abschnitts bleiben gültig, nur ist überall $G_r(s) = G_v(s) = 1$ zu setzen. Falls wir $|G_c(j\,\omega)|$ und damit den Effekt $|1 + G_c(j\,\omega)\,G_0(j\,\omega)|$ im Frequenzbereich $0 \leqq \omega \leqq \bar{\omega}_b$ hinreichend groß wählen, so bleibt dort wieder der Einfluß von Störungen und Parametervariationen wünschenswert klein. Wir können dann aber die Führungsübertragungsfunktion nicht mehr beliebig vorschreiben, vielmehr wird jetzt $|T(j\,\omega)| \approx 1$ in einem Frequenzbereich, den wir nicht mehr im selben Maße allen Erfordernissen anpassen können wie früher. Wenn wir zum Beispiel $\tilde{\omega}_b$ mit Rücksicht auf breitbandige Störungen $d(s)$ wesentlich größer als die Bandbreite ω_r der Führungssignale wählen, so wird auch der Durchlaßbereich der Führungsübertragungsfunktion mindestens bis $\tilde{\omega}_b$ reichen. Damit wirken sich aber auch Breitbandstörungen $d_r(s)$ am Eingang des Regelkreises ungeschwächt auf die Regelgröße aus (vgl. hierzu Bild 7.16). Solche breitbandigen Störungen auszusieben, war die eine Aufgabe des Filters $G_v(s)$ in Bild 7.5. Aber selbst dann, wenn sich dem Führungssignal keine Störungen überlagern, bleibt die Anordnung von Bild 7.15 oft

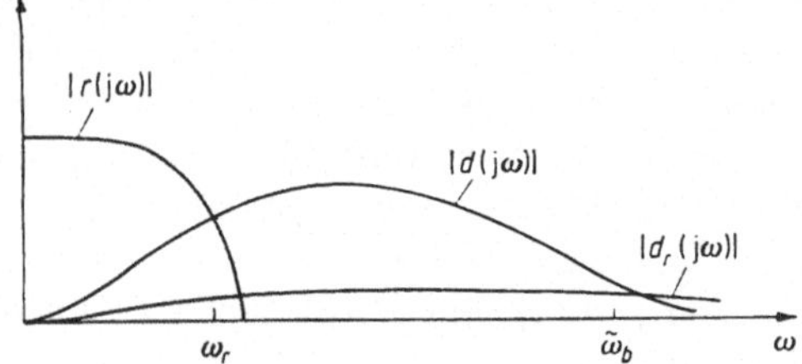

Bild 7.16. Führungs- und Störfrequenzgänge (für angenommene Testfunktionen).

unbefriedigend, weil sie einen Kompromiß zwischen dem gewünschten Führungsverhalten und dem Effekt der Regelung erforderlich macht. Aus (7.13) und

$$T_0(s) = \frac{L_0(s)}{1 + L_0(s)}$$

folgt nämlich

$$\frac{1}{E(s)} = S(s) = 1 - T_0(s). \tag{7.17}$$

Durch Vorgabe einer der beiden Funktionen $T_0(s)$ und $S(s)$ ist also die andere vollständig bestimmt. Man spricht daher von einer *Konfiguration mit einem Freiheitsgrad*. Den Zusammenhang (7.17) kann man auch deuten, indem man das Führungsverhalten durch den Regelfehler $e(s) = r(s) - c(s)$ charakterisiert. Für den ungestörten Regelkreis gilt

$$e(s) = [1 - T_0(s)]\,r(s) = S(s)\,r(s)$$

bzw.

$$\frac{e(s)}{r(s)} = S(s) = \frac{1}{1 + L_0(s)},$$

was man auch direkt aus Bild 7.15 ablesen kann. Die Funktion $S(s)$ beschreibt somit für diese Regelkreiskonfiguration nicht nur das Störverhalten, sondern auch das Führungsverhalten vollständig.

Allgemein spricht man bei einem linearen Regelkreis von einer Konfiguration mit l *Freiheitsgraden*, wenn man insgesamt l Führungs- und Störübertragungsfunktionen unabhängig voneinander vorgeben und realisieren kann, indem man

die Übertragungsfunktionen in den freien Blöcken geeignet wählt. In Bild 7.17
seien $G_1(s)$ und $G_2(s)$ fest vorgegeben, alle übrigen Übertragungsfunktionen frei
wählbar. Wir interessieren uns für

$$T(s) = \frac{c(s)}{r(s)} = \frac{G_v(s)\,G_1(s)\,G_2(s)}{1 + L_1(s) + L_2(s)},$$

$$D_1(s) = \frac{c(s)}{d_1(s)} = \frac{G_1(s)\,G_2(s)}{1 + L_1(s) + L_2(s)},$$

$$D_2(s) = \frac{c(s)}{d_2(s)} = \frac{G_2(s)\,[1 + L_1(s)]}{1 + L_1(s) + L_2(s)},$$

wobei

$$L_1(s) = G_1(s)\,G_{r1}(s),$$
$$L_2(s) = G_1(s)\,G_2(s)\,G_{r2}(s).$$

Durch passende Wahl von $G_{r1}(s)$ und $G_{r2}(s)$ können wir $L_1(s)$ und $L_2(s)$ unabhängig
voneinander beeinflussen und damit auch $D_1(s)$ und $D_2(s)$. Um letzteres einzusehen,

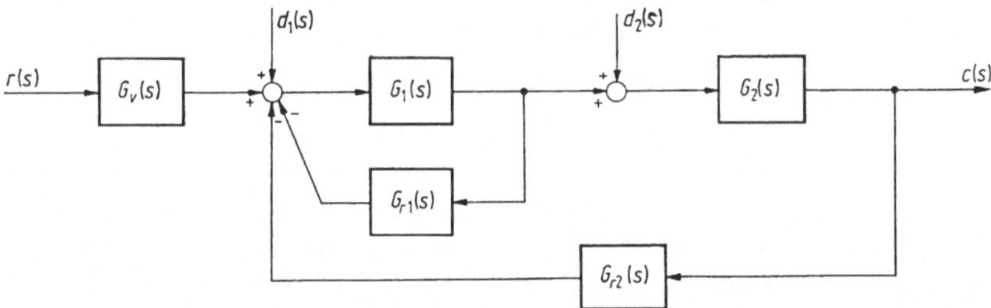

Bild 7.17. Beispiel für eine Konfiguration mit 3 Freiheitsgraden.

beachte man, daß $D_2(s)/D_1(s) = [1 + L_1(s)]/G_1(s)$ nur von $L_1(s)$ abhängt. Schließlich bleibt $G_v(s)$ zur Festlegung von $T(s)$. Wir haben drei Freiheitsgrade, also
ebensoviel wie freie Blöcke vorhanden sind. Mit der ursprünglichen Konfiguration
von Bild 7.5 gelingt es nicht, eine Führungsübertragungsfunktion und zwei Störübertragungsfunktionen auf diese Weise zu entkoppeln, obwohl ebenfalls drei
Korrekturglieder vorhanden sind.

Man kann die Beziehung (7.17) veranschaulichen, indem man in
der komplexen T_0-Ebene Kurven mit konstantem Effekt $|E|$ bzw.
konstantem $|S| = |1 - T_0|$ konstruiert. Das sind Kreise um den
Mittelpunkt 1. In Bild 7.18 haben wir nur den mit dem Radius eins
eingezeichnet. Außerhalb dieses Kreises ist $|S| > 1$. Im Frequenz-
bereich, für den die Ortskurve $T_0(j\omega)$ in diesem Gebiet verläuft, werden
sowohl die Störgrößen als auch die relativen Schwankungen des Streckenfrequenzgangs verstärkt, das Verhalten des Regelkreises ist also für
diese Frequenzen schlechter als das einer Steuerung. Falls z. B. die
Führungsübertragungsfunktion einen ähnlichen Verlauf hat wie die
eines Systems zweiter Ordnung (in Bild 7.18 mit angedeutet), so ist
für günstige Dämpfungsverhältnisse $0{,}5 \leqq \zeta \leqq 0{,}7$ die Frequenz ω_s,
bis zu welcher $|S| < 1$ bleibt, wesentlich kleiner als die Bandbreite ω_b.
Es sei ω_r die Bandbreite der Führungssignale. Wählen wir $\omega_b \approx \omega_r$,
so müssen wir im oberen Frequenzbereich von ω_s bis ω_r eine Verstär-

kung der Störeinflüsse in Kauf nehmen. Wählen wir $\omega_s \approx \omega_r$, so ist die Bandbreite ω_b des Regelkreises hinsichtlich der Übertragung von Führungssignalen schlecht ausgenützt.

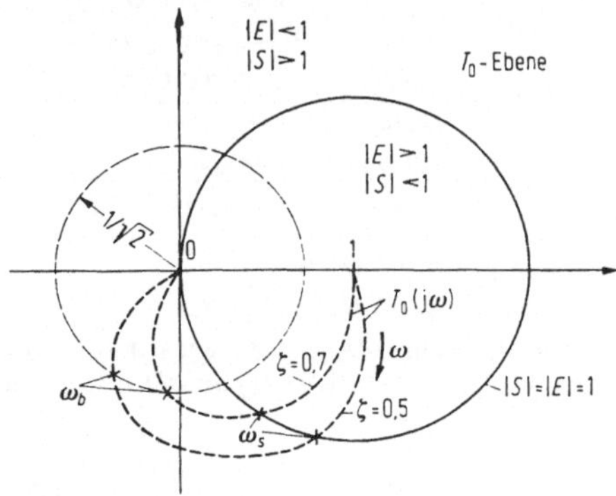

Bild 7.18. Gebiet mit $|E| > 1$ in der T_0-Ebene

$$\left(T_0(s) = \frac{\omega_n^2}{s^2 + 2\zeta\,\omega_n\,s + \omega_n^2} \quad \text{für } \zeta = 0{,}5 \text{ und } 0{,}7\right).$$

Das *Bandbreitenproblem* bleibt allerdings trotz ihrer größeren Anpassungsfähigkeit auch für eine Konfiguration mit zwei Freiheitsgraden bestehen. Den tieferen Grund für den geschilderten Konflikt stellt nämlich die *Stabilitätsforderung* dar. Als Vorteil einer Konfiguration mit zwei Freiheitsgraden haben wir hervorgehoben, daß man bei ihr theoretisch die Bandbreite ω_b der Führungsübertragungsfunktion $T_0(j\,\omega)$ — unabhängig von den Störungen an der Regelstrecke — der Bandbreite ω_r der Führungssignale anpassen kann. Die Unterdrückung von additiven Breitbandstörungen am Eingang der Führungsgröße erreicht man durch einen raschen Abfall der Amplitudenkennlinie $|T_0(j\,\omega)|$ oberhalb von ω_b, was lediglich einen entsprechenden Aufwand bei der Realisierung des Vorfilters $G_v(s)$ bedeutet. Wenn wir nun mit Rücksicht auf die Streckenstöreinflüsse bis zur Frequenz ω_b oder sogar darüber hinaus einen gleichmäßig großen Effekt E fordern, so darf $|1 + L_0(j\omega)| \approx |L_0(j\omega)|$ für $\omega < \omega_b$ die Schranke E nicht unterschreiten (Bild 7.19 a). Aus Stabilitätsgründen hat man dafür zu sorgen, daß $\left|L_0(j\,\omega)\right|$ oberhalb von ω_b nicht zu schnell abnimmt (vgl. Abschn. 6.2, S. 177). Bei Phasenminimumsystemen, auf die wir unsere Betrachtungen der Einfachheit halber beschränken, soll die Neigung dieser Kennlinie in einem gewissen Bereich nahe der Grenzfrequenz ω_c nicht wesentlich mehr als 20 dB/Dekade betragen. Der hohe Effekt, den wir bei der Frequenz ω_b vorgeschrieben haben, bedingt eine relativ große Bandbreite der Übertragungsfunktion des aufgetrennten Kreises. Wählen wir dagegen $\omega_b \approx \omega_c$ (Bild 7.19 b), so ist der Effekt bereits unterhalb von ω_b relativ klein. Im Prinzip haben wir wieder den im Anschluß an Bild 7.18 erläuterten Sachverhalt.

Die Regelstrecke soll im allgemeinen eine Bandbreite derselben Größenordnung haben wie $L_0(s) = G_r(s)\,G_c(s)\,G_0(s)$. Bis zu einem gewissen Grade kann man die Bandbreitenforderung an die Regel-

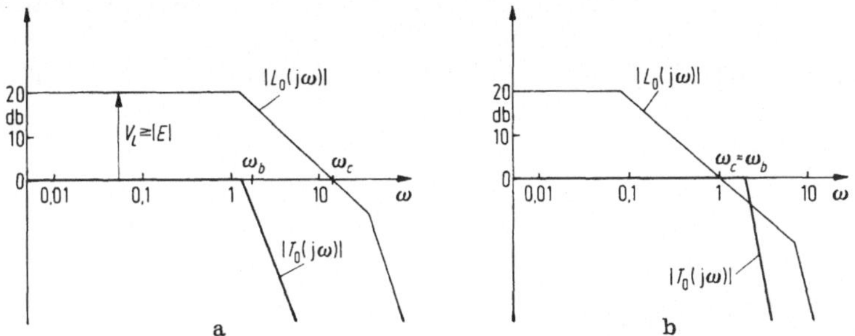

Bild 7.19. Bandbreitenanpassung von $T(j\omega)$ und $L(j\omega)$.

strecke herabsetzen und durch eine Hochpaßcharakteristik der Korrekturglieder $G_r(s)$ und $G_c(s)$ ausgleichen. Die Grenzen dieser Kompensationsmethode sind gegeben durch den erforderlichen *Aufwand bei der Realisierung der Korrekturglieder* und die großen *Stellgrößenamplituden* bei raschen Änderungen der Führungsgröße, wie wir in Tab. 6.2, S. 192, am Beispiel des Lead-Gliedes gesehen haben. Da das Stellglied oft als Endstufe einer Leistungsverstärkung anzusehen ist, entsteht hierbei nicht nur die Frage, ob wir diese Spitzenleistungen aufbringen wollen, vielmehr muß auch die Regelstrecke solche Belastungen tatsächlich aushalten.

Damit sind wir bei der Nebenbedingung (7.9c) angelangt und wollen die Beschränkungen, die sich aus ihr ergeben, näher untersuchen. Zu diesem Zweck beschreiben wir das Verhalten der Stellgröße $u(s)$ (Bild 7.5) unter dem Einfluß der Führungsgröße $r(s)$ und der Störgröße $d(s)$ durch die Übertragungsfunktionen $T_0(s)$ und $D_0(s) = S(s)$. Es ist[1]

a)
$$\frac{u(s)}{r(s)} = \frac{T_0(s)}{G_0(s)},$$

b)
$$\frac{u(s)}{d(s)} = \frac{1}{G_0(s)}\,[S(s) - 1].$$

(7.18)

---

[1] Herleitung: Es gilt für

a) $d(s) = 0$: $c(s) = G_0(s)\,u(s)$ (Beschreibung der Strecke),
 $c(s) = T_0(s)\,r(s)$ (Definition von $T_0(s)$).
Daraus folgt (7.18a).

b) $r(s) = 0$: $c(s) = G_0(s)\,u(s) + d(s)$ (Beschreibung der Strecke),
 $c(s) = S(s)\,d(s)$ (Definition von $S(s)$).
Daraus folgt (7.18b).

Man beachte, daß dieses Ergebnis für Einfachregelkreise unabhängig von der Reglerkonfiguration ist.

Wir können also das Verhalten der Stellgröße allein aus dem der Führungs- und Störgrößen und den in der Syntheseaufgabe gegebenen Spezifikationen bestimmen oder wenigstens abschätzen. Bild 7.20 veranschaulicht in schematischer Weise einige typische Fälle. Für Führungssignale, deren Bandbreite klein gegen ω_0 (= Durchtrittsfrequenz von $G_0(j\,\omega)$ durch die 0 dB-Linie) ist, gilt z. B. in erster Nähe-

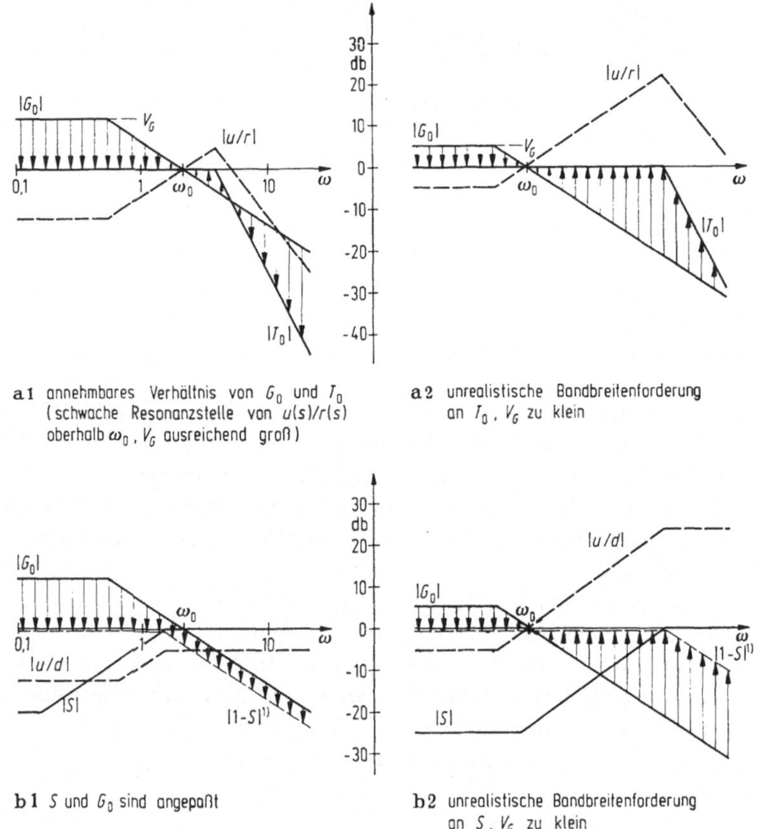

Bild 7.20. Führungs- und Störverhalten der Stellgröße $u(s)$. Die Pfeile deuten an, wie die Kennlinien $|u/r|$ bzw. $|u/d|$ gemäß (7.18) ermittelt werden.

---

[1]) Die erforderliche Subtraktion $1 - S$ ist graphisch nur näherungsweise möglich. Im Bildteil b) ist

$$S = \frac{s + \omega_1}{s + \omega_2} \quad (\omega_2 > \omega_1)$$

angenommen. Daraus folgt rechnerisch

$$1 - S = \frac{\omega_2 - \omega_1}{s + \omega_2}.$$

rung $u(t) \approx \dfrac{1}{V_G} r(t)$ bei Regelstrecken ohne integrale Wirkung, $u(t) \approx \dfrac{1}{V_G} \dot{r}(t)$ bei Regelstrecken mit einem Integrierglied; wir müssen daher für den Verstärkungsfaktor der Strecke $V_G > \dfrac{r_{\max}}{u_{\max}}$ bzw. $V_G > \dfrac{\dot{r}_{\max}}{u_{\max}}$ fordern, wenn wir mit $u_{\max}$ den maximal zulässigen Stellgrößenausschlag bezeichnen, mit $r_{\max}$ die maximal auftretende Amplitude der Führungsgröße und mit $\dot{r}_{\max}$ ihre größte Änderungsgeschwindigkeit. Eine übertriebene Bandbreitenforderung an die Führungsübertragungsfunktion führt zu einer unerwünschten Hochpaßcharakteristik der Übertragungsfunktion $u(s)/r(s)$ wie im Fall a 2) von Bild 7.20. Meist wird man als äußerste Grenze eine leichte Resonanzstelle dieser Übertragungsfunktion zulassen — vgl. Fall a 1). Ein stärker ausgeprägtes Resonanz- oder Hochpaßverhalten hat zweierlei Folgen: 1. Führungssignale, deren obere Frequenzanteile nicht vernachlässigbar sind, veranlassen das Stellglied zum Überschwingen mit hoher Spitzenamplitude. 2. Hochfrequente oder breitbandige Eingangsstörungen, die sich dem Führungssignal überlagern, können ebenfalls eine *Übersteuerung des Stellgliedes* hervorrufen. Ganz ähnliche Folgerungen ergeben sich beim Vergleich von b 1) und b 2) in Bild 7.20. Auch Störungen $d(s)$ am Streckenausgang können Stellgrößenausschläge bis in den Sättigungsbereich erzeugen, falls der Frequenzbereich, in dem wir einen großen Effekt der Regelung fordern, die Durchtrittsfrequenz ω_0 der Regelstrecke größenordnungsmäßig überschreitet oder innerhalb dieses Bereiches $G(j\,\omega)$ zu klein ist. Selbstverständlich sind diese pauschalen Aussagen im konkreten Einzelfall durch genaue Abschätzungen der Stellgrößenamplituden zu ersetzen. Hierzu ist gemäß (7.18) eine ungefähre Kenntnis der Intensität und der spektralen Verteilung der Führungs- und Störgrößen erforderlich. Dagegen braucht man sich über die detaillierte Struktur der Korrekturglieder, deren Festlegung das eigentliche Ziel der Entwurfsverfahren ist, an dieser Stelle keine Gedanken zu machen.

Durch die zuletzt hervorgehobene Tatsache erspart man sich unter Umständen überflüssige Rechenarbeit. Wenn nämlich von vornherein feststeht, daß die vorgeschriebene Regelgüte mit den Gegebenheiten der Strecke nicht in Einklang zu bringen ist, so ist es sinnlos, auf dem Papier eine Regeleinrichtung zu konstruieren, die das gewünschte Übertragungsverhalten theoretisch erzwingt. Man muß dann entweder mit den Forderungen zurückgehen oder die Regelstrecke den Erfordernissen besser anpassen. In diesem Zusammenhang sei betont, daß die in Abschn. 7.1 gegebene Formulierung der Syntheseaufgabe eine Idealisierung darstellt. Unsere Annahme, die Übertragungsfunktion $G(s)$ der Strecke sei vollständig vorgegeben, trifft nicht bei allen Anwendungen zu. Oft ist nur die Struktur der Strecke festgelegt, während man bei der Wahl einzelner Systemparameter noch eine gewisse Freiheit hat. Nur wenn man sie so dimensioniert, daß in der Strecke genügend Reserven stecken, kann man auch den Einfluß verhältnismäßig großer Störungen auf die Regelgröße wirkungsvoll verringern.

Damit haben wir die *Grenzen einer linearen, zeitinvarianten Einfachregelung* angedeutet, wenn keine Verbesserung durch Störgrößenaufschaltung oder adaptive Elemente in Betracht gezogen wird. Sie sind gegeben durch den Aufwand, den die Realisierung einer Regeleinrichtung mit großer Bandbreite und die Erzeugung von Stellsignalen mit großer Amplitude bedingt, sowie durch die zulässige Belastung der Strecke.

7.3 Zusammenhang zwischen der Kennzeichnung der Regelgüte im Zeit- und Frequenzbereich

Bei den grundsätzlichen Überlegungen zum Syntheseproblem haben wir Betrachtungen im Frequenzbereich in den Vordergrund gestellt, weil die mathematische Formulierung im linearen Fall dadurch vereinfacht wird und den spektralen Kenngrößen unmittelbar eine anschauliche Deutung zukommt. Bei vielen Aufgaben hat man sich an das Denken im Frequenzbereich so sehr gewöhnt, daß man auch die Anforderungen an das System sofort durch spektrale Kenngrößen ausdrücken kann. Das setzt aber eine gewisse Erfahrung voraus, und wir haben daher gelegentlich die Überlegungen im Frequenzbereich durch plausible Deutungen im Zeitbereich ergänzt. Insbesondere haben wir an die Sprungantwort eines Rechteckfilters (vgl. Bild 7.10) die Spezifikationen (7.8) der Regelgüte im Zeitbereich geknüpft. Tatsächlich geht man meist den umgekehrten Weg, weil die Genauigkeitsanforderungen an die Regelung ursprünglich im Zeitbereich gegeben sind. Erst nachträglich erfolgt ihre Übersetzung in den Frequenzbereich, falls das eine Voraussetzung für die Anwendung eines einfachen Entwurfsverfahrens ist. Oft bleibt dann dieser Schritt in theoretischer Hinsicht zugleich der problematischste. Daher wollen wir auf ihn etwas näher eingehen.

Das Verhalten der Regelgröße hängt von dem unbekannten Verlauf der Führungsgröße sowie der Störgrößen ab, die man deshalb durch spezielle, für die Beurteilung der Regelgüte *charakteristische Testfunktionen* ersetzt. Wir werden vor allem den Einfluß sprunghafter Änderungen der Führungs- oder Störgrößen bzw. der Systemparameter untersuchen. Aus der Sprungantwort kann man auch die Impulsantwort und die Anstiegsantwort durch Differentiation bzw. Integration zumindest näherungsweise gewinnen. Diese Funktionen sind gelegentlich zur Kennzeichnung des Einflusses spezieller Störungen oder des Führungsverhaltens von Folgesystemen besser geeignet. Für einen Regelkreis, der sich auch bei solchen extrem schnellen oder ruckartigen Änderungen noch vernünftig verhält, wird der Regelfehler erst recht unter normalen Belastungen innerhalb vorgeschriebener Grenzen bleiben. In Einzelfällen bleibt zu überlegen, ob die aufgezählten Testfunktionen nicht zu übertriebenen Forderungen führen, aus denen ein hoher Aufwand resultiert. Man kann sich dann andere Testfunktionen ausdenken, die den realen Verhältnissen besser entsprechen. Im Prinzip ändert sich an dem Vorgehen dadurch nichts.

Der exakte Zusammenhang zwischen einer Übertragungsfunktion — etwa $T(s)$ — und der zugehörigen Sprungantwort $h(t)$ ist durch die Umkehrformel der Laplacetransformation gegeben. Ihre Auswertung in Abhängigkeit von den Systemparametern ist aber für Systeme höherer Ordnung zu kompliziert. Um trotzdem eine Übersicht zu erhalten, bieten sich zwei Auswege an:

1. Wir beschreiben die Übertragungsfunktion sowie die Sprungantwort durch einfache Kenngrößen. Zur Festlegung der Regelgüte geeignete Parameter für die Sprungantwort haben wir in Bild 7.11a

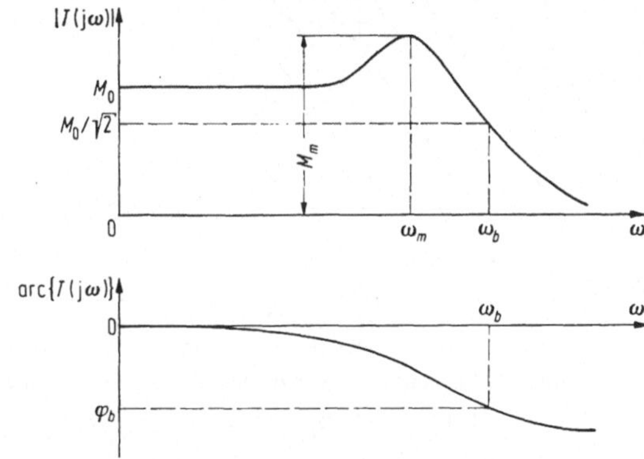

Bild 7.21. Spektrale Kenngrößen eines Übertragungssystems mit Tiefpaßverhalten.

eingeführt. Die bisher nur vereinzelt gegebenen Definitionen spektraler Kenngrößen sind in Bild 7.21 für den in unserem Zusammenhang wichtigsten Spezialfall zusammengefaßt. Für eine große Klasse von Übertragungsfunktionen lassen sich dann ähnlich wie in (7.7) wenigstens *approximative Zusammenhänge zwischen* diesen *Kenngrößen* angeben, die oft den vorgegebenen Genauigkeitsansprüchen genügen. In anderen Fällen geben sie wenigstens qualitative Anhaltspunkte für den Reglerentwurf.

2. Wir nehmen eine *Klassifizierung der Übertragungsfunktionen* vor und stellen sie mit den korrespondierenden Sprungantwortfunktionen sowie ihren Kenngrößen in einem Kurvenatlas zusammen. Mit den

modernen Hilfsmitteln des Analog- und Digitalrechners bleibt diese
Vorarbeit in tragbaren Grenzen, sie übersteigt jedoch den Rahmen
dieses Buches.

Wir können hier nur an wenigen Beispielen zeigen, was überhaupt
zu erwarten ist, und beginnen mit dem *Führungsverhalten*. Zur Verallgemeinerung der Formeln (7.7) gehen wir aus von den einfachsten

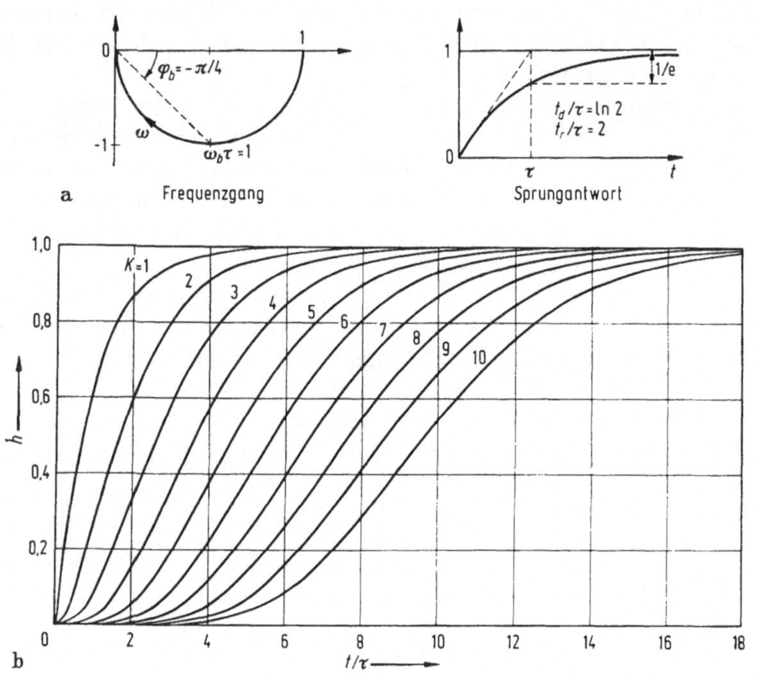

Bild 7.22. a) Verzögerungsglied 1. Ordnung; b) Sprungantwort für Verzögerungsglied k-ter Ordnung: $T(s) = \dfrac{1}{(1 + \tau s)^k}$.

rationalen Übertragungsfunktionen. Für ein *Verzögerungsglied 1.Ordnung*
kann der Leser selbst die in Bild 7.22 dargestellten Ergebnisse nach-
rechnen. Für die rückwirkungsfreie Hintereinanderschaltung von k
solchen Gliedern mit derselben Zeitkonstante τ haben wir die Sprungantwort numerisch berechnet und t_d sowie t_r (Anstiegszeit von 10 auf
90% vom Endwert) ihrer graphischen Darstellung entnommen. Für
die Bandbreite folgt aus der Übertragungsfunktion

$$(\omega_b \tau)^2 = 2^{1/k} - 1, \quad \varphi_b = -k \arctan \omega_b \tau.$$

Für $1 \leqq k \leqq 6$ gilt näherungsweise

$$\omega_b t_r \approx 2{,}2, \quad \frac{\omega_b t_d}{|\varphi_b|} \approx 0{,}95. \tag{7.19}$$

Das Verhältnis t_d/t_r steigt dabei etwa von 0,3 auf 0,9 an.

In den meisten Fällen bevorzugt man ein Übergangsverhalten, bei
dem die Anstiegszeiten durch ein leichtes Überschwingen verkürzt
werden (vgl. Bild 7.11). Das einfachste Beispiel ist die Übertragungsfunktion

$$T(s) = \frac{1}{1 + 2\zeta\,\dfrac{s}{\omega_n} + \left(\dfrac{s}{\omega_n}\right)^2} \qquad (0 < \zeta < 1)\,. \tag{7.20}$$

Den Verlauf der Frequenzgangkurven eines *Übertragungsgliedes 2. Ordnung* haben wir bereits früher im Bode-Diagramm dargestellt (vgl.
Bild 5.16, S. 144, wo lediglich die Vorzeichen von $|G_q|$ und $\measuredangle\,G_q$ um-
zukehren sind), die zugehörige Impuls- und Sprungantwort in Bild 6.17,
S. 182, 183. *Resonanz* tritt für Dämpfungsverhältnisse $\zeta < \dfrac{1}{\sqrt{2}}$ auf. Als
zusätzliche Kenngrößen haben wir dann M_p und M_m zu berücksichtigen.
Die normierten Einschwingzeiten $\omega_n\,t_d$ und $\omega_n\,t_r$ sind in Bild 7.23a,
die *Überschwingweite* M_p in Bild 7.23c als Funktionen von ζ eingetragen[1].
In das erste Bild haben wir noch die normierte Bandbreite ω_b/ω_n und
den Phasenwinkel $|\varphi_b|$ eingezeichnet. Damit können wir auch

$$\omega_b\,t_r = \left(\frac{\omega_b}{\omega_n}\right)(\omega_n\,t_r) \quad \text{und} \quad \frac{\omega_b\,t_d}{|\varphi_b|} = \left(\frac{\omega_b}{\omega_n}\right)\frac{\omega_n\,t_d}{|\varphi_b|}$$

---

[1] Herleitung: Zur Berechnung der Verzugszeit wurde die Definitionsgleichung
$h(t_d) = \tfrac{1}{2}$, die mit (6.7b), S. 181, in

$$2e^{-\zeta\,\omega_n\,t_d}\cos\left(\sqrt{1 - \zeta^2}\,\omega_n\,t_d - \Phi_\zeta\right) = \sqrt{1 - \zeta^2}$$

übergeht, numerisch gelöst. Man kann $\omega_n\,t_d$ mit ausreichender Genauigkeit auch
direkt aus Bild 6.17b (S. 183) ablesen. Die Ableitung $\dot h(t) = g(t)$ ist durch (6.7a)
gegeben. Daraus folgt mit den bereits berechneten Werten von $\omega_n\,t_d$

$$\frac{1}{\omega_n\,t_r} = \frac{\dot h(t_d)}{\omega_n} = \frac{1}{\sqrt{1 - \zeta^2}}\,e^{-\zeta\,\omega_n\,t_d}\sin\left(\sqrt{1 - \zeta^2}\,\omega_n\,t_d\right).$$

Die Extrema von $h(t)$ findet man aus $\dot h(t) = g(t) = 0$. Für das erste Maximum gilt

$$\omega_n\,t_p = \frac{\pi}{\sqrt{1 - \zeta^2}}, \quad M_p = 1 + e^{-\dfrac{\pi\zeta}{\sqrt{1 - \zeta^2}}}.$$

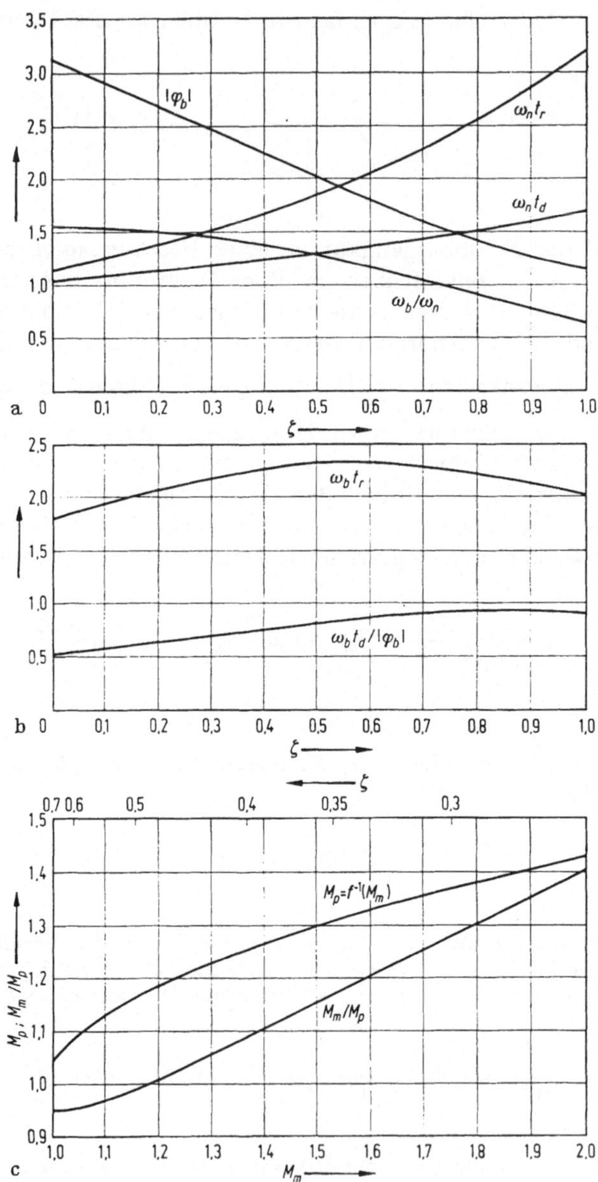

Bild 7.23. Kenngrößen für die Übertragungsfunktion $T(s) = \dfrac{\omega_n^2}{s^2 + 2\zeta\,\omega_n\,s + \omega_n^2}$.

bestimmen (Bild 7.23b). Der Zusammenhang zwischen M_m und ζ ist in c durch die doppelte Abszissenteilung nomographisch wiedergegeben[1].

Ein für die Belange der Regelungstechnik annehmbarer Einschwingvorgang ergibt sich für $0{,}4 < \zeta < 0{,}7$. Für diese ζ-Werte liegt $\omega_b\, t_r$ etwa bei $2{,}3$, $\omega_b\, t_d/|\varphi_b|$ zwischen $0{,}7$ und $0{,}9$. Dieses Ergebnis fassen wir in den Faustformeln

$$\omega_b\, t_r \approx 2{,}3\,,$$
$$\frac{\omega_b\, t_d}{|\varphi_b|} \approx 0{,}8\,,$$
$$M_m = f(M_p) \quad \text{gemäß Bild 7.23c}$$

(7.21)

zusammen, die erfahrungsgemäß auch für viele Übertragungsfunktionen höherer Ordnung gültig bleiben. Das ist vor allem bei *Übertragungsfunktionen mit einem dominierenden Polpaar* der Fall, für die wir ein ähnliches Einschwingverhalten erwarten. Wir wollen auf die Gründe eingehen, weshalb man dann in diesem Zusammenhang überhaupt kompliziertere Übertragungsfunktionen dieser Art anstelle von (7.20) betrachtet. Zunächst kann man durch Hinzunahme von Polstellen die *Realisierungsbedingung* (7.9b) erfüllen.

Um diesen Sachverhalt genau zu formulieren, bezeichnen wir für eine rationale Funktion $F(s)$ mit

$$q\{F(s)\} = \text{Nennergrad} \;-\; \text{Zählergrad}$$
$$= \text{Anzahl der Polstellen}$$
$$-\; \text{Anzahl der Nullstellen} \qquad \text{von } F(s).$$
$$= \text{Polstellenüberschuß}$$

Für eine realisierbare Übertragungsfunktion gilt nach S. 210 $q\{F(s)\} \geqq 0$.

---

[1] Herleitung: Aus

$$\left|\frac{T(j\,\omega)}{T(j\,0)}\right|^2 = \frac{1}{\left[1 - \left(\frac{\omega}{\omega_n}\right)^2\right]^2 + 4\,\zeta^2 \left(\frac{\omega}{\omega_n}\right)^2} = \frac{1}{2} \quad \text{für} \quad \omega = \omega_b$$

folgt

$$\left(\frac{\omega_b}{\omega_n}\right)^2 = (1 - 2\,\zeta^2) + \sqrt{1 + (1 - 2\,\zeta^2)^2}\,.$$

Hiermit kann man auch

$$\tan\varphi_b = -\frac{2\,\zeta\left(\dfrac{\omega_b}{\omega_n}\right)}{1 - \left(\dfrac{\omega_b}{\omega_n}\right)^2}$$

berechnen.

Aus der Bedingung $\dfrac{d}{d\,\omega}\,|T(j\,\omega)| = 0$ für die Resonanzfrequenz ω_m folgt mit dem obigen Ausdruck für $|T(j\,\omega)|$

$$\left.\begin{aligned}\omega_m &= \omega_n\sqrt{1 - 2\,\zeta^2} \\ M_m &= |T(j\,\omega_m)| = \frac{1}{2\,\zeta\,\sqrt{1 - \zeta^2}}\end{aligned}\right\} \quad \text{für} \quad 0 \leqq \zeta \leqq \frac{1}{\sqrt{2}}\,.$$

Setzen wir jetzt die Übertragungsfunktionen der Strecke und der Korrekturglieder realisierbar voraus, dann folgt

$$q\{T(s)\} \geqq q\{G(s)\}. \tag{7.22}$$

Geometrische Deutung: Im Bode-Diagramm ist für $\omega \to \infty$ die Neigung der Amplitudenkennlinie von $T(j\,\omega)$ mindestens so groß wie die von $G(j\,\omega)$.

Herleitung von (7.22): Es gilt

$$T(s) = \frac{c(s)}{r(s)} = \frac{u(s)}{r(s)}\,\frac{c(s)}{u(s)} = \frac{u(s)}{r(s)}\,G(s),$$

wobei $c(s)$ die Regelgröße, $r(s)$ die Führungsgröße, $u(s)$ die Stellgröße sei. Wie immer wir auch die Regelkreiskonfiguration wählen, stets muß sich für $u(s)/r(s)$ eine realisierbare Übertragungsfunktion ergeben, d. h. $q\{u(s)/r(s)\} \geqq 0$ gelten. Damit wird

$$q\{T(s)\} = q\{u(s)/r(s)\} + q\{G(s)\} \geqq q\{G(s)\}.$$

Um das Einschwingverhalten gegenüber der ursprünglichen Konfiguration 2. Ordnung nicht allzusehr zu verschlechtern, haben wir den negativen Realteil der erforderlichen Zusatzpole von $T(s)$ genügend groß zu wählen. Andererseits dürfen die zugehörigen Eckfrequenzen im Bode-Diagramm nicht zu weit rechts von denen der Regelstrecke liegen, weil sonst im oberen Frequenzbereich $|T(j\,\omega)|$ wesentlich größer als $|G(j\,\omega)|$ bleibt und somit unter Umständen die zulässige Stellgröße oder der tragbare Regleraufwand überschritten wird. — Bei der Grundkonfiguration mit einem Freiheitsgrad stimmen für große Frequenzen $|L|$ und $|T| = |L/(1 + L)|$ näherungsweise überein. Man wird daher — falls das mit den übrigen Forderungen verträglich ist — in diesem Bereich $T(s)$ an die vorgegebene Streckenübertragungsfunktion $G(s)$

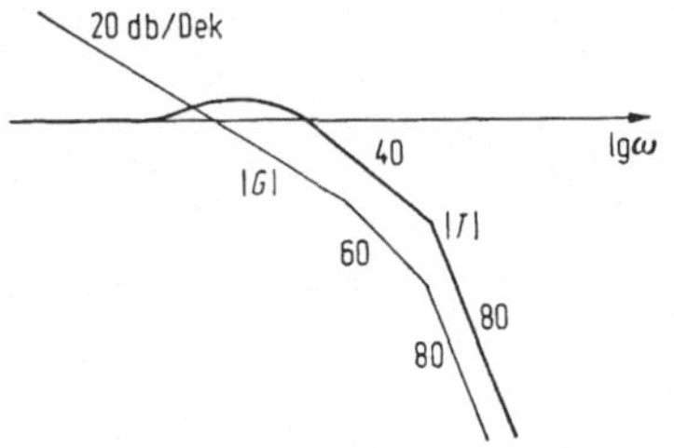

Bild 7.24. Anpassung von Strecken- und Führungsfrequenzgang.

anpassen (Bild 7.24), damit der Korrekturgliedaufwand gering bleibt. Bild 7.25 veranschaulicht die Änderung des Einschwingverhaltens, wenn an die Grundkonfiguration mit einem konjugiert komplexen Polpaar eine *reelle Polstelle* herangerückt wird. Die *Überschwingweite nimmt ab*, die zusätzlichen Pole wirken stabilisierend. Gleichzeitig wird aber die *Anstiegszeit vergrößert*, das System also langsamer, falls man nicht die Frequenz ω_n, die in den Zeitmaßstab eingeht, entsprechend heraufsetzt.

Außerdem wächst das Verhältnis t_d/t_r, das ein rohes Maß für die Krümmung der Sprungantwort bei kleinen Zeiten und damit für die anfängliche Beschleunigung $\ddot{c}$ der Regelgröße darstellt. Die Zunahme von t_d/t_r kann daher in manchen Fällen erwünscht sein, wenn man die Beanspruchung der Regelstrecke in Grenzen halten will. Für die Übertragungsfunktion (7.20) mit $0{,}3 < \zeta < 0{,}7$ gilt $0{,}8 > t_d/t_r > 0{,}6$. Mit zwei reellen Zusatzpolen erreicht man etwa $t_d/t_r = 1$.

Wir erwähnen einen weiteren Grund für die Unzulänglichkeit der Übertragungsfunktion (7.20). Im Hinblick auf den *stationären Regelfehler* haben wir bei der Festlegung von $T(s)$ den Kreisverstärkungs-

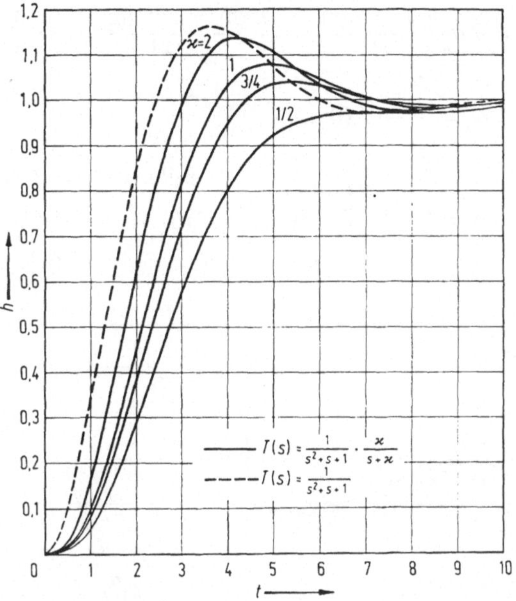

Bild 7.25. Einfluß einer reellen Polstelle mit negativem Realteil auf die Sprungantwort von Bild 6.17 b, S. 183, gezeichnet für $\omega_n = 1$ und $\xi = 0,5$.

faktor V zu berücksichtigen. So genügt es z. B. bei einer Folgeregelung zur Einhaltung einer Schranke für den „Geschwindigkeitsfehler" e_2 nicht, daß wir $T(0) = 1$ wählen. Wenn wir der Führungsübertragungsfunktion (7.20) den einfachen Regelkreis von Bild 6.14, S. 178, zugrunde legen, so gilt $V = \frac{\omega_n}{2\zeta}$, also $V \approx \omega_n \approx \omega_b$ für $0,4 < \zeta < 0,7$: Verstärkungsfaktor und Bandbreite sind nicht unabhängig wählbar, was natürlich völlig unbefriedigend ist. Um den stationären Regelfehler allgemein aus der Führungsübertragungsfunktion zu berechnen, gehen wir aus von

$$e(s) = r(s) - c(s) = [1 - T(s)]\, r(s).$$

Wir betrachten wieder dieselben Testfunktionen wie in Abschn. 5.2:

$$r(t) = \begin{cases} \dfrac{t^{\lambda-1}}{(\lambda-1)!} & \text{für } t > 0 \\ 0 & \text{für } t \leqq 0 \end{cases}, \quad r(s) = \frac{1}{s^\lambda}.$$

Damit erhalten wir durch Grenzübergang und Reihenentwicklung

$$e_\lambda = \lim_{s \to 0} \{s\, e(s)\} = \lim_{s \to 0} \frac{1 - T(s)}{s^{\lambda - 1}}$$

$$= \lim_{s \to 0} \left\{ \frac{1 - T(0)}{s^{\lambda - 1}} - \frac{T'(0)}{s^{\lambda - 2}} - \frac{T''(0)}{2!\, s^{\lambda - 3}} - \cdots \right\},$$

also für

$$\lambda = 1: \quad e_1 = 1 - T(0), \tag{7.23}$$

$$\lambda \geqq 2: \quad e_\lambda = \begin{cases} -\dfrac{T^{(\lambda - 1)}(0)}{(\lambda - 1)!}, & \text{falls } T(0) = 1 \text{ und} \\ & T'(0) = \cdots = T^{(\lambda - 2)}(0) = 0, \\ \infty & \text{sonst.} \end{cases}$$

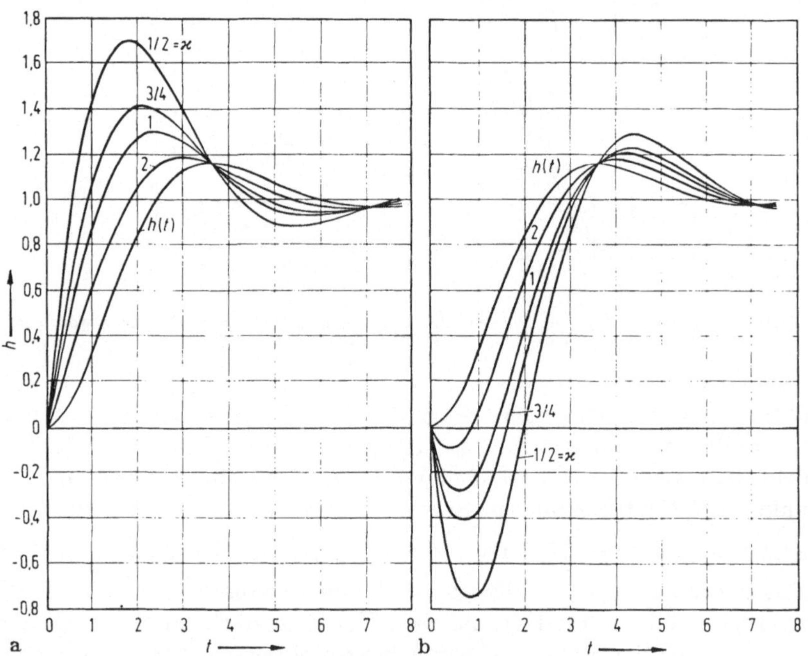

Bild 7.26. a) Einfluß einer reellen Nullstelle in der linken s-Halbebene; b) Einfluß einer reellen Nullstelle in der rechten s-Halbebene.

Schreiben wir die Führungsübertragungsfunktion in der Form

$$T(s) = V_T \frac{\prod\limits_{\mu} \left(1 - \dfrac{s}{\tilde{s}_\mu}\right)}{\prod\limits_{\nu} \left(1 - \dfrac{s}{s_\nu}\right)},$$

so folgt (die für $\lambda \geq 2$ erforderliche Differentiation führt man am bequemsten logarithmisch aus)

$$e_\lambda = \begin{cases} 1 - V_T & \text{für } \lambda = 1, \\[2mm] \sum_\mu \dfrac{1}{\tilde{s}_\mu} - \sum_\nu \dfrac{1}{s_\nu} & \text{für } \lambda = 2^{1}. \end{cases} \qquad (7.24)$$

Daraus ergibt sich für die Übertragungsfunktion (7.20) in Übereinstimmung mit den obigen Überlegungen insbesondere

$$e_2 = -\frac{1}{s_1} - \frac{1}{s_2} = -\frac{s_1 + s_2}{s_1 s_2} = \frac{2\zeta}{\omega_n}.$$

Wir führen zwei Methoden zur Verringerung dieses Fehlers an, die man auch in anderen Fällen anwenden kann (vgl. hierzu Bild 7.27).

Bei der ersten fügen wir zu dem Polpaar von (7.20) einen *Dipol*

$$\varrho \, \frac{s + \varepsilon}{s + \varrho\,\varepsilon}$$

mit dem Verstärkungsfaktor 1 hinzu, damit $T(0) = 1$ bleibt. Dann ändert sich gemäß (7.24) der stationäre Fehler um

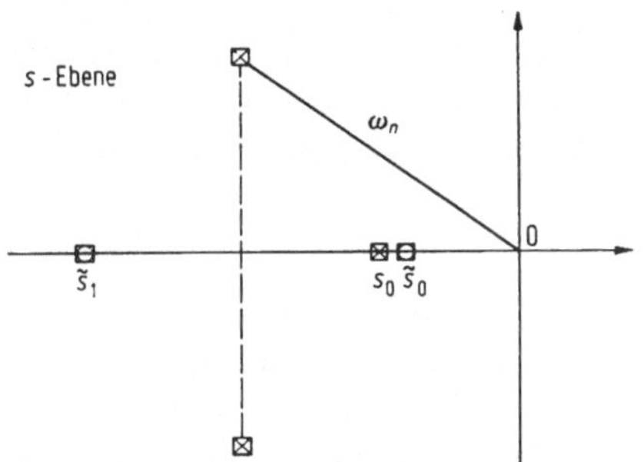

Bild 7.27
Korrektur der Übertragungsfunktion (7.20).
a) Dipol: $\tilde{s}_0 = -\varepsilon$, $s_0 = -\varrho\,\varepsilon$ ($\varepsilon \ll 1$, $\varrho > 1$); b) Nullstelle: $\tilde{s}_1 = -\varkappa\,\omega_n$.

$$\Delta e_2 = -\frac{1}{\varepsilon} \, \frac{\varrho - 1}{\varrho}.$$

Wenn wir den Pol-Nullstellen-Abstand genügend klein halten, wird das Einschwingverhalten durch diese Maßnahme nicht wesentlich beeinflußt. Es tritt eine *Vergrößerung von M_p* ein, die näherungsweise durch $(\varrho - 1)$ gegeben ist. Das kann man durch eine Abschätzung der Koeffizienten der Partialbruchzerlegung für die Sprungantwort zeigen.

Beim zweiten Weg ändern wir den stationären Fehler durch eine zusätzliche *Nullstelle* von $T(s)$ bei $\tilde{s}_1 = -\varkappa\,\omega_n$ um

$$\Delta e_2 = -\frac{1}{\varkappa\,\omega_n}.$$

---

[1] Bei manchen Anwendungen liegt die Führungsübertragungsfunktion in der Form

$$T(s) = \frac{b_{n-1}\,s^{n-1} + \cdots + b_1 s + b_0}{s^n + a_{n-1}\,s^{n-1} + \cdots + a_0}$$

vor. Dann berechnet man den stationären Fehler bequemer aus

$$e_\lambda = \frac{a_{\lambda-1} - b_{\lambda-1}}{a_0}, \quad \text{falls } a_i = b_i \text{ für } i < \lambda - 1.$$

Damit wir auf diese Weise eine merkliche Verbesserung erzielen, darf $\varkappa$ nicht zu groß sein, die Nullstelle also nicht zu weit links liegen. Unter dieser Bedingung wird sich die zusätzliche Nullstelle allerdings auf das gesamte Einschwingverhalten auswirken.

Im wesentlichen handelt es sich hierbei wieder um eine Korrektur durch Lag- und PD-Glieder, nur haben wir den Sachverhalt durch die Pol-Nullstellen-Verteilung der Führungsübertragungsfunktion beschrieben, während wir in Abschn. 6.3 von der Übertragungsfunktion des offenen Kreises ausgegangen sind. Man erkennt diesen Zusammenhang anhand von Beispielen leicht mit Hilfe der Wurzelortskurven.

Den Einfluß der Nullstelle auf die Sprungantwort kann man berechnen, indem man die neue Übertragungsfunktion $T^*(s)$ durch das ursprünglich gegebene $T(s)$ ausdrückt:

$$T^*(s) = \frac{1}{\varkappa\,\omega_n}\,(s + \varkappa\,\omega_n)\,T(s).$$

Daraus folgt im Zeitbereich für die zugehörigen Sprungantworten — $g(t)$ sei die Impulsantwort von $T(s)$ —

$$h^*(t) = h(t) + \frac{1}{\varkappa\,\omega_n}\,\dot{h}(t) = h(t) + \frac{1}{\varkappa\,\omega_n}\,g(t). \qquad (7.25)$$

Für die Übertragungsfunktion (7.20) können wir $h(t)$ und $g(t)$ aus Bild 6.17, S. 182, 183 entnehmen. Das Ergebnis ist für $\zeta = 0{,}5$ in Bild 7.26a veranschaulicht. Wir stellen eine wünschenswerte *Verkürzung der Anstiegszeit* fest, für die aber eine *größere Überschwingweite* in Kauf genommen werden muß. Dabei handelt es sich um eine ziemlich allgemeine Gesetzmäßigkeit. Gemäß (7.25) gilt nämlich für $\varkappa\,\omega_n > 0$

$$h^*(t) \begin{Bmatrix} > \\ = \\ < \end{Bmatrix} h(t), \quad \text{falls} \quad \dot{h}(t) \begin{Bmatrix} > \\ = \\ < \end{Bmatrix} 0,$$

und damit läßt sich auch für andere Funktionen $h(t)$ der zugehörige Verlauf von $h^*(t)$ wenigstens qualitativ angeben.

Für größere Werte von $\varkappa$ kann man den Einfluß der Nullstelle abschätzen. So gilt z. B. für die Änderung der Einschwingzeit t_p und der Überschwingweite M_p

$$(t_p^* - t_p)\,\omega_n = -\frac{1}{\varkappa}, \qquad \frac{M_p^* - 1}{M_p - 1} = 1 + \frac{1}{2\varkappa^2}. \qquad (7.26)$$

Diese Formeln kann man durch Reihenentwicklung der Zusatzterme ableiten, welche in der Partialbruchzerlegung für die Sprungantwort durch die Nullstelle verursacht werden. Auf die etwas umständliche Rechnung gehen wir nicht ein.

Es sei betont, daß diese Überlegungen nur für reelle Nullstellen gelten. Durch ein konjugiert komplexes Nullstellenpaar kann man unter Umständen die Anstiegszeiten verkürzen, ohne die Überschwingweite zu vergrößern.

Die Beziehung (7.25) und die Formeln (7.26) bleiben auch für $\varkappa < 0$ richtig, d. h. für eine reelle *Nullstelle in der rechten Halbebene*. In ihrer Auswirkung unterscheidet sich eine solche Nullstelle allerdings beträchtlich (vgl. Bild 7.26b). Die Sprungantwort setzt mit einem „*Vorläufer in umgekehrter Richtung*" ein, der eine größere Verzugszeit t_d zur Folge hat. Außerdem nimmt die Überschwingweite zu. Man wird deshalb nach Möglichkeit dafür sorgen, daß $T(s)$ keine Nullstellen in der rechten Halbebene aufweist. Wenn aber bereits die Übertragungsfunktion der Regelstrecke Nullstellen mit positivem Realteil hat, können diese aus Stabilitätsgründen nicht kompensiert werden und treten auch in $T(s)$ auf. Regelstrecken dieser Art sind daher schwer regelbar, wenn der Abstand der in der rechten Halbebene gelegenen Nullstellen vom Nullpunkt nicht genügend groß ist. Ein bekanntes Beispiel stellt die Kursregelung eines Schiffes oder eines Flugzeuges dar.

Beispiel 7.1: Kursregelung eines Schiffes.
Die Aufgabe bestehe darin, den Kurswinkel (Regelgröße) durch entsprechende Verstellung des Ruderausschlages (Stellgröße) bei auftretenden Störungen konstant zu halten. Wir betrachten nur die Regelstrecke.

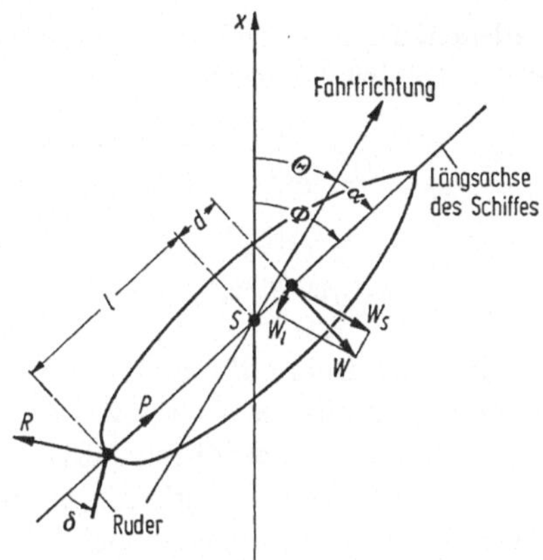

Bild 7.28. Kursregelung.

x Feste Richtung im Raum,
Θ Kurswinkel (Richtung, in der sich der Schwerpunkt bewegt),
α Schiebewinkel (Winkel zwischen Längsachse und Kursrichtung),
δ Ruderausschlag,
S Schwerpunkt,
v Geschwindigkeit in Fahrtrichtung,
J Trägheitsmoment,
m Masse des Schiffskörpers,
P Propellerschub,
R Ruderkraft,
W hydrodynamischer Widerstand.

Die Komponenten der Kräfte in Fahrtrichtung werden mit einem Index l, die dazu senkrechten Komponenten (Seitenkräfte) mit dem Index s gekennzeichnet (im Bild angedeutet für W).

Ohne sie im einzelnen zu begründen, gehen wir von folgenden Annahmen aus, die näherungsweise für kleine Schiebewinkel zutreffen:

Die Ruderseitenkraft ist proportional dem Ruderausschlag, $R_s = K_r \delta$; W_s sei proportional zum Schiebewinkel, $W_s = K_w \alpha$; W_l sei praktisch konstant.

Die Bewegung setzt sich zusammen aus der Translation des Schwerpunktes und der Drehung um S. Zur Vereinfachung sei angenommen, daß die Geschwindigkeit in Fahrtrichtung konstant bleibt. Für die Beschleunigung des Schwerpunktes senkrecht zur Fahrtrichtung durch die Seitenkräfte gilt dann

$$m v\,\dot\Theta = W_s + P_s - R_s \approx (K_w + P)\,\alpha - K_r\,\delta$$

und für die Drehung des Schiffes ($K_d\,\dot\Phi$ ist ein Dämpfungsmoment)

$$J\,\ddot\Phi + K_d\,\dot\Phi \approx W_s\,d + W_l\,d\alpha + R_s\,l \approx (K_w + W_l)\,d\alpha + K_r\,l\,\delta.$$

Wir wollen uns das Übertragungsverhalten dieser Regelstrecke zunächst plausibel machen. Im Gleichgewicht, d. h. bei einer Geradeausbewegung mit konstanter Geschwindigkeit v, heben verschwinden in den Gleichungen rechts auftretenden Kräfte bzw. Drehmomente. Bei einer sprunghaften Vergrößerung des Ruderausschlags δ, die eine entsprechende Vergrößerung des Kurswinkels Θ hervorrufen soll, ändert sich die Ruderseitenkraft ebenfalls sprunghaft, während die übrigen Anteile auf der rechten Seite der ersten Gleichung zunächst nahezu konstant bleiben, da der Schiebewinkel α wegen der Trägheit des Schiffskörpers erst allmählich wächst. Daher ist anfangs $\dot\Theta < 0$, der Schwerpunkt weicht in der falschen Richtung aus. Erst wenn die eingeleitete Drehung des Schiffskörpers um S hinreichend groß ist, wird $\dot\Theta > 0$, der Kurswinkel nähert sich dem gewünschten neuen Wert.

Nach diesen Überlegungen ist die Übertragungsfunktion $\Theta(s)/\delta(s)$ verdächtig, eine Nullstelle in der rechten Halbebene aufzuweisen. Zur Bestätigung kann der Leser die beiden obigen Gleichungen in den Bildbereich übersetzen und daraus (unter Berücksichtigung von $\Phi - \Theta = \alpha$)

$$\frac{\Theta(s)}{\delta(s)} = \frac{K_r}{s}\,\frac{-J\,s^2 - K_d\,s + (K_w + P)\,l + (K_w + W_l)\,d}{m\,v\,J\,s^2 + [J(K_w + P) + K_d\,m\,v]\,s + K_d(K_w + P) - m\,v(K_w + W_l)\,d}$$

herleiten. Da alle Konstanten positiv sind, hat das Zählerpolynom eine Wurzel in der rechten Halbebene.

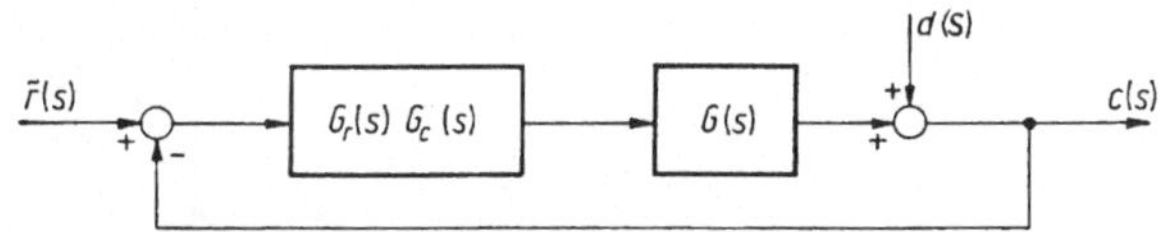

Bild 7.29. Reduzierter Regelkreis für die Betrachtung von Laststörungen.

Bei der Behandlung des *Störübertragungsverhaltens* können wir uns kurz fassen, da es sich auf das Führungsverhalten eines reduzierten Regelkreises zurückführen läßt. Auf das Vorfilter $G_v(s)$ sowie die Aufteilung des Korrekturgliedes in $G_c(s)$ und $G_r(s)$ kommt es in diesem Zusammenhang offensichtlich nicht an. Wir gehen daher von dem Blockschaltbild 7.29 aus. Damit gilt

$$\tilde T(s) = \frac{c(s)}{\tilde r(s)} = \frac{L(s)}{1 + L(s)}, \qquad D(s) = \frac{c(s)}{d(s)} = \frac{1}{1 + L(s)}. \tag{7.27}$$

Hieraus folgt

$$D(s) = 1 - \tilde T(s) \tag{7.28}$$

und für die zugehörigen Sprungantworten

$$h_d(t) = 1 - \tilde h(t). \tag{7.29}$$

Dieser einfache Zusammenhang ist in Bild 7.30 veranschaulicht. Die Charakterisierung des Störverhaltens durch eine Störübertragungsfunktion bzw. die zugehörige Störsprungantwort können wir also ersetzen durch die Führungsübertragungsfunktion $\tilde{T}(s)$ bzw. die zugehörige Sprungantwort.

Diese Überlegungen gelten allerdings nur für die sog. Laststörungen, die am Streckenausgang angreifen. Bei der Umrechnung anderer Störungen in Laststörungen gemäß Bild 7.2 wird es fraglich, ob die Annahme einer Störgröße $d(t) = \sigma(t)$ sinnvoll bleibt. Einem Testsprung der ursprünglichen Störgröße $\tilde{d}(t)$ entspricht ja die Sprungantwort der Übertragungsfunktion $G_2(s)$ als Ersatzstörgröße.

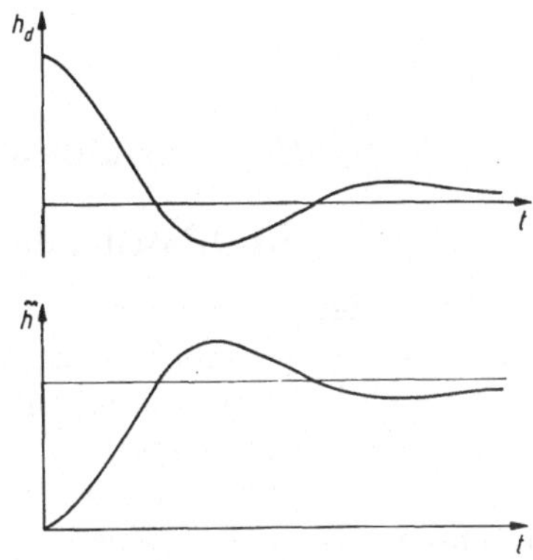

Bild 7.30. Zurückführung der Störsprungantwort $h_d(t)$ auf äquivalente Führungssprungantwort $\tilde{h}(t)$.

Die Deutung der *Empfindlichkeit* $S_G^T(s)$ im Zeitbereich ist wesentlich schwieriger. Strenggenommen lassen sich Regelstrecken mit Parametervariationen überhaupt nicht durch Differentialgleichungen mit konstanten Koeffizienten und somit auch nicht durch eine Übertragungsfunktion beschreiben. Wir wollen daher zunächst Voraussetzungen angeben, unter denen es sinnvoll ist, von einer Strecke mit einer veränderlichen Übertragungsfunktion zu sprechen. Es sei angenommen, daß die *Parametervariationen langsam* erfolgen im Vergleich zu dem Regelvorgang bei einer sprunghaften Änderung der Führungs- oder Störgrößen. In einem Zeitintervall, das etwa die Dauer der Ausregelzeit hat, sollen also die Streckenparameter praktisch konstant bleiben. Im linearen Fall können wir dann der Strecke in einem solchen Abschnitt eine feste Übertragungsfunktion zuordnen. Bei der Einführung der Empfindlichkeit stellen $G(s)$ und $G_0(s)$ die Übertragungsfunktionen in weiter auseinanderliegenden Intervallen dar.

Aus der Definitionsgleichung der Empfindlichkeit folgt

$$\Delta T(s) = T(s) - T_0(s) = S_G^T(s)\, T(s)\, \frac{G(s) - G_0(s)}{G(s)}.$$

Die Übersetzung dieser Gleichung in den Zeitbereich führt nur in sehr speziellen Fällen auf übersichtliche Ergebnisse. Der einfachste liegt vor, wenn der veränderliche Parameter der Verstärkungsfaktor der Regelstrecke ist, wenn also

$$G(s) = K\, G_0(s)$$

gilt. Damit wird die Änderung der Führungsübertragungsfunktion

$$\Delta T(s) = \gamma\, S_G^T(s)\, T(s) \quad \left(\gamma = \frac{K-1}{K}\right).$$

Ihr entspricht im Zeitbereich eine Änderung der Sprungantwort um

$$\Delta h(t) = \gamma\, s_G^T(t) \ast h(t)$$

wobei

$$s_G^T(t) = \mathcal{L}^{-1}\{S_G^T(s)\}$$

gesetzt ist.

8. Syntheseverfahren für einschleifige Regelkreise

8.1 Klassifikation der Syntheseverfahren

Nach der allgemeinen Erörterung des Syntheseproblems wenden wir uns den praktischen Entwurfsverfahren zu. Wir behandeln hier nur die einfachsten Methoden, denen eine *Beschreibung des Regelkreises durch die Übertragungsfunktionen* seiner Elemente zugrunde liegt. Mathematisch können wir dann eine Syntheseaufgabe als gelöst betrachten, wenn wir einen analytischen Ausdruck für die Übertragungsfunktionen der Regeleinrichtung gefunden haben. Bei einer Konfiguration gemäß Bild 8.1, von der wir vorläufig ausgehen, genügt es

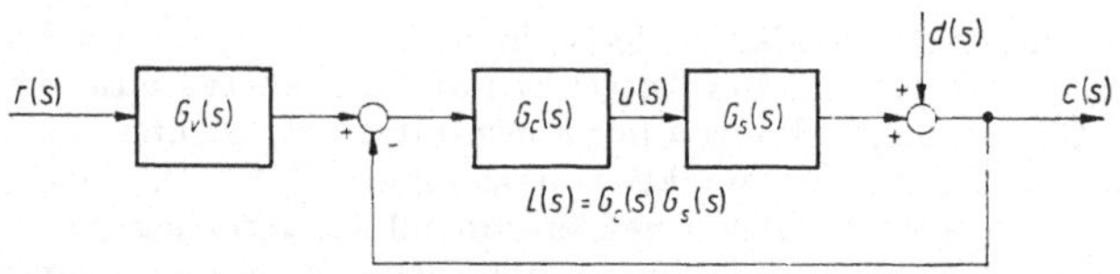

Bild 8.1. Regelkreiskonfiguration mit Kompensationsglied $G_c(s)$ und Vorfilter $G_v(s)$.

also, wenn $G_c(s)$ und $G_v(s)$ ermittelt werden. Für die Simulation der Regelung auf dem Analogrechner reicht diese Lösungsform völlig aus, da man die Übertragungsfunktionen der Regelkreisglieder z. B. auf die in Abschn. 3.2 beschriebene Weise bequem in einen Koppelplan übersetzen kann. Wir wollen uns hier mit einer solchen Lösung zufrieden geben und nicht auf die Probleme eingehen, die mit der tatsächlichen Realisierung des Reglers verbunden sind.

Die Kennzeichnung und Einteilung der Entwurfsverfahren erfolgt meist nach den verwendeten Hilfsmitteln. Man unterscheidet vor allem zwischen den *graphischen Methoden* mit Hilfe des Frequenzkennlinien- und des Wurzelortverfahrens und den *analytischen Verfahren*, die wir in Abschn. 8.3 beschreiben. Wir erwähnen noch eine andere Einteilung, bei der man darauf achtet, ob die Anforderungen an die Regelgüte durch die Übertragungsfunktionen des geschlossenen oder des aufgetrennten Kreises ausgedrückt werden:

a) *direkte Verfahren (T- bzw. S-Synthese)*

1. Schritt: Die Übertragungsfunktionen $T(s)$ und $S(s)$, durch die wir das Führungs- bzw. Störverhalten des geschlossenen Kreises kenn-

zeichnen, werden vollständig festgelegt, und zwar so, daß sie mit der Spezifikation der Regelgüte im Einklang stehen.

2. Schritt: Aus $T(s)$ und $S(s)$ werden die Übertragungsfunktionen für die Korrekturglieder der gewählten Regelkreiskonfiguration bestimmt.

b) *indirekte Verfahren (L-Synthese)*

1. Schritt: Die vorgegebenen Forderungen an das Übertragungsverhalten des geschlossenen Kreises werden — soweit wie möglich — durch Eigenschaften der Übertragungsfunktion $L(s)$ des aufgetrennten Kreises ausgedrückt.

2. Schritt: Durch passende Wahl der Korrekturglieder in der Regelkreisschleife sucht man die gewünschten Eigenschaften von $L(s)$ zu erzielen. Bei einer Synthese mit zwei Freiheitsgraden kann man anschließend durch geeignete Festlegung des Vorfilters $G_v(s)$ noch höherfrequente Störungen am Eingang der Führungsgröße unterdrücken oder das Führungsverhalten korrigieren.

Die direkte Methode haben wir im Anschluß an (7.16) den Überlegungen von S. 215 ff zugrunde gelegt. Eine indirekte Methode haben wir in Abschn. 6.3 bei der Anwendung des Frequenzkennlinien-Verfahrens zur Stabilitätsverbesserung kennengelernt, wobei die Stabilitätsgüte im wesentlichen durch die Phasenreserve der Übertragungsfunktion $L(s)$ ausgedrückt worden ist. Die Frage, ob man den direkten oder indirekten Methoden den Vorzug geben soll, kann man — wenigstens bis heute — nicht generell zugunsten der einen oder anderen Klasse entscheiden. Beim Vergleich fällt der zweite Schritt kaum ins Gewicht, da er sich mehr oder weniger routinemäßig erledigen läßt. Die eigentlichen Schwierigkeiten sind vielfach mit dem ersten Schritt verbunden, insbesondere dann, wenn die gewünschte Regelgüte im Zeitbereich beschrieben wird. Letztlich bleibt es Erfahrungssache, wie man bei einer konkreten Aufgabe zweckmäßig vorgeht.

Einige Erfahrungen, die wir an den Beispielen der folgenden Abschnitte erhärten werden, wollen wir hier zusammenfassen. Ideal wäre eine Entwurfsmethode, die unter Berücksichtigung aller in Abschn. 7 aufgezählten Gesichtspunkte zwangsläufig auf einen geeigneten Regler führt. Im Prinzip handelte es sich aber bei den bekannten Syntheseverfahren um ein *systematisches Probieren*, das nur in einfachen Fällen oder bei geringen Genauigkeitsansprüchen auf Anhieb zu einem befriedigenden Ergebnis führt.

Bei den *indirekten Verfahren* ist man meist auf qualitative Zusammenhänge oder Faustformeln angewiesen, um die geforderten Eigenschaften für den geschlossenen Kreis auf bequeme Weise durch Eigenschaften von $L(s)$ auszudrücken. Man geht gewöhnlich von der Regelstrecke aus, zu der probeweise möglichst einfache Korrekturglieder innerhalb der Schleife hinzugefügt werden, die eine günstige Kreisübertragungsfunktion ergeben. Die Führungsübertragungsfunktion kann man unter Umständen noch durch ein Vorfilter beeinflussen. Zur Kontrolle prüft man das Übertragungsverhalten des geschlossenen Kreises, z. B. durch

Beobachtung der Sprungantwort auf dem Analogrechner. Falls es den Anforderungen nicht entspricht, ändert man die Korrekturglieder ab, um im nächsten Schritt dem Ziele näher zu kommen, usf. Ein Vorteil dieser Methode besteht darin, daß man von vornherein die Streckeneigenschaften berücksichtigen und sozusagen ein Korrekturglied nach Maß schneidern kann. Außerdem erlaubt die Kreisübertragungsfunktion als Ausgangspunkt stets Rückschlüsse auf den erzielten Effekt der Regelung (vgl. S. 211), selbst wenn man sich in erster Linie für das Führungsverhalten interessiert.

Bei den *direkten Verfahren* beginnt man mit der Wahl einer Funktion $T(s)$ bzw. $S(s)$, welche den vorgegebenen Anforderungen genügt, um daraus die Korrekturglieder zu berechnen. Damit wird die Einhaltung der gewünschten Regelgüte garantiert, worin der Vorteil dieser Methode besteht. Gewisse Schwierigkeiten bereitet die Berücksichtigung der vorgegebenen Streckenübertragungsfunktion bei der Festlegung von $T(s)$ und $S(s)$. Man erhält daher im allgemeinen kompliziertere Korrekturglieder als erforderlich. Unter Umständen hat man das Verfahren zu wiederholen, wobei man die Übertragungsfunktionen für den geschlossenen Kreis im Einklang mit der Gütespezifikation abändert, bis sich annehmbare Korrekturglieder ergeben. — Bei einer Regelkreiskonfiguration mit einem Freiheitsgrad wird die vollständige Festlegung des Übertragungsverhaltens für den geschlossenen Kreis durch einengende Nebenbedingungen erschwert, was besonders deutlich beim analytischen Syntheseverfahren von Abschn. 8.3.3 zum Ausdruck kommen wird. Speziell tritt diese Schwierigkeit auf bei der Auswahl der für das Störverhalten charakteristischen Funktion $S(s)$, welche nur von der Kreisübertragungsfunktion abhängt. Das ist der Grund, weshalb die direkte Methode in diesem Falle bisher nur wenig Verbreitung gefunden hat.

Auch die *Optimierungsverfahren*, die wir am Schluß von Abschn. 7.1 erwähnt haben, führen im allgemeinen nicht in einem Schritt zum Ziel. Denken wir z. B. an das Kriterium (7.10), S. 211, so besteht bei der praktischen Anwendung das Problem in der Wahl eines vernünftigen Gewichtsfaktors für die Bewertung des Stellgrößenaufwandes, von dem das resultierende Übertragungsverhalten des Regelkreises maßgeblich abhängt. Man wird daher den Einfluß dieses Faktors durch Annahme verschiedener Zahlenwerte untersuchen.

8.2 Indirekte Synthese nach dem Frequenzkennlinien-Verfahren

Im Bode-Diagramm kann man die Multiplikation und Division von Frequenzgängen auf einfache Weise graphisch durchführen. Man überblickt daher schnell, welchen Einfluß in der Konfiguration von Bild 8.1 das Korrekturglied $G_c(s)$ bei vorgegebener Streckenübertragungsfunktion auf die Übertragungsfunktion $L(s)$ der aufgetrennten Schleife hat. Will man diesen Vorteil für die Synthese nutzen, so muß zusätzlich bekannt sein, wie die gestellten Forderungen an das Regelkreisverhalten mit $L(s)$ zusammenhängen. Dieser Sachverhalt hat wesentlich zu den Bemühungen beigetragen, die Regelgüte unmittelbar durch Eigenschaften der Kreisübertragungsfunktion $L(s)$ auszudrücken.

Wir zeigen diese Entwicklung am Beispiel eines *Regelkreisentwurfs mit einem Freiheitsgrad bei vorgegebenen Spezifikationen für die Führungs-*

übertragungsfunktion. Mit $G_v(s) = 1$ gilt für Bild 8.1

$$T(s) = \frac{L(s)}{1 + L(s)}, \qquad L(s) = G_c(s)\, G_s(s). \tag{8.1}$$

Zur Berechnung von $T(s)$ braucht man also nicht zu wissen, wie sich $L(s)$ aus $G_s(s)$ und $G_c(s)$ zusammensetzt. Das ist der Grund, weshalb wir hier dieser Konfiguration gegenüber derjenigen mit einem Reglerglied im Rückführzweig den Vorzug gegeben haben.

Man kann sich diesen Zusammenhang im sog. *Hall-Diagramm* veranschaulichen. Hierzu zeichnet man in die komplexe L-Ebene die Orts-

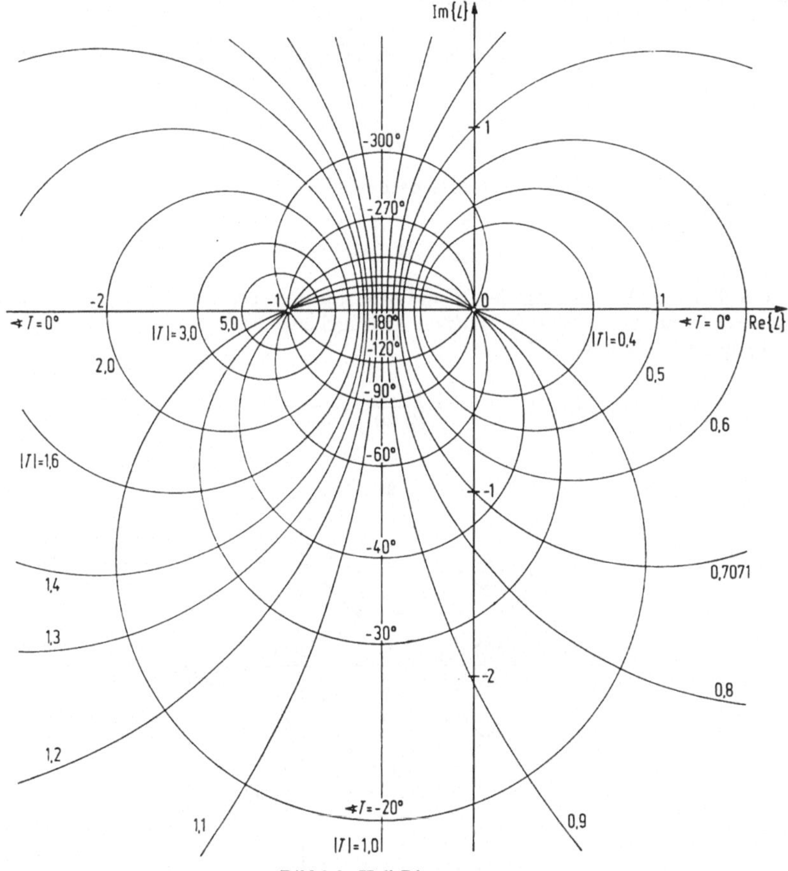

Bild 8.2. Hall-Diagramm.

kurven ein, die konstanten Werten von $|T| = M$ bzw. $\tan(\angle\, T) = N$ entsprechen. Die N-Kurven bilden ein Kreisbüschel durch die Punkte $L = 0$ und $L = -1$, die M-Kurven eine dazu orthogonale Kreisschar (Bild 8.2).

Diese Behauptung folgt aus den bekannten Eigenschaften der durch die Funktion $T = L/(1 + L)$ vermittelten konformen Abbildung der L-Ebene auf die T-Ebene.

Wir bringen noch eine elementare Berechnung der genannten Ortskurven. Aus $L = x + jy$ folgt nach (8.1)

$$T = \frac{x + jy}{(1 + x) + jy} = \frac{x(1 + x) + y^2 + jy}{(1 + x)^2 + y^2}$$

und daraus

$$|T|^2 = \frac{x^2 + y^2}{(1 + x)^2 + y^2}$$

bzw., wenn wir $|T|^2$ mit M^2 abkürzen,

$$\left[x + \frac{M^2}{M^2 - 1} \right]^2 + y^2 = \frac{M^2}{(M^2 - 1)^2} \quad (M\text{-Kreise}). \tag{8.2}$$

Weiter gilt

$$\tan(\sphericalangle T) = \frac{y}{x(1 + x) + y^2}$$

bzw., wenn wir für $\tan(\sphericalangle T) = N$ schreiben,

$$\left(x + \frac{1}{2} \right)^2 + \left(y - \frac{1}{2N} \right)^2 = \frac{1}{4} \frac{N^2 + 1}{N^2} \quad (N\text{-Kreise}). \tag{8.3}$$

Wie bei der Anwendung des Nyquist-Kriteriums ist es auch hier manchmal bequemer, von der *Ortskurve* $1/L(j\,\omega)$ auszugehen, die wir zur Abkürzung mit $F(j\,\omega)$ bezeichnen wollen. Damit wird

$$T(j\,\omega) = \frac{L(j\,\omega)}{1 + L(j\,\omega)} = \frac{1}{1 + F(j\,\omega)}. \tag{8.4}$$

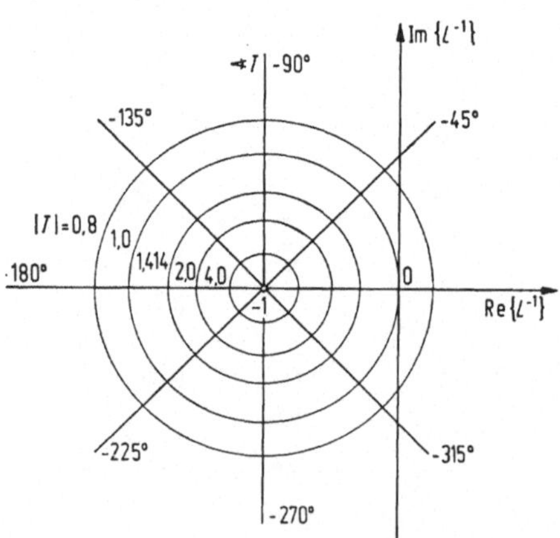

Bild 8.3. Kreisdiagramm zur Bestimmung von T aus L^{-1}.

In der F-Ebene bilden die M-Kurven eine Schar konzentrischer Kreise, die N-Kurven ein Geradenbüschel (vgl. Bild 8.3). Ihre Konstruktion ist einfacher als im Hall-Diagramm. — Wir wollen an dieser Stelle noch auf einen anderen Zusammenhang aufmerksam machen. Für die *Störübertragungsfunktion* einer auf den Streckenausgang bezogenen Störgröße (Laststörung) gilt

$$D(j\,\omega) = \frac{1}{1 + L(j\,\omega)} = \frac{F(j\,\omega)}{1 + F(j\,\omega)}. \tag{8.5}$$

Man kann also durch die beiden Diagramme auch den Zusammenhang zwischen der Kreis- und der Störübertragungsfunktion beschreiben, nur hat man — wie der Vergleich von (8.4) und (8.5) zeigt — zur Ermittlung von $D(j\,\omega)$ ihre Rollen zu vertauschen, d. h. die Ortskurve $L(j\,\omega)$ in das Kreisdiagramm von Bild 8.3 oder $F(j\,\omega)$ in das Hall-Diagramm einzuzeichnen.

Wenn wir in das Hall-Diagramm die Frequenzgangkurve $L(j\,\omega)$ mit ω als Parameter eintragen, so können wir aus dem Kreiskoordinatennetz den zugehörigen Führungsfrequenzgang $T(j\,\omega)$ ablesen und prüfen, ob er unseren Forderungen genügt. Soll etwa — ähnlich wie bei der Gütespezifikation im Frequenzbereich von Abschn. 7.1 —

$$\left.\begin{aligned} M_{\min} \leqq |T(j\,\omega)| \leqq M_{\max}\\ -\alpha \;\leqq\; \measuredangle\, T(j\,\omega) \leqq 0 \end{aligned}\right\} \quad \text{für} \quad \omega \leqq \tilde{\omega} \tag{8.6}$$

gelten, so muß $L(j\,\omega)$ für $\omega \leqq \tilde{\omega}$ in einem Bereich der in Bild 8.4 angegebenen Art verlaufen. Allerdings entsprechen die Bedingungen (8.6) mit von ω unabhängigen Schranken nur selten den praktischen Anforderungen. Bild 8.5 zeigt, wie man die Güteparameter ω_b, φ_b und M_m von $T(j\,\omega)$ aus dem Hall-Diagramm bestimmt.

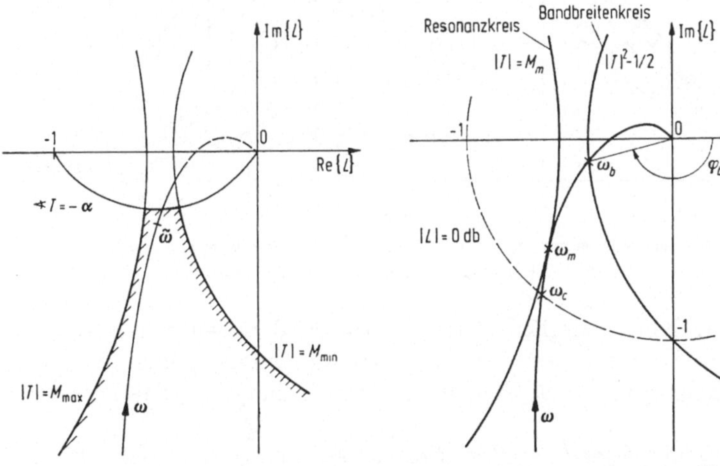

Bild 8.4. Bereich $M_{\min} \leqq |T| \leqq M_{\max}$ $\measuredangle T \geqq -\alpha$.

Bild 8.5. Bestimmung von ω_m, M_m, ω_b, φ_b im Hall-Diagramm.

Falls es keinen anderen Anhaltspunkt gibt, wird man beim Entwurf eines Regelkreises zunächst $L(j\,\omega) = G_s(j\,\omega)$ annehmen und die Streckenortskurve in das Hall-Diagramm zeichnen. Führt sie nicht auf die gewünschten Eigenschaften von $T(j\,\omega)$, so kann man versuchen, ihren Verlauf durch geeignete Wahl der Übertragungsfunktion $G_c(s)$ zu korrigieren. In dieser Form weist das Verfahren zwei Mängel auf. Zunächst läuft es auf ein umständliches Probieren hinaus, solange man nicht weiß, welches Korrekturglied den Ortskurvenverlauf im günstigen Sinne beeinflußt. Jedoch lassen sich darüber mit einiger Erfahrung in vielen Fällen wenigstens qualitative Aussagen machen. Dann bleibt aber zur genauen Prüfung noch die Berechnung und Zeichnung der Ortskurve $L(j\,\omega) = G_c(j\,\omega)\,G_s(j\,\omega)$ für das probeweise an-

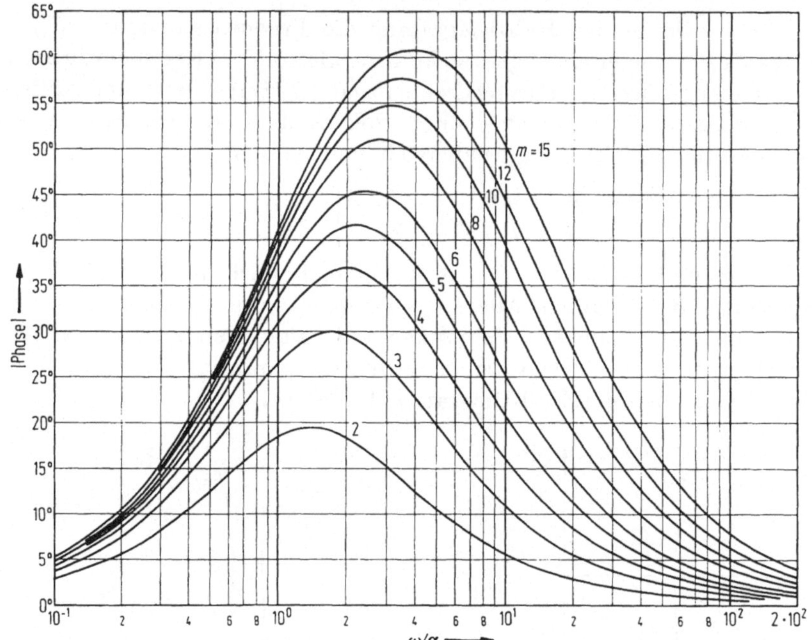

Bild 8.6. Phasendiagramm für die Dimensionierung von Lead- bzw. Lag-Gliedern. α untere Eckfrequenz, $m\,\alpha$ obere Eckfrequenz.

genommene Korrekturglied. Diese Arbeit wird wesentlich erleichtert, wenn man — wie schon bei der Stabilitätsuntersuchung nach dem Nyquist-Kriterium — zur Frequenzgangdarstellung im Bode-Diagramm übergeht.

Anhand der *logarithmischen Frequenzkennlinien* läßt sich oft auch quantitativ einsehen, wie in bestimmten Frequenzbereichen die Amplituden- und Phasenkennlinie durch geeignete Korrekturglieder einem gewünschten Verlauf angenähert werden können. Beim Versuch, dieses Ziel durch Lead- oder Lag-Kompensation zu erreichen, leistet z. B. das in Bild 8.6 gezeigte Phasendiagramm gute Dienste, dessen Anwendung wir unten an einem Beispiel erläutern. Der exakte Zusammenhang zwischen der Kreisübertragungsfunktion und der Führungsübertragungsfunktion (8.1), der aus dem Hall-Diagramm abgelesen werden konnte, ist in der Frequenzkennlinien-Darstellung verlorengegangen. Es bedeutet daher eine große Vereinfachung, wenn man bedenkt, daß es gemäß Bild 8.4 auf den genauen Verlauf der Ortskurve $L(j\,\omega)$ nicht so sehr ankommt, solange sie betragsmäßig groß gegen Eins bleibt. Kritisch ist nur ihr Verhalten bei mittleren Frequenzen, wo sich der abgegrenzte Bereich zu einem schmalen Schlauch verengt. Dieser Ortskurventeil, der das *Stabilitäts- und Einschwingverhalten* im wesentlichen bestimmt, *läßt sich recht gut durch wenige Kenngrößen festlegen,* die man auch im Bode-Diagramm ablesen kann. Hierzu sind in erster Linie die Grenzfrequenz ω_c und die Phasenreserve Φ_r geeignet, die zur Kennzeichnung eines Regelkreises mit einem dominierenden Polpaar in $T(s)$ ausreichen. Im allgemeinen Fall hat man weitere Kennzahlen hinzuzunehmen.

Zwischen der *Phasenreserve* Φ_r und dem *Resonanzwert* M_m besteht ein Zusammenhang, den wir unter der folgenden Annahme durch eine einfache Näherungsformel beschreiben können. Die Ortskurve $L(j\,\omega)$ habe im mittleren Frequenzbereich einen ähnlichen Verlauf wie die von Bild 8.5, die nur eine Resonanzstelle bei der Frequenz ω_m wenig oberhalb von ω_c aufweist; da die Ortskurve den Resonanzkreis tangiert, unterscheiden sich dann die M-Werte für diese beiden Frequenzen, M_m und M_c, nur geringfügig. Es gilt also

$$\omega_b > \omega_m \gtrless \omega_c, \qquad M_m \gtrless M_c. \tag{8.7}$$

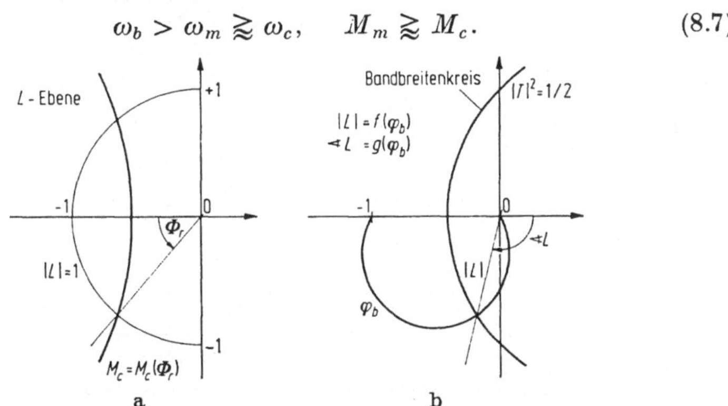

Bild 8.7. Graphische Ermittlung der Beziehungen.
a) $M_c = M_c(\Phi_r)$; b) $|L| = f(\varphi_b)$, $\sphericalangle L = g(\varphi_b)$ im Hall-Diagramm.

M_c ist durch die Phasenreserve eindeutig bestimmt. Wir können diesen Zusammenhang dem Hall-Diagramm entnehmen (siehe Bild 8.7a) oder ausrechnen, indem wir in der letzten Gleichung vor (8.2) $x^2 + y^2 = 1$, $x = -\cos\Phi_r$ und $|T| = M_c$ setzen. Dann folgt

$$M_c^2 = \frac{1}{2(1 - \cos\Phi_r)} \tag{8.8}$$

16*

bzw.

$$\Phi_r \, M_c \approx 60° \qquad (0° \leqq \Phi_r \leqq 90°).$$

Die Näherungsformel erhält man mit $2(1 - \cos\Phi_r) \approx \Phi_r^2$. Genauer folgt aus (8.8)

$$\Phi_r \, M_c = \frac{\Phi_r}{\sqrt{2(1 - \cos\Phi_r)}}$$

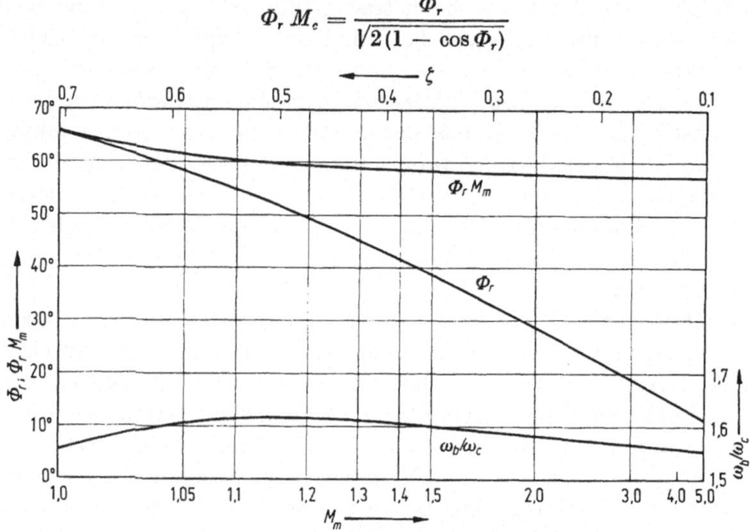

Bild 8.8. Bestimmung von Φ_r und ω_c aus M_m, abgeleitet für

$$L = \frac{\omega_n^2}{s(s + 2\zeta\,\omega_n)}, \quad T = \frac{\omega_n^2}{s^2 + 2\zeta\,\omega_n s + \omega_n^2}.$$

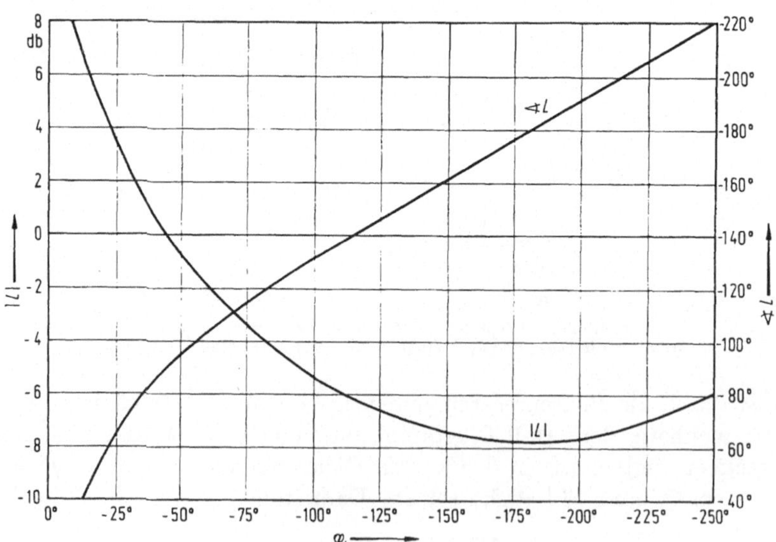

Bild 8.9. Beziehung zwischen $|L|$, $\sphericalangle L$ und φ_b bei $\omega = \omega_b$.

und daraus

$$57{,}3° \leqq \Phi_r \, M_c \leqq 63{,}6° \quad \text{für} \quad 0° \leqq \Phi_r \leqq 90°.$$

Ähnlich ergibt sich aus dem Hall-Diagramm (s. Bild 8.7 b) eine Beziehung zwischen $|L|$, $\not{\!\!\angle}\,L$ und $\not{\!\!\angle}\,T = \varphi_b$ bei der *Bandbreiten-frequenz* ω_b, die wir in Bild 8.9 eingetragen haben. Für Regelkreise mit einem dominierenden Polpaar liegt bei ausreichender Dämpfung der *Phasenwinkel* φ_b etwa zwischen $-90°$ und $-150°$ und $|L(j\,\omega_b)|$ schwankt nur zwischen $-5\,\mathrm{dB}$ und $-7\,\mathrm{dB}$. Die zuletzt genannte Eigenschaft kann man für eine grobe Abschätzung der Bandbreite anhand der Amplitudenkennlinie $|L(j\,\omega)|$ im Bode-Diagramm ausnutzen. Einen genauen Wert für ω_b erhält man, indem man prüft, bei welcher Frequenz $|L(j\,\omega)|$ und $\not{\!\!\angle}\,L(j\,\omega)$ mit Bild 8.9 verträglich sind. Dort kann man übrigens auch den zugehörigen Wert von φ_b ablesen und daraus auf die Verzugszeit t_d schließen.

Die eben beschriebenen Zusammenhänge zwischen L und T sowie (8.8) gelten exakt, während (8.7) nicht immer erfüllt ist. In Spezialfällen kann man die Ungleichungen (8.7) durch genauere Beziehungen ersetzen. Für Folgeregelungen mit einem *dominierenden Polpaar* in $T(s)$ erhält man gute Näherungen, wenn man Bild 8.8 zugrunde legt. Zur Herleitung dieser Ergebnisse sind wir von dem Standardregelkreis 2. Ordnung in Abschn. 6.2 ausgegangen und haben Φ_r und ω_c/ω_n aus Bild 6.20, S. 184, entnommen, M_m und ω_b/ω_n aus Bild 7.23, S. 226.

Grobe *Abweichungen* von der Annahme, mit der wir (8.7) begründet haben, lassen sich direkt in der Frequenzkennlinien-Darstellung erkennen. Bild 8.10 zeigt zwei Beispiele. Für $L_1(j\,\omega)$ ist M_m bedeutend größer als M_c, der Führungsfrequenzgang hat eine ausgeprägte Resonanzstelle. Im Bode-Diagramm verläuft die Betragskennlinie von $L_1(j\,\omega)$ in der Nähe von ω_c sehr flach, während die Phasenkennlinie rasch abfällt. Die Phasenreserve ist gering. Für $L_2(j\,\omega)$ ist $\omega_b < \omega_c$, die Ortskurve schneidet zuerst den Bandbreitenkreis und danach den Einheitskreis. Im Bode-Diagramm erkennt man das daran, daß die Phasenreserve größer als 90° wird. Der zugehörige Führungsfrequenzgang zeichnet sich durch das Fehlen einer Resonanz, die unscharf definierte Bandbreite ω_b und die geringe Phasenrückdrehung φ_b aus, was man qualitativ mit Hilfe des Hall-Diagramms feststellen kann. Die Sprungantwort hat dementsprechend eine relativ kleine Verzugszeit t_d, die zu einer hohen anfänglichen Beanspruchung des Systems führt, während sie sich danach nur kriechend dem Endwert nähert. Eine Erhöhung des Kreisverstärkungsfaktors bringt bei diesem Beispiel Abhilfe, wie der Ortskurvenverlauf $L_2(j\,\omega)$ leicht erkennen läßt.

Oft ist beim Entwurf nach dem Frequenzkennlinien-Verfahren eine genauere Überprüfung des Führungsfrequenzganges, zu dem die korrigierte Kreisübertragungsfunktion führt, empfehlenswert. Für seine graphische Ermittlung ersetzt man das Hall-Diagramm durch das *Nichols-Diagramm*, bei dem das M/N-Netz in ein rechtwinkliges Koordi-

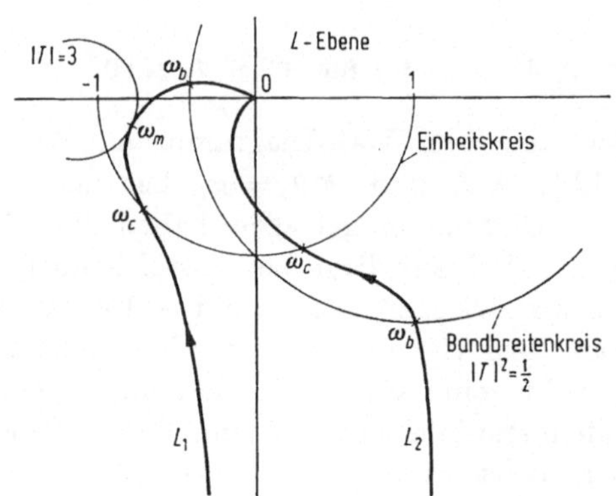

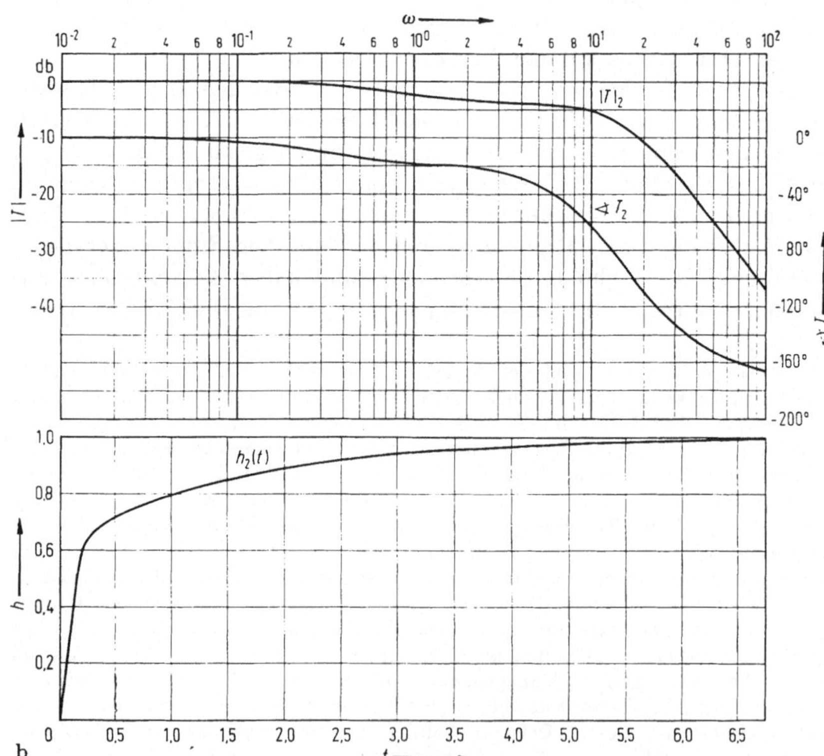

Bild 8.10. a) Beispiele für unbefriedigenden Ortskurvenverlauf der Kreisübertragungsfunktion; b) Frequenzkennlinien und Führungssprungantwort zu $L_2(s)$.

natensystem mit $\measuredangle L$ als Abszisse und $|L|_{\mathrm{dB}}$ als Ordinate gezeichnet wird — vgl. Bild 8.11. Zur Berechnung dieser Netzlinien setzen wir in (8.2) und (8.3)

$$x = |L|\cos(\measuredangle L), \qquad y = |L|\sin(\measuredangle L).$$

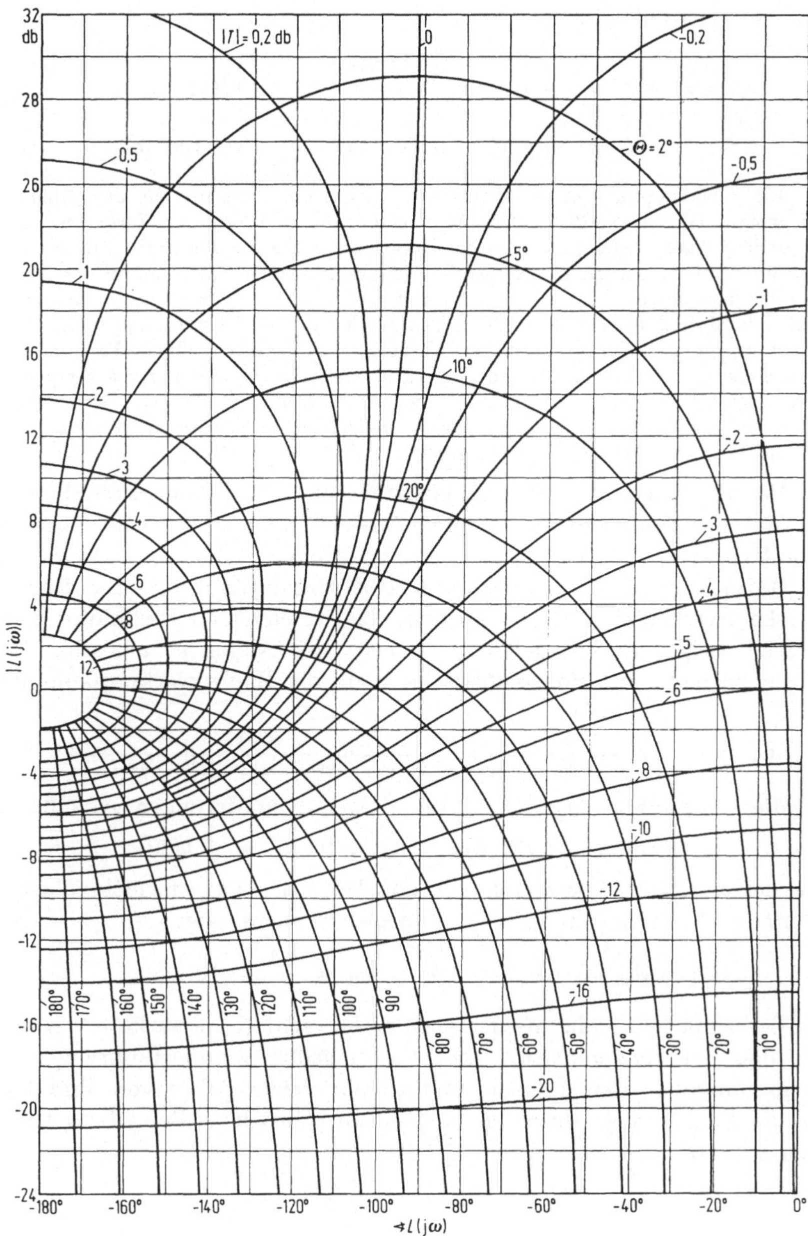

Bild 8.11. Nichols-Diagramm ($\Theta = -\sphericalangle T$).

Lösen wir noch die erste Gleichung nach $\not< L$, die zweite nach $|L|$ auf, so erhalten wir

$$\cos(\not< L) = -\frac{1 + |L|^2\left(1 - \dfrac{1}{M^2}\right)}{2|L|} \qquad (M\text{-Linien}),$$

$$|L| = \frac{1}{N}\sin(\not< L) - \cos(\not< L) \qquad (N\text{-Linien}). \tag{8.9}$$

Die Übertragung der logarithmischen Frequenzkennlinien in das Nichols-Diagramm ist umständlich. Falls man einen *Digitalrechner* zur Verfügung hat, ist es bequemer, wenn man sich ein Programm schreibt, das nach Eingabe der Pol- und Nullstellen von $L(s)$ sowie des Kreisverstärkungsfaktors im interessierenden Frequenzbereich $|L|_{\mathrm{dB}}$, $\not< L$, $|T|$ und $\not< T$ ausdruckt. Man kann so in kurzer Zeit den Einfluß verschiedener Korrekturglieder auf die Übertragungsfunktionen des offenen und geschlossenen Kreises überblicken. Die ausschließliche Verwendung einfachster graphischer Methoden bildet heute bei der Anwendung des Frequenz-kennlinienverfahrens oft nicht mehr die entscheidende Rolle. Sein wichtigster Vorzug besteht in seiner Anschaulichkeit, welche zugleich ein tieferes Verständnis für die Wirkung des Reglers ermöglicht.

Damit haben wir alle Hilfsmittel für das Frequenzkennlinien-Verfahren zusammengestellt, deren Anwendung wir an einem Beispiel erläutern.

Beispiel 8.1: Die vorgegebene Übertragungsfunktion der Regel-strecke (schwingungsfähiges System, das durch einen Stellmotor mit vernachlässigbarer Trägheit angetrieben wird, wobei es uns aber im folgenden nicht auf eine realistische Wahl der Zahlenwerte ankommt) sei

$$G_s(s) = \frac{500}{s(s^2 + 14s + 100)} = \frac{500}{s\,(s + 7 + j\cdot 7{,}14)\,(s + 7 - j\cdot 7{,}14)}.$$

An die Führungssprungantwort sind folgende Forderungen gestellt:

$$t_r \approx 0{,}2 \quad (t_d \lesseqgtr t_r), \quad M_p \approx 1{,}1, \quad e_2 \leqq 1/20.$$

Die beiden ersten übersetzen wir mit Hilfe der Faustformeln (7.21), S. 227, in Bedingungen für den Führungsfrequenzgang:

$$M_m = f(M_p) \approx 1{,}05, \quad \omega_b = \frac{2{,}3}{t_r} \approx 12.$$

Bei der einfachen Polkonfiguration der betrachteten Strecke erwarten wir, daß der Reglerentwurf eine Führungsübertragungsfunktion mit einem dominierenden Polpaar ergibt. Wir gehen daher von Bild 8.8 aus, um M_m und ω_b durch Φ_r und ω_c auszudrücken. Bei $M_m = 1{,}05$ lesen wir ab

$$\Phi_r \approx 60°, \quad \omega_c \approx \frac{\omega_b}{1{,}6} \approx 7.$$

Aus e_2 können wir direkt auf die erforderliche Kreisverstärkung

$$V = \frac{1}{e_2} \geqq 20$$

schließen. Die Forderung an t_d bleibt im üblichen Rahmen. Wir dürfen daher hoffen, daß sie sich bei Erfüllung der übrigen Bedingungen mit erledigt.

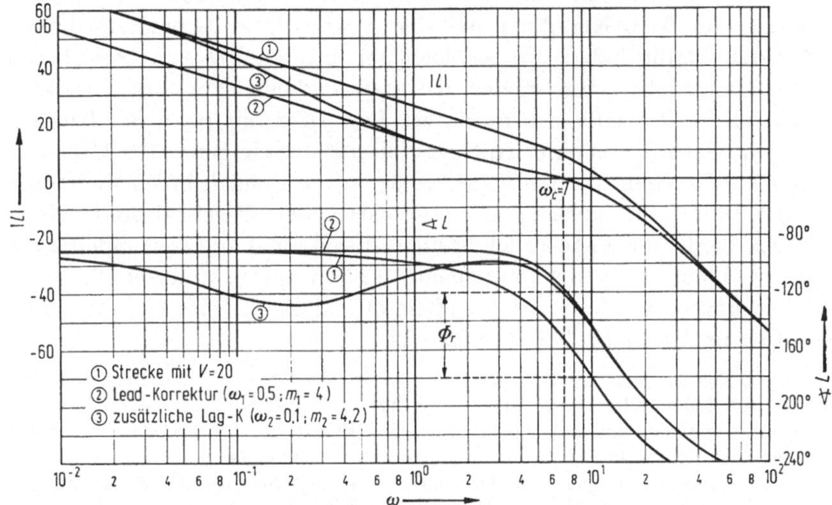

Bild 8.12. Reglerentwurf zu Beispiel 8.1.

Die logarithmischen Frequenzkennlinien von $G(s)$ sind in Bild 8.12 sogleich mit dem gewünschten Verstärkungsfaktor $V = 20$ gezeichnet (Fall 1). Die Phasenkennlinien müssen wir bei $\omega_c = 7$ um $33°$ anheben, damit wir an dieser Stelle die gewünschte Phasenreserve erhalten. Nach Bild 8.6 können wir das durch ein Lead-Glied mit $m_1 = 4$ erreichen, wenn wir als untere Eckfrequenz $\omega_1 = 5$ wählen, so daß die maximale Phasenvordrehung in der Nähe von ω_c erfolgt. Auf diese

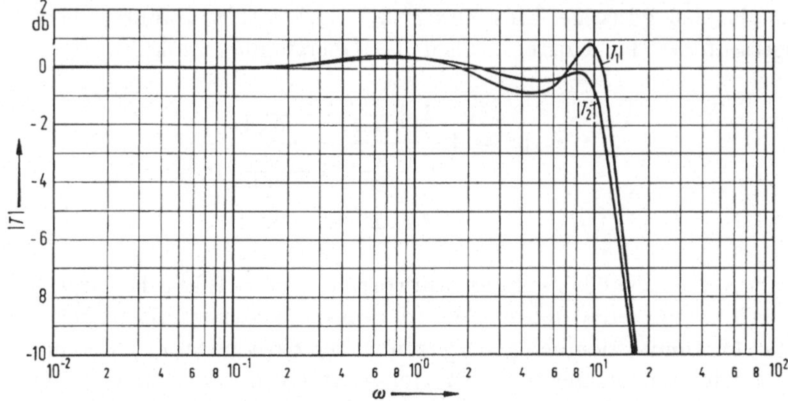

Bild 8.13. $|T(j\omega)|$-Kennlinien zu Beispiel 8.2 für die Korrekturglieder G_{c1} und G_{c2} (vgl. Text).

Weise erzielen wir sogar einen geringfügigen Überschuß an Phasenreserve, der sich als vorteilhaft erweisen wird. Die neuen Frequenzkennlinien haben wir ebenfalls in Bild 8.12 eingetragen (Fall 2) und
dabei die Amplitudenkennlinie so weit parallel zur Ordinate verschoben,
daß sie die 0 dB-Kennlinie bei der gewünschten Grenzfrequenz ω_c
schneidet. Dafür haben wir sie jetzt im unteren Frequenzbereich um
12,5 dB anzuheben, um wieder den ursprünglichen Verstärkungsfaktor
herzustellen. Das läßt sich durch ein Lag-Glied mit $m_2 = 4{,}2$ bewerkstelligen (was man an einer Hilfsgeraden mit der Neigung 20 dB/Dekade
abliest). Wir legen das Lag-Glied genügend weit nach links, weil sonst
die Phasenreserve unter den vorgeschriebenen Wert absinkt. Nach
Bild 8.6 bleibt die Phasenrückdrehung durch ein Lag-Glied mit diesem
m-Wert kleiner als der bestehende Phasenreservenüberschuß, wenn
wir die untere Eckfrequenz ungefähr 50 mal kleiner als ω_c, also etwa
bei 0,1 annehmen (Fall 3 in Bild 8.12).

Wir erkennen jetzt die Zweckmäßigkeit für eine leichte Überdimensionierung
des Lead-Gliedes. Ohne diese Maßnahme hätten wir das Lag-Glied noch weiter
nach links schieben müssen. Damit wäre der Effekt der Regelung im mittleren
Frequenzbereich stärker abgesunken. Außerdem dauert es bei einer Lag-Korrektur
ohnehin relativ lange, bis sich der Fehler $e_2(t)$ seinem stationären Endwert e_2
nähert. Dafür ist die Zeitkonstante des Lag-Gliedes verantwortlich, welche auch
aus diesem Grund nicht unnötig groß gewählt werden soll.

Die Kontrolle der Sprungantwort ergab für diese Lead-Lag-Korrektur eine Überschwingweite von 12%, während die Anstiegszeit
etwas unterhalb der vorgeschriebenen Grenze blieb. Es liegt daher
nahe, das System stärker zu dämpfen, indem wir den Parameter m_2
des Lag-Gliedes vergrößern. Die Absenkung der Amplitudenkennlinie
$|L(j\,\omega)|$ im mittleren Frequenzbereich bewirkt eine geringfügige Verkleinerung von ω_c, während die Phasenreserve wächst. Quantitativ
wurde der Einfluß von m_2 auf dem Analogrechner untersucht, wobei
sich als eine günstige Einstellung $m_2 = 4{,}4$ ergab. Damit haben wir
insgesamt für das Korrekturglied die Übertragungsfunktion

$$G_{c1}(s) = 4\,\underbrace{\frac{1+\dfrac{s}{5}}{1+\dfrac{s}{20}}}_{V_c\ \text{Lead}}\;\underbrace{\frac{1+\dfrac{s}{0{,}44}}{1+\dfrac{s}{0{,}1}}}_{\text{Lag}}$$

erhalten. Die zugehörige Sprungantwort $h_1(t)$ ist in Bild 8.14 dargestellt.
Sie erfüllt zwar die obigen Anforderungen, schwingt aber nach dem
ersten Maximum ziemlich kräftig weiter. Die Ursache läßt sich erkennen,
wenn wir die rechnerisch ermittelte Amplitudenkennlinie $|T_1(j\,\omega)|$
betrachten (Bild 8.13). Sie weist ein ausgeprägtes Minimum zwischen

zwei Resonanzstellen auf. Der Grund dafür liegt in dem flachen Verlauf der Amplitudenkennlinie von $L(s)$ zwischen der unteren Eckfrequenz ω_1 des Lead-Gliedes und ω_c.

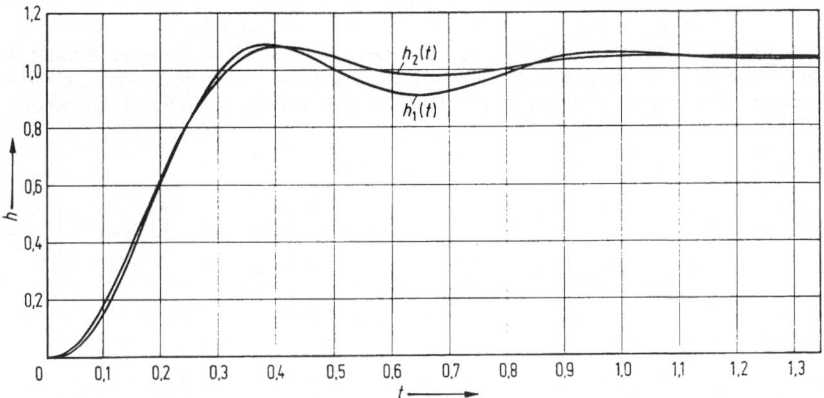

Bild 8.14. Sprungantworten der Regelgröße (Beispiel 8.1).

Wenn wir diesen Effekt herabsetzen wollen, haben wir das Lead-Glied im Bode-Diagramm weiter nach rechts zu schieben. Bei einem zweiten Versuch nehmen wir als untere Eckfrequenz $\omega_1 = 8$ an. Um trotzdem die gewünschte Phasenreserve bei $\omega_c = 7$ zu erzielen, wählen wir jetzt (gemäß Bild 8.6) $m_1 = 6$. Alles Weitere verläuft wie früher. Nachdem wir bereits eine günstige Regler-einstellung gefunden haben, können wir diese auch verhältnismäßig rasch durch Variation der Lead-Lag-Parameter auf dem Analogrechner verbessern. Als Ergebnis

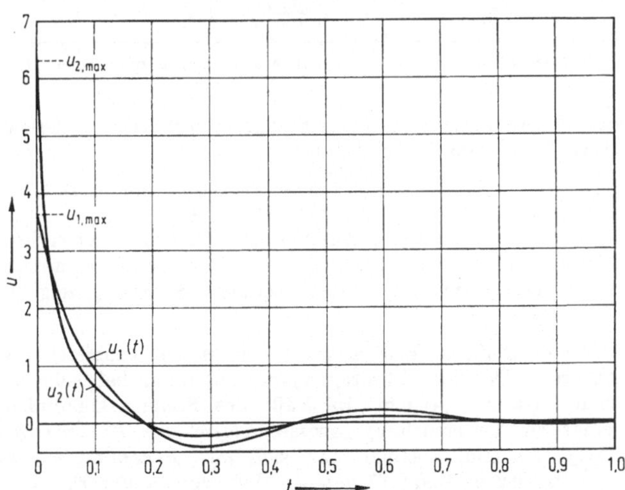

Bild 8.15. Sprungantworten der Stellgröße (Beispiel 8.1).

haben wir in Bild 8.14 die Führungssprungantwort $h_2(t)$ für das Korrekturglied

$$G_{c\,2}(s) = 4\,\frac{1+\dfrac{s}{8}}{1+\dfrac{s}{48}}\;\frac{1+\dfrac{s}{0{,}38}}{1+\dfrac{s}{0{,}1}}$$

zum Vergleich eingezeichnet. Sie ist trotz kleinerer Anstiegszeit besser gedämpft. Der zugehörige Frequenzgang $|T_2(j\,\omega)|$ ist gegenüber dem früheren geglättet. Erkauft wird dieser Gewinn durch einen etwas größeren Stellgrößenausschlag (Bild 8.15).

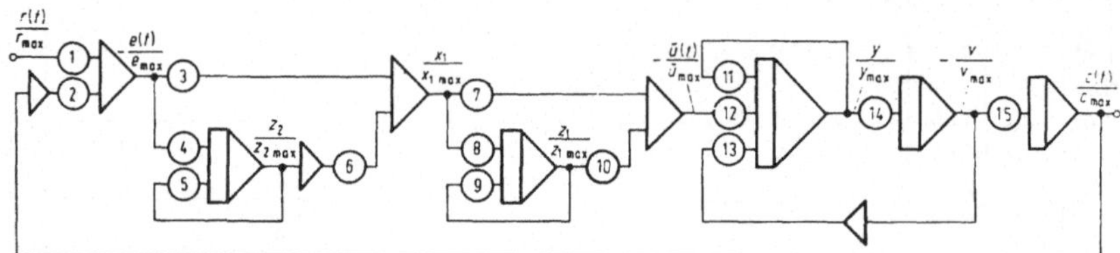

ν	$\alpha_\nu n_\nu$	Lag-Glied ν	$\alpha_\nu n_\nu$	Lead-Glied ν	$\alpha_\nu n_\nu$	Strecke ν	$\alpha_\nu n_\nu$
1	$\dfrac{r_{max}}{e_{max}}$	3	$\dfrac{T_{Z2}}{T_{N2}}\cdot\dfrac{e_{max}}{x_{1max}}$	7	$\dfrac{T_{Z1}}{T_{N1}}\cdot\dfrac{x_{1max}}{\bar u_{max}}$	11	$\dfrac{2\xi\omega_n}{\beta}$
2	$\dfrac{c_{max}}{e_{max}}$	4	$\dfrac{1}{\beta T_{N2}}\left|1-\dfrac{T_{Z2}}{T_{N2}}\right|\dfrac{e_{max}}{z_{2max}}$	8	$\dfrac{1}{\beta T_{N1}}\left|1-\dfrac{T_{Z1}}{T_{N1}}\right|\dfrac{x_{1max}}{z_{1max}}$	12	$\dfrac{1}{\beta}\cdot\dfrac{\bar u_{max}}{y_{max}}$
		5	$\dfrac{1}{\beta T_{N2}}$	9	$\dfrac{1}{\beta T_{N1}}$	13	$\dfrac{1}{\beta}\cdot\dfrac{v_{max}}{y_{max}}$
		6	$\dfrac{z_{2max}}{x_{1max}}$	10	$\dfrac{z_{1max}}{\bar u_{max}}$	14	$\dfrac{1}{\beta}\omega_n^2\cdot\dfrac{y_{max}}{v_{max}}$
						15	$\dfrac{V_{ges}}{\beta}\cdot\dfrac{v_{max}}{c_{max}}$
		$G_{c\,Lag}=\dfrac{1+T_{Z2}s}{1+T_{N2}s}=\dfrac{1+s/m_2\omega_2}{1+s/\omega_2}$		$G_{c\,Lead}=\dfrac{1+T_{Z1}s}{1+T_{N1}s}=\dfrac{1+s/\omega_1}{1+s/m_1\omega_1}$		$G=V_{ges}\cdot\dfrac{\omega_n^2}{s^2+2\xi\omega_n s+\omega_n^2}\cdot\dfrac{1}{s}$	

Bild 8.16. Koppelplan und Realisierungsbedingungen zu Beispiel 8.1.

Man kann den Anfangswert $u(0)$ der Stellgröße mit Hilfe des Grenzwertsatzes für die Laplace-Transformation bestimmen:

$$u(0) = \lim_{s\to\infty}\{s\,u(s)\} = \lim_{s\to\infty}\frac{G_c}{1+G_c\,G_s} = \lim_{s\to\infty}G_c(s).$$

Die auf ähnliche Weise bestimmten Anfangs- und Endwerte der anderen Systemgrößen sind für die erforderliche Normierung bei ihrer Darstellung auf dem Analogrechner nützlich. Den Koppelplan für die benutzte Schaltung zeigt Bild 8.16.

*

Das behandelte einfache Beispiel zeigt bereits den Probiercharakter dieses Entwurfsverfahrens. Da diese Situation manchmal wenig befriedigend erscheint, hat man nach Auswegen gesucht. Im Falle des Frequenzkennlinienverfahrens ist die systematische Untersuchung gewisser *Klassen von Kreisübertragungsfunktionen* erfolgversprechend. Solange man sich auf *Phasenminimumsysteme* beschränkt, ist z. B. der in Bild 8.17 gezeigte Typ von großer Flexibilität. Dabei sind ω_1, ω_2, ω_3 veränderliche Parameter. Man kann die zugehörigen Übertragungsfunktionen und Sprungantworten für den geschlossenen Kreis mit Hilfe eines Digital- bzw. Analogrechners ermitteln und mit ihren wichtigen Kenndaten katalogisieren. Die Synthese setzt sich damit aus den beiden folgenden Schritten zusammen:

1. Auswahl einer Kreisübertragungsfunktion $L(s)$, die den Spezifikationen für $T(s)$ bzw. $h(t)$ genügt.

2. Ermittlung von $G_c(s) = L(s)/G(s)$ im Bode-Diagramm.

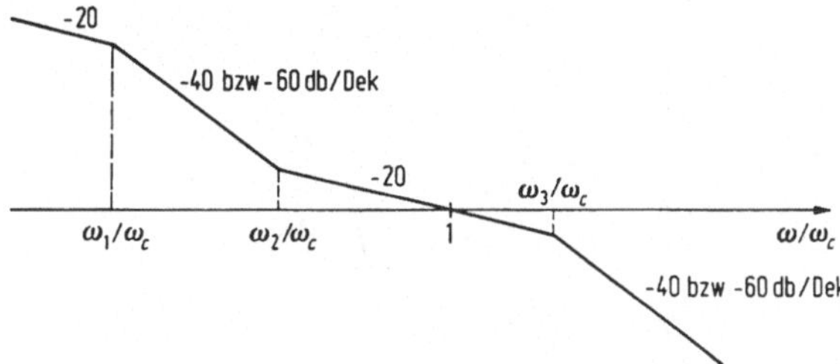

Bild 8.17. Einfache Klasse von Kreisübertragungsfunktionen.

Beim ersten Schritt hat man darauf zu achten, daß die Kreisübertragungsfunktion dem Streckenfrequenzgang möglichst gut angepaßt ist, weil sich sonst unnötig *komplizierte Korrekturglieder* oder zu *große Stellgrößen* ergeben. Durch diese Bedingung kann die Suche unter Umständen recht mühevoll werden. Ein Vorzug dieser Methode besteht darin, daß die Einhaltung der geforderten Regelgüte durch entsprechende Wahl von $L(s)$ garantiert wird.

Bei einer *Synthese mit zwei Freiheitsgraden* kann man die beiden Aufgaben — die Erzielung eines vorgegebenen Führungsverhaltens und einer ausreichenden Störunterdrückung — entkoppeln. Wir behandeln ein einfaches Beispiel mit *Parametervariationen*.

Beispiel 8.2: Gegeben sei eine Strecke mit der Übertragungsfunktion

$$G_s(s) = \frac{0{,}4\,V_s}{s(s + 0{,}2)(s + 2)},$$

wobei Schwankungen des Verstärkungsfaktors zwischen 2 und 6 zugelassen sind. Trotzdem soll die Amplitudenkennlinie $|T(j\,\omega)|$ des geschlossenen Kreises (Bild 8.18) bis zur Frequenz $\omega_g = 1$ höchstens um $\pm 5\%$ von 1 abweichen.

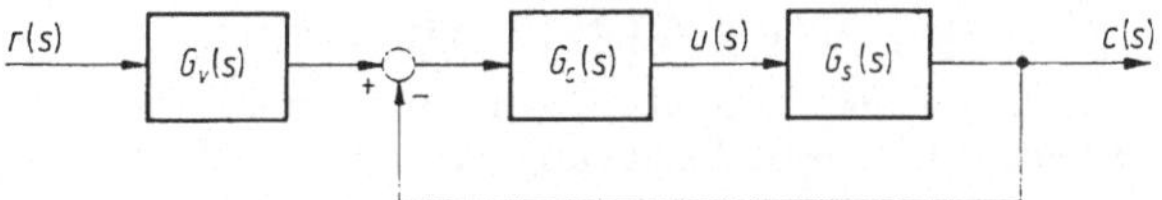

Bild 8.18. Regelkreisstruktur zu Beispiel 8.2.

Nach den Überlegungen von Abschn. 7.2 schreiben wir diese Forderung zweckmäßig in der Form

$$\left|\frac{T - T_0}{T_0}\right| \approx \left|\frac{T - T_0}{T}\right| \leq 0{,}05, \quad |T_0| = 1 \quad \text{für} \quad \omega \leq 1.$$

In der Aufgabenstellung ist eigentlich nur

$$||T| - |T_0|| < 0{,}05\,|T_0|$$

verlangt. Bild 8.19 zeigt, daß die gegebenen Formulierungen durchaus verschieden sind. Da aber für Phasenminimumsysteme $\measuredangle\,T_0 \approx 0$ bleibt, solange $|T|$ nahezu konstant ist, gehen wir versuchsweise von der ersten aus.

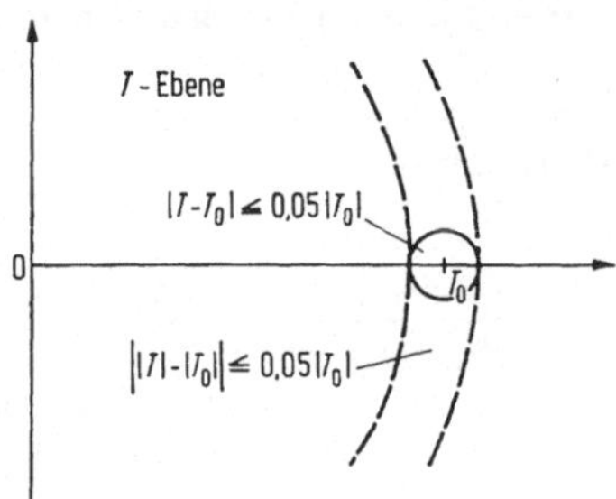

Bild 8.19. Reduktion des Problems auf bekannte Aufgabenstellung.

Für die Kreisübertragungsfunktion bedeutet die obige Forderung nach den Ergebnissen von Abschn. 7.2

$$\text{bzw.} \quad \left.\begin{array}{c} \dfrac{1}{|1 + L_0|}\;\left|\dfrac{G_s - G_{s0}}{G_s}\right| \leqq 0{,}05 \\[3mm] |1 + L_0| \geqq 20\,\left|\dfrac{G_s - G_{s0}}{G_s}\right| = 20\,\left|\dfrac{V_s - V_{s0}}{V_s}\right| \end{array}\right\} \quad \text{für}\quad \omega \leqq 1.$$

Dabei haben wir mit $G_{s0}(s)$ diejenige Streckenübertragungsfunktion bezeichnet, die in Verbindung mit geeigneten Korrekturgliedern das gewünschte $T_0(s)$ erzeugt. $L_0(s) = G_c(s)\,G_{s0}(s)$ ist die zugehörige Kreisübertragungsfunktion. Wir betrachten zwei Fälle:

a) $G_0(s)$ sei die Streckenübertragungsfunktion, die zum mittleren Wert $V_{s0} = 4$ gehört. Damit läßt sich die obige Ungleichung durch

$$|1 + L_0| \geqq 20 \;\underset{2 \leqq V_s \leqq 6}{\text{Max}}\; \left|\frac{V_s - V_{s0}}{V_s}\right| = 20 \cdot 1$$

bzw.

$$|L_0| \approx |1 + L_0| \geqq 20 \quad \text{für}\quad \omega \leqq 1$$

erfüllen.

b) Wir wählen $V_{s0} = 3$. Dann liefert dieselbe Abschätzung

$$|L_0| \approx |1 + L_0| \geqq 10 \quad \text{für}\quad \omega \leqq 1.$$

Tatsächlich ist das, wie man sich überlegen kann, gerade die günstigste Wahl von V_{s0}, welche die schwächste Bedingung für den Effekt $|1 + L_0|$ ergibt:

$$|1 + L_0| \geqq 20 \;\underset{2 \leqq V_{s0} \leqq 6}{\text{Min}}\; \left\{\underset{2 \leqq V_s \leqq 6}{\text{Max}}\;\left|\frac{V_s - V_{s0}}{V_s}\right|\right\}.$$

Wir wollen, da die Anforderungen ohnehin hoch sind, mit der unter b) gefundenen Schranke weiterrechnen. Zunächst soll das Korrekturglied $G_c(s)$ so festgelegt werden, daß $|L_0| \geqq 10$ (bzw. 20 dB) bleibt. Gemäß Bild 8.20a müssen wir hierzu die Amplitudenkennlinie zwischen $\omega = 0{,}25$ und $\omega_g = 1$ anheben. Das erreichen wir durch ein doppeltes Lead-Glied. Damit sind wir aber noch nicht fertig. Wir haben vielmehr dafür zu sorgen, daß der geschlossene Kreis für alle in Betracht gezogenen Parameterwerte V_s stabil ist. Aus diesem Grunde dürfen die Amplitudenkennlinien die 0 dB-Linie nicht zu steil schneiden. Es ist daher

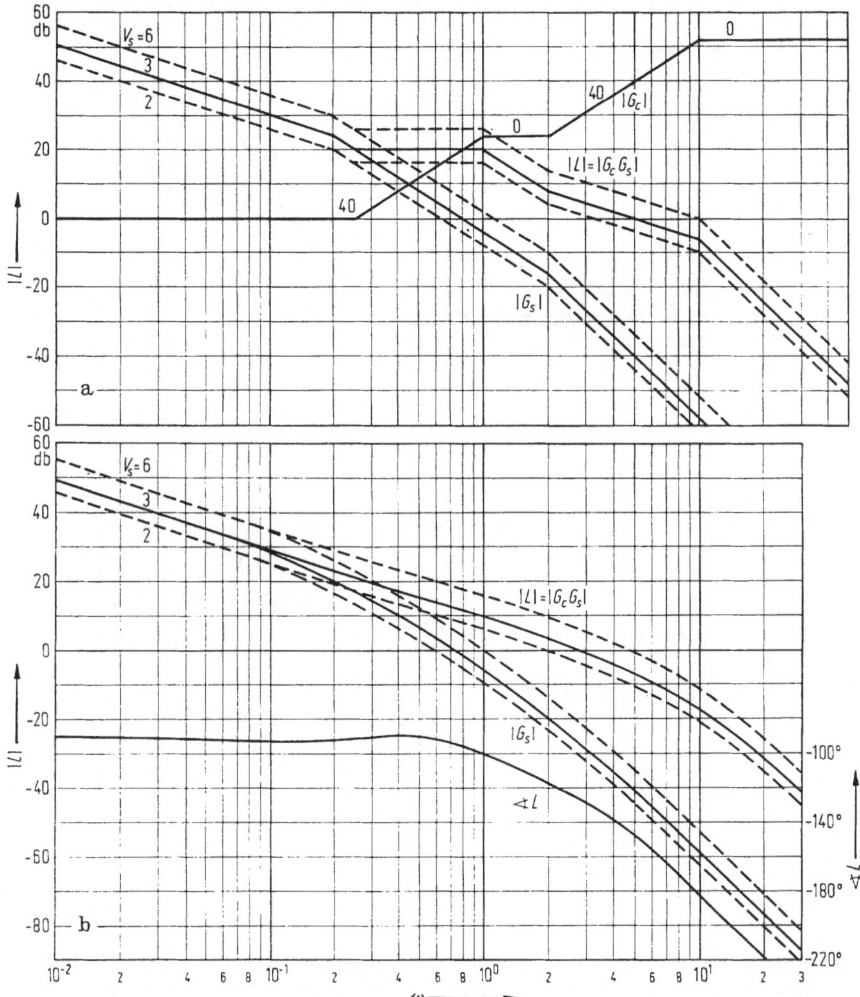

Bild 8.20. a) Entwurf zu Beispiel 8.2 (schematisch); b) Entwurf zu Beispiel 8.2 mit
$$G_c(s) = 118 \, \frac{(s+0{,}3)^2}{(s+1)^2} \, \frac{(s+2)^2}{(s+10)^2} \, .$$

erforderlich, oberhalb von $\omega = 2$ die starke Neigung der Streckenkennlinien (60 dB/Dekade) in einem weiten Bereich um 40 dB/Dekade zu verringern, wozu ein zweites Doppel-Lead-Glied dient.

Nachdem wir uns klargemacht haben, worauf es ankommt, besteht die restliche Arbeit in einem Probieren mit rechnerischer Kontrolle des Führungsfrequenzgangs. Es zeigt sich, daß wir die untere Eckfrequenz des ersten Doppel-Lead-Gliedes etwas heraufsetzen dürfen. $|L_0(j\,\omega)|$ fällt dann zwar bei ω_g schon auf 10 dB ab (Bild 8.20b), $|T_0(j\,\omega)|$ liegt aber trotzdem im geforderten Bereich (vgl. Bild 8.21). Das ist übrigens nicht selbstverständlich, denn wir haben uns beim Entwurf von $G_c(s)$ nur um die Schwankungen in $T(s)$, aber nicht um den Verlauf von $T_0(s)$

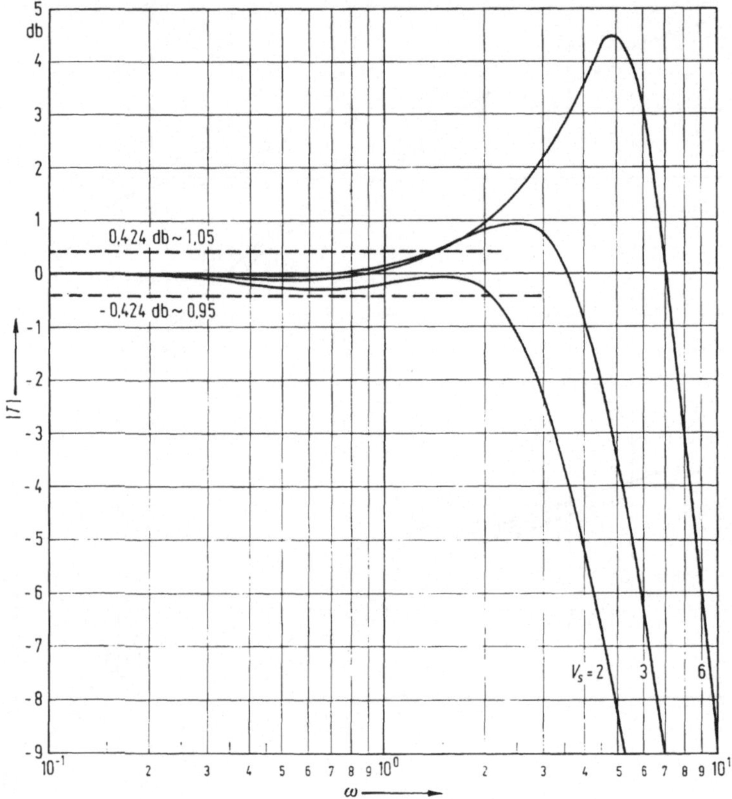

Bild 8.21. $|T(j\,\omega)|$-Kennlinien zu Beispiel 8.2 $\left(G_v = 1,\, T = \dfrac{L}{1+L}\right)$.

gekümmert. Unbefriedigend bleibt die Stabilitätsgüte. Die Phasenreserve liegt zwischen 62° (für $V_s = 2$) und 35° (für $V_s = 6$). In dem einen Grenzfall weist $|T(j\,\omega)|$ eine kräftige Resonanzstelle auf. Es macht keine Schwierigkeit, diese Resonanz durch ein bandbreitenbegrenzendes Vorfilter $G_v(s)$ in der Führungsübertragungsfunktion nahezu aufzuheben. Die Wahl von $G_v(s)$ ist ja noch völlig frei und ohne Einfluß auf die Empfindlichkeit. Kritisch bleibt der Einfluß der Resonanz auf äußere Störungen, die in diesem Frequenzbereich an der Strecke angreifen. Ähnliche Überlegungen, wie wir am Ende von Beispiel 8.1 angestellt haben, ergeben für einen Einheitssprung als Laststörgröße am Streckenausgang einen Stellgrößenausschlag ≈ 250. Unter Umständen können daher schon geringe Störungen eine Sättigung des Stellgliedes hervorrufen, was auf Grund der enormen Bandbreitenvergrößerung durch eine Häufung von Lead-Gliedern nicht anders zu erwarten ist. Diese Überlegungen zeigen deutlich, daß die Unterdrückung so großer Parametervariationen, wie sie in diesem Beispiel angenommen sind, ohne Verwendung adaptiver Regler schwierig ist.

8.3 Direkte Syntheseverfahren

8.3.1 Wahl der Führungsübertragungsfunktion. Wie wir schon betont haben, liegt die wesentliche Schwierigkeit der direkten Verfahren in der Suche einer geeigneten Übertragungsfunktion $T(s)$, welche die Gütespezifikation erfüllt und in Verbindung mit der Strecke zu einem *möglichst einfachen Regler* führt. Dieser Schritt wird erleichtert, wenn man gewisse Klassen von Übertragungsfunktionen mit den zugehörigen Kenngrößen in Tabellen zusammenfaßt. Da wir über solche Unterlagen nicht in ausreichendem Maße verfügen, wollen wir uns hier von den allgemeinen Gesichtspunkten des Abschn. 7.3 leiten lassen, die nützlich sind, wenn die geforderte *Regelgüte im Zeitbereich etwa durch die zulässige Überschwingweite, die Anstiegszeit und den stationären Regelfehler gekennzeichnet* ist. Ihre sinngemäße Anwendung erläutern wir am

Beispiel 8.3: Wir gehen aus von derselben Regelstrecke und denselben Anforderungen an die Sprungantwort wie in Beispiel 8.1. Im folgenden werden zwei Möglichkeiten für die Wahl der Führungsübertragungsfunktion untersucht:

a)
$$T_1(s) = \frac{\omega_n^2 \beta \varrho}{(s^2 + 2\zeta\,\omega_n\,s + \omega_n^2)\,(s + \beta)} \; \frac{s + \alpha}{s + \varrho\,\alpha},$$

b)
$$T_2(s) = \frac{\omega_n^2 \beta_1 \beta_2 \varrho/\gamma}{(s^2 + 2\zeta\,\omega_n\,s + \omega_n^2)\,(s + \beta_1)} \; \frac{s + \gamma}{s + \beta_2} \; \frac{s + \alpha}{s + \varrho\,\alpha}.$$

Die einzelnen Schritte, die zu dieser Wahl und zur Festlegung der Parameterwerte führen, können wir nur andeuten.

a) M_p und t_r werden durch ein dominierendes Polpaar bestimmt. Nach Bild 7.23c, S. 226, erhalten wir die zulässige Überschwingweite $M_p = 1,1$ für $\zeta \approx 0,6$ und daraus folgt (gemäß Bild 7.23a) $\omega_n\,t_r \approx 2,1$, mit $t_r = 0,2$ also $\omega_n \approx 10,5$.

Der Polstellenüberschuß der Strecke beträgt 3. Deshalb ist mit Rücksicht auf die Realisierungsbedingung (7.22), S. 228, ein weiterer Pol in $T(s)$ erforderlich, den wir in der s-Ebene genügend weit nach links legen ($\beta = 30$), damit er das Einschwingverhalten nicht zu sehr beeinflußt.

Die bleibende Regelabweichung e_1 verschwindet, da wir $T(0)$ zu Eins normiert haben. Als stationärer Regelfehler e_2 („Geschwindigkeitsfehler") ergibt sich für die vorläufige Konfiguration mit drei Polstellen s_i auf Grund der Überlegungen von S. 231

$$e_2 = \sum_{i=1}^{3} \frac{1}{s_i} = \frac{2\zeta}{\omega_n} + \frac{1}{\beta} = 0,148\,.$$

Durch einen Dipol mit der Nullstelle bei $-\alpha$ und der Polstelle bei $-\varrho\,\alpha$ drücken wir ihn um

$$\frac{1}{\alpha}\,\frac{\varrho-1}{\varrho} = 0{,}148 - 0{,}05 = 0{,}098$$

auf den gewünschten Wert 0,05 herab. Wählen wir $\varrho = 1{,}01$, um die durch den Dipol verursachte Vergrößerung der Überschwingweite $(\Delta M_p \approx \varrho - 1)$ klein zu halten, so ergibt sich aus dieser Gleichung $\alpha = 0{,}1014$.

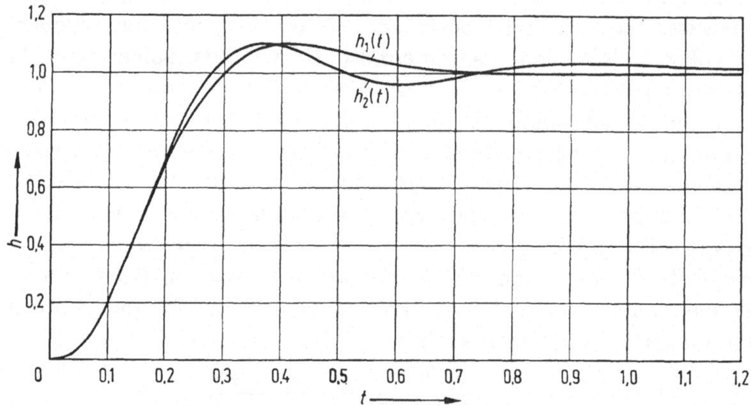

Bild 8.22. Sprungantworten zu Beispiel 8.3.

Es sei noch bemerkt, daß sich bei Überlegungen dieser Art der dämpfende Einfluß hinzugefügter Polstellen und die Entdämpfung durch den Dipol näherungsweise abschätzen (vgl. S. 231/232) und von vornherein bei der Festlegung von ζ und ω_n berücksichtigen lassen.

Die beschriebene Wahl der Parameter führt auf

$$T_1(s) = \frac{30 \cdot 10{,}5^2 \cdot 1{,}01}{(s^2 + 12{,}6s + 10{,}5^2)(s + 30)}\,\frac{(s + 0{,}1014)}{(s + 0{,}1024)}$$

$$= \frac{3340s + 339}{s^4 + 42{,}7s^3 + 493s^2 + 3357s + 339} \cdot {}^1 \tag{8.10a}$$

In Bild 8.22 ist zur Kontrolle die zugehörige Sprungantwort $h_1(t)$ dargestellt. Die Betragskennlinie $|T_1(j\,\omega)|$ und die Pol-Nullstellen-Konfiguration dieser Übertragungsfunktion zeigen die Bilder 8.23 bzw. 8.24.

---

[1] Die Rechnungen zu den Beispielen von Abschn. 8.3 sind auf einem Digitalrechner durchgeführt worden. Die Rundungen, die bei der Wiedergabe der Ergebnisse vorgenommen wurden, sind aus Platzgründen nicht einheitlich zum Ausdruck gekommen. Das ist bei Kontrollrechnungen zu beachten, wenn sich in den letzten Stellen Differenzen ergeben.

b) Diese Konfiguration mit einer Nullstelle bedingt 4 Polstellen, damit der Polüberschuß 3 erhalten bleibt.

Nach den Überlegungen von S. 231/232 könnte man die Forderungen an M_p, t_r und e_2 durch eine Übertragungsfunktion mit einem konjugiert

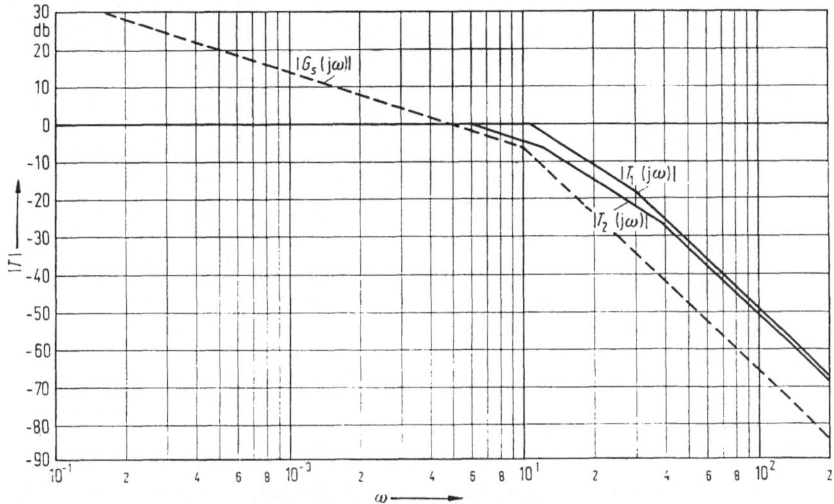

Bild 8.23. Amplitudenkennlinien der Führungsübertragungsfunktionen zu Beispiel 8.3 unter Vernachlässigung des Dipols (schematisch).

komplexen Polpaar und einer Nullstelle erfüllen. Die zwei Zusatzpole müßten nachträglich in der s-Ebene so weit links angebracht werden, daß ihr Einfluß auf das Einschwingverhalten gering bleibt. Dieser Versuch führt im vorliegenden Beispiel zu relativ großen Stellgrößenamplituden.

Wir schlagen daher einen anderen Weg ein, der durch das Bode-Diagramm für $|T_2(j\omega)|$ nahegelegt wird (vgl. Bild 8.23). Die erforderliche Bandbreite beträgt ungefähr 12 (s. Beispiel 8.1). Der Abfall der Betragskennlinie in der Nähe von ω_b wird durch eine reelle Polstelle eingeleitet. Die Nullstelle lassen wir mit der Knickfrequenz des konjugiert komplexen Polpaares bei $\omega_n = \omega_b$ zusammenfallen, dessen ζ-Wert aus der Definitionsgleichung $|T(j\omega_b)|_{dB} = -3$ dB abgeschätzt wird. Eine Polstelle, deren Eckfrequenz weiter rechts liegt, sorgt dafür, daß die Betragskennlinie von $T(j\omega)$ bei großen Frequenzen mindestens so steil abfällt wie die der Strecke, womit die Realisierungsbedingung für die Korrekturglieder erfüllt ist. Schließlich verwenden wir wieder einen Dipol zur Herabsetzung von e_2 auf den zulässigen Wert. Insgesamt ergibt sich so der obige Ausdruck für $T_2(s)$.

Die Parameterwerte, die sich aus diesen Betrachtungen ergaben, wurden auf Grund einer rechnerischen Kontrolle der Sprungantwort

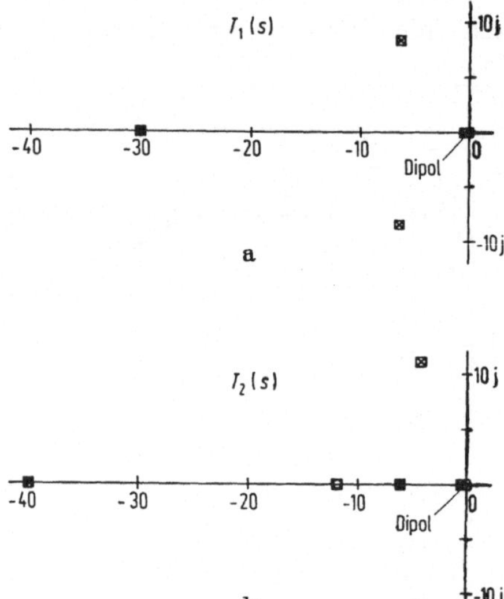

Bild 8.24. Pol-Nullstellen-Verteilung zu Beispiel 8.3.

geringfügig variiert. Dabei zeigte sich, daß wir den Spezifikationen mit

$$\gamma = \omega_n = 12, \qquad \beta_1 = 6, \qquad \varrho = 1{,}03,$$
$$\zeta = 0{,}35, \qquad \beta_2 = 40, \qquad \alpha = 0{,}25$$

genügen [Sprungantwort $h_2(t)$ in Bild 8.22], was auf

$$T_2(s) = \frac{2966(s+12)(s+0{,}25)}{(s^2 + 8{,}4s + 144)(s+6)(s+40)(s+0{,}257)}$$
$$= \frac{2966 s^2 + 36340 s + 8887}{s^5 + 54{,}7 s^4 + 784 s^3 + 8838 s^2 + 36780 s + 8887} \tag{8.10 b}$$

führt.

8.3.2 Direkte Synthese durch ein Kompensationsglied. Für eine Regelkreiskonfiguration mit *einem Freiheitsgrad*, bei welcher der Strecke ein *Kompensationsglied* mit der Übertragungsfunktion $G_c(s)$ vorgeschaltet wird (Bild 8.1 mit $G_v(s) = 1$), gilt

$$T(s) = \frac{Z_T(s)}{N_T(s)} = \frac{G_c(s)\,G_s(s)}{1 + G_c(s)\,G_s(s)}.$$

Hieraus folgt

$$G_c(s) = \frac{1}{G_s(s)}\,\frac{T(s)}{1 - T(s)} = \frac{N_G(s)}{Z_G(s)}\,\frac{Z_T(s)}{N_T(s) - Z_T(s)}. \tag{8.11}$$

Damit läßt sich bei vorgegebener Strecken- und Führungsübertragungsfunktion $G_c(s)$ berechnen. Um die Struktur des Kompensationsgliedes zu erkennen, wird man sein Zähler- und Nennerpolynom in *Linear-*

faktoren zerlegen. Dieser Schritt, der früher oft als unüberwindliches Hindernis für die praktische Anwendbarkeit des geschilderten Verfahrens hingestellt worden ist, kann in den meisten Fällen bequem mit Hilfe eines Digitalrechners numerisch gelöst werden.

Beispiel 8.4 (Fortsetzung von Beispiel 8.3): Mit der Streckenübertragungsfunktion $G_s(s) = 500/s(s^2 + 14s + 100)$ und den Führungsübertragungsfunktionen (8.10a, b) liefert (8.11)

a)
$$G_{c1}(s) = \frac{s(s^2 + 14s + 100)}{500} \frac{3340s + 339}{s^4 + 42{,}7s^3 + 493s^2 + 17s}$$

$$= \frac{6{,}68(s + 0{,}1014)(s + 7 + j \cdot 7{,}14)(s + 7 - j \cdot 7{,}14)}{(s + 0{,}035)(s + 21{,}3 + j \cdot 6{,}0)(s + 21{,}3 - j \cdot 6{,}0)},$$

b)
$$G_{c2}(s) = \frac{s(s^2 + 14s + 100)}{500} \frac{2966s^2 + 36337s + 8887}{s^5 + 54{,}7s^4 + 784s^3 + 5872s^2 + 444s}$$

$$= \frac{5{,}93(s + 0{,}25)(s + 12)(s + 7 + j \cdot 7{,}14)(s + 7 - j \cdot 7{,}14)}{(s + 0{,}076)(s + 38{,}1)(s + 8{,}24 + j \cdot 9{,}2)(s + 8{,}24 - j \cdot 9{,}2)}.$$

Die Ordnung von $G_{c2}(s)$ ist — dem höheren Nennergrad der Führungsübertragungsfunktion entsprechend — um Eins größer als die von $G_{c1}(s)$. Die Pol-Nullstellen-Verteilung dieser Korrekturglieder in der s-Ebene zeigt Bild 8.25. Im Fall a) weist der Regler ein Lag-Glied auf der reellen Achse auf. Die übrigen Pol- und Nullstellen können wir auffassen als Verallgemeinerung eines Lead-Gliedes (doppeltes Lead-Glied mit konjugiert komplexen Pol- und Nullstellen), das ebenfalls die Phase vordreht. Seine *Nullstellen* rühren von dem Anteil $N_G(s)$ her und *kompensieren*

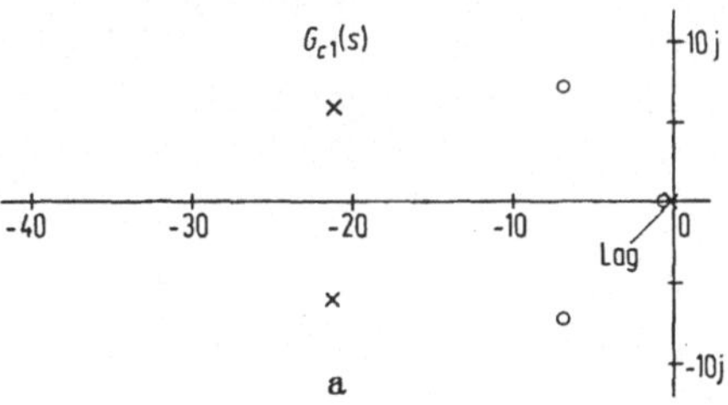

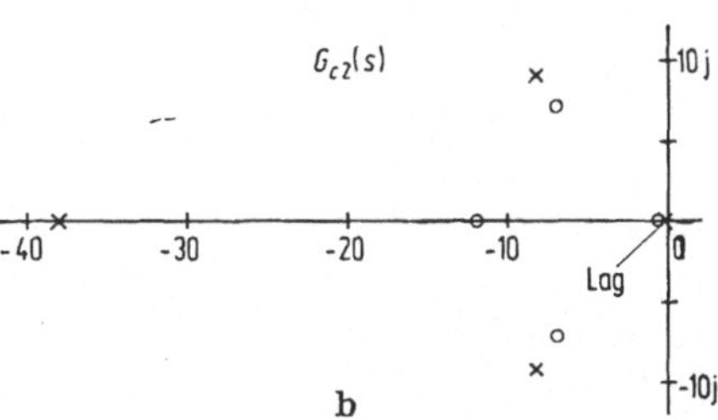

Bild 8.25. Kompensationsglieder gemäß Beispiel 8.4.

gerade die *Streckenpole*. Im Beispiel 8.1 haben wir dieselbe Aufgabe nach dem Frequenzkennlinien-Verfahren mit einem einfachen Lead-Lag-Glied gelöst. Im Fall b) tritt ein solches Lead-Lag-Glied in $G_{c2}(s)$ auf, daneben aber wieder ein Nullstellenpaar, welches die Streckenpole kompensiert. Interessant ist, daß jetzt in der Nähe dieser Nullstellen Pole des Reglers liegen. Wir könnten diese konjugiert komplexen Pol- und Nullstellenpaare von $G_{c2}(s)$ vernachlässigen, wenn ihr Abstand genügend klein wäre. Ob dieser Umstand, der hier noch nicht ganz erreicht ist, eintritt, hängt von der $T(s)$-Wahl ab. Der Versuch, diesen Gesichtspunkt von vornherein zu berücksichtigen, führt jedoch bei Strecken höherer Ordnung auf recht komplizierte Bedingungen. Man ist daher im allgemeinen wieder auf Probiermethoden angewiesen.

*

Das einfache Beispiel zeigt die *Nachteile und Grenzen dieser Kompensationsmethode*:

1. Sie liefert besonders bei Strecken höherer Ordnung komplizierte Korrekturglieder.

2. Sie versagt, wenn die Strecke Pole in der rechten Halbebene oder in der Nähe der imaginären Achse aufweist, welche aus Stabilitätsgründen nicht kompensiert werden dürfen (vgl. S. 126).

Einen Spezialfall der Kompensationsmethode stellt das *Verfahren von Guillemin* dar, bei dem die Zusatzforderung erhoben wird, daß alle *Polstellen von* $G_c(s)$ *auf der negativen reellen Achse* liegen sollen. Wie in der Netzwerktheorie gezeigt wird, ist dann stets eine Realisierung von $G_c(s)$ durch ein passives RC-Filter möglich, was bei zahlreichen technischen Anwendungen Vorteile bringt. Außerdem wird damit eine graphische Lösung der Gleichung

$$N_T(s) - Z_T(s) = 0$$

zur Bestimmung der Polstellen von $G_c(s)$ in (8.11) nahegelegt. Hierzu zeichnet man die Polynome $N_T(s)$ und $Z_T(s)$ für negative reelle Werte von s und bestimmt ihre Schnittstellen.

In Beispiel 8.4 haben die Übertragungsfunktionen $T_1(s)$ und $T_2(s)$ in Verbindung mit der betrachteten Regelstrecke zu einem Regler mit komplexen Polstellen geführt. Die Guilleminsche Forderung bedeutet also im allgemeinen eine Einschränkung bei der Auswahl der Führungsübertragungsfunktionen. Man legt diese daher nicht vollständig fest, sondern variiert einige Parameter, welche das Einschwingverhalten nur wenig beeinflussen, bis das graphische Verfahren reelle Wurzeln für die obige Gleichung liefert. Wir wollen die damit verbundenen Probleme nicht allgemein erörtern und die Methode lediglich an einem Beispiel erläutern.

Beispiel 8.5: Das letzte Beispiel liefert im Fall a) ein Kompensationsglied mit reellen Polstellen, wenn wir die zugrunde gelegte Führungsübertragungsfunktion (8.10a) abändern, indem wir den einen Pol auf der reellen Achse weiter nach links schieben.

Um die Begründung für diese Maßnahme zu vereinfachen, lassen wir vorläufig den Dipol außer Betracht und schreiben unter Beibehaltung der bereits festgelegten Parameter für das konjugiert komplexe Polpaar ($\omega_n = 10{,}5$, $\zeta = 0{,}6$)

$$T(s) = \frac{\omega_n^2}{(s^2 + 2\zeta\,\omega_n\,s + \omega_n^2)} \, \frac{1}{1 + \dfrac{s}{\beta}}.$$

Bei der Aufzeichnung des Nennerpolynoms $N_T(s)$ für reelle Argumente s ergibt der quadratische Faktor eine Parabel (in Bild 8.26 gestrichelt) mit einem Minimum bei $s = -\zeta\,\omega_n$ und dem zugehörigen Extremwert $\omega_n^2(1 - \zeta^2)$. Ein ausgeprägtes Minimum für das vollständige Nennerpolynom bleibt nur bestehen, wenn β genügend groß ist. Nur in diesem Fall ergibt $N_T(s)$ mit der Geraden für $Z_T(s)$ außer bei $s = 0$ noch zwei weitere reelle Schnittpunkte.

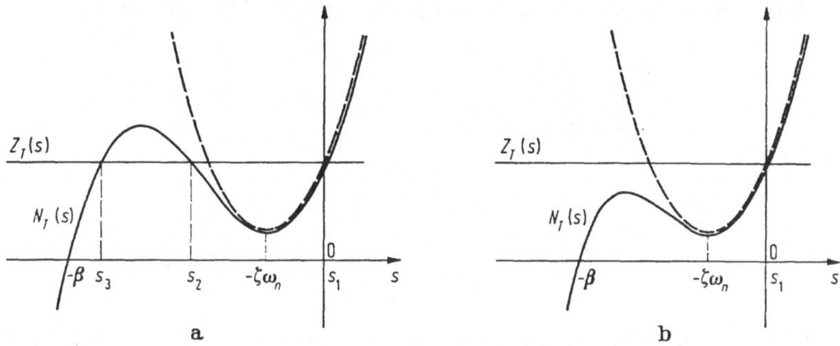

Bild 8.26. Graphische Lösung von $N_T(s) - Z_T(s) = 0$.

Hierbei handelt es sich um ein Argument, das sich leicht auf Fälle verallgemeinern läßt, bei denen die $T(s)$-Konfiguration neben einem konjugiert komplexen Polpaar bis zu zwei Nullstellen und eine beliebige Anzahl reeller Polstellen, die in nicht zu dichtem Abstand weiter links liegen, aufweist. Auch die nachträgliche Einführung eines Dipols läßt sich in diese Überlegung einbeziehen.

Wir haben nach diesen qualitativen Vorbereitungen die Wurzeln von $N_T(s) - Z_T(s)$ wieder numerisch ermittelt. Es zeigt sich, daß die oben angeschriebene Funktion $T(s)$ bereits für $\beta = 35$ reelle Wurzeln ergibt. Die zugehörige Sprungantwort hat eine Überschwingweite von 9 %. Zur Verminderung des stationären Regelfehlers e_2 nehmen wir wie in Beispiel 8.3a einen Dipol mit $\varrho = 1{,}01$ (Zunahme der Überschwingweite um 1 %) hinzu. Die Übertragungsfunktion

$$T(s) = \frac{10{,}5^2 \cdot 1{,}01}{(s^2 + 12{,}6s + 10{,}5^2)}\,\frac{35}{s + 35}\,\frac{s + 0{,}1066}{s + 0{,}1077}$$

$$= \frac{3893\,(s + 0{,}1066)}{s^4 + 47{,}7s^3 + 556s^2 + 3918s + 416}$$

führt gemäß (8.11) auf das Kompensationsglied

$$G_c(s) = 7{,}79\,\frac{(s + 7 + j \cdot 7{,}14)\,(s + 7 - j \cdot 7{,}14)\,(s + 0{,}1066)}{(s + 27{,}5)\,(s + 20{,}2)\,(s + 0{,}0375)}.$$

8.3.3 Analytisches Syntheseverfahren. Das *Verfahren von Weber u. a.*, das wir in diesem Abschnitt schildern, berücksichtigt von vornherein die beiden folgenden Gesichtspunkte:

a) Alle *charakteristischen Wurzeln* des geschlossenen Kreises werden vorgegeben, also auch solche, die sich infolge einer Pol-Nullstellen-Kompensation in $T(s)$ herauskürzen.

b) Die *Ordnung für die Übertragungsfunktionen* der Korrekturglieder wird vorgeschrieben und unter Einhaltung gewisser Bedingungen, die wir noch näher erläutern werden, möglichst klein gehalten.

Dadurch werden die beiden Nachteile der Kompensationsmethode, die wir im letzten Abschnitt hervorgehoben haben, vermieden.

Die Berücksichtigung von a) und b) wird einfach, wenn wir von der Konfiguration gemäß Bild 8.27 mit einem Vorfilter ausgehen, obwohl wir uns primär nur um das *Führungsverhalten* kümmern werden, also keine echte Synthese mit zwei Freiheitsgraden durchführen.

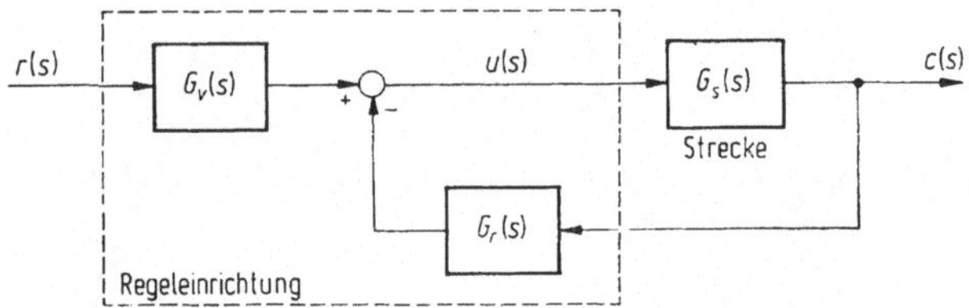

Bild 8.27. Grundkonfiguration für das analytische Syntheseverfahren.

Zunächst sei die Grundidee des Verfahrens angegeben. Hierzu schreiben wir die Übertragungsfunktionen von Bild 8.27 in der Form

$$
\left.
\begin{aligned}
G_s(s) &= \frac{Z_s(s)}{N_s(s)} = \frac{B_{n-1}\,s^{n-1} + \cdots + B_0}{s^n + A_{n-1}\,s^{n-1} + \cdots + A_0}, \\[2mm]
G_r(s) &= \frac{Z_r(s)}{N(s)} = \frac{b_m\,s^m + \cdots + b_0}{s^m + a_{m-1}\,s^{m-1} + \cdots + a_0}, \\[2mm]
G_v(s) &= \frac{Z_v(s)}{N(s)} = \frac{\bar{b}_m\,s^m + \cdots + \bar{b}_0}{s^m + a_{m-1}\,s^{m-1} + \cdots + a_0}.
\end{aligned}
\right\}
\qquad (8.12)
$$

Für die zugehörige Führungsübertragungsfunktion folgt

$$
T(s) = \frac{G_v(s)\,G_s(s)}{1 + G_r(s)\,G_s(s)} = \frac{Z_v(s)\,Z_s(s)}{N(s)\,N_s(s) + Z_r(s)\,Z_s(s)}
\qquad (8.13)
$$

bzw.

$$
\frac{Z_T(s)}{N_T(s)} = \frac{\beta_{n+m-1}\,s^{n+m-1} + \cdots + \beta_0}{s^{n+m} + \alpha_{n+m-1}\,s^{n+m-1} + \cdots + \alpha_0}.
$$

Mit Rücksicht auf die oben angeführte Forderung a) seien alle Übertragungsfunktionen in der *ungekürzten Form* angeschrieben, bei der das Nennerpolynom mit dem charakteristischen Polynom übereinstimmt. Der gemeinsame Nenner von $G_r(s)$ und $G_v(s)$ stelle das charakteristische Polynom der gesamten Regeleinrichtung (umrandeter Teil in Bild 8.27) dar, die wir als ein einziges Übertragungssystem mit den Eingangsgrößen $r(t)$, $c(t)$ und der Ausgangsgröße $u(t)$ auffassen. Unter den genannten Voraussetzungen können wir n als die Anzahl der Zustandsgrößen der Strecke, m als Anzahl der Zustandsgrößen der Regeleinrichtung deuten.

Falls wir die Korrekturglieder $G_r(s)$ und $G_v(s)$ als zwei getrennte Übertragungssysteme auffassen, erhalten wir einen Regler der Ordnung $2m$ und einen Regelkreis der Ordnung $n + 2m$. Nur dann, wenn wir die gesamte *Regeleinrichtung* tatsächlich durch *ein Übertragungssystem m-ter Ordnung* mit zwei Eingängen realisieren, stellt das Nennerpolynom der Führungsübertragungsfunktion zugleich das charakteristische Polynom des geschlossenen Kreises dar, dessen Stabilität wir garantieren können, indem wir für $N_T(s)$ ein Hurwitz-Polynom vorgeben. Auf diesen wichtigen Gesichtspunkt kommen wir nochmals zurück.

Im Hinblick auf die Realisierungsbedingung haben wir in allen Übertragungsfunktionen den Zählergrad höchstens gleich dem Nennergrad angenommen, im Falle der Strecke sogar um Eins niedriger, weil das fast immer den Gegebenheiten entspricht. Wir erinnern daran, daß aus der *Realisierungsbedingung* für die Korrekturglieder die Bedingung

$$\text{Grad}\{N_T\} - \text{Grad}\{Z_T\} \geqq \text{Grad}\{N_s\} - \text{Grad}\{Z_s\} \qquad (8.14)$$

für die Führungsübertragungsfunktion folgt.

Für den Zähler von $T(s)$ gilt in der ungekürzten Form

$$Z_T(s) = Z_v(s)\, Z_s(s). \qquad (8.15)$$

Der erste Faktor auf der rechten Seite ist frei wählbar, der zweite durch die Strecke vorgegeben. Nullstellen mit negativem Realteil dürfen kompensiert werden, indem man sie zugleich als Wurzeln von $N_T(s)$ vorschreibt. Es ist aber zu beachten, daß sie dann trotzdem als Wurzeln der charakteristischen Gleichung erhalten bleiben und auch in den Störübertragungsfunktionen auftreten können. Eine Kürzung von *Nullstellen in der rechten Halbebene* oder in der Nähe der imaginären Achse ist aus Stabilitätsgründen nicht erlaubt. Insbesondere dürfen sich eventuell in diesem Bereich vorhandene Nullstellen von $G_s(s)$ auch in $T(s)$ nicht herauskürzen.

Falls wir in

$$N_T(s) = N(s)\, N_s(s) + Z_r(s)\, Z_s(s) \qquad (8.16)$$

den Ausdruck auf der rechten Seite ausmultiplizieren, ergibt sich durch Koeffizientenvergleich für $n, m \geqq 1$:

$$\sum_{\mu=0}^{m-1} A_{i-\mu}\, a_\mu + \sum_{\mu=0}^{m} B_{i-\mu}\, b_\mu = \alpha_i - A_{i-m} \quad (i = 0, \ldots, n+m-1),$$

$$(8.17)$$

wobei

$$A_n = 1, \qquad B_n = 0$$

und

$$A_\nu, B_\nu = 0, \quad \text{falls} \quad \nu > n \quad \text{oder} \quad \nu < 0.$$

Betrachten wir die Streckenübertragungsfunktion und die Führungsübertragungsfunktion als gegeben, so stellt (8.17) ein lineares Gleichungssystem zur Berechnung der Koeffizienten $a_{m-1}, \ldots, a_0, b_m, \ldots, b_0$ von $G_r(s)$ dar.

Wir kommen auf die eingangs gestellte Forderung b) zurück. Bei unseren bisherigen Überlegungen war die Ordnung m der Regeleinrichtung beliebig. Mit (8.17) haben wir $n + m$ Gleichungen für $2m + 1$

Unbekannte. Falls mehr Gleichungen vorhanden sind als einstellbare Reglerparameter vorkommen, ist das Gleichungssystem überbestimmt und hat nicht mehr für beliebig vorgegebene α_i $(i = 0, \ldots, n + m - 1)$ eine Lösung. Wie eine genauere Untersuchung einfacher Beispiele zeigt, wird dadurch die Wahl einer geeigneten Führungsübertragungsfunktion im Einklang mit den Gütespezifikationen unter Umständen sehr erschwert. Wir wollen deshalb $n + m \leqq 2m + 1$, d. h.

$$m \geqq n - 1 \quad \text{bzw.} \quad \text{Grad}\{N_T\} \geqq 2n - 1 \tag{8.18}$$

voraussetzen. Insbesondere lauten die *Synthesegleichungen (8.17) im Fall $m = n - 1$:*

$$
\begin{pmatrix}
1 & 0 & . & . & 0 & B_{n-1} & 0 & . & . & . & 0 \\
A_{n-1} & 1 & & & . & B_{n-2} & B_{n-1} & & & & . \\
. & & . & & 0 & & & & & . & \\
. & & & . & 0 & & & & & . & \\
A_2 & A_3 & & & 1 & B_1 & B_2 & & . & & 0 \\
A_1 & A_2 & & & A_{n-1} & B_0 & B_1 & & & B_{n-1} & \\
A_0 & A_1 & & & A_{n-2} & 0 & B_0 & & & B_{n-2} & \\
0 & A_0 & & & & . & & & & . & \\
. & & . & & & . & & & . & & . \\
. & & & . & & . & & . & & & . \\
0 & . & . & . & A_0 & 0 & . & . & . & 0 & B_0
\end{pmatrix} \times
$$

$$
\times
\begin{pmatrix}
a_{n-2} \\
a_{n-3} \\
. \\
. \\
a_0 \\
b_{n-1} \\
b_{n-2} \\
. \\
. \\
b_0
\end{pmatrix}
=
\begin{pmatrix}
\alpha_{2n-2} - A_{n-1} \\
\alpha_{2n-3} - A_{n-2} \\
. \\
. \\
\alpha_n - A_1 \\
\alpha_{n-1} - A_0 \\
\alpha_{n-2} \\
. \\
. \\
\alpha_0
\end{pmatrix}.
\tag{8.19}
$$

Die Matrix dieses Gleichungssystems wird aus den Koeffizienten des Zähler- und Nennerpolynoms der Streckenübertragungsfunktion gebildet. Ihre Determinante ist die bereits auf S. 75 erwähnte Resultante dieser Polynome, die genau dann von Null verschieden ist, wenn $Z_s(s)$ *und* $N_s(s)$ *keine gemeinsamen Wurzeln* haben.

Unter dieser Voraussetzung hat die Synthesegleichung (8.19) *stets eine (eindeutige) Lösung*. Sie bedeutet nach Abschn. 3, daß für die Strecke der Normalfall vorliegt, bei der ihre Zustandsgrößen vollständig steuerbar und vollständig beobachtbar sind.

Als *minimale Ordnung* der Regeleinrichtung hat sich bei diesen Überlegungen $m = n - 1$ ergeben. Dieser Schluß war jedoch nicht zwingend und lediglich mit der einfachen Wahl von $N_T(s)$ begründet worden. Wir wollen dieses Ergebnis

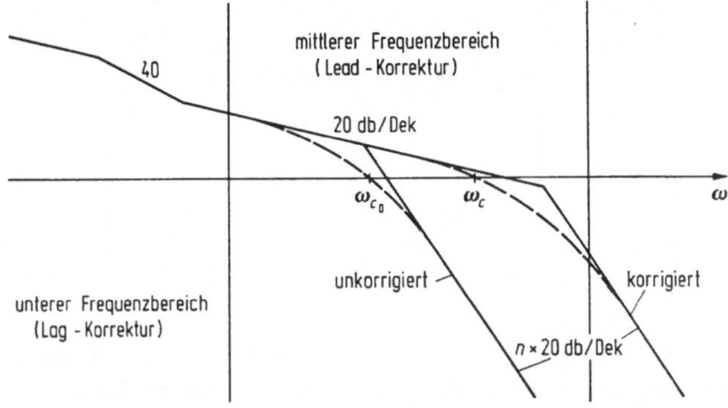

Bild 8.28. Korrektur durch Lead-Lag-Glied (Frequenzkennlinien-Verfahren).

noch auf andere Weise plausibel machen. Bild 8.28 zeigt eine Streckenübertragungsfunktion der Ordnung n mit einem Pol im Ursprung (Faktor $1/s$) und $(n - 1)$ wesentlichen Polen im mittleren Frequenzbereich. Beim Entwurf nach dem Frequenzkennlinienverfahren sind in solchen Fällen im allgemeinen $n - 1$ bzw. $n - 2$ Lead-Glieder erforderlich, um bei der gewünschten Grenzfrequenz ω_c eine Neigung der Amplitudenkennlinie von 20 bis 40 dB/Dekade zu erzeugen, sowie ein Lag-Glied zur Korrektur der Kreisverstärkung. Insgesamt erhält man also wieder ein Kompensationsglied von etwa derselben Ordnung. Diese Betrachtung liefert natürlich nur einen rohen Anhaltspunkt. Wenn z. B. das gewünschte ω_c wesentlich kleiner ist als die Grenzfrequenz ω_{c0} der Strecke, so genügt es, die Amplitudenkennlinie durch einen Proportionalregler abzusenken und eventuell im unteren Frequenzbereich durch ein Lag-Glied zu korrigieren. Man kommt dann mit einem Regler 0. oder 1. Ordnung aus.

Beim Vergleich des Frequenzkennlinienverfahrens und der analytischen Methode könnte man einwenden, daß letztere zwei Korrekturglieder $(n - 1)$-ter Ordnung benötigt. Da aber beide dasselbe Nennerpolynom aufweisen, lassen sie sich auch durch *ein Korrekturglied $(n - 1)$-ter Ordnung* realisieren. Um das einzusehen, schreiben wir die Gleichung für die gesamte Regeleinrichtung

$$u(s) = - G_r(s)\, c(s) + G_v(s)\, r(s)$$

in der Form

$$(s^m + a_{m-1} s^{m-1} + \cdots + a_0)\, u(s)$$

$$= -(b_m s^m + b_{m-1} s^{m-1} + \cdots + b_0)\, c(s) +$$

$$+ (\breve{b}_m s^m + \breve{b}_{m-1} s^{m-1} + \cdots + \breve{b}_0)\, r(s).$$

Durch eine einfache Verallgemeinerung der Überlegungen von Abschn. 3.2 führt diese Gleichung im Zeitbereich auf die II. Standardform

$$\dot{z} = \begin{pmatrix} 0 & 0 & . & . & . & 0 & -a_0 \\ 1 & 0 & & & & 0 & -a_1 \\ 0 & 1 & & & & 0 & -a_2 \\ . & & . & & & & . \\ . & & & . & & & . \\ . & & & & . & & . \\ 0 & 0 & . & . & . & 1 & -a_{m-1} \end{pmatrix} z +$$

$$+ \begin{pmatrix} b_0 - a_0 b_m & \tilde{b}_0 - a_0 \tilde{b}_m \\ . & . \\ . & . \\ . & . \\ . & . \\ b_{m-1} - a_{m-1} b_m & \tilde{b}_{m-1} - a_{m-1} \tilde{b}_m \end{pmatrix} \begin{pmatrix} -c \\ r \end{pmatrix},$$

$$u = z_n - b_m c + \tilde{b}_m r.$$

Für $m = 2$ z. B. ergibt sich hieraus das in Bild 8.29 wiedergegebene Strukturbild, das als Grundlage für eine Analogrechnerschaltung dienen kann.

Wir verweisen nochmals auf den anderen Vorteil, den die zuletzt beschriebene Realisierungsform bringt. Beim analytischen Syntheseverfahren wird nicht garantiert, daß sich als Nenner der Übertragungsfunktionen für die Korrekturglieder ein Hurwitz-Polynom ergibt. *Falls $N(s)$ Wurzeln in der rechten Halbebene* oder auf der imaginären Achse aufweist, wäre das Vorfilter $G_v(s)$ für sich genommen instabil, während der geschlossene Kreis mit einer Regeleinrichtung gemäß Bild 8.29 wenigstens *bedingt stabil* bleibt.

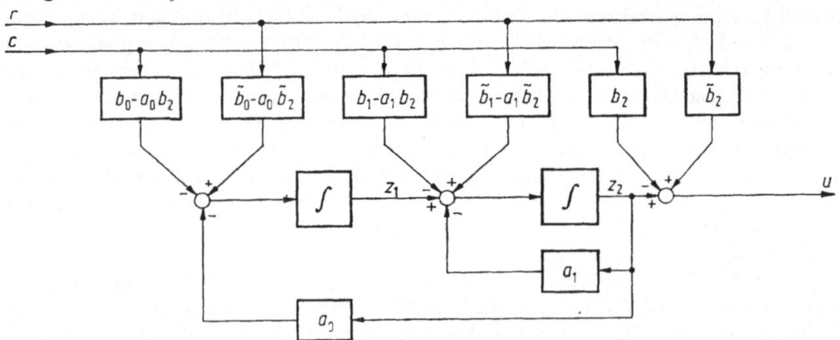

Bild 8.29. Realisierung der Regeleinrichtung zu Bild 8.27 durch ein Übertragungsglied der Ordnung m (gezeichnet für $m = 2$).

Beispiel 8.6: Wir betrachten wieder die durch

$$G_s(s) = \frac{500}{s(s^2 + 14s + 100)} = \frac{500}{s^3 + 14s^2 + 100s}$$

beschriebene Strecke und legen dem Syntheseverfahren die im Beispiel 8.3 angegebenen Führungsübertragungsfunktionen zugrunde. Die Realisierungsbedingung wurde bei ihrer Aufstellung bereits berücksichtigt. Den gemäß (8.18) erforderlichen Mindestgrad $2n - 1 = 5$ hat zunächst nur die durch (8.10b) gegebene Funktion

$T_2(s)$. Mit ihr lauten die Synthesegleichungen (8.19)

$$\begin{pmatrix} 1 & 0 & 0 & 0 & 0 \\ 14 & 1 & 0 & 0 & 0 \\ 100 & 14 & 500 & 0 & 0 \\ 0 & 100 & 0 & 500 & 0 \\ 0 & 0 & 0 & 0 & 500 \end{pmatrix} \begin{pmatrix} a_1 \\ a_0 \\ b_2 \\ b_1 \\ b_0 \end{pmatrix} = \begin{pmatrix} 40{,}7 \\ 684 \\ 8838 \\ 36782 \\ 8887 \end{pmatrix}.$$

Sie haben die Lösung

$$b_2 = 6{,}32$$
$$a_1 = 40{,}7 \qquad b_1 = 50{,}5$$
$$a_0 = 115 \qquad b_0 = 17{,}8.$$

Damit ist $G_r(s)$ bekannt. Die Übertragungsfunktion des Vorfilters hat dasselbe Nennerpolynom, ihr Zählerpolynom stimmt gemäß (8.15) bis auf den Faktor 500 mit dem von $T_2(s)$ überein. Wir erhalten also

$$G_{r2}(s) = \frac{6{,}32 s^2 + 50{,}5 s + 17{,}8}{s^2 + 40{,}7 s + 115} = \frac{6{,}32 (s + 0{,}37)(s + 7{,}63)}{(s + 3{,}06)(s + 37{,}6)}$$

$$G_{v2}(s) = \frac{5{,}93 (s + 0{,}25)(s + 12)}{(s + 3{,}06)(s + 37{,}6)}.$$

Das Nennerpolynom der durch (8.10a) gegebenen Funktion $T_1(s)$ hat nur vier Polstellen, also eine zu wenig. Wir können auf einfache Weise Abhilfe schaffen, indem wir (in der ungekürzten Form) zu

$$\widetilde{T}_1(s) = T_1(s)\,\frac{s + \gamma}{s + \gamma}$$

übergehen. Das Führungsverhalten wird dadurch nicht geändert, die geforderte Regelgüte bleibt erhalten. Dagegen zeigt die Durchführung des Syntheseverfahrens für verschiedene γ-Werte, daß die sich ergebenden Korrekturglieder von diesem Parameter abhängen. Dabei treten im allgemeinen auch konjugiert komplexe Pol- oder Nullstellen in ihren Übertragungsfunktionen auf. Sie bleiben sämtlich reell, wenn wir z. B. $\gamma = 3$ wählen, also

$$\widetilde{T}_1(s) = \frac{30 \cdot 10{,}5^2 \cdot 1{,}01}{(s^2 + 12{,}6\,s + 10{,}5^2)(s + 30)}\,\frac{s + 0{,}1014}{s + 0{,}1024}\,\frac{s + 3}{s + 3}$$

$$= \frac{3340 s^2 + 10360 s + 1016}{s^5 + 45{,}7 s^4 + 621 s^3 + 4835 s^2 + 10410 s + 1016}.$$

In den Synthesegleichungen ändert sich nur die rechte Seite. Wir geben daher sofort das Endresultat an:

$$G_{r1}(s) = \frac{1{,}18 s^2 + 5{,}45 s + 2{,}03}{s^2 + 31{,}7 s + 76{,}9} = \frac{1{,}18 (s + 0{,}41)(s + 4{,}22)}{(s + 2{,}65)(s + 29{,}1)},$$

$$G_{v1}(s) = \frac{6{,}67 (s + 0{,}1014)(s + 3)}{(s + 2{,}65)(s + 29{,}1)}.$$

Die *Deutung der Reglerstruktur* fügt sich nicht so zwanglos in das bisher gewohnte Schema ein. Da im vorliegenden Falle alle Polstellen der Korrekturglieder einen negativen Realteil haben, können wir $G_r(s)$ und $G_v(s)$ auch getrennt realisieren. Um das Zustandekommen der Führungsübertragungsfunktion zu verifizieren, ist im oberen Teil von Bild 8.30 der Wurzelort zur Kreisübertragungsfunktion

$G_r(s)\,G_s(s)$ gezeichnet. Man beachte, daß die Polstellen von $G_r(s)$ zugleich Nullstellen der Regelkreisschleife mit der Übertragungsfunktion $\hat{T} = G_s/(1 + G_s\,G_r)$
sind, welche durch die Polstellen des Vorfilters kompensiert werden. Eine Zusammenfassung der reellen Pol- und Nullstellen der Regeleinrichtung zu Lead- oder
Lag-Gliedern ist wegen ihrer Aufteilung auf $G_r(s)$ und $G_v(s)$ nicht ohne Willkür
möglich.

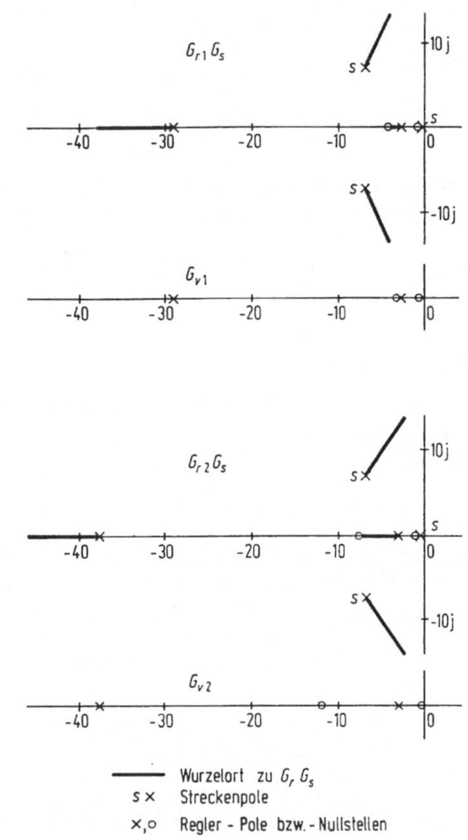

Bild 8.30. Pol-Nullstellen-Verteilung der Regeleinrichtung zu Beispiel 8.6.

Beide Lösungen liefern das gewünschte Führungsverhalten. Wie
sieht es mit der *Störunterdrückung* aus? Zur Untersuchung dieser Frage
haben wir die zugehörigen Kreisübertragungsfunktionen $L(s) = G_r(s)\,G_s(s)$
berechnet und ihre Amplitudenkennlinien in Bild 8.31 dargestellt. Das
Ergebnis ist wenig befriedigend. In dem einen Fall sinkt $|L(j\,\omega)|$ schon
weit unterhalb von ω_b unter 0 dB ab, im anderen liegt die Kennlinie
wesentlich unter der des Beispiels 8.1, die zum Vergleich mit eingezeichnet
ist. Die Ursache für diesen Mangel ist leicht festzustellen. Anstelle eines

Lag-Gliedes tritt in $G_r(s)$ nur eine Nullstelle auf, während die zu erwartende benachbarte Polstelle getrennt durch das Vorfilter $G_v(s)$ realisiert wird (vgl. Bild 8.30).

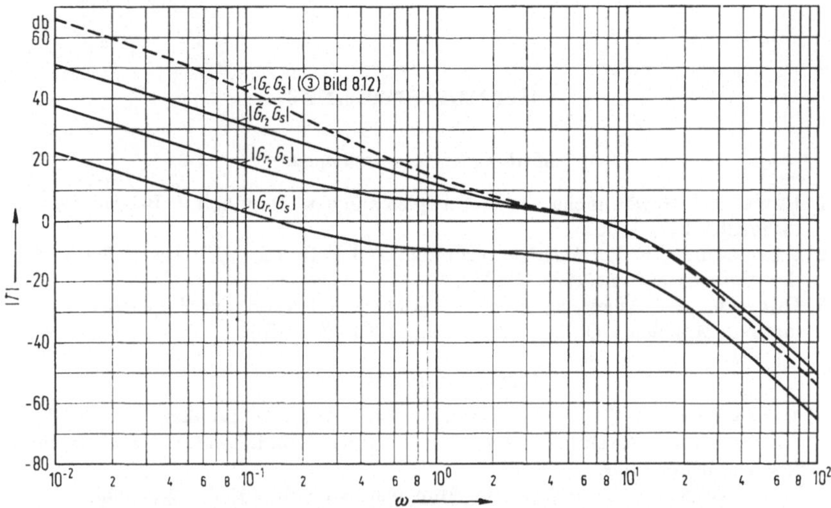

Bild 8.31. Amplitudenkennlinien der Kreisübertragungsfunktionen zu Beispiel 8.6.

Ein Ausweg besteht darin, daß man den Dipol in $T(s)$ bei der Synthese zunächst außer Betracht läßt und nachträglich ganz in das Vorfilter aufnimmt. Wir deuten die einzelnen Schritte für das geänderte Verfahren am Beispiel von $T_2(s)$ an:

1. Der Dipolanteil $1,03(s + 0,25)/(s + 0,275)$ in (8.10b) wird fortgelassen. Zur Erfüllung der Bedingung (8.18) wird ein Faktor $(s + \gamma)/(s + \gamma)$ hinzugefügt:

$$\tilde{T}_2(s) = \frac{2880(s + 12)}{(s^2 + 8,4s + 144)(s + 6)(s + 40)} \cdot \frac{s + \gamma}{s + \gamma}.$$

2. Die Lösung der Synthesegleichungen führt auf eine Regeleinrichtung mit reellen Pol- und Nullstellen für $\gamma = 2$ (durch Probieren festgestellt). Ergebnis:

$$\tilde{G}_{r2} = 6,68 \frac{(s + 2,95)(s + 7,0)}{(s + 4,96)(s + 37,4)}$$

$$\tilde{G}_{v2} = 5,76 \frac{(s + 12)(s + 2)}{(s + 4,96)(s + 37,4)}.$$

3. Der Dipol zur Herabsetzung des Fehlers e_2 wird in das Vorfilter einbezogen:

$$\tilde{G}_{v2} = 5,93 \frac{(s + 12)(s + 2)}{(s + 4,96)(s + 37,4)} \cdot \frac{(s + 0,25)}{(s + 0,257)}.$$

Die erzielte Verbesserung ist in Bild 8.31 zu ersehen. Dafür ist die Reglerordnung um Eins erhöht worden.

Literaturverzeichnis

Mathematische Grundlagen

1. ERWE, F.: Gewöhnliche Differentialgleichungen. Mannheim: B-I-Hochschultaschenbücher, 1960.
2. GANTMACHER, F. R.: Matrizenrechnung, Teil I. Berlin: VEB Deutscher Verlag der Wissenschaften, 1965 (2. Aufl.).
3. DOETSCH, G.: Anleitung zum praktischen Gebrauch der Laplace-Transformation. München: Oldenbourg-Verlag, 1967 (3. Aufl.).

Allgemeine Systemtheorie

4. MACFARLANE, A. G. J.: Engineering Systems Analysis. London: Harrap, 1964 (Übersetzung: Analyse technischer Systeme. Mannheim: B·I-Hochschultaschenbücher, 1967).
5. UNBEHAUEN, R.: Systemtheorie. München: Oldenbourg-Verlag, 1969.
6. WHITE, H. J., TAUBER, S.: System Analysis. New York: McGraw-Hill, 1969.
7. ZADEH, L. A., DESOER, C. A.: Linear System Theory. New York: McGraw-Hill, 1963.

Handbücher

8. OPPELT, W.: Kleines Handbuch technischer Regelvorgänge. Weinheim: Verlag Chemie, 1967 (4. Aufl.).

Grundlagen der Regelungstechnik

9. D'AZZO, J. J., HOUPIS, C. H.: Feedback Control System Analysis and Synthesis. New York: McGraw-Hill, 1966.
10. FÖLLINGER, O., GLOEDE, G.: Dynamische Struktur von Regelkreisen. Frankfurt: AEG, 1963.
11. HOROWITZ, I. M.: Synthesis of Feedback Systems. New York: Academic Press, 1963.
12. KUO, B. C.: Automatic Control Systems. London: Prentice Hall, 1967 (2. Aufl.).
13. PESTEL, E., KOLLMANN, E.: Grundlagen der Regelungstechnik. Braunschweig: Vieweg, 1968 (2. Aufl.).
14. TRUXAL, J. G.: Automatic Feedback Control System Synthesis. New York: McGraw-Hill, 1955 (Übersetzung: Entwurf automatischer Regelsysteme. München: Oldenbourg, 1960).

Weiterführende Lehrbücher

15. ATHANS, M., FALB, P. L.: Optimal Control. New York: McGraw-Hill, 1966.
16. KALMAN, R. E., FALB, P. L., ARBIB, M. A.: Topics in Mathematical System Theory. New York: McGraw-Hill, 1969 (insbesondere Chapter 2).
17. SCHULTZ, D. G., MELSA, J. L.: State Functions and Linear Control. New York: McGraw-Hill, 1967.

Sachverzeichnis